몰입!
자바스크립트
JavaScript
: 완전하게 내 것으로 만들기

몰입!
자바스크립트 : 완전하게 내 것으로 만들기

초판 1쇄 발행 2015년 1월 10일

지은이 김영보
발행인 최규학

진행 김남우
표지디자인 김남우
본문디자인 차인선

발행처 도서출판 ITC
등록번호 제8-399호
등록일자 2003년 4월 15일
주소 경기도 파주시 문발동 파주출판단지 535-7 세종출판벤처타운 307호
전화 031-955-4353~4
팩스 031-955-4355
이메일 itc@itcpub.co.kr

인쇄 해외정판사   **용지** 화인페이퍼   **제본** 세림제책

ISBN-13 978-89-6351-051-4 부가기호 13560
ISBN-10 89-6351-051-4

값 37,000 원

몰입!
자바스크립트
JavaScript
: 완전하게 내 것으로 만들기

김영보 지음

ITC
INFO-TECH COREA

머리말

이 책의 목표는 우리나라 자바스크립트 개발자의 실력 향상입니다. 이를 바탕에 두고 집필했습니다. 필자 주변 개발자의 어려움과 필자의 경험을 바탕으로 근본적인 실력이 향상되는 방법을 고민했으며 해결 방법을 이 책에 담았습니다.

해결 방법 중의 첫 번째가 "외우지 말자"입니다. 외워서 프로그램을 개발해서는 절대로 안 됩니다. 외우지 않으려면 논리가 필요합니다. 논리 중심으로 이 책을 집필했습니다. 때로는 어렵게 느껴질 수 있으나 그래도 외워서는 안 됩니다.

이 책은 크게 자바스크립트 기본 문법과 자바스크립트 엔진 처리로 나눌 수 있습니다. 1/2/3부에서 기본 문법을 다루며 4/5/6부에서 자바스크립트 엔진 처리를 다룹니다. 특히 4/5/6부는 전체가 하나의 완전한 시나리오입니다. 전체를 볼 수 있으며 바탕을 볼 수 있습니다.

대상 독자

1/2/3부의 기본 문법은 초보자 대상이고 4/5/6부의 자바스크립트 엔진은 경험자 대상입니다. 자바스크립트 개발 경험이 있더라도 기본 문법을 살펴보기 바랍니다. 왜냐하면, 여기서 다룬 내용이 자바스크립트 엔진 처리에 연결되기 때문입니다.

소스 파일 다운로드

이 책의 출판사인 〈도서출판 ITC〉 사이트에서 소스 파일을 다운로드 받을 수 있습니다. www.itcpub.co.kr

목록에서 『몰입 자바스크립트』를 클릭하면 페이지 하단에 탭이 표시됩니다. 여기에서 "소스 코드" 탭을 클릭하면 압축 파일이 보입니다.

저자에 대하여

1979년 봄날 소프트웨어 세계에 들어와 35년간 소프트웨어를 개발했습니다. 그에게 있어 소프트웨어 개발은 삶 자체입니다. 전자신문 교육센터에서 2012년 초부터 자바스크립트 중·고급 과정을 13번 강의했으며 기업, 학교, 교육센터, 각종 세미나에서 자바스크립트, HTML5, DOM, WoT를 강의했습니다. www.corechain.com 사이트를 운영하고 있습니다.

〈E-mail〉tonextday@gmail.com

저서

『HTML5 차세대 웹 표준, 기술』도서출판 ITC, 2010.06
『자바스크립트 정규 표현식』도서출판 ITC, 2010.05
『Ajax DOM 스크립팅』도서출판 ITC, 2008.05
『prototype.js 완전분석』위키북스, 2007.03
『Ajax 활용』가메 출판사, 2006.04
『요구분석을 위한 이벤트 프로세스 모델링』가메 출판사, 2005.11

감사의 글

조용하게 응원을 보내준 아내에게 고마움을 전합니다. 좋은 책이 되도록 열과 성의를 다해주신 도서출판 ITC의 최규학 사장님과 관계된 모든 분에게 감사드립니다. 꼼꼼함과 섬세함으로 베타 리딩을 해준 명미금 님에게 고마움을 전합니다. 감사합니다.

2014년 12월
김영보

차례

제 **1** 부

자바스크립트 기초

1 부에서는 자바스크립트를 이해하기 위한 개념과 기초적인 문법을 다룹니다.

01

자바스크립트 개요

자바스크립트의 일반적인 개요를 다룹니다.

1.1 자바스크립트 역할

아래 시나리오(Scenario)는 웹 페이지에서 사용자가 아이디와 비밀번호를 입력하고 입력한 값을 체크하는 과정입니다. 자바스크립트의 역할을 살펴보기 위한 것으로 개념적인 시나리오입니다. 각 항의 {설명}은 보충 설명입니다.

■ 시나리오

1) 아이디, 비밀번호, 확인 버튼을 웹 페이지에 표시합니다.
   {설명} HTML(HyperText Markup Language)과 CSS(Cascading Style Sheets)를 사용합니다.
2) 사용자가 확인 버튼을 클릭한 것을 인식하기 위해 이벤트(Event)를 설정합니다.
   {설명} 자바스크립트와 DOM(Document Object Model)을 사용합니다.
3) 사용자가 아이디와 비밀번호를 입력하고 확인 버튼을 클릭합니다.
4) 2)번에서 이벤트를 설정할 때 지정한 이벤트 핸들러(Handler)가 호출됩니다.
5) 입력한 아이디와 비밀번호의 적정 여부를 체크합니다.
   {설명} 자바스크립트와 DOM을 사용합니다.
   {설명} 입력 오류가 없다고 간주하겠습니다.
6) 아이디와 비밀번호를 서버로 전송합니다.
   {설명} 자바스크립트와 통신 객체(XMLHttpRequest)를 사용합니다.
7) 서버에서 아이디와 비밀번호 체크 결과를 수신합니다.
   {설명} 자바스크립트와 통신 객체를 사용합니다.
8) 체크 결과에 따른 다음 처리를 합니다.
   {설명} 자바스크립트와 처리에 필요한 기술을 사용합니다.

사용자가 행동하는 부분을 제외하고 시나리오 대부분을 자바스크립트로 처리합니다. 때에 따라서는 1)번도 자바스크립트와 DOM을 사용해서 아이디, 패스워드, 버튼을 생성하여 표시할 수도 있습니다.

사용자가 입력한 값을 얻으려면 HTML에 접근해야 하는데 자바스크립트가 직접 HTML에 접근할 수 없으므로 DOM을 제어하여 접근합니다. 자바스크립트가 CSS를 직접 표현할 수 없으므로 DOM을 제어하여 표현합니다. 자바스크립트는 통신 객체를 제어하여 데이터를 서버로 전송하고 수신합니다. HTML5의 다양한 API(Application Programming Interface)도 자바스크립트로 제어합니다. Canvas, SVG(Scalable Vector Graphics)를 제어하여 도형, 그래프(Graph)를 표현합니다. 이처럼 자바스크립트는 요소 기술을 통합하고 제어하는 역할을 합니다.

1.2 자바스크립트 목적

자바스크립트의 역할, 범위는 요소 기술의 제어입니다. 웹 브라우저(Web Browser)와 웹 서버(Web Server) 환경에서 관련 기술을 제어하여 시나리오 목적을 달성합니다.

■ 웹 브라우저

자바스크립트는 브라우저에 탑재되어 있으며 브라우저에는 HTML, CSS, DOM과 같은 다양한 기술이 탑재되어 있습니다. 자바스크립트는 브라우저에 탑재된 다양한 기술을 제어하여 사용자에게 콘텐츠(Contents)를 제공합니다. 브라우저가 탑재되어 있다면 어느 장치(Device)에서도 자바스크립트 프로그램(Program)이 실행됩니다. 즉 자바스크립트는 브라우저 환경에서 요소 기술을 제어하여 사용자에게 콘텐츠를 제공하는 것이 목적입니다.

■ 웹 서버

자바스크립트가 웹 서버에서 실행되도록 설계되었지만 발표 당시 환경으로 인해 브라우저에서 사용되었습니다. 하지만 이젠 서버에서 사용되는 분위기가 조성되고 있습니다. 이처럼 자바스크립트가 확장될 수 있는 근간은 설계 사상에 웹 서버에서 실행이 포함되어 있기 때문이며 자바스크립트가 요소 기술 제어를 담당하기 때문입니다.

■ 외부 환경과 접목

각 요소 기술은 나름대로 목적과 기능이 있으며 독립적으로 실행합니다. 반면 요소 기술 자체로 사용자에게 콘텐츠를 제공할 수 없거나 한계가 있습니다. 다른 요소 기술과 통합, 융합되어 콘텐츠를 제공할 때 더욱 빛을 내게 되며 이 역할을 자바스크립트가 합니다. 따라서 자바스크립트는 외부 환경과 접목할 수 있는 구조이어야 합니다. 자바스크립트는 기본적으로 제어가 목적이므로 통합과 제어를 위한 구조와 방법을 갖고 있습니다.

자바스크립트를 정의한 문서에 이를 위한 방법이 기술되어 있습니다. window에서 제공하는 각종 기능은 자바스크립트 기능이 아니지만 자바스크립트 프로그램에서 특별한 처리를 하지 않고 window 기능을 사용할 수 있습니다. 자바스크립트는 다른 환경을 통합하고 접목할 수 있는 방법과 구조를 제공합니다.

■ 인간에게 콘텐츠 제공

자바스크립트의 궁극적인 목적은 사용자에게 콘텐츠를 제공하는 것입니다. 브라우저를 통해 콘텐츠를 제공하기 위해 다양한 요소 기술을 통합하고 제어합니다. 서버에 데이터를 저장하는 것은 콘텐츠를 제공하기 위한 수단, 방법이지 저장이 최종 목적이 아닙니다.

사용자에게 콘텐츠를 제공하기 위해 자바스크립트가 필요하므로 자바스크립트를 배우는 것입니다. 자바스크립트를 배우고 프로그램을 개발하는 최종 목적지는 사람입니다. 즉 자바스크립트를 배우면서 사람을 생각해야 합니다. 그래야 목적을 향한 배움이 되며 자바스크립트 문법, 코드(Code) 하나하나가 피부에 와 닿습니다.

사용자를 생각하면서 자바스크립트를 배우고 프로그램을 개발하는 것은 어렵습니다. 많은 경험을 가진 필자도 잘 안 됩니다. 하지만 필자가 처음부터 사용자를 생각하는 마인드(Mind)를 갖고 언어를 배웠다면 지금보다 훨씬 더 발전된 모습이 되었을 것입니다. 방향과 목적을 갖고 배우는 것과 갖지 않고 배우는 것은 분명 차이가 있습니다. 잠깐 책을 덮고 생각나는 사람의 얼굴을, 모습을 떠올려보세요. 바로 그 사람에게 콘텐츠를 제공하기 위해 자바스크립트를 배우는 것이요, 프로그램을 개발하는 것입니다.

1.3 자바스크립트 지속성

프로그램 언어를 선택할 때 고려할 사항 중의 하나가 지속성, 발전성입니다. 자바스크립트는 웹이 존재하는 한 영원할 것으로 생각합니다. 필자가 이런 생각을 할 수 있는 근거는:

첫째, 그동안 웹을 통해 서비스(Service)된 콘텐츠가 방대하며 대부분의 콘텐츠가 자바스크립트로 개발되어 있습니다. 만약 자바스크립트를 사용하지 못하게 되면 축적된 콘텐츠를 정상적으로 제공하지 못하게 되며 이는 현실적으로 불가능합니다. 그래서 자바스크립트는 계속 사용하게 됩니다.

둘째, 이런 배경으로 인해 향후 서비스되는 콘텐츠에도 자바스크립트가 포함될 것입니다. 아니 자바스크립트로 해야 할 것이 늘어나며 이에 대한 증명이 우리 주변에서 일어나고 있습니다. 많은 시간이 흘러 설령 자바스크립트 이름을 사용하지 않게 되더라도 자바스크립트 문법 자체를 대체할 수는 없습니다. 개발된 모든 프로그램을 다시 개발해야 하므로 이는 불가능합니다. 미래의 일이므로 필자가 확언할 수 없지만 이젠 돌이킬 수 없는 길을 걷고 말았습니다. 되돌아오는 것보다, 바꾸는 것보다 발전시키는 것이 더 효율적입니다.

■ 국제 표준

자바스크립트는 정보 통신 비영리 국제 표준 단체인 Ecma International(http://www.ecma-international.org)에서 제정합니다. 자바스크립트는 국제 표준이므로 자바스크립트 컴파일러(Compiler) 개발자는 표준을 준수해야 할 의무가 있습니다. 우리는 표준을 지키지 않아 발생했던 문제를 경험했으며 많은 시간을 허비했습니다. 이 같은 일이 다시는 발생하지 않겠지만, 만약 발생하게 된다면 전 세계 개발자가 용납하지 않을 것입니다.

자바스크립트를 사용하기 위해 다운로드(Download)를 받는 등의 부가적인 처리를 하지 않아도 됩니다. 브라우저만 탑재되어 있으면 웹이든 모바일(Mobile)이든 어느 환경에서도 자바스크립트가 실행됩니다. 특정 브라우저에 종속되지 않으며 모든 브라우저에서 실행됩니다. 이렇게 사용성과 접근성이 좋은 언어도 흔하지 않으며 이런 바탕의 근본은 국제 표준이기 때문입니다.

1.4 자바스크립트 문서

프로그램 언어와 관련된 문법, 기능 등을 정의한 문서(스펙: Specification)를 표준 문서라고 합니다. 예를 들어 HTML은 W3C(World Wide Web Consortium: http://www.w3.org)에서 표준을 제정하고 문서로 제공합니다. 여기서 문서는 기술을 정의한 것으로 일반 문서와 뉘앙스에서 차이가 있으므로 이 책에서는 스펙으로 표기합니다.

■ ECMAScript

일반적으로 자바스크립트로 부르고 있지만 자바스크립트의 정식 명칭은 ECMAScript입니다. 이 책은 자바스크립트로 표기합니다. 자바스크립트 언어는 Ecma International 단체의 ECMA-262 스펙(http://www.ecma-international.org/publications/standards/Ecma-262.htm)에 작성되어 있으며 사이트(Site)에서 PDF 파일로 다운로드 받을 수 있습니다.

■ 스펙 중심으로 집필

이 책은 ECMA-262 스펙의 5.1판(Edition)을 기준으로 집필하였습니다. 책에서 필자의 자바스크립트 개발 경험을 설명하거나 예제로 다루고 있지만 기준은 ECMA-262 스펙입니다. 일반적으로 알려진 용어라 할지라도 자바스크립트와 뉘앙스에서 차이가 날 가능성이 있으면 사용하지 않았으며 스펙에 기술된 용어를 사용했습니다. 처음 접하는 단어로 인해 어색함이 있더라도 변환하지 않고 스펙에 기술된 그대로를 사용했습니다.

스펙에 있지만 많이 알려지지 않은 단어, 용어가 이 책에서 나올 수 있습니다. 예를 들어 실행 콘텍스트(Execution Contexts)는 자바스크립트 프로그램을 개발하기 위한 필수 개념입니다. 그런데 실행 콘텍스트는 자바스크립트 컴파일러 개발자를 위한 스펙상의 사양으로 자바스크립트 프로그램으로 접근할 수 없어 이해에 어려움이 있습니다. 하지만 필자는 이를 피하지 않았습니다. 시간도 오래 걸렸고 어려움도 많았지만 분석하고 검증하여 이 책에 담았습니다.

이 책에서 ECMA-262 5.1판을 ES5로 표기하며 ECMA-262 3판은 ES3로 표기합니다. ES5를 읽을 때 "ES 오"가 아닌 "ES Five"가 되도록 "을/를, 로/으로"를 표기합니다. 이 기준으로 인해 바로 위에 "ES3(삼)으로"가 아닌 "ES3(쓰리)로" 표기했습니다.

■ 스펙 발전 이력

자바스크립트는 Netscape사의 Brendan Eich에 의해 최초로 개발되었으며 Netscape사의 Navigator 2.0 브라우저에 탑재되었습니다. 마이크로소프트(Microsoft)사의 JScript가 있었으나 IE(Internet Explore) 3.0부터 자바스크립트로 통합되어 탑재되었습니다.

■ 그 이후 변천

연월	스펙	비고
1996년 11월	Ecma에서 1차 스펙 개발 시작	
1997년 6월	1차 스펙 표준 제정	
1998년 4월	국제표준 ISO/IEC 16262로 승인	
1998년 6월	2차 스펙 표준 제정	1차, 2차 스펙 차이는 문장 수정 정도
1999년 12월	3차 스펙 표준 제정	모든 웹 브라우저가 지원
2002년 6월	ISO/IEC 16262:2002로 발행	
2011년 6월	5.1차 스펙 표준 제정	

4차 스펙은 외부에 발표하지 않고 내부에서 폐지되었으며 2015년 1월 현재 6차 스펙이 진행 중입니다.

1.5 자바스크립트 작성 방법

자바스크립트는 두 가지 방법으로 작성할 수 있습니다. 확장자가 html인 파일 안에 작성할 수 있으며 확장자가 js인 파일에 작성할 수 있습니다. 아래 [HTML 1-5-1]에서 HTML은 확장자가 html인 파일을 의미합니다. [소스 1-5-2]에서 소스는 확장자가 js인 파일을 의미합니다.

■ html 파일에 작성

[HTML 1-5-1]

```
<!DOCTYPE html>
<html lang="ko">
<head>
    <meta charset="utf-8" />
    <script></script>
</head>

<body>
    <script>
        for (var k = 0; k < 5; k++){
            console.log(k);
        }
    </script>
</body>
</html>
```

자바스크립트 코드를 html 파일 안에 작성하려면 〈script〉와 〈/script〉 사이에 작성합니다. 〈script〉〈/script〉를 〈head〉와 〈/head〉 사이에 작성할 수도 있고 〈body〉와 〈/body〉 사이에 작성할 수도 있습니다.

html 파일 안에 자바스크립트 코드를 작성하면 HTML과 자바스크립트 코드를 같이 볼 수 있으므로 편리합니다. 하지만 자바스크립트 코드가 길어지거나 HTML 개발자와 자바스크립트 개발자가 다를 때는 html 파일 공유에 따른 어려움이 있으므로 별도의 js 파일에 자바스크립트 코드를 작성합니다.

자바스크립트를 js 파일에 작성하는 더 큰 목적은 HTML은 구조를 나타내고 자바스크립트는 제어를 담당하기 때문입니다. 이 책은 간단한 예제라도 HTML과 자바스크립트를 분리하여 각 파일에 작성하였으며 이는 구조와 제어를 분리하기 위해서입니다.

■ **js 파일에 작성**

[HTML 1-5-2]

```
<!DOCTYPE html>
<html lang="ko">
<head>
    <meta charset="utf-8" />
</head>
<body>
    <script type="text/javascript" src="1-5-2.js"></script>
</body>
</html>
```

[소스 1-5-2]

```
for (var k = 0; k < 5; k++){
    console.log(k);
}
```

〈script〉의 src 속성에 외부에 작성한 js 파일 이름을 확장자 js까지 작성합니다. 〈script〉 〈/script〉를 다수 작성할 수 있으며 작성한 순서대로 실행합니다. 〈script〉에 순서대로 실행 되지 않도록 속성을 작성할 수도 있습니다.

[HTML 1-5-2]에 〈script〉〈/script〉를 〈body〉〈/body〉 안에 작성했지만, 〈head〉〈/head〉 안 에 작성하는 것이 일반적입니다. 그런데 필자가 〈body〉안에 작성한 것은 〈head〉 안에 작 성하려면 고려할 점이 있기 때문입니다. 〈head〉 안에 〈script〉를 작성하면 〈body〉를 해석 하기 전에 〈script〉 안에 작성한 자바스크립트 코드가 먼저 실행됩니다. 이때 자바스크립트 코드에서 〈body〉 안에 작성한 〈div〉에 접근하면 아직 〈div〉가 생성되지 않았으므로 에러 가 발생합니다. 따라서 〈div〉가 생성된 후 자바스크립트 코드가 실행되도록 해야 하며 그 래서 〈body〉 안에 작성하였습니다.

〈head〉 안에 〈script〉를 작성하려면 〈body〉 전체를 해석한 후 〈script〉 안의 코드가 실행 되도록 해야 하는데 이 시점에서 다룰 사항이 아니며 자바스크립트와 DOM을 같이 알아야 합니다.

이 책은 js 파일에 자바스크립트 코드를 작성하며 〈script〉의 src 속성에 js 파일을 작성하므 로 특별하게 설명이 필요한 경우를 제외하고 html 파일에 작성한 마크업(Mark-up)을 책에

게재하지 않습니다. [소스 1-5-2]에서 1-5는 장, 절을 나타내며 2는 절에서 두 개 이상 [소스]를 사용할 때 부여하는 일련번호입니다.

개발자들 사이에 프로그램이 작성된 파일을 지칭할 때 소스(Source) 파일이라고 부르며 그 안에 작성된 코드를 소스 코드라고 부릅니다. 한편 ES5 스펙에서는 소스 텍스트(Text)로 표기하고 있으며 이 책에서는 "소스 코드" 또는 "소스 텍스트"로 표기합니다.

■ 자바스크립트 컴파일 방식

자바스크립트 코드를 실행할 수 있는 기계어로 변환하는 것을 컴파일(Compile)이라고 합니다. 자바스크립트는 스크립트 언어입니다. 스크립트 언어는 소스 코드가 작성된 순서대로 위에서 아래로 컴파일하고 실행합니다. 이것은 일반적인 개념으로 자바스크립트는 작성된 순서로 실행은 하지만 작성된 순서로 컴파일하지 않을 수도 있습니다. 코드 형태에 따라 중간에 작성한 코드를 먼저 컴파일할 수도 있습니다.

자바스크립트는 JIT(Just-In-Time) 컴파일 방식과 인터프리터(Interpreter) 컴파일 방식을 사용합니다. JIT 방식은 함수 안에 작성한 자바스크립트 코드 전체를 컴파일한 후 실행합니다. 인터프리터 방식은 함수 안에 작성한 문장 단위로 컴파일과 실행을 같이 합니다. 자바스크립트의 eval 함수가 인터프리터 방식으로 컴파일하며 이외의 모든 함수는 JIT 방식으로 컴파일합니다.

02

자바스크립트 문법

자바스크립트 프로그램을 개발하기 위한 기본 문법을 다룹니다.

2.1 console.log

문법에 맞추어 글을 써야 하듯이 프로그램도 문법에 맞추어 소스 코드를 작성해야 하며 문법에 어긋나면 컴파일 에러(Error)가 발생합니다. 때로는 친절하게 틀린 문법을 알려주지만, 친절 범위를 벗어난 오류는 고치는 데 시간이 걸립니다. 자바스크립트도 예외는 아니며 언어 특성으로 인해 틀린 문법을 알려주는 점에서는 그다지 친절하지 않습니다.

문법 에러가 발생하지 않았다고 완전하게 프로그램을 개발한 것이 아니며 프로그램을 실행하면서 에러가 발생할 수도 있습니다. 실행 에러는 결과만 나오므로 세심하게 체크하지 않으면 쉽게 걸러지지 않습니다. 이때 console.log를 사용해서 실행 결과를 볼 수 있습니다.

console.log는 자바스크립트가 아닌 브라우저 개발자 도구에서 제공하며 자바스크립트 실행 결과를 개발자 도구 콘솔(Console) 창에 표시합니다. 시작하기에 앞서 이를 다루는 것은 앞으로 다룰 자바스크립트 예제 코드의 실행 결과를 출력하기 위해서입니다. [소스 2-1-1]은 console.log를 설명하기 위한 예제입니다. 이 책의 자바스크립트 예제 코드는 윈도우 환경의 크롬 브라우저 37 버전에서 테스트하였습니다.

[소스 2-1-1]

```
for (var k = 0; k < 5; k++){
    console.log(k);
}
```

[소스 2-1-1]을 실행하면 0에서 4까지 1씩 증가한 값이 콘솔 창에 표시됩니다. log(k)와 같이 소괄호 안에 출력하려는 값 또는 값을 가진 이름을 작성합니다. 여기서 소괄호 안의 k는 값을 가진 이름입니다. console.log( )로 출력된 값은 아래 순서로 따라가면 볼 수 있습니다.

콘솔 창에 표시된 값 보기

1. 브라우저에서 [소스 2-1-1]을 실행시킵니다.
   {설명} 윈도우 환경의 크롬 브라우저 37 버전 기준으로 설명하겠습니다.
2. 브라우저의 주소 창 오른쪽 끝에 있는 "Chrome 맞춤설정 및 제어"를 마우스로 클릭합니다.
3. 메뉴가 표시되면 중간 정도에 있는 "도구(L)" 위에 마우스를 올려 놓습니다.
4. 그러면 또 다른 메뉴가 표시되며 "개발자 도구(D)"를 마우스로 클릭합니다.
   {설명} 여기까지의 처리를 단축키(Ctrl + Shift + I)로 한 번에 할 수 있습니다.
5. 상단 메뉴의 오른쪽에 있는 "Console"을 선택합니다.
6. [그림 2-1]과 같이 자바스크립트 실행 결과가 표시됩니다.

[그림 2-1]이 보이지 않으면 아래 순서로 조작하여 볼 수 있습니다.

1) 상단 메뉴 가운데의 "Sources"를 선택합니다.
2) "Ctrl + O"를 누르면 왼쪽 창에 2-1-1.html과 2-1-1.js가 표시됩니다.
3) 2-1-1.js를 선택하면 오른쪽 창에 소스 코드가 표시됩니다.
4) 상단 메뉴의 오른쪽에 있는 "Console"을 클릭합니다.
5) F5(페이지 새로 고침)를 눌러 다시 실행시킵니다.

[그림 2-1]

다른 브라우저에서도 console.log를 제공합니다. 브라우저마다 사용 방법이 조금씩 차이가 있지만, 인터넷 검색을 통해 알 수 있습니다. 사용 방법 설명은 생략합니다.

■ **값을 출력하는 또 다른 방법**

[HTML 2-1-2]

```html
<!DOCTYPE html>
<html lang="ko">
<head>
    <meta charset="utf-8" />
    <script type="text/javascript" src="../log.js"></script>
</head>

<body>
    <script type="text/javascript" src="2-1-2.js"></script>
</body>
</html>
```

[소스 2-1-2]

```
for (var k = 0; k < 5; k++){
    js.log(k);
}
```

[HTML 2-1-2]를 실행하면 브라우저 콘솔 창으로 이동하지 않고 브라우저에서 실행 결과를 볼 수 있습니다. 〈head〉 안에 〈script type="text/javascript" src="../log.js"〉〈/script〉를 작성했으며 [소스 2-1-2]에 console.log(k)가 아닌 js.log(k)가 작성되어 있습니다. 이는 실행 결과를 보기 위해 콘솔 창을 열어야 하는 불편을 줄이기 위해 필자가 만든 자바스크립트 프로그램입니다. 이 책에서는 반드시 콘솔 창에 값을 표시해야 할 때를 제외하고 js.log()를 사용하여 실행 결과를 표시합니다.

2.2 주석

주석은 자바스크립트 컴파일러가 아닌 사람이 알기 위한 설명문으로 자바스크립트 코드로 인식되지 않으며 컴파일도 하지 않습니다. // 또는 /* */ 형태로 작성합니다.

■ 한 줄 주석

[소스 2-2-1]

```
// var plus = 1 + 2;
//var minus = 2 ? 1;
//        var divide = 3 / 2;
// 자바스크립트 코드를 작성하기 앞서 주석을 먼저 작성합니다.
```

// 다음부터 줄 끝까지 작성된 모든 문자를 주석으로 처리합니다. // 다음에 다수의 공백을 띄어도 되고 띄지 않고 붙여서 작성해도 됩니다. ES5 스펙에 Single Line Comment로 표기되어 있으나 개발자들 사이에서 주석이라고 부르므로 이 책에서도 "주석" 또는 "한 줄 주석"으로 표기합니다.

■ 블록 주석

/* */ 안에 작성한 모든 문자를 주석으로 처리합니다. ES5 스펙에 Multi Line Comment로 표기되어 있으나 개발자들 사이에서 블록(Block) 주석이라고 부르므로 이 책에서도 "블록 주석"으로 표기합니다.

```
/*
 * @method getValue
 *     파라미터로 받은 값에 100을 곱해 반환합니다.
 * @param {Number} value, 계산 기준 값
 * @return {Number} 계산 결과
 */
function getValue(value) {
    return value * 100;
}
```

블록 주석은 [소스 2-2-2]와 같이 함수(function) 앞에서 함수를 설명할 때 사용하거나 함수 안에서 다수의 주석을 작성할 때 사용합니다.

■ 주석 먼저 작성

주석을 먼저 작성하고 주석을 기준으로 자바스크립트 코드를 작성합니다. 생각을 자바스크립트 문법에 맞추어 작성한 것이 프로그램이므로 먼저 생각을 논리적으로 정리해야 합니다. 생각은 고정된 틀에서 벗어나 자유로워야 합니다. 자바스크립트 코드를 먼저 생각하거나 작성하는 것은 틀에 맞추는 모습입니다.

한글로 자기 생각을 정리할 수 있어야 자바스크립트 코드를 논리적으로 작성할 수 있습니다. 구현하려는 기능을 논리적으로 정리하고 이를 기준으로 코드를 작성하면 에러도 줄고 개발 속도도 빠릅니다. 자바스크립트 언어를 배우는 것보다 자기 생각을 논리적으로 정리하여 글로 표현할 수 있는 것이 더 중요하다고 필자는 생각합니다.

개발 팁

블록 주석이 다수의 주석을 작성할 때 편리하지만 프로그램 편집기에서 두 줄을 차지하므로 블록 주석을 여러 개 작성하면 코드가 표시되는 양이 적어 편집기 화면을 스크롤(Scroll)해야 합니다. 그래서 필자는 함수 안에서는 //를 사용하고 함수 밖에서는 /* */를 사용합니다.

주석이 많으면 한 번에 볼 수 있는 코드가 줄어듭니다. 그래도 주석을 작성해야 하므로 주석 제거 툴(Tool)을 사용하여 주석을 제거한 파일을 별도로 작성합니다. 전체를 코드 중심으로 파악할 때는 주석 없는 파일을 사용하고 프로그램을 코딩(Coding)할 때는 주석이 작성된 파일을 사용합니다.

2.3 기본 문법

ES5 스펙에 "기본 문법"이라는 용어는 없으며 필자가 자바스크립트 코드를 작성할 때 기본이 되는 문법을 모아서 다루기 위해 분류한 것입니다.

■ 자바스크립트 코드 작성 위치

자바스크립트 코드를 작성하는 위치에는 제약이 없습니다. 들여쓰기를 하거나 하지 않더라도 같은 코드로 해석됩니다. 사람이 보기 편하도록 작성하면 됩니다. 일반적으로 개발자들 사이에 2칸 또는 4칸 들여쓰기를 하며 이 책은 4칸 들여쓰기를 했습니다.

[소스 2-3]

```
sports = '수영,축구';


sports = '수영,' +
         '축구';
```

한 줄에 작성해야 할 코드를 줄을 분리하여 작성하면 코드 형태에 따라 다른 코드가 될 수 있으므로 문법에 맞추어 줄을 분리해야 합니다. sports = "수영,축구";를 두 줄로 작성하려면 [소스 2-3]과 같이 "수영,"과 "축구";를 +로 연결해야 한 줄에 작성한 것으로 해석됩니다.

■ 대소문자 구분

자바스크립트는 영문 대문자와 소문자를 구분하므로 "ABC", "abc", "Abc"는 다르게 해석됩니다. 대부분 소문자로 시작하지만 대문자로 시작하는 것도 있습니다.

■ 공백

공백은 글에서 띄어쓰기를 하기 위해 빈칸을 두는 것과 같은 모습으로 하나 이상을 사용할 수 있습니다. var sports = "swim";에서 sports와 = 사이에 공백이 있으며 =와 "swim" 사이에 공백이 있습니다. 공백을 두 칸 이상 작성해도 되며 sports="swim"과 같이 공백 없이 작성해도 됩니다. 공백 없이 var sports를 작성하면 varsports가 되므로 이때에는 공백을 하나 이상 띄어야 합니다.

■ 토큰

토큰(Token)은 자바스크립트 코드를 구성하는 최소 단위를 나타냅니다. var sports = "swim"에서 공백으로 구분된 각각을 토큰이라고 합니다. 즉 "var", "sports", "=", "swim" 각각이 토큰입니다.

■ 문장 부호

문장 부호(Punctuator)는 아래 부호의 통칭입니다. 부호마다 기능이 다르므로 문장 부호라고 통칭하지 않고 연산자, 대괄호, 중괄호, 소괄호와 같이 기능 중심으로 세분하여 부릅니다.

```
{ } ( ) [ ] . ; , < > <= >= == != === !== + - * % ++ -- << >> >>> & | ^ ! ~
&& || ? : = += -= *= %= <<= >>= >>>= &= |= ^= / /=
```

■ 세미콜론

세미콜론(Semicolon, ;)은 자바스크립트 코드를 완성하는 역할을 합니다. 아래와 같이 세미콜론으로 자바스크립트 코드를 완성하지 않으면 에러가 발생합니다.

```
var soccer = 11 var basketball = 5
```

반면 아래와 같이 세미콜론을 작성하면 에러가 나지 않고 정상으로 실행됩니다.

```
var soccer = 11; var basketball = 5;
```

코드의 가독성을 위해 위와 같이 한 줄에 세미콜론으로 분리된 코드가 있으면 한 줄에 작성하지 않고 아래와 같이 줄을 분리하여 작성합니다.

```
var soccer = 11;
var basketball = 5;
```

자바스크립트는 코드 작성의 편리를 위해 세미콜론을 작성하지 않아도 됩니다. 그렇다고 세미콜론이 필요 없는 것은 아니며 세미콜론을 작성하지 않으면 자바스크립트가 자의적으로 해석하여 세미콜론을 삽입합니다. 한편 반드시 작성해야 하는 형태(문장)가 있습니다.

세미콜론 자동 삽입이 편리하지만, 개발자가 의도한 대로 자바스크립트 코드가 실행되지 않을 수 있으므로 세미콜론을 작성하는 것이 안전합니다. 세미콜론 자동 삽입은 사전 이해가 필요하며 "7.6 세미콜론 자동 삽입"에서 다룹니다.

2.4 유니코드

유니코드(Unicode)는 세계에서 사용하는 모든 문자의 집합입니다. 유니코드는 "U+ac00"과 같이 여섯 자리로 작성하며 앞에 U+를 작성하고 이어서 4자리 각각을 16진수로 작성합니다. 자바스크립트는 유니코드 3.0 버전에 정의된 문자를 사용합니다. 유니코드를 사용하려면 \uac00과 같이 첫 번째의 U를 역슬래시(\)로 작성하고 다음의 +를 u로 작성하며 이후 네 자리는 같습니다. 유니코드에 관한 정보는 http://www.unicode.org에서 볼 수 있습니다.

[소스 2-4]

```
js.log('\u0030');
js.log('\u0039');

js.log('\u0041');
js.log('\u0061');

js.log('\u1100');
js.log('\uac00');
```

[실행결과 2-4]

```
1. 0
2. 9
3. A
4. a
5. ㄱ
6. 가
```

```
js.log('\u0030');
js.log('\u0039');
```

[실행결과] 1번에 출력된 숫자 0의 유니코드는 \u0030이며 [실행결과] 2번에 출력된 숫자 9의 유니코드는 \u0039입니다.

```
js.log('\u0041');
js.log('\u0061');
```

[실행결과] 3번에 출력된 영문 대문자 A의 유니코드는 \u0041이며 대문자 Z를 출력하지 않

았지만 유니코드는 \u005A입니다. [실행결과] 4번에 출력된 영문 소문자 a의 유니코드는 \u0061이며 소문자 z를 출력하지 않았지만 유니코드는 \u007A입니다.

```
js.log('\u1100');
js.log('\uac00');
```

[실행결과] 5번 기역(ㄱ)의 유니코드는 \u1100이며 [실행결과] 6번 '가'의 유니코드는 \uac00입니다. 유니코드로 값을 분류하면 숫자 → 영문 대문자 → 영문 소문자 → 한글 순서가 됩니다.

2.5 화이트스페이스

화이트스페이스(Whitespace) 문자는 사람 눈에 보이지 않는 문자를 나타냅니다. 아래 [표 2-5]는 화이트스페이스 문자 일람표입니다.

[표 2-5] 화이트스페이스 문자

Unicode	기능	이름
\u0009	수평 탭(Horizontal Tab)	〈TAB〉
\u000B	수직 탭(Vertical Tab)	〈VT〉
\u000C	폼 넘기기(Form Feed)	〈FF〉
\u0020	공백(Space)	〈SP〉
\u00A0	NBSP(No-break space)	〈NBSP〉
\uFEFF	BOM(Byte Order Mark)	〈BOM〉
이외 카테고리 "Zs"	이외의 유니코드; 공백 분리자	〈USP〉

공백은 보이지 않으나 한 칸을 띄우며 이때 공백은 화이트스페이스 문자입니다. 화이트스페이스 문자는 소스 텍스트(주석 포함)의 가독성을 높이기 위해 토큰을 만들 때 사용합니다. 따라서 토큰과 토큰 사이, 토큰의 처음, 토큰의 마지막에 작성합니다.

유니코드는 향후 추가될 가능성이 있습니다. 유니코드가 추가되면 자바스크립트에 반영되겠지만 반영된 시점보다 이전 브라우저에서는 지원하지 않으므로 유니코드를 사용하기에 앞서 브라우저 지원 여부를 체크할 필요가 있습니다.

2.6 행 분리 문자

행 분리 문자(Line Terminator)는 행 또는 문단 끝에서 행을 분리하는 문자를 의미합니다. 아래 [표 2-6]은 행 분리 문자 일람표입니다.

[표 2-6] 행 분리 문자

Unicode	기능	이름
\u000A	행 넘기기(Line Feed)	〈LF〉
\u000D	커서를 행 앞으로 이동(Carriage Return)	〈CR〉
\u2028	행 분리(Line separator)	〈LS〉
\u2029	단락 분리(Paragraph separator)	〈PS〉

〈LF〉는 행을 바꾸고 바꾼 행의 열로 커서(Cursor)를 이동시키며 〈CR〉은 같은 행의 처음으로 커서를 이동시킵니다. 따라서 줄을 바꾸면서 바꾼 행의 첫 번째 열에 커서가 오게 하려면 〈CR〉과 〈LF〉를 같이 작성해야 합니다.

행 분리 문자는 소스 텍스트(주석 포함)의 가독성을 높이기 위해 토큰을 만들 때 사용합니다. 이 점에서 보면 화이트스페이스 문자와 같지만 자바스크립트 문법에 영향을 미치는 점이 다릅니다. sports = "수영,축구";를 두 줄로 분리할 때 토큰 끝에 행 분리 문자를 작성하면 줄이 분리됩니다. 하지만 행 분리 문자를 작성만 하면 자바스크립트 문법에 어긋나므로 아래와 같이 +를 추가로 작성해야 합니다.

```
sports = "수영," +
         "축구";
```

2.7 이스케이프 시퀀스

시퀀스(Sequence)의 사전적 의미는 "연달아 일어남, 연속, 순서, 차례"이며 이 중에서 연속이 자바스크립트의 시퀀스 의미에 가깝습니다. 숫자가 연속된 것을 숫자 시퀀스라고 하며 문자가 연속된 것을 문자 시퀀스라고 합니다. 숫자 시퀀스와 문자 시퀀스를 통칭하여 시퀀스라고 합니다.

시퀀스는 자바스크립트로 표현할 수 있는 문자와 숫자를 연속하여 작성한 형태를 나타냅니다. 특정 위치에서 시퀀스라고 하면 이어지는 나머지 문자 전체를 의미합니다. 예를 들어 여섯 자리인 유니코드의 두 번째에서 시퀀스라고 하면 나머지 4자리 전체를 의미합니다.

이스케이프(Escape)는 역슬래시(\)를 의미합니다. 이스케이프와 문자 시퀀스를 결합한 것을 이스케이프 시퀀스라고 하며 아래 [표 2-7]의 심볼에서 볼 수 있듯이 문자열로 해석되지 않고 특수한 기능을 수행합니다. 아래 [표 2-7]은 이스케이프 시퀀스 일람표입니다.

[표 2-7] 이스케이프 시퀀스

이스케이프 시퀀스	기능	유니코드	심볼
\b	백스페이스(Backspace)	\u0008	⟨BS⟩
\f	폼 넘기기(Form Feed)	\u000C	⟨FF⟩
\n	행 넘기기(Line Feed)	\u000A	⟨LF⟩
\r	커서를 행 앞으로 이동(Carriage return)	\u000D	⟨CR⟩
\t	수평 탭(Horizontal Tab)	\u0009	⟨HT⟩
\v	수직 탭(Vertical Tab)	\u000B	⟨VT⟩
\'	작은 따옴표(single quote)	\u0027	'
\"	큰 따옴표(double quote)	\u0022	"
\\	역슬래시(Backslash)	\u005C	\
\xXX	16진수 Latin-1 문자 값		
\uXXXX	Unicode 값		

개발 경험이 쌓이면 ECMA-262 스펙을 봐야 출처가 명확한 표준 용어를 사용할 수 있습니다. 스펙에서 시퀀스를 자주 사용하므로 이를 이해하고 있으면 스펙을 읽는 데 도움이 될 것입니다. 책의 앞부분에서 이스케이프 시퀀스와 같은 생소한 용어를 다룬 것은 스펙 중심으로 책을 집필했기 때문이며 어렵게 느껴지더라도 정확하게 스펙 용어를 사용하려는 의도입니다.

2.8 식별자 이름

식별자 이름(Identifier Name)은 변수, 함수 등을 식별하기 위한 이름을 의미하며 식별자 또는 이름으로 부르기도 합니다. ES5 스펙에서는 식별자를 많이 사용하지만 개발자들 사이에서는 이름을 많이 사용합니다. 이 책에서는 주변 글에 적절한 단어를 사용합니다.

식별자 이름을 부여하는 기준이 있습니다. 이름의 첫 문자는 영문자, 언더스코어(_, Underscore), 달러 마크($)를 사용하며 이후에 연속하여 숫자를 사용할 수 있습니다. ES5

스펙에서 "_"를 언더스코어(Underscore)로 표기하고 있으나 개발자 사이에 언더바 (Underbar)로 불리고 있으므로 이 책에서는 주로 언더바를 사용합니다. 아래는 식별자 이름의 사용 사례입니다.

- soccer: 영문 소문자만 사용
- sportsSoccer: 영문 소문자와 대문자 사용
- sports_soccer: 가운데에 "_"를 사용
- __sports: sports 이름 앞에 두 개의 "_" 사용
- sports_123_soccer: 영문자, "_", 숫자를 함께 사용

ES5 스펙에 작성된 것은 아니지만 개발자들 사이에 관례로 아래와 같이 이름을 부여하므로 같은 형태로 작성하면 소스 코드의 가독성이 높습니다.

- 함수와 변수 이름은 소문자로 작성합니다. soccer
- 단어와 단어를 연결할 때 두 번째 단어의 첫 문자를 대문자로 작성합니다. soccerSports
- 대문자 대신에 언더바(_)를 사용할 수도 있습니다. soccer_sports
- 오브젝트(Object) 이름의 첫 문자는 대문자로 작성합니다. Swim
- 값이 변하지 않는 상수는 이름 전체를 대문자로 작성합니다. MAX_VALUE, PI
- 이외에도 여러 가지가 있지만, 프로그램 개발에 앞서 명명 기준을 정하는 것이 바람직합니다.

[소스 2-8]

```
var \u0078\u0079\u007A = '서울';
js.log(\u0078\u0079\u007A);
var 가나다 = '한글';
js.log(가나다);
```

[실행결과 2-8]

1. 서울
2. 한글

```
var \u0078\u0079\u007A = '서울';
js.log(\u0078\u0079\u007A);
```

유니코드 \u0078\u0079\u007A는 소문자 xyz와 같습니다. 일반적으로 사용하는 형태는 아니지만 자바스크립트가 유니코드로 문자를 표현하므로 유니코드로 작성해도 값이 할당되

고 할당된 값을 구할 수 있습니다. [실행결과] 1번의 "서울"은 유니코드로 작성한 식별자 이름에 "서울"을 할당하고 할당된 값을 출력한 결과입니다. 이렇게 유니코드로 작성하면 소스 코드의 가독성이 떨어지므로 사용하지 않습니다.

```
var 가나다 = '한글';
js.log(가나다);
```

식별자 이름 "가나다"에 "한글"을 할당하고 "가나다"를 사용하여 값을 출력하면 [실행결과] 2번에 "한글"이 출력됩니다. 자바스크립트가 문자를 유니코드로 표현하므로 한글을 식별자 이름으로 사용할 수 있습니다. 하지만 유니코드를 설명하기 위한 것으로 식별자 이름을 한글로 사용하지 않습니다.

2.9 변수 선언

변수란 값이 변하는 영역을 의미하며 변수를 정의하는 것을 선언이라고 합니다. 변수를 선언하면 메모리(Memory)에 설정되며 메모리에 접근하려면 이름이 있어야 하므로 변수는 이름을 사용하여 선언해야 합니다. 변수 이름으로 값을 저장하거나 값을 읽을 수 있습니다.

변수 선언은 아래와 같이 var(variable), 하나 이상의 공백, 변수 이름 순서로 작성하고 끝에 세미콜론을 작성합니다. 변수는 ES5 스펙 분류에서 문장(Statement)에 속합니다. 그런데 문장에서 다루지 않고 여기서 다루는 것은 예제 소스에서 변수를 사용하므로 사전 설명이 필요하기 때문입니다.

[소스 2-9]

```
var sports;
var soccer;

var sports, soccer;
var sports,
    soccer;
```

[소스 2-9]는 아래에서 설명할 변수 선언 형태를 모아 놓은 것으로 전체를 보기 위한 것입니다.

```
var sports;
var soccer;
```

위와 같이 줄을 바꿔가면서 변수를 선언할 수도 있고 아래와 같이 콤마(Comma)로 구분하여 변수를 선언할 수도 있습니다. 이때 var 키워드(Keyword)를 처음에 한 번만 작성합니다. var sports,soccer와 같이 콤마 다음에 공백을 띄우지 않고 변수 이름을 작성해도 됩니다.

```
var sports, soccer;
```

아래와 같이 콤마 뒤에서 줄을 분리하여 작성할 수도 있습니다. sports 뒤에 콤마를 작성하지 않고 ",soccer"와 같이 콤마를 앞에 작성해도 됩니다. var 키워드에 연속하여 작성된 문장 전체를 변수 문장이라고 부릅니다.

```
var sports,
    soccer;
```

2.10 변수 초깃값 할당

처음으로 변수에 할당하는 값을 초깃값이라고 합니다. var sports;와 같이 변수를 선언하면 자바스크립트는 초깃값으로 undefined를 할당합니다. 따라서 변수는 어떤 경우에도 값을 갖게 됩니다. 변수를 선언하지 않고 변수를 사용하면 에러가 발생하지만 변숫값이 undefined이면 변수를 선언한 것이므로 에러가 발생하지 않습니다.

[소스 2-10]

```
var sports = 'swim';
var soccer=11;

var sports = 'swim',
    soccer = 11;

var sports = 'swim', sports = 'soccer';
var sports = swim = soccer = '스포츠';
```

[소스 2-10]은 아래에서 설명할 변수에 초깃값을 할당하는 형태를 모아 놓은 것으로 전체를 보기 위한 것입니다.

```
var sports = 'swim';
var soccer=11;
```

변수에 초깃값을 할당하려면 var 키워드와 변수 이름을 작성하고 이어서 "="를 작성한 다음, 변수에 할당할 값을 작성합니다. 변수 이름과 = 사이에 공백을 띄워도 되고 띄우지 않아도 됩니다. 또한 =와 값 사이에 공백을 띄워도 되고 띄우지 않아도 됩니다. 공백을 띄우더라도 자바스크립트는 공백을 무시하고 해석하지만 필자는 습관적으로 띄워서 작성합니다.

```
var sports = 'swim',
    soccer = 11;
```

위와 같이 콤마로 줄을 바꾸어서 값을 할당할 수 있으며 var 키워드는 처음에 한 번만 작성합니다.

```
var sports = 'swim', sports = 'soccer';
```

위와 같이 한 줄에 콤마로 구분하여 변수의 초깃값을 할당할 수 있습니다. 이처럼 이름이 같은 변수를 두 번 선언하면 나중에 선언한 변수의 값이 남게 됩니다. 즉, sports 변수의 값은 "soccer"가 됩니다. 콤마로 줄과 변수를 구분하면 위에서 아래로, 왼쪽에서 오른쪽으로 실행됩니다.

```
var sports = swim = soccer = '스포츠';
```

이처럼 변수를 선언하고 "스포츠"를 할당하면 모든 변수의 값이 같게 됩니다. 하지만 좋은 코딩은 아니며 변수에 값을 각각 설정하는 것이 좋은 코딩입니다.

개발 팁

> 필자는 변수를 선언할 때 두 가지 형태를 사용합니다. var sports, soccer;와 같이 선언만 하는 변수는 한 줄에 콤마로 연결하여 작성합니다. 값을 할당하는 변수는 아래와 같이 콤마로 구분하여 작성하되 줄을 바꾸어 작성합니다.
>
> ```
> var sports = '스포츠',
>     soccer = '축구';
> ```

> 필자가 이렇게 작성하는 이유는:
>
> 개발 경험이 쌓이면 사용자가 말하는 요구사항을 듣자마자 머릿속에서 자바스크립트 코드가 그려지므로 바로 코드를 작성할 수 있습니다. 그런데 이렇게 작성한 코드는 완전하다고 볼 수 없으며 다시 코드를 검토해야 합니다.
>
> 코드를 작성하고 싶은 생각은 굴뚝같지만 생각한 코드를 하나씩 정리하면서 주석을 먼저 작성합니다. 그리고 소스 코드에서 사용할 순서로 변수를 작성합니다. 이렇게 처음부터 계획적으로 코드를 작성하더라도 코드를 검토하게 되지만, 검토 횟수를 줄일 수 있습니다.

2.11 변수 타입

변수 타입(Type)이란 숫자 타입, 문자 타입과 같이 변수 형태를 의미합니다. 변수 타입이 숫자 타입이면 숫자만 할당할 수 있으며 문자 타입이면 문자만 할당할 수 있습니다. 한편 자바스크립트는 변수 타입을 구분하지 않습니다.

자바스크립트는 데이터 타입(Data Type)을 구분합니다. 데이터 타입이란 변수에 설정된 값을 기준으로 값이 숫자이면 숫자 데이터 타입이고 값이 문자이면 문자 데이터 타입입니다. 변수에 값을 할당할 때는 데이터 타입을 비교하지 않으며 변숫값을 사용하여 연산할 때 데이터 타입을 구분합니다. 숫자 데이터 타입이 아닌 문자열 데이터 타입이면 연산을 할 수 없습니다.

■ 결정된 자바스크립트 특징

변수에 할당한 값을 기준으로 데이터 타입을 구분하는 것은 상황에 따라 장점이 될 수 있으며 단점이 될 수도 있습니다. 하지만 장단점을 떠나 이것은 자바스크립트 특징입니다. 이미 언어적으로 결정된 것이므로 이를 잘 활용하여 소기의 목적을 달성하는 것이 우리가 가야 할 방향입니다.

■ 변수 삭제 불가

변수에 설정된 값을 지울 수는 있어도 변수를 삭제할 수는 없습니다.

2.12 상수

상수란 값이 변하지 않는 영역을 의미합니다. 변수와 마찬가지로 상수에 접근하기 위해서는 상수를 식별할 수 있는 이름이 필요합니다. 상수 선언 방법은 변수 선언 방법과 같으며 차이가 있다면 값이 변하지 않는다는 점입니다.

한편 자바스크립트에서 제공하는 상수가 아닌 프로그램에서 정의한 상수는 값을 변경할 수 있으므로 의미적인 선언입니다. 상수를 영문 대문자로 선언하는 것은 코딩 관례이며 값을 변경을 하지 말라는 암시입니다.

■ 상수 사용 목적

상수를 사용하는 목적은 항상 고정된 값을 사용하기 위해서입니다. 영문 대문자로 상수를 선언하는 것은 식별자 이름으로 상수를 인식하기 위해서입니다. 예를 들어 "var ONE = 1" 형태로 작성하면, 변수 이름만 보고도 ONE 변수의 값이 상수로 1인 것을 알 수 있습니다. 코드가 길어져서 편집기 화면을 올리거나 내려가면서 코드를 작성할 때 ONE 변수를 보면 값 1을 인식할 수 있어 코드 작성 및 유지보수에 도움이 됩니다.

■ 상수 종류

상수는 자바스크립트가 제공하는 상수와 개발자 소스 코드로 선언한 상수로 나눌 수 있습니다. 자바스크립트는 MAX_VALUE, MIN_VALUE와 같이 숫자로 표현할 수 있는 최댓값, 최솟값을 상수로 제공합니다. 이 상숫값은 변경할 수 없으며 변경하면 에러가 발생합니다.

한편 "var ONE = 1" 형태와 같이 프로그램에서 선언한 상수는 값을 변경할 수 있습니다. 이 형태는 근본적으로 변수이므로 값을 할당하면 값이 대체됩니다. 프로그램에서 선언한 상수는 자바스크립트가 인식하기 위한 상수가 아니라 사람이 인식하기 위한 상수입니다.

2.13 키워드, 예약어

키워드란 자바스크립트 기능을 가진 단어를 의미합니다. 따라서 프로그램에서 식별자 이름으로 사용할 수 없습니다. 다음 [표 2-13-1]은 ES5 스펙 기준 키워드 일람표입니다.

[표 2-13-1] ES5 스펙 키워드

[표 2-13-1] ES5 스펙 키워드

break	case	catch	continue	debugger
default	delete	do	else	finally
for	function	if	in	instanceof
new	return	switch	this	throw
try	typeof	var	void	while
with				

ES5 스펙에 debugger가 추가되었습니다.

[표 2-13-1]에 앞에서 살펴보았던 var 키워드가 있으며 변수를 선언하는 기능을 갖고 있습니다. 즉 자바스크립트가 var 키워드를 만나면 변수 선언 기능을 수행합니다.

■ 예약어

예약어란 현재 자바스크립트에서 사용하고 있지 않지만 향후 사용할 수 있으므로 예약해 둔 단어를 의미합니다. 자바스크립트 코드에서 예약어를 식별자 이름으로 사용하면 에러가 발생합니다. 개발 경험이 쌓이면 감각적으로 알 수 있지만 처음 접하는 독자는 당황할 수 있으므로 익혀 둘 필요가 있습니다. 아래 [표 2-13-2]는 ES3 스펙 기준 예약어 일람표입니다.

[표 2-13-2] ES3 예약어

abstract	boolean	byte	char	class
const	debugger	double	enum	export
extends	final	float	goto	implements
import	int	interface	long	native
package	private	protected	public	short
static	super	synchronized	throws	transient
volatile				

아래 [표 2-13-3]은 ES5 스펙 기준 예약어 일람표입니다.

[표 2-13-3] ES5 예약어

class	const	enum	export	extends
import	super			

아래 [표 2-13-4]는 ES5 스펙에서 새로 제시된 strict 모드에서의 예약어 일람표입니다. strict 모드는 strict 모드를 사용하는 곳의 상황에 따른 설명이 필요하므로 관련된 곳에서 다룹니다.

[표 2-13-4] ES5 strict 모드 예약어

implements	interface	let	package	private
protected	public	static	yield	

03

데이터 타입

자바스크립트의 데이터 타입(Type)을 다룹니다.

3.1 데이터 타입

자바스크립트에서 데이터 타입이란 값을 기준으로 형태를 분류한 것으로 자바스크립트 프로그램에서 사용할 수 있는 6개 타입과 자바스크립트 컴파일러 개발자를 위한 7개 스펙상의 타입이 있습니다.

■ 프로그램에서 사용할 수 있는 타입

- Number
- String
- Undefined
- Null
- Boolean
- Object

프로그램에서 사용할 수 있는 타입은 실체가 있으며 데이터를 저장할 수 있습니다. 따라서 자바스크립트 코드로 데이터를 저장, 추출, 변경, 삭제할 수 있습니다.

일반적으로 문자(Character)는 글자 하나를 나타냅니다. 한편 자바스크립트는 문자 수와 관계없이 데이터 타입이 문자이면 문자열(String)로 표기합니다. 숫자를 연산할 수 없도록 문자로 변환하면 문자열이 됩니다.

■ 스펙상의 타입

- Reference
- List
- Completion
- Property Descriptor
- Property Identifier
- Lexical Environment
- Lexical Record

스펙상의 타입은 자바스크립트 내부 처리를 위한 타입으로 자바스크립트 프로그램에서 사용할 수 없습니다. 하지만 결과를 프로그램에서 사용하게 되므로 처리 과정 또는 개념을 이해할 필요가 있습니다. 특히 Lexical Environment는 자바스크립트를 깊게 이해하기 위해 필요하며 "24장 렉시컬 환경"에서 다루고 있습니다.

3.2 정수와 실수

자바스크립트는 정수와 실수를 구분하지 않습니다. 하지만 정수와 실수 자체를 이해하기 위해 나누어 다룹니다.

■ 정수

정수는 123과 같은 숫자 값을 나타내며 −9007199254740992(-2^{53})에서 9007199254740990 ($2^{53} - 2$)까지 값이 범위입니다. 정수는 양의 정수, 음의 정수, 0으로 구분하며 0은 양수 0(+0)과 음수 0(−0)으로 구분합니다. 자바스크립트 코드로 +0과 −0을 작성할 수 있지만 값은 같습니다. 12e3과 같이 지수(e)를 사용할 수 있습니다.

[소스 3-2-1]

```
js.log(123);
js.log(0129);
js.log(+0);
js.log(-0);
js.log(12e3);
```

[실행결과 3-2-1]

1. 123
2. 129
3. 0
4. 0
5. 12000

```
js.log(0129);
```

0129를 출력했으나 [실행결과] 2번에 129가 출력되었습니다. 0129에서 첫 번째의 0은 무시됩니다.

```
js.log(+0);
js.log(-0);
```

[실행결과] 3번과 4번에 모두 0이 출력된 것은 +0과 −0이 같기 때문입니다. +0과 −0은 값

을 구분하기 위한 스펙상의 값으로 프로그램에서는 값을 구분하지 않아도 됩니다.

```
js.log(12e3);
```

[실행결과] 5번에 12000이 출력되었으며 지수(e3)은 12 * 1000과 같습니다.

■ 부동 소수점

부동 소수점은 123.45와 같이 소수점을 포함한 값을 의미합니다. 자바스크립트는 정수와 실수를 구분하지 않고 64비트(bit) 부동 소수점으로 계산합니다. 즉 123을 123.0으로 계산합니다. 부동 소수점은 1.23e2와 같이 지수(e)를 사용해서 소수 이하 수를 표현할 수 있습니다. 0.123과 같이 소수점 앞에 0을 작성하거나 .123과 같이 0을 작성하지 않아도 되지만 코드의 가독성을 위해 0.123 형태로 작성할 것을 권합니다.

[소스 3-2-2]

```
js.log(.012);
js.log(0.12e3);
js.log(12e-3);
js.log(12.e-3);
```

[실행 결과 3-2-2]

```
1. 0.012
2. 120
3. 0.012
4. 0.012
```

```
js.log(.012);
```

소수점 앞에 값을 지정하지 않으면 0.012와 같이 소수점 앞에 0을 붙여 반환합니다. 그래서 [실행결과] 1번에 0.012가 출력되었습니다.

```
js.log(0.12e3);
```

[실행결과] 2번에 출력된 120의 원래 형태는 0.12e3이며 0.12 * 1000(10^3)을 한 것과 같습니다.

```
js.log(12e-3);
js.log(12.e-3);
```

12e-3을 지정했더니 [실행결과] 3번에 0.012가 출력되었으며 12.e-3을 지정했더니 [실행결과] 4번에 0.012가 출력되었습니다. 즉 12e-3과 12.e-3의 결과는 같으며 출력된 0.012는 12 나누기 1000한 것과 같습니다. 소수점 작성 여부와 관계없이 e-3과 같이 음수 값을 지정하면 1000으로 나눕니다. 지수(e) 값이 양수이면 곱하고 음수이면 나눕니다.

3.3 Infinity, NaN

Infinity는 무한대 값을 나타내며 양수 무한대와 음수 무한대가 있습니다. +Infinity는 양수 무한대(+∞) 값을 나타내며 −Infinity는 음수 무한대(−∞) 값을 나타냅니다. 계산 결과가 양수 무한대 값이면 Infinity를 반환하고 음수 무한대 값이면 −Infinity를 반환합니다.

[소스 3-3-1]
```
js.log(1.7976931348623157e308);
js.log(1.7976931348623157e309);
js.log(-1.7976931348623157e308);
js.log(-1.7976931348623157e309);
```

[실행결과 3-3-1]

1. 1.7976931348623157e+308
2. Infinity
3. -1.7976931348623157e+308
4. -Infinity

```
js.log(1.7976931348623157e308);
js.log(1.7976931348623157e309);
```

[실행결과] 1번에 출력된 값은 원래 지정한 값이며 [실행결과] 2번에 출력된 Infinity는 양수 무한대 값입니다. 이를 통해 1.7976931348623157e308까지 양수임을 알 수 있습니다.

```
js.log(-1.7976931348623157e308);
js.log(-1.7976931348623157e309);
```

[실행결과] 3번에 출력된 값은 원래 지정한 값이며 [실행결과] 4번에 출력된 −Infinity는 음수 무한대 값입니다. 이를 통해 −1.7976931348623157e308까지 음수임을 알 수 있습니다.

■ NaN

NaN(Not-a-Number)은 값이 숫자가 아니거나 계산할 수 없는 값을 나타냅니다. 0을 0으로 나누면 NaN을 반환합니다.

[소스 3-3-2]

```
js.log(0 / 0);
```

[실행결과 3-3-2]

```
1. NaN
```

0을 0으로 나눌 수 없으므로 [실행결과]에 NaN이 출력되었습니다.

3.4 진수

정숫값을 10진수, 8진수, 16진수로 작성할 수 있습니다. 8진수와 16진수로 음수 값을 나타낼 수 있지만, 유동 소수점과 지수(e)를 사용할 수는 없습니다. 일반적으로 123과 같이 10진수를 사용하며 16진수와 8진수는 특별한 경우에 사용합니다.

■ 16진수

값의 첫 번째에 숫자 0을 작성하고 이어서 영문 대문자(X) 또는 영문 소문자(x)를 작성합니다. 이어서 0에서 9까지는 숫자를 작성하고 10은 "A", 11은 "B", 12는 "C", 13은 "D", 14는 "E", 15는 "F"로 작성합니다. 대소문자를 구분하지 않으므로 소문자(a~f)로 작성할 수 있습니다.

[소스 3-4]

```
js.log(0Xf);
js.log(0xFD);
js.log(0X7e3);
```

[실행결과 3-4]

```
1. 15
2. 253
3. 2019
```

```
js.log(0Xf);
```

첫 번째에 숫자 0을, 두 번째에 대문자 X를, 세 번째에 소문자 f를 작성하였습니다. 0X가 16진수를 나타내고 f의 16진수 값이 15이므로 [실행결과] 1번에 15가 출력되었습니다.

```
js.log(0xFD);
```

첫 번째와 두 번째 0x는 16진수를 나타내고 세 번째와 네 번째 FD는 16진수 값입니다. 16진수 FD는 (15 * 16) + 13이므로 [실행결과] 2번에 253이 출력되었습니다.

```
js.log(0X7e3);
```

0X7e3에서 e는 지수가 아닌 16진수 값 e입니다. 16진수 7e3는 (7*16*16) + (14*16) + 3이므로 [실행결과] 3번에 2019가 출력되었습니다.

■ 8진수

8진수는 값의 첫 번째에 숫자 0을 작성하고 이어서 0에서 7까지 작성합니다. 한편 ES3부터 8진수를 지원하지 않으며 ES3, ES5 스펙에 8진수가 작성되어 있지만 ES3 이전 버전의 호환성을 위해서입니다.

3.5 typeof 연산자

typeof는 typeof 다음에 작성한 데이터(값)의 타입을 반환하는 연산자(Operator)입니다. 한편 연산자에서 다루지 않고 여기서 먼저 다루는 것은 이 절의 예제에서 데이터 타입을 사용하기 때문입니다. [표 3-5]는 각 데이터 타입에 대해 typeof 연산자에서 반환되는 값 일람표입니다.

[표 3-5] typeof 연산자 결과

typeof 대상 데이터 타입	반환 값
Undefined	'undefined'
Null	'object'
Boolean	'boolean'
Number	'number'
String	'string'
{설명-1} 참조	object
{설명-2} 참조	function
{설명-3} 참조	브라우저 개발사에서 정의

{설명-1}

네이티브 오브젝트(Native Object)이면서 호출할 함수가 설정되지 않았을 때 object를 반환합니다. ES5 스펙을 그대로 작성하는 관계로 작성했지만 이에 대해서는 "9장 Object 오브젝트"에서 다루고 있습니다.

{설명-2}

네이티브 오브젝트이면서 호출할 함수가 설정되었을 때 function을 반환합니다. 이 또한 ES5 스펙을 그대로 작성하는 관계로 작성했지만 이에 대해서는 "16장 Function 오브젝트"에서 다루고 있습니다.

{설명-3}

브라우저 개발사에서 반환 값을 결정하며 undefined, boolean, number, string이 아니어야 합니다. 예를 들어 node, element, document와 같은 값이 반환됩니다.

[소스 3-5]

```
js.log(typeof 123);
js.log(typeof 12e3);
js.log(typeof 0 / 0);
js.log(typeof value);
```

[실행결과 3-5]

1. number
2. number
3. NaN
4. undefined

```
js.log(typeof 123);
js.log(typeof 12e3);
```

[실행결과] 1번과 2번에 출력된 값은 number이며 typeof 123과 typeof 12e3의 결과입니다. 숫자와 지수를 사용한 숫자 값, 양수 무한대 값, 음수 무한대 값의 데이터 타입은 number입니다.

```
js.log(typeof 0 / 0);
```

[실행결과] 3번에 NaN이 출력되었으며 0 나누기 0의 데이터 타입은 NaN입니다.

```
js.log(typeof value);
```

[실행결과] 4번에 undefined가 출력되었으며 이는 value 변수를 선언만 했을 때의 초깃값입니다. 한편 [소스 3-5]에 value 변수를 선언하지 않았으므로 에러가 발생해야 하는데 에러가 발생하지 않고 변수를 선언만 했을 때의 undefined 값이 반환되었습니다.

typeof 대상이 소스 텍스트에 존재하지 않을 때 에러가 발생하지 않으며 undefined 값을 반환합니다. 이 점이 typeof 연산자를 사용하는 또 하나의 목적입니다. 변수를 선언하지 않았을 때 발생할 에러를 피하면서 데이터 타입을 체크할 때 typeof 연산자를 사용합니다.

3.6 따옴표 사용

문자열은 작은따옴표(' ') 또는 큰따옴표(" ")를 사용한 형태를 의미합니다. 따옴표 안에 문자를 작성하지 않을 수 있으며 이를 빈 문자열이라고 합니다. 큰따옴표 안에 작은따옴표를 사용할 수 있으며 반대로 작은따옴표 안에 큰따옴표를 사용할 수 있습니다.

[표 3-6] 문자열 인식 형태

형태	개요
'sports'	따옴표 안에 작성했으므로 문자열이 됩니다.
"123"	숫자이지만 따옴표 안에 작성했으므로 문자열이 됩니다. 문자열로 작성하면 사칙연산을 할 수 없습니다.
' '	값을 작성하지 않고 따옴표만 작성하면 빈 문자열이 됩니다.
"서울 코리아"	서울과 코리아 사이의 공백도 문자열입니다.

■ +로 문자열과 문자열 연결

따옴표 안에 문자열을 작성해야 하므로 문자열이 길어지면 편집기 폭을 넘쳐 보기가 불편합니다. 이때 문자열을 분리하여 작성한 후 +로 문자열을 연결하면 하나의 문자열이 됩니다.

[소스 3-6]

```
var sports = '축구: ',
    player = '11명';
js.log(sports + player);
```

1. 축구: 11명

sports 변수에 "축구: "를 할당하고 player 변수에 "11명"을 할당한 후 sports 변수와 player 변수를 연결하면 [실행결과]에 "축구: 11명"이 출력됩니다. 이때 +는 각 변수의 문자열 값을 연결합니다.

개발 팁

> 하나의 문자열에서 큰따옴표와 작은따옴표를 혼용할 때가 흔하지 않습니다. 자바스크립트 코드를 작성할 때 큰따옴표와 작은따옴표 중에서 하나만 사용하고 필요할 때만 같이 사용해야 코드의 가독성이 높습니다. 다수의 개발자가 참여하는 프로젝트(Project)는 개발자의 취향에 따라 큰따옴표와 작은따옴표를 사용하므로 일관성을 위해 하나로 통일할 필요가 있습니다.

3.7 숫자와 문자열 더하기

숫자와 문자열을 더하면(+) 숫자에 문자열을 연결하여 반환합니다. 하지만 항상 이렇게 처리되지 않습니다. 예제를 통해 살펴보겠습니다.

[소스 3-7]

```
var player = 11,
    sports = '축구: ';

js.log(sports + player);
js.log('A' + 1 + 2);
js.log(1 + 2 + 'A');
js.log(1 + 2 + 'A' + 3 + 4);
```

[실행결과 3-7]

1. 축구: 11
2. A12
3. 3A
4. 3A34

```
js.log(sports + player);
```

sports 변숫값은 "축구: "이며 문자열입니다. 여기에 player 변숫값인 11을 더하면(+) "축구: "에 11을 연결합니다. 그래서 [실행결과] 1번에 "축구: 11"이 출력되었습니다. 문자열에 숫자를 더하면 문자열에 숫자를 연결하여 반환합니다.

```
js.log('A' + 1 + 2);
```

[실행결과] 2번에 출력된 값은 A12로 이는 A, 1, 2를 연결한 모습입니다. 문자열 A 다음에 숫자 1을 +하면 A1이 되며 문자열입니다. 여기에 숫자 2를 +하면 A1에 2를 연결합니다.

```
js.log(1 + 2 + 'A');
```

[실행결과] 3번에 출력된 값은 3A로 이는 1과 2를 더한 값에 A를 연결한 모습입니다. 숫자가 먼저 나오면 문자열을 만날 때까지 숫자 값을 더하고 더한 값에 문자열을 연결합니다.

```
js.log(1 + 2 + 'A' + 3 + 4);
```

[실행결과] 4번에 출력된 값은 3A34로 이는 1과 2를 더한 값에 A를 연결하고 A 다음에 숫자를 연결한 모습입니다. 숫자로 시작하면 문자열을 만날 때까지 값을 더하고 더한 값에 문자열을 연결합니다. 이어진 숫자를 문자열로 연결합니다. "A" 대신에 빈 문자열(" ")을 사용하면 빈 문자열도 문자열이므로 같은 방법으로 처리합니다.

3.8 오브젝트 타입

자바스크립트에서 오브젝트(Object) 타입은 의미가 크며 차지하는 비중도 매우 높습니다. 자바스크립트의 근간이 오브젝트라고 해도 지나치지 않습니다. 이 책에서 오브젝트를 깊고 넓게 다루는 근거입니다.

■ 오브젝트 형태

```
{book: 'JavaScript', sports: 'soccer'};
```

위 형태가 전형적인 오브젝트 타입 형태입니다. 오브젝트는 아래와 같은 방법으로 작성합니다.

1. 중괄호{ }를 작성합니다. { }는 오브젝트를 나타냅니다.
2. 오브젝트 안에 {이름: 값} 형태와 같이 이름, 콜론(:), 값을 하나의 단위로 작성합니다.
3. {book: 'JavaScript'}에서 book이 이름이고 'JavaScript'가 값입니다.
4. 콤마로 구분하여 "이름: 값"을 다수 작성할 수 있습니다.
5. 이름과 값을 하나도 작성하지 않은 형태를 빈 오브젝트라고 합니다.

■ 프로퍼티와 속성

이름과 값을 프로퍼티(Property)라고 하며 오브젝트를 구성하는 기본 단위입니다. {book: ""} 형태에서 값에 빈 문자열을 작성했지만 빈 문자열도 값이므로 프로퍼티 조건에 맞습니다. 값에 자바스크립트에서 제공하는 모든 데이터 타입을 작성할 수 있으며 {book: 'JavaScript', sports: 'soccer'}와 같이 하나의 오브젝트에 다수의 프로퍼티를 작성할 수 있습니다.

자바스크립트는 프로퍼티와 속성(Attribute)을 구분합니다. 속성은 프로퍼티의 상태를 나타내거나 값의 속성을 나타냅니다. {sports: {soccer: '11명'}} 형태에서 {soccer: '11명'}은 sports의 값이며 속성은 오브젝트입니다.

3.9 불리언 타입

불리언(Boolean) 타입은 true와 false를 나타내며 true이면 참이고 false이면 거짓입니다. 숫자에서 사용하면 true는 1로 false는 0으로 변환됩니다. 문자열에서 사용하면 true는 'true'로, false는 'false'로 변환됩니다. true는 값이 있고 false는 값이 없음을 나타내는 용도로도 사용합니다. 이처럼 불리언 타입은 주변 상황에 따라 값 또는 용도가 달라집니다.

[소스 3-9]

```
var value = true;
js.log(value);
js.log(typeof value);

js.log(true + 2);
js.log('A' + false);
```

```
1. true
2. boolean
3. 3
4. Afalse
```

```
var value = true;
js.log(value);
```

[실행결과] 1번에 출력된 값은 true로 이는 true 본래의 값입니다.

```
js.log(typeof value);
```

[실행결과] 2번에 출력된 값은 boolean으로 true와 false의 데이터 타입은 boolean입니다.

```
js.log(true + 2);
```

[실행결과] 3번에 출력된 값은 3으로 true + 2가 3이 되기 위해서는 true 값이 1이어야 합니다. true와 숫자로 사칙연산을 하면 1로 변환되어 계산합니다. false는 0으로 변환됩니다.

```
js.log('A' + false);
```

[실행결과] 4번에 Afalse가 출력되었으며 false 앞에 문자 "A"가 있으므로 false가 문자열로 변환되어 문자열 A에 연결되었습니다.

위 예제에서 true와 false가 전후 상태에 따라 데이터 타입이 변하는 것을 보았습니다. 따라서 자바스크립트 코드를 작성할 때 전후 관계를 살펴 true와 false를 사용해야 합니다.

3.10 undefined 타입

자바스크립트에서 undefined도 값이며 데이터 타입입니다. var sports;와 같이 변수를 선언하면 자바스크립트는 sports 변수에 초깃값으로 undefined를 할당합니다. 여기서 중요한 것은 변수의 초깃값이 undefined라는 점입니다. 비록 변수를 선언만 했지만 값을 갖습니다.

sports 변수에 값을 할당하면 할당한 값으로 대체됩니다. 변숫값이 undefined가 아니라는 것은 한 번 이상 처리한 것을 의미합니다. 변수를 선언만 한 것과 한 번 이상 처리한 것은 다릅니다. 처리 과정을 통해 변수에 undefined를 할당할 수 있으므로 변숫값이 undefined 일 때 처리하지 않은 것으로 단정할 수는 없습니다. 변수를 선언하지 않고 typeof 연산자 를 실행하면 undefined가 반환됩니다. 따라서 undefined로 변수 선언 및 변수 처리 여부를 체크할 수 없습니다.

비교 문에서 변숫값이 undefined이면 false를 반환합니다. 앞에 문자열이 있고 +로 연결하 면 문자열로 'undefined'가 연결됩니다. true, false와 마찬가지로 주변 상황에 따라 undefined 값이 변합니다.

[소스 3-10]

```
var sports;
js.log(sports);
js.log(undefined);
js.log(typeof undefined);

js.log(undefined + 1);
js.log(2 + undefined);
js.log('A' + undefined);
sports ? js.log('값 있음') : js.log('값 없음');
```

[실행결과 3-10]

1. undefined
2. undefined
3. undefined
4. NaN
5. NaN
6. Aundefined
7. 값 없음

```
var sports;
js.log(sports);
```

[실행결과] 1번에 undefined가 출력되었으며 이는 sports 변수의 값입니다. var sports만 작성했는데 undefined 값이 출력된 것은 자바스크립트가 변수에 초깃값으로 undefined를 할당하기 때문입니다.

```
js.log(undefined);
```

[실행결과] 2번에 undefined가 출력되었으며 이는 출력에 지정한 값입니다. 즉 undefined가 값입니다. undefined를 값이 아닌 undefined로 출력하려면 문자열로 "undefined"를 지정해야 합니다.

```
js.log(typeof undefined);
```

[실행결과] 3번에 undefined가 출력되었으며 이는 데이터 타입이 undefined인 것을 의미합니다.

```
js.log(undefined + 1);
js.log(2 + undefined);
```

[실행결과] 4번과 5번에 NaN이 출력되었습니다. undefined도 값이므로 앞 또는 뒤에 숫자 값을 더하면 NaN이 반환됩니다.

```
js.log('A' + undefined);
```

[실행결과] 6번에 Aundefined가 출력되었으며 이는 "A"에 undefined를 연결한 형태입니다. 문자열에 undefined를 연결하면 문자열로 "undefined"가 연결되어 반환됩니다.

```
sports ? js.log('값 있음') : js.log('값 없음');
```

위 코드는 sports에 값이 있으면 "값 있음"을 출력하고 값이 없으면 "값 없음"을 출력합니다. 코드 형태는 연산자에서 다루며 여기서는 undefined에 대해서만 살펴봅니다. [실행결과] 7번에 "값 없음"이 출력되었으며 이는 undefined도 값이지만 값이 없는 것으로 인식하기 때문입니다. 이처럼 undefined는 값을 비교할 때 값이 없는 상태 즉, false를 반환합니다.

3.11 null 타입

null은 값이며 데이터 타입입니다. undefined는 변수를 선언만 한 것이고 null은 변수를 선언한 후 null로 값을 바꾼 것으로 분명 차이가 있습니다. 프로그램에서 undefined와 null을 구분해서 반환해야 반환받는 프로그램에서 정확하게 사용할 수 있습니다. 반환받은 프로그램에서 구분하지 않고 값의 유무만 체크하는 것은 별개의 처리입니다.

[소스 3-11]

```
js.log(null);
js.log(typeof null);

js.log(null + 1);
js.log(2 + null);
js.log('A' + null);
```

[실행결과 3-11]

```
1. null
2. object
3. 1
4. 2
5. Anull
```

```
js.log(null);
```

[실행결과] 1번에 null이 출력된 것은 null이 값이기 때문입니다.

```
js.log(typeof null);
```

[실행결과] 2번에 object가 출력되었습니다. typeof 연산자로 null의 데이터 타입을 구하면 null을 반환하지 않고 object를 반환합니다. undefined가 undefined를 반환하듯이 null을 반환해야 하는데 object를 반환하는 것은 설계상의 실수입니다.

```
js.log(null + 1);
js.log(2 + null);
```

[실행결과] 3번에 1이 출력되었으며 4번에 2가 출력되었습니다. null에 숫자를 더하거나 숫자에 null을 더하면 null을 0으로 변환하여 계산합니다. null과 숫자 값으로 사칙연산을 하면 null을 0으로 변환하여 계산합니다.

```
js.log('A' + null);
```

[실행결과] 5번에 출력된 결과는 Anull이며 이는 A에 null을 첨부한 형태입니다. 문자열에 null을 더하면(+) null을 문자열로 변환하여 연결합니다.

제 2 부

표현식, 연산자, 문장, 반복문

2 부에서는 자바스크립트 코드의 기본 형태를 다룹니다.

04

할당, 산술, 단항 연산자

표현식과 연산자를 다루며 할당 연산자, 산술 연산자, 단항 연산자를 다룹니다.

4.1 표현식과 연산자

표현식(Expression)은 값을 나타내거나 사칙연산을 하거나 값을 변수에 할당하는 모습을 통칭합니다. 아래 형태가 표현식입니다.

```
1 + 2
total = 1 + 2
```

"1 + 2"는 1과 2를 더하는 표현식입니다. "total = 1 + 2"는 1과 2를 더해 total 변수에 할당하는 표현식입니다. 표현식을 수행하면 결과가 반환됩니다.

연산자(Operator)는 +, -, /, *, <= 등의 연산과 비교 기호를 통칭합니다. 대부분의 연산자는 처리(연산, 비교 등)를 하며 결과를 반환합니다. 오브젝트를 생성하는 new 연산자, 데이터 타입을 구하는 typeof 연산자와 같이 특별한 기능을 가진 연산자도 있습니다.

표현식과 연산자는 자바스크립트의 근간이 되는 개념입니다. 진도를 나가지 않았으므로 이 시점에서 논리를 제시할 수 없지만, 이를 염두에 두고 표현식과 연산자를 살펴보면 자바스크립트의 뿌리를 느낄 수 있습니다.

4.2 할당 연산자

할당 연산자(Assignment Operator)는 =를 나타내며 = 오른쪽 표현식의 결과를 왼쪽 표현식에 할당합니다. 할당 연산자는 단일 할당 연산자(=)와 복합 할당 연산자(+=)가 있습니다.

■ 단일 할당 연산자

단일 할당(Simple Assignment) 연산자는 = 형태를 의미하며 =를 기준으로 오른쪽 표현식의 결과를 왼쪽 표현식에 할당합니다. 왼쪽 표현식에 값이 있으면 치환됩니다. 그래서 할당 연산자를 치환 연산자, 대입 연산자라고 부르기도 합니다. 이 책에서 명사 형태는 "할당 연산자"로 표기하며 동사 형태는 "할당한다", "설정한다"로 표기합니다.

[소스 4-2]

```
var sports = 'swim';
var value = 1 + 2;
var aa = bb = cc = 1;
var plus = 5;
```

```
plus += 3;
```

```
var sports = 'swim';
```

sports 변수에 "swim"을 할당합니다. "swim"을 sports 변수에 할당하는 전체를 할당 표현식(Assignment Expression)이라고 합니다. var 키워드로 sports 변수를 선언하고 할당 연산자로 "swim"을 할당하는 것은 초깃값을 설정하는 것과 같습니다. sports 변수에 문자열 "swim"을 할당한다, sports 변수에 초깃값으로 "swim"을 할당한다고 말합니다.

```
var value = 1 + 2;
```

자바스크립트는 아래와 같은 순서로 위 코드를 해석하고 처리합니다.

해석, 처리 순서

1. 할당 연산자(=) 왼쪽의 표현식을 해석합니다.
2. 할당 연산자 오른쪽의 표현식을 해석합니다.
3. 오른쪽 표현식을 평가하여 값을 구합니다.
   {설명} 1과 2를 더하므로 3이 됩니다.
4. 왼쪽 표현식에 에러가 있으면 에러를 발생시킵니다.
5. 오른쪽 표현식에 에러가 있으면 에러를 발생시킵니다.
6. 에러가 없으면 평가한 값을 왼쪽 표현식에 할당합니다.
   {설명} 에러가 없으므로 value 변수에 3이 할당됩니다.

할당 연산자를 기준으로 왼쪽과 오른쪽을 해석합니다. 오른쪽의 표현식을 평가하고 평가한 값을 왼쪽 표현식에 할당합니다. 여기서 평가 개념이 중요합니다. 표현식을 평가하며 평가한 값을 반환합니다. "1 + 2"를 평가 중심으로 표현하면 1 + 2를 평가하고, 평가한 값이 3이며, 평가 결과를 반환합니다.

```
var aa = bb = cc = 1;
```

위 코드를 실행하면 aa 변수, bb 변수, cc 변수에 1이 할당됩니다. 이처럼 작성하면 var 키워드를 한 번만 작성하므로 편리하지만, 좋은 코딩은 아니며 각각 분리하여 작성하는 것이 좋은 코딩입니다. bb에 다른 값을 설정하고 cc에는 값을 설정하지 않았는데 상황에 따라 bb와 cc 값이 같게 될 수도 있기 때문입니다.

■ **복합 할당 연산자**

복합 할당(Compound Assignment) 연산자는 +=와 같이 = 앞에 다른 연산자를 작성한 형태로 *=, /=, %=, +=, -=, <<=, >>=, >>>=, &=, ^=, |=가 있습니다.

```
var plus = 5;
plus += 3;
```

자바스크립트는 아래와 같은 순서로 두 번째 줄의 (plus += 3)을 해석하고 처리합니다.

해석, 처리 순서

1. 할당 연산자(=) 왼쪽의 표현식을 평가하고 값을 구합니다.
   {설명} 첫 번째 줄에서 plus에 5를 할당했으므로 (plus += 3)에서 현재 plus 값은 5입니다.
2. 할당 연산자 오른쪽의 표현식을 평가하고 값을 구합니다.
   {설명} 값은 3입니다.
3. +=에서 =를 제외 시키면 +가 남게 됩니다.
   {설명} 더하기(+)를 먼저 수행하고 할당 연산자(=)를 나중에 수행합니다.
4. 양쪽 표현식에서 구한 값을 더합니다.
   {설명} 5 + 3을 하게 됩니다.
5. 에러가 있으면 에러를 발생시킵니다.
6. 에러가 없으면 구한 값을 왼쪽 표현식에 할당(=)합니다.
   {설명} 4번에서 구한 값이 8이므로 plus에 8이 할당됩니다.

4.3 더하기 연산자

가감 연산자(Additive Operators)에 더하기(+) 연산자와 빼기(-) 연산자가 있습니다. 이 절에서 더하기 연산자를 다루고 다음절에서 빼기 연산자를 다룹니다.

더하기 연산자는 값을 더하거나 문자열로 연결합니다. +를 중심으로 왼쪽 피연산자와 오른쪽 피연산자가 모두 숫자 타입이면 더하고 하나라도 문자열 타입이면 값을 연결합니다. 더하기 연산자는 왼쪽에서 오른쪽으로 더하기(덧셈, 연결)를 합니다.

[소스 4-3-1]

```
js.log(1 + 2);
js.log('123' + '500');
js.log(123 + '500');
var value = 123 + "";
```

```
js.log(typeof value);
js.log(10 + 20 + 'ABC');
```

[실행결과 4-3-1]

```
1. 3
2. 123500
3. 123500
4. string
5. 30ABC
```

```
js.log(1 + 2);
```

더하기 연산자는 양쪽 피연산자가 모두 숫자 타입이면 숫자 값을 더합니다. 그래서 [실행결과] 1번에 3이 출력되었습니다.

```
js.log('123' + '500');
js.log(123 + '500');
```

더하기 연산자 양쪽 피연산자 하나라도 문자열이면 값을 연결합니다. [실행결과] 2번과 3번에 출력된 123500은 따옴표가 표시되지 않았지만, 문자열로 연결된 결과입니다.

```
var value = 123 + "";
js.log(typeof value);
```

123에 빈 문자열을 더하면 123에 빈 문자열을 연결하여 문자열 타입으로 반환합니다. 그래서 [실행결과] 4번에 string이 출력되었습니다. 123을 문자열로 변환하기 위한 것으로 나쁘다고 할 수는 없지만 가독성이 떨어지므로 문자열로 변환하는 toString() 메소드 사용을 권합니다.

```
js.log(10 + 20 + 'ABC');
```

[실행결과] 5번에 30ABC가 출력되었으며 이는 10과 20을 더한 값에 "ABC"를 연결한 모습입니다. 왼쪽에서 오른쪽으로 하나씩 더하면서 연산자 양쪽의 데이터 타입을 체크하여 더하거나 연결합니다.

■ 숫자 타입 변환

자바스크립트는 더하기를 할 때 양쪽 피연산자를 아래 [표 4-3-1]과 같이 숫자 값으로 변환한 후 더하기를 합니다. 아래 [표 4-3-1]은 데이터 타입을 숫자 값으로 변환할 때 대응되는 값입니다.

[표 4-3-1] 숫자 값 변환

데이터 타입	결과 값
Undefined	NaN
Null	+0
Boolean	true이면 1, false이면 0
String	값이 숫자이면 숫자 값, 아니면 문자열
Number	숫자 값

[소스 4-3-2]

```
js.log(10 + null);
js.log(10 + true);
js.log(10 + false);
js.log(10 + undefined);
```

[실행결과 4-3-2]

1. 10
2. 11
3. 10
4. NaN

```
js.log(10 + null);
```

[실행결과] 1번에 10이 출력되었으며 이는 null이 숫자 0으로 변환되어 더하기를 하기 때문입니다.

```
js.log(10 + true);
js.log(10 + false);
```

[실행결과] 2번에 출력된 값은 11이고 3번에 출력된 값은 10입니다. true는 1로, false는 0으로 변환하여 더합니다.

```
js.log(10 + undefined);
```

[실행결과] 4번에 NaN이 출력되었으며 이는 더한 값이 숫자가 아니라는 의미입니다.

■ 자바스크립트 처리

문자열이지만 문자열의 값이 숫자이면 연결하지 않고 더하면 편할 수 있다고 생각할 수 있습니다. 자바스크립트의 처리 과정을 통해 연결되는 이유를 살펴보겠습니다.

더하기 순서, 기준

1. +왼쪽 피연산자를 평가하고 값을 구합니다.
2. +오른쪽 피연산자를 평가하고 값을 구합니다.
3. 왼쪽 값을 초깃값으로 변환하여 반환합니다.
   {설명} ▶ 3번 추가 설명을 참조하세요.
4. 오른쪽 값을 초깃값으로 변환합니다.
   {설명} ▶ 4번 추가 설명을 참조하세요.
5. 양쪽 중에 하나라도 문자열 타입이면 왼쪽 값에 오른쪽 값을 연결하여 반환합니다.
   {설명} ▶ 5번 추가 설명을 참조하세요.
   {설명} 반환하면 아래 처리를 하지 않습니다.
6. 양쪽 값을 숫자 값으로 변환하여 더하고 결과를 반환합니다.
   {설명} 숫자 값 변환은 위의 [표 4-3-1] 형태로 반환하게 됩니다.

▶ 5번 추가 설명: 문자열 연결
[실행결과 4-3-1] 3번에서 (123 + "500")이 623이 되지 않고 123500이 된 것은 한쪽이라도 문자열 타입이면 문자열로 연결하여 반환하기 때문입니다. "500"이 문자열이지만 숫자 값이므로 숫자 데이터 타입으로 변환하여 더 할 것으로 생각할 수 있지만 더하지 않은 것은, 하나라도 문자열 타입이면 값을 연결한 후 6번을 수행하지 않고 연결한 값을 반환하기 때문입니다. "500" 대신에 Undefined, Null, Boolean을 더하면 문자열 타입이 아니므로 6번을 수행하여 값을 더합니다.

▶ 3번과 4번 추가 설명: 초깃값 변환
초깃값 변환은 아래 [표 4-3-2]와 같이 초깃값을 반환받는 처리를 의미합니다. [표 4-3-2]에서 볼 수 있듯이 데이터 타입이 Undefined, Null, Boolean, Number, String이면 값이 그대로 반환되지만 Object는 값이 달라집니다.

[표 4-3-2] 초깃값 변환

데이터 타입	결과
Undefined	값을 변환하지 않고 값 반환
Null	값을 변환하지 않고 값 반환
Boolean	값을 변환하지 않고 값 반환
Number	값을 변환하지 않고 값 반환
String	값을 변환하지 않고 값 반환
Object	오브젝트의 초깃값 반환

4.4 빼기 연산자

빼기 연산자는 -를 기준으로 왼쪽 피연산자 값에서 오른쪽 피연산자 값을 빼고 결과를 반환합니다. 빼기 연산자를 다수 작성하면 같은 순서로 왼쪽에서 오른쪽으로 뺄셈을 하고 그 결과로 다시 오른쪽의 값을 뺍니다. 빼기 연산자는 피연산자가 숫자 값이면 문자열 타입이라도 연결하지 않고 뺄셈을 합니다.

[소스 4-4]

```
js.log(30 - 20);
js.log('30' - 20);
js.log(30 - '20');
js.log('70' - '20' - '10');
```

[실행결과 4-4]

```
1. 10
2. 10
3. 10
4. 40
```

```
js.log(30 - 20);
```

빼기 연산자는 왼쪽 피연산자 값에서 오른쪽 피연산자 값을 뺍니다. 그래서 [실행결과] 1번에 10이 출력되었습니다.

```
js.log('30' - 20);
js.log(30 - '20');
```

[실행결과] 2번과 3번에 10이 출력되었으며 이는 30과 20이 문자열 타입이지만 값이 숫자이므로 뺄셈을 하기 때문입니다. 더하기 연산자가 숫자 값이라도 문자열 타입이면 값을 연결하는 것과는 다릅니다.

```
js.log('70' - '20' - '10');
```

[실행결과] 4번에 40이 출력되었으며 이는 (70 - 20 - 10)한 결과입니다. 모두 문자열로 작성했지만 값이 숫자이므로 뺄셈을 하기 때문입니다.

4.5 곱하기 연산자

승제 연산자(Multiplicative Operators)는 가감승제에서 가감(+, -)을 제외한 승제(*, /)를 나타냅니다. 승제 연산자에 곱하기(*), 나누기(/), 나머지(%) 연산자가 있으며 이 절에서는 곱하기 연산자를 다룹니다.

곱하기 연산자는 *를 기준으로 왼쪽 피연산자에 오른쪽 피연산자를 곱합니다. 아래와 같은 기준으로 곱하기를 합니다.

곱하기 기준

1. 문자열 타입이라도 값이 숫자이면 곱합니다.
2. 양쪽에서 하나라도 숫자가 아니면 NaN을 반환합니다.
3. 양쪽에서 하나라도 0이면 0을 반환합니다.
4. 무한대에 0을 곱하면 NaN을 반환합니다.
5. 양쪽이 모두 무한대 값이면 무한대 값을 반환합니다.
6. 양쪽 부호가 같으면 양수 값을 반환하고 부호가 다르면 음수 값을 반환합니다.

[소스 4-5-1]

```
js.log(20 * '12');
js.log(20 * true);
js.log(20 * false);
js.log(20 * null);
js.log(Infinity * 0);
```

```
1. 240
2. 20
3. 0
4. 0
5. NaN
```

```
js.log(20 * '12');
```

문자열 "12"를 곱하면 숫자 타입으로 변환하여 곱하므로 [실행결과] 1번에 240이 출력됩니다.

```
js.log(20 * true);
js.log(20 * false);
```

true는 1로, false는 0으로 변환하여 곱하므로 [실행결과] 2번에 20이 출력되고 3번에 0이 출력됩니다.

```
js.log(20 * null);
```

null은 0으로 변환하여 곱하므로 [실행결과] 4번에 0이 출력됩니다.

```
js.log(Infinity * 0);
```

무한대 값에 0을 곱하면 NaN이 반환되며 [실행결과] 5번에 NaN이 출력됩니다. 0이 아닌 12와 같은 숫자 값을 곱하면 Infinity가 반환됩니다.

■ 곱셈 고려사항

[소스 4-5-2]

```
js.log(2.3 * 3);
js.log(2.3 * 10 * 3 / 10);
```

[실행결과 4-5-2]

```
1. 6.8999999999999995
2. 6.9
```

```
js.log(2.3 * 3);
```

2.3에 3을 곱하면 6.9가 출력될 것으로 생각되지만 [실행결과] 2번에 6.8999999999999995가 출력되었습니다. 5대 브라우저 모두 같은 값이 출력되며 이는 에러가 아닌 IEEE 754 (www.ieee.org)에 따른 정상 처리입니다.

그럼 어떻게 사람이 생각하는 값으로 출력할 수 있을까요?

정수와 정수를 곱하면 이를 해결할 수 있습니다. 실수를 정수로 변환하고 변환된 값을 곱합니다. 그리고 결과를 정수로 변환한 값으로 나누면 값을 구할 수 있습니다.

```
js.log(2.3 * 10 * 3 / 10);
```

[실행결과] 3번에 6.9가 출력되었으며 (2.3 * 3)한 것과 같습니다. 2.3에 10을 곱해 정수로 변환하고 3을 곱하면 69가 됩니다. 그리고 곱했던 값인 10으로 나누면 6.9가 출력됩니다.

4.6 나누기 연산자

나누기 연산자는 /를 기준으로 왼쪽 피연산자를 오른쪽 피연산자로 나눕니다. 아래와 같은 기준으로 나누기를 합니다. 자바스크립트는 부동 소수점 연산을 하므로 정수가 아닌 소수를 반환합니다.

나누기 기준

1. 문자열 타입이라도 값이 숫자이면 나눕니다.
2. 양쪽에서 하나라도 숫자가 아니면 NaN을 반환합니다.
3. 0을 0으로 나누면 NaN을 반환합니다.
4. 무한대를 무한대로 나누면 NaN을 반환합니다.
5. 숫자 값을 0으로 나누면 무한대 값을 반환합니다.
6. 무한대를 0으로 나누면 무한대를 반환합니다.
7. 숫자 값을 무한대로 나누면 0을 반환합니다.
8. 양쪽 부호가 같으면 양수 값을 반환하고 부호가 다르면 음수 값을 반환합니다.

[소스 4-6]

```
js.log(3 / 'A');
js.log(0 / 0);
js.log(0 / 25);
```

```
js.log(3 / 0);
js.log(12 / true);
js.log(12 / false);
js.log(12 / null);
```

[실행결과 4-6]

1. NaN
2. NaN
3. 0
4. Infinity
5. 12
6. Infinity
7. Infinity

```
js.log(3 / 'A');
js.log(0 / 0);
```

분모 또는 분자가 숫자 값이 아니면 NaN을 반환하며 [실행결과] 1번의 NaN은 (3 / 'A')의 결과입니다. 분모와 분자가 모두 0이면 NaN을 반환하며 [실행결과] 2번의 NaN은 (0 / 0)의 결과입니다.

```
js.log(0 / 25);
js.log(3 / 0);
```

분모가 숫자 값이고 분자가 0이면 0을 반환하며 [실행결과] 3번의 0은 (0 / 25)의 결과입니다. 분자가 숫자 값이고 분모가 0이면 무한대 값(Infinity)을 반환하며 [실행결과] 4번의 Infinity는 (3 / 0)의 결과입니다.

```
js.log(12 / true);
js.log(12 / false);
js.log(12 / null);
```

분자가 숫자 값이고 분모가 true이면 true를 1로 변환하여 나누며 [실행결과] 5번의 12는 (12 / true)의 결과입니다. 반면 false는 0으로 변환하므로 (12 / 0)이 되어 [실행결과] 6번에 Infinity가 출력되었습니다. null 또한 0으로 변환하므로 (12 / 0)이 되어 [실행결과] 7번에 Infinity가 출력되었습니다.

> 나누기하기 전에 정상적으로 나눗셈이 될 것인가를 체크하는 것이 좋은 코딩입니다. 나눗셈 결과
> 로 체크할 수도 있지만 불필요한 처리를 한 후 체크하는 모습이며, 먼저 체크하면 분모와 분자의
> 비정상에 따른 처리를 분리해서 할 수 있습니다.
>
> 숫자 값을 숫자 값으로 나눌 때 앞의 곱하기와 같이 IEEE 754에 따른 처리를 하게 되므로 사람이
> 생각하는 값과 다른 값이 반환될 수 있습니다. 이때 분모와 분자를 정수로 변환한 후 나눗셈을 하
> 면 됩니다.
>
> 소수 이하 자릿수가 많은 값을 나누고 연속해서 다른 값을 곱하면 오차가 발생할 수 있습니다. 이
> 때에도 정수로 변환한 후 나눗셈을 합니다. 계산식을 연결하는 것보다 분리해서 계산하는 것이 사
> 람이 생각하는 값에 가까운 값을 반환받을 수 있습니다.

4.7 나머지 연산자

나머지 연산자는 %로 표기하며 %를 기준으로 왼쪽 연산자를 오른쪽 연산자로 나눈 나머지
를 반환합니다. 따라서 우선 나눗셈이 정상으로 계산되어야 합니다.

[소스 4-7-1]

```
js.log(3 % 2);
js.log(3 % 3);
```

[실행결과 4-7-1]

```
1. 1
2. 0
```

3을 2로 나누면 나머지가 1이므로 [실행결과] 1번에 1이 출력되었습니다. 3을 3으로 나누면
나머지가 0이며 0도 값이므로 [실행결과] 2번에 0이 출력되었습니다.

■ 나머지 연산 고려사항

[소스 4-7-2]

```
js.log(5 % 2.5);
js.log(5 % 2.4);
js.log(5 - (2 * 2.4));
js.log((5 * 10 - (2 * 2.4 * 10)) / 10);
```

```
1. 0
2. 0.20000000000000018
3. 0.20000000000000018
4. 0.2
```

```
js.log(5 % 2.5);
js.log(5 % 2.4);
```

5 % 2.5의 나머지 값은 0이며 당연한 결과입니다. (5 % 2.4)를 하면 나머지가 0.2가 되어야 하나 [실행결과] 2번에 0.20000000000000018이 출력되었으며 여기서 끝에 있는 18은 원했던 값이 아닙니다. 그래서 곱하기에서 했던 것처럼 아래와 같이 곱하기로 변경해 보았습니다.

한편 일반적인 연산에서는 소수점 이하 몇 자리에서 반올림하거나 버리므로 소수점 이하 15자리 값은 의미가 없을 수도 있습니다. 하지만 이 값에 큰 값을 곱하고 다시 나누는 연산을 반복하게 되면 차이가 날 수 있으므로 상황에 따라 결정해야 합니다.

```
js.log(5 - (2 * 2.4));
```

[실행결과] 3번에 [실행결과] 2번과 같은 값이 출력되었으며 이는 원하는 값이 아닙니다. 아래 문장처럼 소수를 정수로 변환해야 합니다.

```
js.log((5 * 10 - (2 * 2.4 * 10)) / 10);
```

[실행결과] 4번에 출력된 값은 0.2로 소수점 끝에 있던 18이 없어졌습니다. 0.2는 사람이 인식하는 값으로 IEEE 754 기준 값이 아닙니다. 사람이 인식하는 값이 항상 맞는 값이 될 수 없으므로 상황에 맞게 계산 방법을 선택해야 합니다.

4.8 단항 +연산자

단항 +연산자(Unary +Operator)는 피연산자를 숫자 타입으로 변환합니다. +value와 같이 더하기 연산자에 연속해서 피연산자를 작성합니다.

[소스 4-8-1]

```
var two = -2;
js.log(+two);
```

```
var seven = +'7';
js.log(typeof seven);
```

[실행결과 4-8-1]

```
1. -2
2. number
```

```
var two = -2;
js.log(+two);
```

two 변수에 음수 값으로 −2를 할당하고 단항 +연산자를 사용하여 양수 값으로 바꾸려 했으나 [실행결과] 1번처럼 −2가 그대로 출력되었습니다. 이처럼 단항 +연산자는 음수 값을 양수 값으로 바꾸지 않습니다.

```
var seven = +'7';
js.log(typeof seven);
```

+"7" 결과를 seven 변수에 할당한 후 typeof seven을 했더니 [실행결과] 2번에 number가 출력되었습니다. number가 출력된 것은 단항 +연산자가 문자열 "7"을 숫자 7로 변환하기 때문입니다. 단항 +연산자는 문자열 타입의 숫자 값을 숫자 타입으로 바꿉니다.

■ 단항 +연산자 활용

[소스 4-8-2]

```
var six = '6',
    five = 5;
js.log(six + five);
js.log(+six + five);
js.log(five + +six);
```

[실행결과 4-8-2]

```
1. 65
2. 11
3. 11
```

```
var six = '6', five = 5;
js.log(six + five);
```

six 변수에 문자열로 6을, five 변수에 숫자 5를 할당하였습니다. 이 상태에서 six + five를 하면 값을 더하지 않고 값을 연결하여 [실행결과] 1번에 65가 출력됩니다.

```
js.log(+six + five);
```

앞 코드와 차이는 +six와 같이 six 변수 앞에 단항 +연산자를 사용한 것으로 [실행결과] 2번에 11이 출력되었습니다. 이는 문자열 6을 숫자 값으로 변환한 후 5를 더한 결과입니다. 이처럼 단항 +연산자는 문자열 타입의 숫자를 숫자 타입으로 변환하므로 사칙연산에 유용합니다.

```
js.log(five + +six);
```

(five + +six)에서 +가 연속된 것으로 보일 수 있지만 각 +의 기능이 다릅니다. [실행결과] 3번에 11이 출력되었으며 이는 단항 +연산자가 문자열 6을 숫자 타입의 6으로 변환하기 때문입니다. 단항 +연산자는 Number(six)와 기능이 같으며 five + Number(six) 형태가 가독성이 높습니다.

4.9 단항 −연산자

단항 −연산자(Unary −Operator)는 피연산자를 숫자 타입으로 변환하고 부호를 바꿉니다. −이면 +로, +이면 −로 바꾸므로 음수가 양수로, 양수가 음수로 바뀌게 됩니다.

[소스 4-9]

```
var five = 5;
js.log(-five);
var six = -6;
js.log(-six);
```

[실행결과 4-9]

```
1. -5
2. 6
```

```
var five = 5;
js.log(-five);
```

five 변수에 5를 할당하고 단항 -연산자를 사용하여 five 변숫값을 출력했더니 [실행결과] 1
번에 -5가 출력되었습니다. 이는 양수 값을 음수 값으로 바꾼 것으로 5 * -1과 같습니다.

```
var six = -6;
js.log(-six);
```

six 변수에 -6을 할당하고 단항 -연산자를 사용하여 six 변숫값을 출력했더니 [실행결과] 2
번에 6이 출력되었습니다. 이는 음수 값을 양수 값으로 바꾸기 때문입니다.

4.10 후치 증가 연산자

증가 연산자(Increment Operator)는 ++ 형태로 표기합니다. book++ 같이 피연산자 뒤에
++를 작성한 형태를 후치 증가 연산자(Postfix Increment Operator)라고 하며, ++book과
같이 피연산자 앞에 ++를 작성한 형태를 전치 증가 연산자(Prefix Increment Operator)라고
합니다. 이 절에서 후치 증가 연산자를 다루고 다음 절에서 전치 증가 연산자를 다룹니다.

후치 증가 연산자는 문장을 수행한 후 1이 증가합니다. plus 변숫값이 6이라고 할 때 현재
문장에서는 6을 사용하게 되고 다음 문장에서 1이 증가한 7을 사용하게 됩니다.

[소스 4-10]

```
var plus = 1;
js.log(5 + plus++);

plus = 2;
var value = plus++ + 1;
js.log(value);
js.log(plus);

value = 7;
value++;
js.log(value);
```

[실행결과 4-10]

```
1. 6
```

```
2. 3
3. 3
4. 8
```

```
var plus = 1;
js.log(5 + plus++);
```

[실행결과] 1번에 6이 출력되었으며 (5 + 1)한 값입니다. 6은 plus++의 후치 증가 연산자가 1을 증가시키지 않은 것으로 1이 증가했다면 7이 출력됩니다. 후치 증가 연산자는 세미콜론(;) 앞에서 변숫값을 증가시키지 않습니다. 세미콜론이 문장을 분리하므로 세미콜론 뒤에서 값을 증가시킵니다.

```
plus = 2;
var value = plus++ + 1;
js.log(value);
js.log(plus);
```

[실행결과] 2번에 3이 출력되었으며 (plus++ + 1)한 결과입니다. plus 변수 초깃값이 2이므로 plus++가 1을 증가시키지 않았다는 것을 의미하며 1이 증가했다면 (3 + 1)이 되므로 4가 출력됩니다.

[실행결과] 3번에 출력된 값은 3으로 plus 변수의 값입니다. 앞에서 plus 변숫값이 2이었는데 3이 출력된 것은 (plus++ + 1;) 문장을 수행한 후 즉, 세미콜론 다음에서 plus 변숫값이 1이 증가하기 때문입니다.

```
value = 7;
value++;
js.log(value);
```

[실행결과] 4번에 8이 출력되었으며 value 변수 초깃값이 7이므로 1이 증가한 값입니다. value++;로 문장을 완료함에 따라 value 변숫값이 증가하므로 8이 출력되었습니다.

4.11 전치 증가 연산자

++plus와 같이 피연산자 앞에 전치 증가 연산자를 작성하면 피연산자를 수행하기 전에 1을 plus에 더합니다. 현재 plus 변숫값이 6이라고 할 때 plus 변숫값이 7이 되므로 이어지는

표현식에서 7을 사용하게 됩니다.

[소스 4-11]

```
var plus = 2;
js.log(++plus + 5);

plus = 2;
js.log(3 + ++plus);
```

[실행결과 4-11]

```
1. 8
2. 6
```

```
var plus = 2;
js.log(++plus + 5);
```

[실행결과] 1번에 출력된 값은 8이며 (++plus + 5)의 결과입니다. plus 변수 초깃값이 2이므로 ++plus 결과는 3이 되어야 8이 출력됩니다. 전치 증가 연산자는 먼저 1을 증가한 후 다음 표현식을 수행합니다.

```
plus = 2;
js.log(3 + ++plus);
```

plus 변수에 2를 할당한 후 (3 + ++plus)를 수행했더니 [실행결과] 2번에 6이 출력되었습니다. 다른 표현식의 앞에 ++를 작성하든 뒤에 작성하든 먼저 값을 증가시킨 후에 연산합니다.

4.12 후치 감소 연산자

감소 연산자(Decrement Operator)는 -- 형태로 표기합니다. book--같이 피연산자 뒤에 --를 작성한 형태를 후치 감소 연산자(Postfix Decrement Operator)라고 하며 --book과 같이 피연산자 앞에 --를 작성한 형태를 전치 감소 연산자(Prefix Decrement Operator)라고 합니다. 이 절에서는 후치 감소 연산자를 다루고 다음 절에서 전치 감소 연산자를 다룹니다.

후치 감소 연산자는 문장을 수행한 후 1을 감소합니다. minus 변수의 값이 6이라고 할 때 현재 문장에서는 6을 사용하고 다음 문장에서 1이 감소된 5를 사용합니다.

```
var minus = 3;
js.log(minus-- + 5);
```

[실행결과 4-12]

```
1. 8
```

[실행결과] 1번에 8이 출력되었으며 (3 + 5)한 값입니다. 8은 minus--에서 --가 1을 감소시키지 않은 값으로 minus--로 1이 감소했다면 7이 출력됩니다. 후치 감소 연산자는 세미콜론 앞에서 변숫값을 감소시키지 않습니다.

4.13 전치 감소 연산자

--minus와 같이 피연산자 앞에 전치 감소 연산자를 작성하면 피연산자를 수행하기 전에 1을 감소 시킵니다. 현재 minus 변숫값이 3이라고 할 때 minus 변숫값이 2가 되므로 이어지는 표현식에서 2를 사용합니다.

[소스 4-13]

```
var minus = 3;
js.log(--minus + 5);
```

[실행결과 4-13]

```
1. 7
```

[실행결과] 1번에 출력된 값은 7이며 (--minus + 5) 결과입니다. minus 변수의 초깃값이 3이므로 --minus로 1이 감소해야 7이 출력됩니다. 전치 감소 연산자는 먼저 1을 감소시킨 후 다음 표현식을 수행합니다.

4.14 논리 NOT 연산자

논리 NOT 연산자(Logical NOT Operator)는 !value와 같이 피연산자 앞에 느낌표(!)를 작성합니다. 피연산자 값을 불린 값으로 변환하고 결과가 true이면 false로, false이면 true를 반환합니다. 아래 [표 4-14]는 불린 변환 일람표입니다.

[표 4-14] 불린 변환

데이터 타입	변환 값
Undefined	false
Null	false
Boolean	변환하지 않고 그대로 반환
String	값이 있으면 true, 값이 없으면 false
Number	값이 0 또는 NaN이면 false, 아니면 true
Object	true

[소스 4-14]

```
var value = true;
js.log(!value);
js.log(!5);
js.log(!!"A");
```

[실행결과 4-14]

```
1. false
2. false
3. true
```

```
var value = true;
js.log(!value);
```

value 변수에 true를 할당한 후 !value와 같이 논리 NOT 연산자(!) 결과를 출력했더니 [실행 결과] 1번에 false가 출력되었습니다. !연산자는 피연산자 값을 true/false로 변환하고 true이 면 false로, false이면 true로 바꾸어 반환합니다.

```
js.log(!5);
```

!연산자는 우선 5를 true/false로 변환합니다. 숫자 5이므로 [표 4-14] 불린 변환에서 true를 반환하며 다시 true를 false로 바꾸어 반환하므로 [실행결과] 2번에 false가 출력됩니다.

```
js.log(!!"A");
```

!연산자를 두 번 사용한 점이 특징입니다. 처음 !연산자를 수행하면 "A"가 false가 되고 다 시 !연산자를 수행하면 true가 됩니다. 그래서 [실행결과] 3번에 true가 출력되었습니다.

4.15 비트 NOT 연산자

비트 NOT 연산자(Bitwise NOT Operator)는 피연산자 앞에 ~를 작성합니다. 피연산자 값을 2진수 비트(Bit)로 변환한 후 비트 값을 반대로 반환하므로 양수/음수 사인(sign) 부호가 바뀝니다. 양수는 음수로 바꾸면서 -1을 더하고 음수는 양수로 바꾸면서 1을 뺍니다. 값 0에 ~연산자를 사용하면 사인 부호가 바뀌게 되므로 -1이 되며 ~-1은 0이 됩니다. 32비트 범위에서 정수만 사용할 수 있습니다. 비트 연산자는 "6장 비트, 기타 연산자"에서 다루고 있습니다.

[소스 4-15]

```
js.log(~0);
js.log(~-1);
js.log(~5);
```

[실행결과 4-15]

```
1. -1
2. 0
3. -6
```

```
js.log(~0);
```

0의 비트 사인 부호를 바꾸므로 [실행결과] 1번에 -1이 출력되었습니다.

```
js.log(~-1);
```

음수를 양수 값으로 바꾸면 1이 되고 1에서 1을 빼게 되므로 [실행결과] 2번에 0이 출력되었습니다.

```
js.log(~5);
```

양수를 음수 값으로 바꾸면 -5가 되고 -5에 -1을 더하므로 [실행결과] 3번에 -6이 출력되었습니다.

05

관계, 동등, 일치, 논리 연산자

관계, 동등, 일치, 논리 연산자를 다룹니다.

5.1 > 연산자

GT 연산자(Greater-than Operator)는 >로 표기하며 > 기준으로 왼쪽 피연산자와 오른쪽 피연산자를 비교합니다. 왼쪽 값이 오른쪽 값보다 크면 true를, 같거나 작으면 false를 반환합니다. ES5 스펙에 "Greater-than Operator"로 표기되어 있으나 표기를 간결하게 하기 위해 GT 연산자로 표기했습니다.

■ 모두 문자열 타입일 때

[소스 5-1-1]

```
js.log('2' > '1');
js.log('A' > '1');
js.log('a' > 'A');
js.log('A01' > 'A2');
```

[실행결과 5-1-1]

1. true
2. true
3. true
4. false

```
js.log('2' > '1');
js.log('A' > '1');
```

양쪽 피연산자가 모두 문자열 타입이면 사전 순서로 비교합니다. 사전 순서는 유니코드를 의미하며 숫자 → 영문 대문자 → 영문 소문자 순서입니다. 유니코드에서 "2"와 "A"가 "1" 뒤에 나오므로 [실행결과] 1번과 2번에 true가 출력되었습니다. 양쪽이 모두 문자열일 때 값이 숫자라도 숫자 타입으로 변환하지 않고 문자열 타입으로 비교합니다.

```
js.log('a' > 'A');
```

소문자 "a"의 유니코드 값은 61이고 대문자 "A"의 유니코드 값이 41이므로 [실행결과] 3번에 true가 출력되었습니다.

```
js.log('A01' > 'A2');
```

문자열을 비교할 때 앞에서부터 문자 하나씩 분리하여 비교합니다. 첫 번째 문자가 모두

"A"이므로 다음의 "0"과 "2"를 비교하며 유니코드에서 "0" 뒤에 "2"가 나오므로 [실행결과] 6번에 false가 출력되었습니다.

■ 한쪽이라도 문자열 타입이 아닐 때

[소스 5-1-2]

```
js.log(1 > 'A');
js.log('A' > 1);
js.log('5' > 1);
```

[실행결과 5-1-2]

1. false
2. false
3. true

```
js.log(1 > 'A');
js.log('A' > 1);
```

한쪽이라도 문자열 타입이 아니면 우선 숫자 값으로 변환합니다. 문자열 "A"는 NaN으로 변환되며 한쪽이라도 NaN이면 false를 반환합니다. 그래서 [실행결과] 1번과 2번에 false가 출력되었습니다.

```
js.log('5' > 1);
```

문자열 "5"를 숫자 값으로 변환하면 5가 되며 유니코드에서 5가 1보다 뒤에 나오므로 [실행결과] 3번에 true가 출력되었습니다.

■ 숫자 값으로 변환하여 비교

자바스크립트는 양쪽 모두가 문자열일 때와 한쪽이라도 문자열이 아닌 경우를 나누어 처리합니다. 모두 문자열일 때 처리는 앞서 살펴보았으며 한쪽이 문자열이 아닐 때의 주요 처리를 요약하면 아래와 같습니다.

처리 방법

1. >연산자 양쪽의 피연산자를 숫자 값으로 변환합니다.
   {설명} null: 0, true: 1, false: 0, undefined: NaN
2. 한쪽이라도 NaN이면 false를 반환합니다.

3. 양쪽 모두 숫자이면서 값이 같으면 false를 반환합니다.

4. 왼쪽 값이 무한대이면서 오른쪽 값이 무한대가 아니면 true를 반환합니다.

5. 왼쪽 값이 무한대가 아니면서 오른쪽 값이 무한대이면 false를 반환합니다.

6. 왼쪽 숫자 값이 오른쪽 숫자 값보다 크면 true를, 아니면 false를 반환합니다.

[소스 5-1-3]

```
js.log(1 > (0 / 0));
js.log(true > false);
var value;
js.log(1 > value);
```

[실행결과 5-1-3]

```
1. false
2. true
3. false
```

```
js.log(1 > (0 / 0));
```

(0 / 0) 값은 NaN입니다. 한쪽이라도 NaN이면 false를 반환하므로 [실행결과] 1번에 false가 출력됩니다.

```
js.log(true > false);
```

true는 1로 변환되고 false는 0으로 변환되므로 [실행결과] 2번에 true가 출력됩니다.

```
var value;
js.log(1 > value);
```

value를 선언만 하였으므로 값이 undefined이고 undefined는 NaN을 반환하므로 [실행결과] 3번에 false가 출력됩니다.

5.2 >= 연산자

GE 연산자(Greater-than-or-equal Operator)는 >=로 표기하며 >=를 기준으로 왼쪽 피연산자 값이 오른쪽 피연산자 값보다 크거나 같으면 true를, 작으면 false를 반환합니다. 다른 비교 기준은 앞서 살펴보았던 >연산자와 같습니다.

5.3 < 연산자

LT 연산자(Less-than Operator)는 <로 표기하며 <를 기준으로 왼쪽 피연산자 값이 오른쪽 피연산자 값보다 작으면 true를, 아니면 false를 반환합니다. 다른 비교 기준은 앞서 살펴보았던 >연산자와 같습니다.

5.4 <= 연산자

LE 연산자(Less-than-or-equal Operator)는 <=로 표기하며 <=를 기준으로 왼쪽 피연산자 값이 오른쪽 피연산자 값보다 작거나 같으면 true를, 아니면 false를 반환합니다. 다른 비교 기준은 앞서 살펴보았던 >연산자와 같습니다.

5.5 동등 연산자

동등 연산자(Equals Operator)는 ==로 표기하며 ==를 기준으로 왼쪽 피연산자 값과 오른쪽 피연산자 값이 같으면 true를, 같지 않으면 false를 반환합니다. 자바스크립트는 다양한 조건에 따라 값을 반환하며 비교 기준을 정리하면 아래와 같습니다. 값을 반환하면 더 이상 비교하지 않습니다.

왼쪽 피연산자 값과 오른쪽 피연산자 값을 구합니다. 비교 기준은 왼쪽과 오른쪽 데이터 타입이 같을 때와 다를 때로 나눌 수 있습니다.

비교 기준: 왼쪽 데이터 타입과 오른쪽 데이터 타입이 같을 때

1. 데이터 타입이 Undefined 또는 Null이면 true를 반환합니다.
2. 왼쪽이 Number 타입일 때
   A. 둘 중에 하나라도 값이 NaN이면 false를 반환합니다.
   B. 왼쪽 값과 오른쪽 값이 같은 숫자 값이면 true를 반환합니다
   C. 이상의 조건에 맞지 않으면 false를 반환합니다.
3. 왼쪽 데이터 타입이 문자열일 때
   A. 왼쪽과 오른쪽 문자 수가 같으면서 값이 같으면 true를 반환하고
   B. 아니면 false를 반환합니다.
4. 왼쪽 데이터 타입이 Boolean일 때
   A. 왼쪽과 오른쪽 값이 모두 true 또는 false이면 true를 반환하고
   B. 아니면 false를 반환합니다.
5. 왼쪽과 오른쪽 값이 같은 오브젝트를 참조하면 true를, 아니면 false를 반환합니다.

6. 왼쪽 값이 null이면서 오른쪽 값이 undefined이면 true를 반환합니다.

7. 왼쪽 값이 undefined이면서 오른쪽 값이 null이면 true를 반환합니다.

8. 왼쪽이 숫자 타입이고 오른쪽이 문자열 타입일 때

　A. 오른쪽을 숫자 값으로 변환하여 (왼쪽 값 == 변환 값)의 비교 결과를 반환합니다.

9. 왼쪽이 문자열 타입이고 오른쪽이 숫자 타입일 때

　A. 왼쪽을 숫자 값으로 변환하여 (변환 값 == 오른쪽 값)의 비교 결과를 반환합니다.

10. 왼쪽이 불린 타입이면 숫자 값으로 변환하고 (변환 값 == 오른쪽 값)의 비교 결과를 반환합니다.

11. 오른쪽이 불린 타입이면 숫자 값으로 변환하고 (왼쪽 값 == 변환 값)의 비교 결과를 반환합니다.

12. 위 조건에 일치하지 않으면 false를 반환합니다.

[소스 5-5-1]

```
js.log(1 == '1');
var one;
js.log(one == undefined);
js.log(one == null);
js.log('abc' == 'abc ');
```

[실행결과 5-5-1]

1. true
2. true
3. true
4. false

```
js.log(1 == '1');
```

숫자 타입 1과 문자열 타입 "1"을 비교한 코드로 비교기준 8-A에 해당되어 [실행결과] 1번에 true가 출력됩니다.

```
var one;
js.log(one == undefined);
```

one 변숫값이 undefined이므로 (undefined == undefined)로 비교하게 됩니다. 비교기준 1에 해당되어 true가 [실행결과] 2번에 출력됩니다.

```
js.log(one == null);
```

one 변숫값이 undefined이므로 (undefined == null)로 비교하게 되어 false가 반환되어야 하나 [실행결과] 3번에 true가 출력되었습니다. 이는 비교기준 7에 해당되어 true를 반환하기 때문입니다.

```
js.log('abc' == 'abc ');
```

"abc"와 "abc "를 비교하는 코드입니다. 공백이 잘 보이지 않으므로 true가 반환될 것으로 생각할 수 있지만, [실행결과] 4번에 false가 출력되었습니다. false가 반환된 것은 비교기준 3-B에 해당되기 때문입니다.

■ false 비교

프로그램에서 true, false를 비교할 때 false 비교는 특히 주의할 점이 있습니다.

[소스 5-5-2]

```
js.log(false == '0');
js.log(false == "");
```

[실행결과 5-5-2]

```
1. true
2. true
```

```
js.log(false == '0');
```

false는 불린 데이터 타입이고 "0"은 문자열 타입인데 [실행결과] 1번에 true가 출력되었습니다. false는 비교기준 10에서 숫자 값으로 변환하여 0이 되며 비교기준 8-A에 해당되므로 true가 반환됩니다.

```
js.log(false == "");
```

false는 불린 데이터 타입이고 ""(빈 문자열)은 문자열 타입인데 [실행결과] 2번에 true가 출력되었습니다. false를 숫자 값으로 변환하면 0이 되고 빈 문자열을 숫자 값으로 변환하면 0이 되므로 두 값이 같아 true가 반환됩니다. 비교기준 10과 8-A에 해당합니다.

5.6 부등 연산자

부등 연산자(Does-not-equal Operator)는 !=로 표기하며 !=를 기준으로 왼쪽 피연산자 값과 오른쪽 피연산자 값이 같으면 false를, 같지 않으면 true를 반환합니다. 다른 비교 기준은 앞서 살펴보았던 동등(==) 연산자와 같습니다. a != b의 결과와 !(a == b)의 결과는 같습니다.

5.7 일치 연산자

일치 연산자(Strict Equals Operator)는 ===로 표기하며 ==연산자가 값을 비교하는 반면 ===연산자는 값과 데이터 타입을 함께 비교합니다. 예를 들어 숫자 0과 문자열 "0"을 비교할 때 ==연산자는 true를 반환하고 ===연산자는 false를 반환합니다. 자바스크립트 비교 기준을 정리하면 아래와 같습니다. 값을 반환하면 더 이상 비교하지 않습니다.

비교 기준

1. 왼쪽 피연산자 값과 오른쪽 피연산자 값을 구합니다.
2. 데이터 타입이 다르면 false를 반환합니다.
   {설명} 따라서 아래는 데이터 타입이 같을 때만 비교합니다.

3. 왼쪽 데이터 타입이 Undefined 또는 Null이면 true를 반환합니다.
4. 왼쪽 데이터 타입이 Number일 때
   A. 왼쪽 값 또는 오른쪽 값이 NaN이면 false를 반환합니다.
   B. 왼쪽 값과 오른쪽 값이 같은 숫자 값이면 true를 반환합니다.
   C. 이상의 조건에 맞지 않으면 false를 반환합니다.
5. 왼쪽 데이터 타입이 문자열일 때
   A. 왼쪽과 오른쪽 문자 수가 같으면서 값이 같으면 true를 반환하고
   B. 아니면 false를 반환합니다.
6. 왼쪽 데이터 타입이 Boolean일 때
   A. 왼쪽과 오른쪽 값이 모두 true 또는 false이면 true를 반환하고
   B. 아니면 false를 반환합니다.
7. 왼쪽과 오른쪽 값이 같은 오브젝트를 참조하면 true를, 아니면 false를 반환합니다.

[소스 5-7]

```
js.log(1 === '1');
js.log(1 === 1);
```

```
var one;
js.log(one === null);
js.log(true === 1);
```

[실행결과 5-7]

1. false
2. true
3. false
4. false

```
js.log(1 === '1');
```

1과 "1"이 값은 같지만 숫자 타입과 문자열 타입이므로 데이터 타입이 같지 않아 [실행결과] 1번에 false가 출력됩니다. 비교기준 2에 해당합니다.

```
js.log(1 === 1);
```

값이 같으면서 모두 숫자 타입이므로 [실행결과] 2에 true가 출력됩니다. 비교기준 4-B에 해당합니다.

```
var one;
js.log(one === null);
```

one 변수의 데이터 타입이 Undefined이고 null의 데이터 타입이 Null이므로 데이터 타입이 같지 않아 [실행결과] 3번에 false가 출력됩니다. one == null과 같이 ==연산자로 비교하면 true가 반환됩니다. 비교기준 2에 해당합니다.

```
js.log(true === 1);
```

true를 숫자 값으로 변환하면 1이 되지만 true의 데이터 타입이 Boolean이므로 [실행결과] 4번에 false가 출력됩니다. true == 1로 비교하면 true가 반환됩니다. 비교기준 6-B에 해당합니다.

개발 팁

> ==연산자가 데이터 타입을 비교하지 않으므로 ===연산자보다 폭넓게 사용할 수 있습니다. 하지만 위에서 볼 수 있듯이 결과가 다를 수 있으므로 ===연산자 사용을 권합니다. ===연산자 비교를 통해 자바스크립트의 포괄적인 비교를 방지할 수 있습니다. 필자는 데이터 타입으로 인해 에러가 발생하는 것을 방지하기 위해 특별한 경우를 제외하고 의도적으로 ===연산자를 사용합니다.

5.8 불일치 연산자

불일치 연산자(Strict Does-not-equal Operator)는 !==와 같이 ==연산자 앞에 느낌표(!)를 작성하며 ===연산자 비교 결과의 반대 값을 반환합니다. ===연산자의 결과가 true이면 false를 반환합니다. 다른 비교 기준은 앞서 살펴보았던 ===연산자와 같습니다.

5.9 논리 OR 연산자

바이너리 논리 연산자(Binary Logical Operators)에 논리 OR 연산자와 논리 AND 연산자가 있으며 이 절에서는 논리 OR 연산자를 살펴보고 다음 절에서 논리 AND 연산자를 살펴봅니다.

논리 OR 연산자(Logical OR Operator)는 ||로 표기합니다. 왼쪽 피연산자를 평가하여 값을 구하고 값을 불린 값으로 변환합니다. 변환한 불린 값이 true이면 평가한 값을 반환합니다. false이면 오른쪽 피연산자로 왼쪽 피연산자가 했던 처리를 반복합니다. 더 이상 오른쪽에 피연산자가 없으면 평가한 값을 반환합니다. [표 5-9]는 평가한 값을 불린 값으로 변환하여 반환되는 값입니다. 값이 숫자로 0이거나 빈 문자열이면 false가 반환됩니다.

[표 5-9] 불린 값 변환

데이터 타입	결과 값
Undefined	false
Null	false
Boolean	변환하지 않고 그대로 반환
Number	0 또는 NaN이면 false, 아니면 true 반환
String	빈 문자열이면 false, 아니면 true 반환
Object	true

■ **표현식 평가 비교**

[소스 5-9-1]

```
var one = 1;
js.log(one === 1 || one === 3);
js.log(one === 2 || one === 3);
```

```
js.log(one === 1 || two === 5);
```

[실행결과 5-9-1]

1. true
2. false
3. true

```
var one = 1;
js.log(one === 1 || one === 3);
```

one 변숫값이 1이므로 (one === 1)을 평가하면 true가 반환되며 [표 5-9]의 불린 값으로 변환하면 true가 되므로 [실행결과] 1번에 true가 출력됩니다. (one === 1)이 true가 되므로 (one === 3)을 평가하지 않습니다. 이것이 || 연산자의 특징입니다.

```
js.log(one === 2 || one === 3);
```

(one === 2)를 평가하면 false가 반환되며 [표 5-9]의 불린 값으로 변환하면 false가 되므로 다음 표현식을 평가하게 됩니다. (one === 3)의 평가 결과는 false이며 불린 값으로 변환하면 false입니다. false이므로 다음 표현식을 평가하려 했으나 피연산자가 없으므로 평가 결과인 false를 반환하며 [실행결과] 2번에 출력됩니다.

논리 OR 연산자(||)로 끝까지 비교했을 때 조건에 맞지 않으면 false가 반환되는 것은 이 때문입니다. 평가 결과가 false이기 때문에 false를 반환하는 것이지 조건이 맞지 않아서 false를 반환하는 것과는 기준이 다릅니다.

```
js.log(one === 1 || two === 5);
```

(one === 1)를 평가하면 true가 반환되며 불린 값으로 변환하면 true가 되므로 더 이상 비교하지 않고 종료합니다. 평가 결과를 반환하므로 [실행결과] 3번에 true가 출력됩니다. 오른쪽의 two 변수를 선언하지 않았는데 에러가 나지 않은 이유는 (one === 1)의 불린 변환값이 true가 되어 처리를 종료하기 때문입니다. 만약 false이면 two 변수가 존재하지 않으므로 에러가 발생합니다.

이 코드는 세심한 접근이 필요합니다. one 변수에 1이 할당되는 환경에서는 테스트(test)를 통과하지만 상황이 변해 1 이외의 값이 할당되면 (two === 5)에서 에러가 발생하기 때문입니다. 논리 OR 연산자는 모든 경우의 값을 하나씩 지정해가면서 확인해야 합니다.

■ 값 비교

[소스 5-9-2]

```
var six, seven = 0, nine = 9;
js.log(six || seven || nine);
js.log(seven || six);
```

[실행결과 5-9-2]

```
1. 9
2. undefined
```

```
var six, seven = 0, nine = 9;
js.log(six || seven || nine);
```

(six || seven || nine)에서 먼저 six 변수의 값을 평가하면 undefined를 반환하며 [표 5-9]의 불린 값으로 변환하면 false가 되므로 다음을 평가합니다. seven 변숫값 0은 false로 평가되므로 다음의 nine을 평가합니다. nine 변숫값을 평가하면 9가 반환되며 불린 값으로 변환하면 true가 됩니다. 논리 OR 연산자는 true 시점의 평가 결과를 반환하므로 [실행결과] 1번에 true가 아닌 9가 출력됩니다.

자바스크립트가 0을 false로 인식하므로 프로그램을 개발할 때 고생할 수 있으니 주의해야 합니다. 숫자 0을 true로 인식하도록 하려면 문자열로 "0"을 작성하면 됩니다.

```
js.log(seven || six);
```

seven 변숫값은 평가 결과의 불린 값이 false이므로 다음을 평가합니다. six 변수의 평가 결과는 undefined이며 불린 값으로 변환하면 false이므로 다음을 평가합니다. 그런데 다음에 비교할 피연산자가 없으므로 마지막으로 평가한 값을 반환하게 됩니다. 그래서 [실행결과] 4번에 undefined가 출력되었습니다. undefined가 false로 인식되어 논리 OR 연산자가 종료하는 것이지 반환 값이 false는 아닙니다.

5.10 논리 AND 연산자

논리 AND 연산자(Logical AND Operator)는 &&로 표기합니다. &&를 기준으로 왼쪽과 오른쪽 피연산자를 평가하고 그 값을 불린 값으로 변환합니다. 변환한 값이 모두 true이면 마지막으로 평가한 값을 반환하고 하나라도 false이면 false 시점의 평가한 값을 반환합니다.

■ 표현식 평가 비교

[소스 5-10-1]

```
var one = 1, two = 2;
js.log(one === 1 && two === 3);
js.log(one === 3 && five === 5);
var five = 5;
js.log(one === 1 && five === 5);
```

[실행결과 5-10-1]

1. false
2. false
3. true

```
var one = 1, two = 2;
js.log(one === 1 && two === 3);
```

one 변숫값이 1이므로 (one === 1)을 평가하면 true가 반환되며 불린 값으로 변환하면 true가 되어 다음을 평가합니다. 다음의 (two === 3)을 평가하면 two 변숫값이 2이므로 false가 반환됩니다. 마지막으로 평가한 값을 반환하므로 [실행결과] 1번에 false가 출력되었습니다. 불린 값으로 변환한 값이 false이므로 false가 반환되는 것이 아니라 false가 된 시점의 평가한 값을 반환합니다.

```
js.log(one === 3 && five === 5);
```

one 변숫값이 1이므로 (one === 3)을 평가하면 false가 반환되며 불린 값으로 변환하면 false가 됩니다. 논리 AND 연산자는 변환 값이 false이면 더 이상 비교하지 않고 평가한 값을 반환합니다. 그래서 [실행결과] 2번에 false가 출력되었습니다.

one 변수에 3이 할당되어 있다면 다음의 (five === 5)를 평가하게 됩니다. 여기서 five 변수를 앞에서 선언하지 않았으며 아래 (var five = 5;) 문장에서 five 변수에 5를 할당하므로 현재 위치에서는 five 변수가 존재하지 않는 것으로 인식되어 에러가 발생해야 합니다. 하지만 five 변숫값이 undefined로 인식되어 에러가 발생하지 않습니다. 비교 코드 아래에서 변수를 선언하는데 에러가 나지 않는 것은 자바스크립트 메커니즘으로 "25장 실행 콘텍스트"에서 다루고 있습니다.

```
var five = 5;
js.log(one === 1 && five === 5);
```

one 변숫값이 1이므로 (one === 1)을 평가하면 true가 반환되며 불린 값으로 변환하면 true가 되어 다음을 평가합니다. 다음의 (five === 5)를 평가하면 five 변수의 값이 5이므로 true가 반환되며 불린 값으로 변환하면 true가 됩니다. 양쪽이 모두 true이면 마지막으로 평가한 값을 반환하므로 [실행결과] 3번에 true가 출력되었습니다. 여기서 양쪽 모두가 true이기 때문에 true를 반환하는 것이 아니라 양쪽 모두가 true일 때 마지막으로 평가한 값인 true를 반환합니다.

■ 단항 비교

[소스 5-10-2]

```
var one = 1, zero = 0, nine = 9;
js.log(one && zero && nine);


var two, six = 6;
js.log(two && six);
js.log(one && six);
```

[실행결과 5-10-2]

1. 0
2. undefined
3. 6

```
var one = 1, zero = 0, nine = 9;
js.log(one && zero && nine);
```

one 변숫값이 1이므로 (one)을 평가하면 1이 반환되며 [표 5-9]의 불린 값으로 변환하면 true가 되어 다음을 평가합니다. 다음의 (zero)를 평가하면 0이 반환되며 불린 값으로 변환하면 false가 됩니다. 논리 AND 연산자는 변환 값이 false이면 더 이상 비교하지 않고 평가한 값을 반환합니다. 그래서 [실행결과] 1번에 false가 아닌 0이 출력되었습니다.

```
var two, six = 6;
js.log(two && six);
```

two 변수를 선언만 했으므로 (two && six)는 (undefined && 6) 형태가 됩니다. (two) 변수

를 평가하면 undefined가 반환되고 불린 값으로 변환하면 false가 됩니다. 따라서 더 이상 비교하지 않고 평가한 값을 반환하므로 [실행결과] 2번에 false가 아닌 undefined가 출력되었습니다.

```
js.log(one && six);
```

(one)을 평가하면 1이 반환되며 불린 값으로 변환하면 true가 되어 다음을 평가합니다. 다음의 (six)를 평가하면 6이 반환되며 불린 값으로 변환하면 true가 되어 다음을 평가합니다. 그런데 다음에 피연산자가 없어 마지막으로 평가한 값을 반환하므로 [실행결과] 3번에 6이 출력되었습니다.

5.11 조건(? :) 연산자

조건 연산자(Conditional Operator)는 (exp ? first : second)와 같이 물음표(?)와 콜론(:)을 사용해서 조건을 비교하고 조건에 해당하는 표현식을 평가하여 값을 반환합니다. 삼항 연산자라고도 부릅니다. exp 위치의 불린 변환 값이 true이면 first 위치의 표현식을 평가하여 값을 반환하고 false이면 second 위치의 표현식을 평가하여 값을 반환합니다. exp 위치의 불린 값 변환 기준은 논리 OR 연산자(||)와 같습니다.

[소스 5-11]

```
js.log(1 === '1' ? '같음' : '다름');
```

[실행결과 5-11]

1. 다름

```
js.log(1 === '1' ? '같음' : '다름');
```

(1 === '1')를 평가하면 false가 반환되며 불린 값으로 변환해도 false가 됩니다. 불린 값 변환 결과가 true이면 물음표(?) 다음의 표현식을 평가하고 평가한 값을 반환하므로 "같음"이 반환됩니다. false이면 콜론(:) 다음의 표현식을 평가하고 평가한 값을 반환하므로 "다름"이 반환됩니다. (1 === '1')의 불린 변환 값이 false이므로 "다름"이 [실행결과] 1번에 출력되었습니다.

06

비트, 기타 연산자

비트(Bit)로 연산하는 연산자와 지금까지 다루었던 연산자 분류에 속하지 않는 연산자를 다룹니다.

6.1 << 연산자

비트 연산자의 ES5 스펙 명칭은 비트 이동 연산자(Bitwise Shift Operator)이지만 일반적으로 비트 연산자라고 부르므로 이 책에서도 비트 연산자로 표기합니다. 비트 연산자에는 <<, >>, >>> 연산자가 있습니다.

비트는 0과 1로 구성되므로 2진수 연산을 하며 자바스크립트는 32비트 정수 연산을 하므로 (-2^{32} ~ $2^{32}-1$) 범위에서 연산할 수 있습니다. 32번째 비트에 사인(sign) 부호가 설정되며 이 값이 0이면 양수 값을, 1이면 음수 값을 나타냅니다. 비트 연산을 하는 가장 큰 장점은 연산 속도가 빠르다는 점입니다.

왼쪽 이동 연산자(Left Shift Operator)는 <<로 표기하며 <<를 기준으로 왼쪽 값을 오른쪽에 지정한 수만큼 왼쪽으로 이동시킵니다. 왼쪽으로 이동하면 가장 왼쪽 비트는 오른쪽에서 이동한 비트 값으로 대체되며 이동한 오른쪽 비트에는 0이 설정됩니다. 이는 지정한 수만큼 2를 곱한 것과 같습니다.

[소스 6-1]

```
var value = 3;
js.log(value << 2);
```

[실행결과 6-1]

1. 12

```
var value = 3;
js.log(value << 2);
```

[실행결과] 1번에 12가 출력되었습니다. 비트 이동 단계별로 값이 변하는 과정을 살펴보겠습니다.

■ var value = 3 모습

처음 value 변수에 3을 할당하면 아래 모습이 됩니다.

0	0	0	0	0	0	1	1

값이 3이므로 오른쪽의 첫 번째 비트와 두 번째 비트 값이 1입니다. 2진수이므로 오른쪽에서 첫 번째 비트가 1이면 값이 1이고 오른쪽에서 두 번째 비트가 1이면 값이 2입니다. 1과

2를 더하면 3이 됩니다. 값의 처리 단위가 32비트이지만 간단하게 표시하기 위해 8비트만 작성하였습니다.

■ value << 1 결과

위 상태에서 왼쪽으로 1비트 밀면 아래 모습이 됩니다.

0	0	0	0	0	1	1	0

오른쪽에서 두 번째 비트가 1이면 값이 2이고 오른쪽에서 세 번째 비트가 1이면 값이 4가 됩니다. 4와 2를 더하면 6이 됩니다. 가장 오른쪽 비트에는 0이 설정됩니다.

■ value << 2 결과

위 상태에서 다시 왼쪽으로 1비트 밀면 두 번 이동하게 되며 아래 모습이 됩니다.

0	0	0	0	1	1	0	0

오른쪽에서 세 번째 비트가 1이면 값이 4이고 오른쪽 네 번째 비트가 1이면 값이 8입니다. 8과 4를 더하면 12가 됩니다. 가장 오른쪽 비트에는 0이 설정됩니다. 이와 같은 방법으로 왼쪽으로 2 비트 이동하면 value 변숫값 3이 12가 됩니다. 이는 3(초깃값) * 2 * 2와 같습니다.

6.2 >> 연산자

사인 부호 포함 오른쪽 이동 연산자(Signed Right Shift Operator)는 >>로 표기하며 >>를 기준으로 왼쪽 값을 오른쪽에 지정한 수만큼 오른쪽으로 이동시킵니다. 오른쪽으로 이동하면 가장 오른쪽 비트는 왼쪽에서 이동한 비트 값으로 대체되며 이동한 왼쪽 비트에는 0이 설정됩니다. 단 양수/음수를 나타내는 32번째 비트의 값은 바뀌지 않습니다. 이는 지정한 수만큼 2로 나누고 소수 이하를 버린 정숫값과 같습니다.

[소스 6-2]

```
var value = 10;
js.log(value >> 2);
```

1. 2

```
var value = 10;
js.log(value >> 2);
```

[실행결과] 1번에 2가 출력되었습니다. 2는 value 변수 초깃값이 10이므로 (10 / 2 / 2)를
하면 2.5가 되며 소수 이하 0.5를 버린 값입니다. 비트 이동 단계별로 값이 변하는 과정을
살펴보겠습니다.

■ var value = 10 모습

처음 value 변수에 10을 할당하면 아래 모습이 됩니다.

0	0	0	0	1	0	1	0

오른쪽에서 두 번째 비트와 네 번째 비트 값이 1이면 10이 됩니다. 오른쪽에서 두 번째 비
트가 1이면 값이 2이고 네 번째 비트가 1이면 값이 8이므로 2와 8을 더해 10이 됩니다.

■ value >> 1 결과

여기서 오른쪽으로 1비트 밀면 아래 모습이 됩니다.

0	0	0	0	0	1	0	1

오른쪽에서 세 번째 비트가 1이면 값이 4이고 첫 번째 비트가 1이면 값이 1이므로 4와 1을
더해 5가 됩니다. 오른쪽으로 이동하면 왼쪽에서 이동한 값으로 대체되며 이동한 왼쪽 비
트에는 0이 설정됩니다.

■ value >> 2 결과

여기서 다시 오른쪽으로 1비트 밀면 아래 모습이 되며 두 번 이동한 결과입니다.

0	0	0	0	0	0	1	0

오른쪽 두 번째 비트가 1이면 값이 2입니다. 10을 오른쪽으로 두 번 이동하면 2가 됩니다.

6.3 2의 보수 표현법

>>연산자로 음수를 처리하기 위해서는 우선 알고리즘(algorism)을 이해할 필요가 있습니다. 음수로 처리하는 방법 중에 2의 보수 표현법(two's complement)이 있습니다. 이는 각 비트 값을 반대 값으로 바꾸고 1을 더하는 방법입니다. 즉 0은 1로, 1은 0으로 바꾸고 1을 더합니다.

ES5 스펙에 2의 보수 표현법을 사용하라고 기술되어 있지는 않습니다. 최종값을 구하는 프로세스(Process)가 개념적으로 작성되어 있으며 구현 방법은 기술되어 있지 않습니다. 구현을 자바스크립트 컴파일러 개발사에 일임한 것입니다. 그래서 결과는 같지만 브라우저마다 성능에 차이가 있습니다.

■ 2의 보수 표현법

10진수 10을 2진수로 표현하면 아래 형태로 비트 값이 설정됩니다.

10진수 10의 2진수 형태

0	0	0	0	1	0	1	0

이 형태에서 각 비트를 반대 값으로 바꾸면 아래 모습이 됩니다.

보수 형태

1	1	1	1	0	1	0	1

여기에 1을 더하면 아래 모습이 됩니다.

1을 더한 결과

1	1	1	1	0	1	1	0

6.4 >> 연산자 음수 처리

[소스 6-4]

```
var value = -10;
js.log(value >> 2);
```

[실행결과 6-4]

1. -3

```
var value = -10;
js.log(value >> 2);
```

[실행결과] 1번에 -3이 출력되었습니다. value 변숫값 -10이 -3이 되는 단계별 모습을 살펴보겠습니다.

■ **value = -10 모습**

처음 value 변수에 -10을 할당하면 아래와 같이 2의 보수 표현법으로 비트 값이 설정됩니다.

1	1	1	1	0	1	1	0

■ **value >> 1 처리**

이 상태에서 오른쪽으로 1비트 밀면 아래 모습이 됩니다.

1비트 오른쪽으로 이동

1	1	1	1	1	0	1	1

여기서 1을 빼면 아래 모습이 됩니다.

-1 결과

1	1	1	1	1	0	1	0

0과 1을 바꾸면 아래 모습이 되며 음수 부호를 붙이면 -5가 됩니다.

0	0	0	0	0	1	0	1

■ **value >> 2 처리**

처음 value 변수에 값이 할당된 상태에서 오른쪽으로 2비트 밀면 아래 모습이 됩니다.

value >> 2 결과

1	1	1	1	1	1	0	1

여기서 1을 빼면 아래 모습이 됩니다.

-1 결과

1	1	1	1	1	1	0	0

0을 1로, 1을 0으로 바꾸면 아래 모습이 되며 음수 부호를 설정하면 -3이 됩니다.

0	0	0	0	0	0	1	1

6.5 >>> 연산자

사인 부호 없는 오른쪽 이동 연산자(Unsigned Right Shift Operator)는 >>>로 표기하며 >>>를 기준으로 왼쪽 값을 오른쪽에 지정한 수만큼 오른쪽으로 이동시킵니다. 여기까지는 >>연산자와 처리 방법은 같습니다. >>>연산자는 가장 왼쪽에 양수, 음수를 나타내는 사인 부호도 이동된다는 점이 다릅니다.

값이 음수이면 가장 왼쪽의 사인 부호 값이 1입니다. 이 상태에서 오른쪽으로 이동하면 1이 오른쪽으로 이동하게 되어 음수를 나타내는 부호가 아닌 값이 됩니다. 사인 부호 비트에는 0이 설정됩니다.

[소스 6-5]

```
var value = -1;
js.log(value >>> 1);
js.log(value >>> 2);
```

[실행결과 6-5]

1. 2147483647
2. 1073741823

```
var value = -1;
js.log(value >>> 1);
```

[실행결과] 1번에 출력된 값은 2의 31승 값이 2,147,483,648이므로 이 값에서 1을 뺀 값입니다.

```
js.log(value >>> 2);
```

[실행결과] 2번에 출력된 값은 2의 30승 값이 1,073,741,824이므로 이 값에서 1을 뺀 값입니다.

>>>연산자는 2의 32승에서 >>>연산자의 오른쪽에 지정한 수를 승에서 뺀 값을 구하고 구한 값에서 1을 빼어 반환합니다. 1을 빼는 것은 사인 부호가 이동하기 때문입니다.

6.6 비트 OR 연산자

바이너리 비트 연산자(Binary Bitwise Operators)에는 |, &, ^연산자가 있으며 2항 연산자로 비트 단위로 연산합니다.

비트 OR 연산자(Bitwise OR Operator)는 |로 표기합니다. |를 기준으로 왼쪽 피연산자 값과 오른쪽 피연산자 값을 2진수 비트로 변환하여 연산합니다. 둘 중에 하나라도 비트 값이 1이면 1로 처리합니다.

[소스 6-6]
```
js.log(2 | 5);
```

[실행결과 6-6]

1. 7

아래에서 2진수로 2가 첫 번째 모습이고 5가 두 번째 모습입니다.

2진수 2

0	0	0	0	0	0	1	0

2진수 5

0	0	0	0	0	1	0	1

첫 번째와 두 번째 형태에서 하나라도 1이 있으면 1을 설정하므로 아래 형태가 되어 7이 [실행결과]에 출력되었습니다.

2 | 5 결과

0	0	0	0	0	1	1	1

6.7 비트 AND 연산자

비트 AND 연산자(Bitwise AND Operator)는 &로 표기합니다. &를 기준으로 왼쪽 피연산자 값과 오른쪽 피연산자 값을 2진수 비트로 변환하여 연산합니다. 비트 값이 모두 1이면 1로 처리하고 그렇지 않으면 0으로 처리합니다.

[소스 6-7]

```
js.log(2 & 5);
```

[실행결과 6-7]

1. 0

아래에서 2진수로 2가 첫 번째 모습이고 5가 두 번째 모습입니다.

2진수 2

0	0	0	0	0	0	1	0

2진수 5

0	0	0	0	0	1	0	1

첫 번째와 두 번째에서 같은 위치의 값이 모두 1인 것이 하나도 없으므로 아래 형태가 되어 0이 [실행결과]에 출력되었습니다.

2 & 5 결과

0	0	0	0	0	0	0	0

6.8 비트 XOR 연산자

비트 XOR 연산자(Bitwise XOR Operator)는 ^로 표기합니다. ^를 기준으로 왼쪽 피연산자 값과 오른쪽 피연산자 값을 2진수 비트로 변환하여 연산합니다. 같은 위치의 비트 값이 같으면 0이 되고 하나만 1이면 1이 됩니다.

[소스 6-8]
```
js.log(3 ^ 5);
```

[실행결과 6-8]

1. 6

2진수 3

0	0	0	0	0	0	1	1

2진수 5

0	0	0	0	0	1	0	1

첫 번째와 두 번째에서 가장 오른쪽 비트만 값이 같으므로 0으로 설정됩니다. 두 번째와 세 번째 비트는 값이 다르므로 1로 설정되어 [실행결과]에 6이 출력되었습니다.

3 ^ 5 결과

0	0	0	0	0	1	1	0

6.9 프로퍼티 악세스 연산자

프로퍼티 악세스(Property Access)는 오브젝트{name: value} 형태에서 프로퍼티 값을 반환받는 처리를 의미하며 연산자(Operator)에는 두 가지 표기법이 있습니다. market['book']과 같이 대괄호 안에 프로퍼티 이름을 문자열로 작성하는 표기법과 market.book과 같이 점(.)으로 연결하여 프로퍼티 이름을 작성하는 표기법이 있습니다.

[소스 6-9]

```
var sports = {soccer: '90분', baseball: '9명'};
js.log(sports['baseball']);
js.log(sports.soccer);
```

[실행결과 6-9]

1. 9명
2. 90분

```
var sports = {soccer: '90분', baseball: '9명'};
js.log(sports['baseball']);
```

[실행결과] 1번에 "9명"이 출력되었으며 이는 sports 오브젝트의 baseball 프로퍼티 값입니다. "9명"을 반환받으려면 sports 오브젝트의 baseball 프로퍼티에 접근해야 합니다. 프로퍼티에 접근하려면 오브젝트(sports)를 작성하고 이어서 프로퍼티 이름(baseball)을 작성합니다. 그런데 오브젝트와 프로퍼티를 연결해서 작성하면 sportsbaseball이 되므로 다른 이름이 됩니다. 이때 대괄호[]를 사용하여 오브젝트에 속한 프로퍼티 이름을 작성하면 baseball 프로퍼티에 접근하게 되어 "9명"이 반환됩니다.

만약 sports[baseball]과 같이 작성하면 baseball이 문자열이 아닌 변수이므로 값을 참조할 수 있도록 변수가 선언되어 있어야 합니다. 그렇지 않으면 변수를 참조할 수 없어 에러가 발생합니다.

```
js.log(sports.soccer);
```

[실행결과] 2번에 "90분"이 출력된 것은 sports.soccer와 sports["soccer"]가 같다는 의미입니다. sports.soccer 형태로 작성하면 자바스크립트 엔진이 sports["soccer"]로 변환하여 실행합니다.

6.10 콤마 연산자(,)

콤마 연산자(Comma Operator)는 콤마(,)로 표기합니다. 콤마(,)를 기준으로 왼쪽 표현식과 오른쪽 표현식을 수행하고 각 표현식에서 피연산자 값을 반환합니다.

```
var sports = 100;
var book = 200;


var sports = 100, book = 200;
```

두 줄로 작성된 var sports = 100;과 var book = 200;을 콤마 연산자로 사용하여 var sports = 100, book = 200; 형태로 작성할 수 있습니다. 이때 100과 200은 피연산자 값이며 이 값을 반환하므로 sports 변수와 book 변수에 할당됩니다.

6.11 그룹핑 연산자

그룹핑 연산자(Grouping Operator)는 소괄호( )로 표기합니다. ( )안의 표현식을 먼저 평가하고 결과를 반환합니다. ( )연산자 안에 ( )연산자가 있으면 안의 ( )연산자를 먼저 평가합니다.

[소스 6-11]

```
js.log(5 / (2 + 3));
```

[실행결과 6-11]

```
1. 1
```

(5 / (2 + 3))에서 (2 + 3)을 먼저 평가하여 결과를 반환하므로 5가 반환되며 (5 / 5)가 됩니다. 이런 과정을 통해 [실행결과]에 1이 출력되었습니다. 그룹핑 연산자 안의 표현식을 평가하고 평가한 값을 반환합니다.

6.12 연산자 우선순위

연산자 우선순위란 한 문장에 다수의 연산자를 작성했을 때 연산하는 순서를 의미합니다. 예를 들어 2 * (3 + 4)에서 그룹핑 연산자가 우선순위가 높으므로 (3 + 4)를 평가한 값에 2를 곱합니다. 그룹핑 연산자 안에서 연산하면 이 또한 우선순위에 따라 연산합니다. 우선순위가 같으면 왼쪽에 작성한 것을 먼저 연산합니다.

연산자를 작성할 때마다 우선순위를 체크하는 것은 사실 번거롭습니다. 이때 그룹핑 연산자( )를 사용하면 먼저 연산하게 되므로 우선순위에 따른 혼동을 줄일 수 있습니다. 아래 [표 6-12]는 연산자 우선순위이며 위에 작성한 것이 우선순위가 높고 아래로 내려갈수록 우선순위가 낮습니다.

[표 6-12] 연산자 우선순위

우선순위	연산자	비고
1	( )	그룹핑 연산자
2	점., [ ], new( )	프로퍼티 악세스 연산자
3	( )	함수 호출
4	++, --	
5	!, ~, +, -, typeof, void, delete	
6	*, /, %	
7	+, -	
8	<<, >>, >>>	
9	<. <=, >, >=, in, instanceof	
10	==, !=, ===, !==	
11	&	
12	^	
13			
14	&&	
15				
16	? :	
17	=, +=, -=, *=, /=, %=, <<=, >>=, >>>=, &=, ^=, |=	
18	,	콤마 연산자

07

문장

자바스크립트 프로그램을 구성하는 문장을 다룹니다.

7.1 블록

문장이 연속되어 글이 되듯이 자바스크립트 프로그램도 문장(Statement)이 연속된 형태입니다. 문법에 맞추어 글을 써야 하듯이 자바스크립트 프로그램도 문법에 맞추어 작성해야합니다. 주변 내용에 따라 "문장" 또는 "문"으로 표기하지만 같은 의미입니다.

블록(Block)은 중괄호{}로 표기하며 블록 안에 작성된 문장을 하나의 실행 단위로 묶습니다.

[문법]

형태	{문장 리스트옵션}

[소스 7-1]

```
var a, b;
if (a == b) {
    var sports = '스포츠';
    var swim = '수영';
}
```

블록 안에 var sports = "스포츠";와 var swim = "수영";이 작성되어 있으며 각각을 문장이라고 합니다. 자바스크립트가 블록 안으로 들어가면 블록 안에 있는 모든 문장을 실행합니다. 블록 안에 작성된 문장을 문장 리스트(List)라고 합니다. 블록 안에 문장을 작성하지 않아도 되며 이를 빈 블록이라고 합니다.

7.2 빈 문장

빈 문장(Empty Statement)은 문장에 자바스크립트 코드를 작성하지 않고 세미콜론(;)만 작성한 형태를 나타냅니다. var sports;와 같이 세미콜론 앞에 문장이 있을 때는 빈 문장이라고 하지 않고 세미콜론이라고 부르며 이때 세미콜론은 문장을 완료시키는 역할을 합니다.

[문법]

형태	;

7.3 if

if 문은 (표현식) 평가 결과에 따라 문장을 수행합니다.

[문법]

형태	if (표현식) 문장
	if (표현식) 문장 else 문장

자바스크립트 엔진이 if 문을 만나면 먼저 표현식을 평가하고 평가 결과를 불린 값으로 변환합니다. 불린 변환 값이 true이면 첫 번째 문장을 실행하고 아니면 else 문장을 실행합니다. if 문은 두 가지 형태로 작성할 수 있으며 각 형태는 특징이 있습니다. 각 형태를 나누어 살펴봅니다.

■ if (표현식) 문장

[소스 7-3-1]

※ 전체 코드는 소스 파일을 참조하세요.

```
var a = 0, b = 0;
if (a == b){
    b = b + 3;
}
```

(a == b)를 평가하고 불린 값으로 변환합니다. 변환된 값이 true이면 블록 안의 문장을 실행합니다. false에 해당하는 문장이 작성되어 있지 않으며 true만 처리하겠다는 의도입니다. 이 형태는 블록을 사용한 형태이며 아래는 블록을 사용하지 않은 형태입니다.

```
if (a == b) value = 1;
if (a == b)
    value = 1;
```

블록을 사용하지 않은 형태로 (a == b)를 평가한 불린 변환 값이 true이면 value = 1; 문장을 실행하며 false이면 실행하지 않습니다. value = 1; 문장을 if 문과 같은 줄에 작성할 수도 있고 줄을 분리하여 다음 줄에 작성할 수도 있습니다.

```
if (a == b) {
    if (a == two){
        five = 5;
    }
    value = 1;
}
```

위와 같이 블록 안에 블록을 작성할 수 있습니다. 블록을 사용하여 문장을 확장할 수 있지만 깊게 들어가면 가독성이 떨어지고 유지보수가 어려우므로 좋은 코딩은 아닙니다.

개발 팁

if (a == b) value = 1; 형태가 간단해서 좋아 보입니다. 하지만 블록{}을 사용하지 않아 더 이상 확장할 수 없으며 다른 문장에서 블록{}을 사용하면 전체적으로 일관성이 없습니다. if (a == b) {value = 1};과 같이 한 줄에 작성하더라도 필자는 블록을 사용하며 아래와 같이 줄을 분리합니다.

```
if (a == b) {
    value = 1;
}
```

■ if (표현식) 문장 else 문장

[소스 7-3-2]

※ 전체 코드는 소스 파일을 참조하세요.

```
var a = 0, b = 0;
if (a == b)
    value = 1
else
    value = 2
```

(a == b)를 평가한 불린 변환 값이 true이면 value = 1 문장을 실행하고 false이면 value = 2 문장을 실행합니다. 블록을 사용하지 않고 문장을 작성할 수 있으며 자바스크립트 문법에 어긋나지 않습니다. 아래와 같이 else에 연속하여 if 문을 작성할 수 있습니다.

```
if (a == b){
    value = 11;
} else if (a == two){
```

```
        value = 22;
    }
```

위 코드의 else if 문을 아래와 같이 분리하여 작성할 수도 있습니다.

```
if (a == b) {
    value = 11;
} else {
    if (a == two) {
        value = 22;
    }
}
```

7.4 while

while 문은 (표현식)을 평가한 불린 변환 값이 false가 될 때까지 문장을 반복하여 실행합니다. 불린 변환 값이 true일 때 문장을 수행합니다.

[문법]

형태	while (표현식) 문장

표현식을 평가하고 평가 결과를 불린 값으로 변환합니다. 불린 변환 값이 true이면 문장을 실행하고 false이면 실행하지 않습니다. 불린 변환 값이 계속 true이면 무한대로 반복하게 되므로 false가 되도록 해야 합니다.

[소스 7-4]

```
var k = 0;
while (k < 3) {
    js.log(k);
    k = k + 1;
}
```

[실행결과 7-4]

```
1. 0
2. 1
3. 2
```

처음 (k < 3)을 평가하면 k 변숫값이 0이므로 true가 반환되며 불린 변환 값도 true이므로 블록 안의 문장을 실행합니다. 블록 안의 문장에서 k 변수 값을 1 증가시킵니다. 블록 안의 문장을 실행한 후 다시 (k < 3)을 평가하여 불린 값으로 변환합니다. 값이 true이면 블록 문장을 실행하고 false이면 while 문을 종료합니다. while 문의 반복도 중요하지만 종료도 중요합니다.

개발 팁

> while (k < 3){ } 형태에서 일반적으로 초깃값 변수 이름을 i, j, k 순서로 사용합니다. 하지만 필자는 k, m, p를 사용합니다. 이는 i, j가 비슷해서 편집기에 따라 쉽게 눈에 들어오지 않기 때문입니다. 이 책에서 k, m, p를 사용하고 있으므로 i, j 순서에 익숙한 독자는 참조하기 바랍니다. 첨자용 변수가 4개 이상 되면 코드 분리를 고려해 볼 필요가 있습니다.

7.5 do-while

do-while 문은 먼저 do 문장을 수행한 후 (표현식)을 평가합니다. 평가한 불린 변환 값이 true이면 false가 될 때까지 do 문장을 반복하여 실행합니다. 평가한 불린 변환 값이 false이면 while 안의 문장을 수행합니다.

[문법]

형태	do 문장 while (표현식);

[소스 7-5-1]

```
var k = 0;
do {
    js.log('do: ' + k);
    k = k + 1;
} while (k < 3){
    js.log('while: ' + k);
}
```

[실행결과 7-5-1]

```
1. do: 0
2. do: 1
3. do: 2
```

4. while: 3

처음 do 문을 수행하면 k 변숫값이 0이므로 [실행결과] 1번에 0이 출력됩니다. 이어서 (k < 3) 표현식을 평가하여 불린 값으로 변환하면 true이므로 다시 do 문을 실행합니다. 이렇게 반복하다가 k 변숫값이 3이 되면 (k < 3) 표현식의 불린 변환 값이 false이므로 do 문을 실행하지 않습니다. 마지막으로 while 문의 문장을 실행하며 [실행결과] 4번에 "while: 3"이 출력됩니다.

■ 한 번 먼저 수행

아래와 같이 while (k < 0) 문을 작성하더라도 한 번은 do 문장을 수행합니다.

[소스 7-5-2]

```
var k = 0;
do {
    js.log('do: ' + k);
} while (k < 0){
    js.log('while: ' + k);
}
```

[실행결과 7-5-2]

1. do: 0
2. while: 0

k 변수의 초깃값이 0이므로 (k < 0) 표현식 불린 변환 값이 false가 되어 do 문을 수행하지 않는다고 생각할 수 있습니다. 하지만 우선 do 문장을 수행한 후 (k < 0) 표현식을 평가합니다. 그래서 [실행결과] 1번에 "do: 0"이 출력되었습니다. 이 점이 do-while 문의 특징입니다.

7.6 세미콜론 자동 삽입

세미콜론(Semicolon, ;)은 문장을 분리할 때 사용합니다. 예를 들어 "var aa = 1 var bb = 2"와 같이 작성하면 문장을 구분하기 어렵지만 "var aa = 1; var bb = 2;"와 같이 세미콜론을 작성하면 쉽게 문장을 구분할 수 있습니다.

자바스크립트는 세미콜론을 작성하지 않으면 자동으로 세미콜론을 삽입합니다. 그렇다고 세미콜론을 작성하지 않아도 된다는 의미는 아닙니다. 세미콜론 자동 삽입은 코딩의 편리를 제공하기 위해서입니다. 한편 세미콜론을 작성하지 않아도 되는 형태와 반드시 작성해야 하는 형태가 있습니다.

세미콜론 자동 삽입으로 인해 개발자가 의도한 대로 자바스크립트 코드가 실행되지 않을 수 있으므로 세미콜론을 작성하는 것이 안전합니다. 자동으로 삽입한 세미콜론은 편집기에 표시되지 않습니다. 이 때문에 에러가 발생하면 에러를 찾는 데 시간이 걸립니다.

[소스 7-6]

```
var soccer = 11
var basketball = 5;

js.log('soccer: ' + soccer);
js.log('basketball: ' + basketball);
```

[실행결과 7-6]

1. soccer: 11
2. basketball: 5

```
var soccer = 11
var basketball = 5;
```

var soccer = 11에서 문장 끝에 세미콜론을 작성하지 않았습니다. 줄을 분리하지 않고 한 줄에 작성하면 "var soccer = 11 var basketball = 5;" 형태가 되어 에러가 발생합니다. 그런데 줄을 분리하여 작성하면 에러가 발생하지 않는 것은 자바스크립트가 11 뒤에 세미콜론을 자동으로 삽입하기 때문입니다. 실수로 세미콜론을 작성하지 않았을 때 편리합니다.

7.7 for

for 문은 표현식 평가 결과가 true인 동안 문장을 반복 실행합니다.

[문법]

형태	for (var 사용 _{옵션}; 표현식_{옵션}; 증감_{옵션}) 문장
	for (초깃값_{옵션}; 표현식_{옵션}; 증감_{옵션}) 문장

for와 여는 괄호(를 띄어도 되고 붙여도 됩니다. 첫 번째 형태는 var 키워드를 사용하여 변수에 초깃값을 할당합니다. 두 번째 형태는 표현식 평가 결과를 초깃값으로 사용합니다. 모두 옵션(Option: 선택)이므로 지정하지 않을 수도 있습니다. 필자가 선택이라고 표기하지 않고 옵션으로 표기한 것은 개발자들 사이에 옵션을 많이 사용하기 때문입니다. 뉘앙스 차이도 있습니다.

표현식을 작성하면 표현식의 평가 결과가 true일 때 문장을 수행합니다. 표현식을 작성하지 않으면 항상 true로 평가됩니다.

증감에 표현식을 작성하면 문장을 수행한 후 다음 반복을 하기 전에 표현식을 평가합니다. 따라서 문장 안에서 for 문을 빠져나가면 표현식을 평가하지 않습니다. 일반적으로 변숫값의 증감 표현식을 작성합니다. 문장은 for 문을 반복할 때마다 실행하며 블록을 사용하여 다수의 문장을 작성할 수 있습니다.

■ 일반적인 형태

[소스 7-7-1]

```
for (var k = 0; k < 3; k++){
    js.log(k);
}
```

[실행결과 7-7-1]

```
1. 0
2. 1
3. 2
```

[소스 7-7-1]은 일반적으로 많이 사용하는 형태로 for문을 세 번 반복하면서 블록 안의 문장을 실행합니다. 자바스크립트는 아래와 같은 순서와 기준으로 for문을 수행합니다.

실행 순서, 기준

1. k 변수를 선언하고 초깃값으로 0을 할당합니다.
   {설명} for 문을 시작할 때 한 번만 수행합니다.

2. (k < 3) 표현식을 평가하고 불린 값으로 변환합니다.

3. 불린 변환 값이 false이면 반복을 종료합니다.

{설명} 이하 처리는 k 변숫값이 3보다 작을 때만 수행합니다. 즉, 불린 변환 값이 true일 때만 수행합니다.

4. 블록 안을 실행합니다.

{설명} k++는 실행하지 않으며 블록 안을 먼저 수행합니다.

{설명} 블록 안에서 조건에 따라 for 문을 빠져나갈 수도 있습니다.

5. for 문으로 올라갑니다.

6. k++ 표현식을 평가합니다.

{설명} 이때 k 값이 증가합니다.

7. 다시 2번부터 for 문을 수행합니다.

{설명} 1번을 수행하지 않으므로 한 번만 초깃값을 설정합니다.

var k = 0; 표현식은 for 문을 만났을 때 한 번만 수행하고 두 번째부터는 수행하지 않습니다. 그래서 for 문의 첫 번째에 var k = 0; 표현식을 작성할 수 있습니다.

아래와 같이 콤마로 구분하여 변수에 초깃값을 할당할 수 있습니다. 이 형태는 주객이 전도된 모습이므로 선언할 변수가 많으면 for 문 앞에서 변수를 선언하여 for 문을 간결하게 작성합니다.

```
for (var k = 0, value = 0; k < 3; k++){
    value = value + 20;
}
```

■ 세 번째의 증감 표현식 생략

[소스 7-7-2]

```
for (var k = 0; k < 3;){
    js.log(k);
    k = k + 1;
}
```

[실행결과 7-7-2]

```
1. 0
2. 1
3. 2
```

for 문 세 번째의 증감 표현식을 작성하지 않은 형태입니다. 증감 표현식은 for 문을 반복할 때마다 문장을 수행한 후 평가합니다. 마지막 문장을 수행한 후 평가하므로 세 번째에 작성하지 않고 문장의 마지막에 작성할 수도 있습니다. 일반적으로 k++, k--와 같이 k 값의 증감 표현식을 작성하지만, 증감과 관계없는 표현식을 작성할 수도 있습니다.

세 번째를 생략했을 때 두 번째 끝에 세미콜론을 생략하면 문법 에러가 발생하므로 "k < 3;"과 같이 세미콜론을 작성해야 합니다. (k < 3) 표현식의 불린 변환 값이 false가 되어야 for 문이 종료되므로 블록 안에 k = k + 1; 문장을 반드시 작성해야 합니다

■ 첫 번째, 세 번째 표현식 생략

[소스 7-7-3]

```
var k = 0;
for (; k < 3;){
    js.log(k);
    k = k + 1;
}
```

[실행결과 7-7-3]

```
1. 0
2. 1
3. 2
```

for 문의 첫 번째와 세 번째 표현식을 작성하지 않은 형태입니다. 첫 번째에 작성할 것을 for 문 앞에 작성했으므로 첫 번째를 작성하지 않아도 됩니다. (; k < 3;)과 같이 첫 번째 위치에 세미콜론을 작성해야 문법 에러가 나지 않습니다.

■ 두 번째, 세 번째 표현식 생략

[소스 7-7-4]

```
for (var k = 0; ;){
    js.log(k);
    k = k + 1;
    if (k > 2){
        break;
    }
}
```

[실행결과 7-7-4]

```
1. 0
```

```
2. 1
3. 2
```

for 문의 두 번째와 세 번째 표현식을 작성하지 않은 형태입니다. 두 번째를 작성하지 않으면 항상 true입니다. 따라서 두 번째 표현식의 불린 변환 값이 false일 때 for 문을 종료하므로 문장에서 for 문이 종료되도록 해야 합니다. if (k > 2){break;} 문장이 종료 처리이며 break; 문을 만나면 for 문을 강제로 종료하고 빠져나갑니다. break 문은 다음 절에서 다룹니다.

■ 모두 생략

[소스 7-7-5]

```
var k = 0;
for (;;){
    js.log(k);
    if (k === 2){
        break;
    }
    k = k + 1;
}
```

[실행결과 7-7-5]

```
1. 0
2. 1
3. 2
```

for 문에 표현식을 하나도 작성하지 않았으며 그래도 문장이 수행됩니다. 첫 번째는 초깃값 설정이고 세 번째는 for 문을 반복할 때마다 평가하므로 for 문의 반복은 두 번째 표현식에 의해 결정됩니다. 두 번째의 디폴트(default) 값이 true이므로 문장에서 종료 처리를 해야 합니다.

■ 문장을 사용하지 않음

[소스 7-7-6]

```
for (var k = 0; k < 2; js.log(k), k++);
js.log('for 문장 아님: ' + k);
```

[실행결과 7-7-6]

```
1. 0
```

2. 1
3. for 문장 아님: 2

for 문에 문장을 작성하지 않은 형태입니다. for 문 끝에 세미콜론을 작성하면 자바스크립트 엔진은 for 문이 끝난 것으로 인식하므로 다음 줄의 "js.log('for 문장 아님: ' + k);" 문장이 for 문과 관계없는 문장이 됩니다.

세 번째에 콤마로 구분하여 다수의 표현식을 작성할 수 있습니다. 이렇게 다수를 작성할 수 있는 것은 표현식이기 때문입니다. for 문을 돌 때마다 세 번째 표현식을 평가하므로 [실행결과] 1번과 2번에 세 번째 표현식에서 평가한 값이 출력됩니다. [실행결과] 3번은 for 문이 끝난 후에 실행된다는 것을 나타내기 위해 출력했습니다.

■ 세미콜론 자동 삽입

[소스 7-7-7]

```
for (var k = 1; k < 3; js.log(k) , k++)
js.log('for 문장: ' + k)
js.log('다른 문장: ' + k) ;
```

[실행결과 7-7-7]

1. for 문장: 1
2. 1
3. for 문장: 2
4. 2
5. 다른 문장: 3

for 문이 작성된 줄에 세미콜론을 작성하지 않았으며 다음 줄에도 세미콜론을 작성하지 않았습니다. [실행결과] 1번과 3번에 출력된 값은 js.log('for 문장: ' + k) 문장에서 출력한 값으로 이는 for 문의 문장으로 사용했다는 의미입니다. [실행결과] 2번과 4번에 출력된 값은 js.log(k)에서 출력한 것으로 1번에서 4번까지가 for 문의 문장입니다.

이처럼 for 문에 블록을 사용하지 않으면서 세미콜론을 작성하지 않으면 아래 줄에 작성한 문장을 for 문의 문장으로 사용합니다. [소스 7-7-7]과 같이 for 문의 문장으로 사용하는 문장 끝에 세미콜론을 작성하지 않으면 세미콜론을 자동으로 삽입합니다. 세미콜론으로 문장을 분리하므로 그 아래 문장이 for 문의 문장으로 사용되지 않습니다.

[소스 7-7-7]의 마지막 줄에 작성한 js.log('다른 문장: ' + k); 문장에서 출력한 값이 [실행결과] 5번에 한 번만 출력된 것은 for 문의 문장으로 사용하지 않기 때문입니다. 세미콜론 자

동 삽입으로 인해 for 문을 종료한 후에 문장을 실행합니다.

7.8 label

label 문은 break 문, continue 문에서 반복을 벗어날 때 연결용으로 사용합니다. break 문, continue 문에서 레이블을 사용하지 않아도 됩니다.

[문법]

형태	식별자: 문장

식별자(Identifier)는 식별할 수 있는 이름을 의미하며 유일한 이름을 사용합니다. 자바스크립트에서 사용하는 키워드, 예약어를 제외한 이름을 사용할 수 있습니다. 문장을 생략할 수 있지만, 콜론(:)은 작성해야 합니다. label 문의 예제는 break 문과 continue 문에서 같이 다룹니다.

7.9 break

break 문은 for, for-in, while, do-while, switch 문에서 실행을 종료합니다.

[문법]

형태	break;
	break 식별자;

실행을 종료하므로 break 문 아래에 작성한 문장이 실행되지 않습니다. 식별자를 작성하면 식별자로 분기합니다. break와 식별자를 한 줄에 작성해야 하며 세미콜론을 작성해야 합니다.

■ 식별자를 작성하지 않은 형태

[소스 7-9-1]

```
var k = 0, m = 0;
while (k < 1){
    m = m + 1;
    if (m === 3){
        break;
    }
    js.log(m);
}
```

[실행결과 7-9-1]

```
1. 1
2. 2
```

break 문을 설명하기 위해 의도적으로 작성한 코드입니다. [소스 7-9-1] 코드에 break; 문을 작성하지 않으면 k 변숫값을 증가시키지 않으므로 무한 반복을 하게 됩니다. break 문은 반복을 강제로 종료시키고 반복 문 밖의 다음 문장으로 이동합니다. 따라서 위 코드는 [실행결과]와 같이 두 번만 반복하고 반복을 종료합니다.

■ 식별자를 작성한 형태

[소스 7-9-2]

```
var m = 0, value = 0;
start:
for (var k = 0; k < 4; k++){
    js.log('k :' + k + ' m: ' + m + ' value: ' + value);
    m = 0;
    for (; m < 2; m++){
        if (value === 2){
            break start;
        }
        value = value + 1;
    }
}
js.log('end');
```

```
1. k: 0, m: 0, value: 0
2. k: 1, m: 2, value: 2
3. end
```

위 코드의 특징은 앞부분에 "start:"가 작성되어 있으며 가운데 for 문에 break start;가 작성된 점입니다.

for (var k = 0; k < 4; k++){ } 문장은 4회 반복하게 되므로 js.log( ) 문장이 네 번 실행되며 [실행결과]도 네 개 출력되어야 합니다. for (; m < 2; m++){ } 문장에서 break; 문은 for 문을 종료할 뿐, 밖의 for 문을 종료하지 않습니다. 그런데 [실행결과]가 두 번만 출력되었습니다.

두 번 출력된 것은 break 다음에 식별자(start)를 작성했기 때문입니다. 안의 for (; m < 2; m++){ } 문을 반복하다가 break start;를 만나면 start:로 분기합니다. start:가 for (var k = 0; k < 4; k++) 앞에 작성되어 있지만, 다시 for 문을 수행하지 않고 아래 문장인 js.log('end'); 를 수행하게 됩니다. 그래서 k 변숫값이 1까지만 출력되었으며 바로 이어서 "end"가 출력되었습니다.

■ break: 식별자 문장 형태

[소스 7-9-3]

```
var value = 0;
outLabel: {
    for (var k = 0; k < 5; k++){
        js.log('in: ' + value);
        if (k === 1){
            break outLabel;
        }
        value = value + 1;
    }
}
js.log('end');
```

[실행결과 7-9-3]

```
1. in: 0
2. in: 1
3. end
```

[소스 7-9-3]의 특징은 outLabel:{} 형태로 작성하고 블록 안에 for 문을 작성한 점입니다. 여기서 outLabel이 label 문법의 식별자가 되고 블록이 문장에 해당합니다.

처음 for 문을 실행하면 [실행결과] 1번을 출력합니다. k 값이 0이므로 다시 for 문을 반복합니다. 두 번째 for 문을 실행하면 [실행결과] 2번을 출력합니다. k 값이 1이므로 break 문을 만나 outLabel로 분기합니다. 이때 다시 for (var k = 0; k < 5; k++) 문을 수행하지 않고 outLabel 블록 아래에 있는 js.log('end'); 문장을 실행합니다. 그래서 [실행결과] 3번에 "end"가 출력되었습니다.

label로 분기하면 for 문을 다시 수행하지 않고 아래 문장을 실행합니다.

■ 세미콜론 자동 삽입

[소스 7-9-4]

```
for (var k = 0; k < 5; k++){
    if (k === 1){
        break
        start;
    }
    js.log('k: ' + k);
}
js.log('end');
```

[실행결과 7-9-4]

```
1. k: 0
2. end
```

[소스 7-9-4]의 특징은 줄을 분리하여 break와 start를 작성한 점입니다.

처음 for 문을 수행하면 k 값이 0이므로 [실행결과] 1번이 출력됩니다. 다시 for 문을 반복하면 break 문을 만나게 됩니다. 여기서 break 문 끝에 세미콜론이 없으므로 자바스크립트가 자동으로 세미콜론을 삽입합니다. 세미콜론 삽입으로 인해 break 문이 완료되므로 for 문을 종료하며 start로 분기하지 않습니다. 만약 start로 분기하면 start:를 작성하지 않았으므로 에러가 발생합니다.

for 문이 종료되면 마지막의 js.log('end'); 문장으로 이동하여 [실행결과] 2번을 출력합니다. 자바스크립트가 세미콜론을 자동으로 삽입하면 처리가 달라지므로 break와 식별자를 한 줄에 작성해야 합니다.

7.10 continue

continue 문은 for, for-in, while, do-while 문에서 반복문의 처음으로 이동합니다.

[문법]

형태	continue;
	continue 식별자;

continue 문 위치에서 반복문의 처음으로 이동하므로 continue 문 아래에 작성된 문장이 실행되지 않습니다. 식별자를 작성하면 식별자 위치로 분기합니다. continue와 식별자를 한 줄에 작성하고 세미콜론을 작성합니다.

for 문을 다섯 번 반복한다고 할 때, 세 번째 반복에서 break 문을 만나면 세 번만 반복하지만, continue 문은 다섯 번을 반복합니다.

■ 반복 걸러내기

[소스 7-10-1]

```
for (var k = 0; k < 5; k++){
    if (k === 2 || k === 3){
        continue;
    }
    js.log(k);
}
```

[실행결과 7-10-1]

```
1. 0
2. 1
3. 4
```

for 문을 5회 반복하므로 [실행결과]에 다섯 번 값이 출력되어야 합니다. 그런데 세 번만 출력된 것은 continue 문으로 인해 js.log(k) 문장을 수행하지 않았기 때문입니다. for 문을 반복하면서 k 값이 2 또는 3이면 continue 문을 만나게 되며, continue 문 아래에 작성된 문장을 수행하지 않고 블록의 첫 번째 문장을 실행합니다. 그래서 [실행결과]에 2와 3이 출력되지 않았습니다.

■ continue 문에 식별자 작성

[소스 7-10-2]

```
var value = 0;
for (var k = 0; k < 2; k++){
    js.log('시작: ' + k);

    inLabel:
    for (var m = 0; m < 3; m++){
        js.log('중간: ' + m);
        if (value === 1){
            continue inLabel;
        }
        value = value + 1;
    }
    js.log('아래');
}
```

[실행결과 7-10-2]

1. 시작: 0
2. 중간: 0
3. 중간: 1
4. 중간: 2
5. 아래
6. 시작: 1
7. 중간: 0
8. 중간: 1
9. 중간: 2
10. 아래

[소스 7-10-2]의 특징은 continue 문에 식별자(inLabel)를 작성한 점입니다.

continue 문을 만나면 inLabel로 분기합니다. 이때 for 문 아래의 js.log('아래');를 수행하지 않고 for 문의 두 번째 표현식을 평가합니다. m 변숫값이 1이므로 for 문 안의 문장을 수행하며 value가 1이므로 inLabel로 분기합니다. 그래도 m 변숫값이 2이므로 다시 for 문 안의 문장을 수행합니다. 이런 처리로 [실행결과] 2번, 3번, 4번, 7번, 8번, 9번이 출력되었습니다. break 문이 분기했을 때 for 문이 종료되는 것과는 차이가 있습니다.

한 줄에 continue inLabel; 문을 작성합니다. 줄을 분리해서 작성하면 자바스크립트가 continue 문 끝에 세미콜론을 자동으로 삽입하므로 처리가 달라집니다.

7.11 return

return 문은 함수(function)에서 사용하며 return 문의 표현식 평가 결과를 반환합니다.

[문법]

형태	return;
	return 표현식;

return 문을 만나면 함수가 종료되며 함수를 호출한 문장으로 표현식 평가 결과를 갖고 돌아갑니다. return 다음에 표현식을 작성하지 않으면 undefined를 반환합니다.

[소스 7-11-1]

```
function amount(){
    return 100 + 23;
}
var result = amount();
js.log(result);
```

[실행결과 7-11-1]

1. 123

아래는 함수 호출과 return 문으로 값을 반환하는 개념적인 시나리오입니다. 함수를 아직 다루지 않았으므로 return 문 중심으로 살펴봅니다.

함수 호출, 실행, return 문

1. 자바스크립트 엔진이 amount( )를 만나면 amount 함수를 호출합니다.
   {코드} var result = amount( );
2. 첫 번째 줄에 작성한 amount 함수가 실행됩니다.
3. 자바스크립트 엔진이 함수 블록{ } 안으로 이동합니다.
4. return 문을 만나게 됩니다.
   {코드} return 100 + 23;
5. return 다음의 표현식을 먼저 평가하며 123이 됩니다.
6. return 123;을 실행합니다.
7. 호출했던 함수로 123을 갖고 돌아갑니다.
8. 갖고 돌아온 값을 result 변수에 할당합니다.
   {코드} var result = amount( );

9. js.log( )로 result 값을 출력하므로 [실행결과] 1번에 123이 출력됩니다.

{코드} js.log(result);

이처럼 return 문은 return 다음의 표현식을 먼저 평가하고 그 값을 호출한 함수로 반환합니다. 표현식을 작성하지 않으면 undefined를 반환합니다.

■ 세미콜론 자동 삽입

[소스 7-11-2]

```
function amount(){
    return
    100 + 23;
}
js.log(amount());
```

[실행결과 7-11-2]

1. undefined

amount 함수에 줄을 분리하여 return과 "100 + 23"을 작성하였으며 return 다음에 세미콜론을 작성하지 않았습니다. 자바스크립트는 return 문이 작성된 줄에 세미콜론이 없으면 return 뒤에 세미콜론을 자동으로 삽입합니다. 세미콜론으로 인해 return 문이 완료되므로 "return 100 + 23"으로 해석되지 않고 단지 return으로 해석됩니다. return 문에 반환 값을 작성하지 않으면 undefined가 반환되므로 [실행결과]에 undefined가 출력되었습니다. 이런 문제를 방지하려면 return과 반환할 값을 한 줄에 작성해야 합니다.

7.12 for-in

for-in 문은 오브젝트(Object)를 열거하면서 문장을 실행합니다. 열거란 오브젝트 형태의 반복을 의미합니다.

[문법]

형태	for (var 변수 in 오브젝트) 문장;
	for (표현식 in 오브젝트) 문장;

오브젝트란 {name: value} 형태를 의미합니다. ES5 스펙에서 for-in 형태로 표기하고 있으므

로 이 책에서도 for-in으로 표기합니다. for-in 문으로 반복하는 것을 for-in 루프(Loop)라고 부릅니다.

[소스 7-12-1]

```
var sports = {soccer: 11, basketball: 5};
for (var pty in sports){
    js.log('name: ' + pty + ' value: ' + sports[pty]);
}
```

[실행결과 7-12-1]

```
1. name: soccer, value: 11
2. name: basketball, value: 5
```

[실행결과]에 sports 오브젝트의 프로퍼티 이름과 값을 조합하여 "name: soccer, value: 11 명" 형태로 출력되었습니다. 오브젝트 프로퍼티의 출력 과정을 단계별로 살펴봅니다.

for-in 루프 처리 과정

1. 처음 한 번만 변수(pty)를 선언합니다.
   {코드} for (var pty in sports)
   {설명} 한 번만 선언하므로 for-in 문 안에서 변수를 선언할 수 있습니다.
2. for-in 문의 sports를 평가하고 값을 구합니다.
   {코드} for (var pty in sports)
   {설명} 평가 목적은 구한 값의 오브젝트 여부를 체크하기 위해서입니다.
3. 구한 값이 null 또는 undefined이면 for-in 문 처리를 종료합니다.
4. 구한 값을 오브젝트로 변환합니다.
   {설명} ▶ 4번 추가 설명을 참조하세요.
   {설명} 여기까지가 사전 처리이며 이제부터 반복 처리입니다.

5. 변환한 오브젝트를 열거합니다.
   {설명} 처음 열거하면 "soccer: 11"이 읽혀지고 두 번째로 "basketball: 5"가 읽혀집니다.
6. 프로퍼티 이름을 pty 변수에 설정합니다.
   {설명} soccer, basketball이 pty 변수에 설정됩니다.
   {설명} ▶ 6번 추가 설명을 참조하세요.
7. 블록 안의 문장을 수행합니다.
8. break 문이 있으면 for-in 루프를 종료합니다.
9. continue 문이 있으면 continue 문 아래를 수행하지 않고 5번으로 이동합니다.
10. 5번부터 9번까지 반복하여 수행합니다.

▶ 4번 추가 설명: 구한 값을 오브젝트로 변환합니다.

var sports = 12와 같이 오브젝트가 아닌 숫자를 할당한 후 for (var pty in sports){ } 문을 수행하더라도 에러가 발생하지 않습니다. 왜냐하면, for-in 문을 반복하기 전에 sports 값인 12를 Number 오브젝트로 변환하고 변환한 오브젝트에 프로퍼티 이름이 존재하지 않으면 for-in 문을 종료하기 때문입니다. 만약 오브젝트로 변환하지 않는다면 12가 오브젝트가 아니므로 에러가 발생합니다.

▶ 6번 추가 설명: 프로퍼티 이름을 pty 변수에 설정합니다.

var sports = { }와 같이 빈 오브젝트를 할당하면 에러가 발생하지 않지만, 오브젝트에 프로퍼티가 없으므로 실행하지 않습니다. sports 오브젝트의 프로퍼티가 열거 불가이면 처리하지 않습니다. 열거 불가 개념은 ES5에서 처음 나온 것으로 "20장 Object 5th 오브젝트" 장에서 다루고 있습니다.

```
var value = sports[pty];
```

var sports = {soccer: 11, basketball: 5}; 형태의 sports 오브젝트에서 soccer 프로퍼티 값인 11을 구하려면 sports['soccer'] 또는 sports.soccer 형태로 작성합니다. 그런데 프로퍼티 이름("soccer")이 pty 변수에 설정되므로 sports[pty] 형태로 작성해야 합니다.

■ **for-in 루프 고려 사항**

- 오브젝트의 프로퍼티가 이름으로 분류(Sort)되어 열거되지 않습니다.
- 오브젝트에 작성한 순서로 열거된다고 보장하지 않습니다. 다만 열거할 뿐입니다. 반드시 작성된 순서를 원한다면 순서를 가진 배열(Array)을 사용해야 합니다.

■ **블록 문을 사용하지 않은 형태**

[소스 7-12-2]

```
var sports = {soccer: 11, basketball: 5};
for (var pty in sports)
    js.log('name: ' + pty)
    js.log('end');


for (pty in sports) js.log('pty: ' + pty), js.log('같은 줄');
```

[실행결과 7-12-2]

```
1. name: soccer
2. name: basketball
3. end
4. pty: soccer
```

5. 같은 줄
6. pty: basketball
7. 같은 줄

```
for (var pty in sports)
    js.log('name: ' + pty)
    js.log('end');
```

for-in 문에 블록을 사용하지 않고 줄을 바꾸어 문장을 작성해도 [실행결과] 1번, 2번과 같이 반복해서 문장을 실행합니다. 이때 바로 아래 문장만 for-in 문의 문장으로 사용합니다. 그래서 [실행결과] 3번에 "end"가 반복해서 출력되지 않고 한 번만 출력되었습니다.

"for(a in b);"와 같이 for-in 문 끝에 세미콜론을 작성하면 for-in 문이 완성됩니다. 따라서 아래 문장을 for-in 문의 문장으로 사용하지 않으므로 세미콜론을 작성하지 않아야 합니다,

```
for (pty in sports) js.log('pty: ' + pty), js.log('같은 줄');
```

한 줄에 콤마로 구분하여 문장을 작성하면 세미콜론까지 for-in 문의 문장이 되어 반복할 때마다 실행합니다. [실행결과] 4번과 5번, 6번과 7번이 반복해서 출력된 것은 이 때문입니다.

콤마로 문장을 연결하고 세미콜론으로 문장을 완료하면 세미콜론 앞의 모든 문장이 for-in 문의 문장이 됩니다. ES5 스펙에 블록을 사용해야 한다고 기술되어 있지 않으며 문장이라고 기술되어 있습니다. 따라서 위와 같이 콤마로 연결하여 작성할 수 있습니다.

7.13 switch

switch 문은 표현식을 평가한 값과 일치하는 case 문장을 수행합니다. 일치하는 case가 없으면 default를 수행합니다.

[문법]

형태	switch (표현식) {
	case 표현식: 문장 리스트_{옵션}
	default : 문장 리스트_{옵션}
	}

소스 텍스트에 작성한 순서로 switch 표현식을 평가한 값과 case 표현식을 평가한 값을 비교합니다. 일치하는 case가 있으면 case 문장을 수행하고 일치하는 case가 없으면 default를 수행합니다. case를 다수 작성할 수 있습니다. default는 하나만 작성할 수 있으며 필수가 아닌 옵션이므로 작성하지 않아도 됩니다.

■ case만 작성

[소스 7-13-1]

```
var exp = 2, result;
switch(exp){
    case 1:
        result = 'case1';
    case 2:
        result = 'case2';
};
js.log(result);
```

[실행결과 7-13-1]

1. case2

[실행결과] 1번에 case2가 출력되었습니다. 이는 case 2: 문장에서 result 변수에 "case2"를 할당하므로 case 2: 문장을 수행했다는 의미입니다. 단계별로 수행하는 과정을 살펴보겠습니다.

switch 문 수행 과정

1. switch(표현식)에서 표현식을 평가하여 값을 구합니다.
   {코드} switch(exp)
   {설명} exp 변수에 2를 할당했으므로 값은 2가 됩니다.
2. 소스 텍스트에 작성한 순서로 case를 전부 추출합니다.
   {설명} case 1:, case 2:가 추출됩니다.
3. 추출한 case를 읽습니다.
   {설명} 더 이상 읽을 case가 없으면 default를 찾습니다.
   {설명} ▶ 3번 추가 설명을 참조하세요.
4. switch 표현식을 평가한 값과 case 표현식을 평가한 값을 비교합니다.
   {설명} ▶ 4번 추가 설명을 참조하세요.
5. 값이 같지 않으면 3번으로 분기하여 다음 case를 읽습니다.
6. case 문장을 수행합니다.

{코드} result = 'case2';
7. 소스 텍스트 끝까지 실행합니다.
{설명} ▶ 7번 추가 설명을 참조하세요.

▶ 3번 추가 설명: 추출한 case를 읽습니다.

default가 있을 때만 default를 수행하므로 작성하지 않더라도 에러가 발생하지 않습니다.

▶ 4번 추가 설명: switch 표현식을 평가한 값과 case 표현식을 평가한 값을 비교합니다.

데이터 타입을 포함한 일치(===) 연산자로 비교합니다. exp 변수의 값이 숫자 2이고 case: "2"와 같이 문자로 작성하면 값은 같지만, 데이터 타입이 다르므로 case 2 문장을 수행하지 않습니다.

▶ 7번 추가 설명: 소스 텍스트 끝까지 실행합니다.

switch 표현식 값과 일치하는 case가 있으면 case 아래의 모든 문장을 실행합니다. 따라서 일치하는 case에서 더 이상 처리하지 않고 종료하려면 case에 break 문을 작성해야 합니다.

■ break 문 작성

[소스 7-13-2]

```
var exp = 1, result;
switch(exp){
    case 1:
        result = 'case1';
    case 2:
        result = 'case2';
    case 3:
        break;
        result = 'case3';
};
js.log(result);
```

[실행결과 7-13-2]

1. case2

exp 변숫값이 1이므로 case 1: 문장을 수행하게 됩니다. 따라서 [실행결과] 1번에 case1이 출력되어야 하나 case2가 출력되었습니다. switch 문은 일치하는 case를 만나면 그 아래에 있는 모든 문장을 수행합니다. 단, break 문이 있으면 그 위치에서 switch 문을 종료합니다. case 1: 문장에서 result에 case1을 할당하고 아래로 내려가 result에 case2를 할당하며 다시 아래로 내려가게 됩니다. case 3: 문장에서 break 문을 만나 종료하게 되므로 case2가 출력됩니다.

■ default 문

[소스 7-13-3]

```
var exp = 5, result;
switch(exp){
    case 1:
        result = 'case1';
    default:
        result = 'default';
};
js.log(result);
```

[실행결과 7-13-3]

1. default

[실행결과] 1번에 default가 출력되었으며 이는 default 문장을 수행했다는 의미입니다. exp 변수에 5를 할당했으며 case 5가 존재하지 않습니다. 이때 default를 찾으며 default가 존재하면 default 문장을 수행합니다. 그래서 [실행결과]에 default가 출력되었습니다. default가 없더라도 있을 때만 수행하므로 에러가 나지 않습니다.

■ default에 break 문 누락

[소스 7-13-4]

```
var exp = 7, result;
switch(exp){
    case 1:
        result = 'case1';
    default:
        result = 'default';
    case 3:
        result = 'case3';
};
js.log(result);
```

1. case3

exp 변수에 7을 할당했으며 case 7이 존재하지 않으므로 default 문장을 수행하게 됩니다. 그런데 [실행결과] 1번에 default가 출력되지 않고 case3이 출력된 것은 default 문장을 수행한 후 아래에 있는 case 3: 문장을 수행하기 때문입니다. 의도적인 처리가 아니라면 default 문장에 break;를 작성해야 case 3: 문장이 수행되지 않습니다.

■ 소스 텍스트 중간에 default 작성

[소스 7-13-5]

```
var exp = 3, result;
switch(exp){
    case 1:
        result = 'case1';
    default:
        result = 'default';
        break;
    case 3:
        result = 'case3';
};
js.log(result);
```

[실행결과 7-13-5]

1. case3

자바스크립트는 switch 문에서 default를 작성한 형태와 작성하지 않은 형태를 나누어서 처리합니다. default를 작성하면 우선 default 앞의 모든 case를 소스 텍스트에 작성한 순서로 리스트를 만들며 이어서 default 이후의 case 리스트를 만듭니다. default를 작성하지 않으면 전체가 case이므로 구분할 필요가 없습니다.

먼저 앞 기준 리스트에서 switch 표현식 값에 일치하는 case를 찾고 존재하지 않으면 이후 기준 리스트에서 찾습니다. 일치하는 case 문장을 수행한 후 아래에 default가 있으면 수행합니다. [소스 7-13-5]에 default가 있지만 case 3: 위에 있어 default를 수행하지 않으므로 [실행결과] 1번에 case3이 출력되었습니다.

▪ OR(||) 형태의 case 문

[소스 7-13-6]

```
var exp = 2, result;
switch(exp){
    case 2:
    case 3:
        result = 'case23';
};
js.log(result);
```

[실행결과 7-13-6]

1. case23

case 2: case 3:은 OR 조건으로 처리됩니다. 즉 exp 변숫값이 2 또는 3이면 case 문장을 수행하게 됩니다. case 2:에 break 문이 없으므로 아래 문장을 수행하는 모습입니다.

7.14 with

with 문은 오브젝트를 사용하여 문장을 수행합니다.

[문법]

형태	with (오브젝트) 문장

[소스 7-14-1]

```
var sports = {player: '11명', time: '90분'};
for (var pty in sports){
    js.log(sports[pty]);
}
```

[실행결과 7-14-1]

1. 11명
2. 90분

for-in 문으로 sports 오브젝트를 열거하고 sports[pty]와 같이 작성해야 [실행결과]에 프로퍼티 값을 출력할 수 있습니다. 계속해서 for-in 문과 with 문을 비교해 보겠습니다.

[소스 7-14-2]

```
var sports = {player: '11명', time: '90분'};
with(sports){
    js.log(player);
    js.log(time);
}
```

[실행결과 7-14-2]

1. 11명
2. 90분

with 문의 파라미터에 sports 오브젝트를 지정하면 {player: '11명', time: '90분'} 형태의 오브젝트가 설정됩니다. with 블록에 player, time과 같이 프로퍼티 이름만 작성했는데 [실행결과]에 값이 출력되었습니다. with 문의 파라미터에 지정한 오브젝트에서 프로퍼티 값을 구하려면 오브젝트를 작성하지 않고 프로퍼티 이름만 작성합니다.

for-in 문은 오브젝트의 프로퍼티를 하나씩 읽어가면서 반복하므로 블록 문장에서 프로퍼티 값을 추려내는 처리를 프로퍼티 단위로 할 수 있습니다. with 문은 오브젝트 프로퍼티 전체를 펼쳐 놓은 모습이므로 프로퍼티 값을 추려내려면 대상 프로퍼티 이름을 하나씩 작성해야 합니다.

한편 프로퍼티 이름만으로 값을 구할 수 있도록 하기 위해서는 자바스크립트 내부에서 이에 맞도록 환경을 만들어야 합니다. 그런데 환경을 만드는 것이 자바스크립트 구조에 맞지 않습니다. 이에 대한 논리는 사전 설명이 필요하며 "24.8절 오브젝트 환경 레코드"에서 다루고 있습니다.

■ strict 모드

strict 모드는 ES5에서 제시된 것으로 단어 의미 그대로 엄격하게 자바스크립트 문법을 적용합니다. 아래 [소스 7-14-3]의 첫 번째 줄과 같이 "use strict"; 형태로 작성합니다.

[소스 7-14-3]

```
'use strict';
with({player: '11명', time: '90분'}){
    js.log(player);
    js.log(time);
}
```

위 코드를 실행하면 에러가 발생하여 [실행결과]에 값이 출력되지 않습니다. 브라우저의 개발자 도구 콘솔 창에 strict 모드에서 with 문을 사용할 수 없다는 메시지가 표시됩니다. 이는 되도록 with 문을 사용하지 말라는 권고입니다. 이에 대한 논리는 사전 설명이 필요하며 "23장 스코프"에서 다루고 있습니다.

7.15 try-catch-finally

try 문은 예외 발생을 인식하고 대응합니다.

[문법]

	try 블록 catch(식별자) 블록
형태	try 블록 finally 블록
	try 블록 catch(식별자) 블록 finally 블록

프로그램 실행 중에 에러가 발생하면 프로그램이 중단되지만 try 블록에 작성한 코드에서 에러가 발생하면 프로그램이 중단되지 않습니다. 따라서 에러가 발생할 가능성이 있는 코드는 try 블록에 작성해야 합니다.

catch 블록에 발생한 예외를 받아 처리하는 코드를 작성합니다. try 블록에서 예외가 발생하면 자동으로 catch 블록이 실행되고 예외가 발생하지 않으면 실행되지 않습니다. 예외 발생 여부와 관계없이 finally 블록이 있으면 실행됩니다.

[소스 7-15]

```
var sports;
try {
    js.log('try');
    sports = swim;
} catch(e){
    js.log('catch');
} finally {
    js.log('finally');
}
```

[실행결과 7-15]

```
1. try
2. catch
```

3. finally

try 블록에서 sports 변수에 swim 변숫값을 할당할 때 swim 변수가 존재하지 않으므로 에러가 발생합니다. 에러가 발생하면 catch 블록을 수행하므로 [실행결과] 2번에 catch가 출력되었습니다. [실행결과] 3번이 출력된 것은 에러가 발생하더라도 finally 블록을 수행하기 때문입니다. try-catch-finally 문은 아래와 같은 순서와 방법으로 예외를 처리합니다.

■ try 문

선언하지 않은 변수를 사용하면 에러가 발생하여 프로그램이 중단됩니다. 이때 try 문을 사용하여 예외를 발생시키면 프로그램이 중단되지 않습니다. try 문은 블록{}에 문장을 작성하며 블록을 생략할 수 없습니다. 예외가 발생하면 catch 블록으로 분기하므로 예외가 발생한 아래 문장은 실행되지 않습니다.

[소스 7-15]의 코드는 try 문을 설명하기 위해 작성한 것으로 좋은 코딩은 아닙니다. swim 변수를 작성하지 않아 에러가 발생하게 된다는 것을 알 수 있을 때는 try 문 앞에서 처리하는 것이 좋은 코딩입니다.

■ catch (식별자) 블록

catch 블록은 try 블록에서 예외가 발생했을 때 자동으로 실행됩니다. catch(e) 파라미터에 e를 작성했으며 예외 오브젝트가 e에 설정됩니다. e는 식별자로 error과 같이 임의의 이름을 작성할 수 있습니다. 아래 [그림 7-15]의 오른쪽은 e 오브젝트를 펼친 모습입니다.

[그림 7-15]

```
1  var sports;
2
3  try {
4      js.log('try');
5      sports = swim;
6
7  } catch(e){
8      js.log('catch');
9
10 } finally {
11     js.log('finally');
12 }
```

```
▶ Watch Expressions                      +  C
▼ Call Stack
   (anonymous function)              7-15.js:8
▼ Scope Variables
▼ Catch
   ▼ e: ReferenceError
       message: "swim is not defined"
       stack: (...)
   ▶ get stack: function () { [native code] }
   ▶ set stack: function () { [native code] }
   ▶ __proto__ : Error
```

[그림 7-15] 오른쪽 가운데에 message 프로퍼티가 있으며 예외가 발생한 이유가 텍스트로 작성되어 있습니다. 하지만 영문 텍스트이고 브라우저마다 메시지가 다르므로 한국에서 message를 그대로 사용하기에는 어려움이 있습니다. 다음 절의 throw 문을 사용하여 한글

로 메시지를 표시할 수 있습니다.

■ finally 블록

finally 블록은 예외 발생과 관계없이 작성되어 있으면 실행됩니다. catch 블록과 finally 블록 중에서 하나는 반드시 작성해야 하며 모두 작성할 수도 있습니다. 모두 작성했을 때 예외가 발생하면 catch 블록을 수행한 후 finally 블록을 수행합니다. 예외가 발생했을 때 catch 블록을 작성하지 않고 finally 블록만 작성하면 finally 블록을 수행한 후 프로그램이 중단되므로 catch 블록을 작성해야 합니다.

7.16 throw

throw 문은 인위적으로 예외를 발생시킵니다.

[문법]

형태	throw 표현식;

throw 문에서 값을 던지면 catch 블록이 받습니다. throw 문의 표현식을 평가한 값이 catch(e) 블록의 파라미터 e에 설정됩니다. 표현식에 문자열, 숫자, 오브젝트와 같은 데이터 타입을 지정할 수 있으며 표현식을 평가한 값이 이와 같은 데이터 타입이어도 됩니다. try 문에 throw 문을 작성하지 않고 별도로 작성할 수도 있습니다. 이에 대해 하나씩 살펴보겠습니다.

■ 문자열 표현식

[소스 7-16-1]

```
var sports;
try {
    if (!sports){
        throw 'sports에 값 없음';
    }
} catch(e){
    js.log(e);
}
```

1. sports에 값 없음

sports 변수를 선언만 했으므로 throw 문을 수행하게 되며 [실행결과] 1번에 throw 문에 작성한 문자열이 출력되었습니다. throw 문에서 표현식 평가 결과를 던지면 catch(e) 블록에서 받으며 평가한 값이 catch(e) 문의 e에 설정됩니다. try 블록에서 throw 문을 사용하지 않았을 때 Error 오브젝트가 catch(e) 문의 e에 설정되는 것과는 차이가 있습니다.

줄을 분리하여 throw와 표현식을 작성하면 throw 끝에 자바스크립트가 세미콜론을 자동 삽입하므로 한 줄에 작성해야 합니다.

■ 오브젝트 표현식

[소스 7-16-2]

```
var sports;
try {
    if (!sports){
        throw {message: '에러', reason: '변수를 선언만 함'};
    }
} catch(e){
    js.log(e.message);
    js.log(e.reason);
}
```

[실행결과 7-16-2]

1. 에러
2. 변수를 선언만 함

throw 문의 표현식에 오브젝트를 작성할 수 있습니다. catch(e)의 e에 오브젝트가 설정되므로 e.message와 같이 프로퍼티 이름으로 값을 구할 수 있습니다. 오브젝트이므로 message, reason과 같이 다수의 프로퍼티를 작성할 수도 있습니다.

■ Error 인스턴스 생성

[소스 7-16-3]

```
var sports;
try {
    if (!sports){
```

```
        throw new Error('Error 인스턴스');
    }
} catch(e){
    js.log(e.message);
}
```

[실행결과 7-16-3]

1. Error 인스턴스

throw 문에서 new 연산자로 Error 인스턴스(Instance)를 생성하였으며, catch 블록에서
e.message로 인스턴스를 생성할 때 파라미터에 지정한 문자열 값을 [실행결과] 1번에 출력
하였습니다. new 연산자는 인스턴스를 생성하여 반환합니다. 인스턴스 생성 방법은 "8.6
new 연산자" 에서 다루고 있으며 여기서는 throw, catch와 관련된 부분만 다룹니다.

Error 오브젝트는 예외 처리에 사용하는 빌트인 오브젝트입니다. 인스턴스를 생성하면서
Error( )의 파라미터에 값을 지정하면 인스턴스의 message 프로퍼티 값으로 설정되며 catch
블록에서 e.message로 값을 반환받을 수 있습니다.

■ 별도 함수 사용

[소스 7-16-4]

```
function showError(name){
    throw name + '를 선언하지 않았습니다.';
};
try {
    if (typeof sports == 'undefined'){
        showError('sports');
    }
} catch(e){
    js.log(e);
}
```

[실행결과 7-16-4]

1. sports를 선언하지 않았습니다.

try 블록에서 함수를 호출하고 호출된 함수에서 throw 문으로 표현식 평가 결과를 던지면
catch 블록이 받아 실행합니다. 이때 throw 문의 표현식 평가 결과가 catch 블록의 파라미

터에 설정됩니다. 실행되는 과정을 살펴보겠습니다.

이처럼 throw 문을 try 블록에 작성하지 않아도 됩니다. 이 형태를 개발 프로젝트에 맞게 발전시키면 try-throw-catch 패턴(Pattern) 또는 공통 함수로 사용할 수 있습니다.

7.17 debugger

debugger가 작성된 위치에서 프로그램 실행이 멈춥니다. 개발자 도구에서 멈춘 시점의 실행 상태를 제공하므로 프로그램을 개발하거나 테스트할 때 유용합니다. 개발자 도구 창이 표시되어 있어야 실행이 멈춥니다. ES5 버전에서 제공합니다.

일반 사용자가 개발자 도구를 사용하지 않으므로 소스 코드에 debugger를 작성하더라도 프로그램이 멈추지 않지만 만약을 위해 배포판에는 작성하지 않습니다.

```
var sports= 123;
debugger;
js.log(sports);
```

[실행결과 7-17]

1. 123

개발자 도구 창을 열고(Ctrl+Shift+I) [소스 7-17]을 실행시키면 debugger가 작성된 위치에 프로그램이 멈춥니다. 오른쪽 창에서 sports 변숫값을 비롯하여 실행 상태를 볼 수 있습니다.

제 **3** 부

자바스크립트 오브젝트

3 부에서는 자바스크립트 언어 관점에서 전체적인 개념을 다루며 자바스크립트에서 제공하는 오브젝트와 메소드를 다룹니다. 만약 지금까지 내용을 이해하지 못했다면 지금부터 다룰 내용을 정확하게 이해할 수 없으므로 앞으로 돌아가기 바랍니다.

08

자바스크립트의 언어적 개념

자바스크립트의 언어적 개념을 다룹니다.

8.1 자바스크립트 기준과 범위

자바스크립트는 객체 지향 프로그래밍(OOP: Object Oriented Programming) 언어입니다. ES5 스펙에 "ECMAScript is an object-oriented programming language"라고 기술되어 있습니다.

자바스크립트는 스크립트 언어입니다. 스크립트 언어 환경에서 객체 지향 프로그램을 구현하며, 객체 지향 환경에서 스크립트 언어로 프로그램을 구현합니다. 이것이 자바스크립트의 기준이며 범위입니다.

객체 지향 프로그램을 구현하는 방법은 언어마다 차이가 있습니다. 사전 컴파일 언어와 스크립트 언어는 환경이 다르므로 구현 방법이 다릅니다. OOP 일부 개념을 지원하지 않거나 채용할 필요가 없는 개념도 있습니다. 자바스크립트도 이와 같습니다.

ES5 스펙에 객체 지향 프로그래밍 개념이 작성되어 있지 않으며 자바스크립트로 구현하는 방법이 기술되어 있습니다. OOP 개념을 다루는 것은 이 책의 범위가 아니며 구현 중심으로 다룹니다. ES5 스펙에 기술된 객체 지향 용어가 기준입니다. 자바스크립트 중심이므로 다른 언어와 비교하는 것은 자바스크립트를 이해하는 데 그다지 도움이 되지 않습니다. 이는 필자의 경험입니다.

■ 객체

사람도 객체이고 자동차도 객체입니다. 객체는 이처럼 실체가 존재하며 자체에 행위(Behavior)와 속성(Attribute)을 갖고 있습니다. 먹는 것이 행위이고 밥이 속성입니다. 밥, 빵, 과일을 먹을 수 있으므로 먹는 행위는 다수의 속성을 가질 수 있습니다. 이것이 객체의 구성 요소입니다.

객체를 자바스크립트로 표현하면 아래 형태가 됩니다.

```
사람 = {
  eat: function(과일) {
    과일을 먹는다;
  },
  quantity: '과일 1개'
}
```

eat는 과일을 먹는 행위를 나타내는 이름이며 quantity는 "과일 1개"를 나타내는 이름입니다. eat에 접근하면 먹는 행위를 실행할 수 있으며 quantity에 접근하면 "과일 1개" 값을 구할 수 있습니다.

자바스크립트 구현 중심으로 보면 객체보다 오브젝트가 더 어울립니다. 사전적 의미로 객체가 오브젝트이므로 차이가 없지만, 자바스크립트 프로그램 구현에서 보면 뉘앙스가 다릅니다.

■ 프로퍼티

자바스크립트 문법으로 오브젝트를 표현하면 object = {name: value} 형태가 됩니다. name과 value를 프로퍼티(Property)라고 하며 name을 프로퍼티 이름, value를 프로퍼티 값이라고 합니다. 오브젝트는 프로퍼티로 구성되며 콤마로 구분하여 다수의 프로퍼티를 작성할 수 있습니다. 따라서 오브젝트는 프로퍼티(이름과 값)의 집합입니다. 객체는 행위와 속성의 집합입니다.

sports = {soccer: "11"} 형태에서 sports가 오브젝트이고 {soccer: "11"}이 프로퍼티입니다. "11"을 구하려면 우선 오브젝트인 sports를 알아야 합니다. 왜냐하면, game = {soccer: "11"}과 같이 game 오브젝트에 soccer가 있을 수 있기 때문입니다.

오브젝트만으로 "11"을 구할 수 없으므로 프로퍼티 이름을 알아야 하며 오브젝트에 프로퍼티 이름이 하나만 존재해야 합니다. 오브젝트에 같은 이름이 있을 때, ES3는 나중에 작성한 값으로 대체되며 ES5 strict 모드에서는 에러가 발생합니다. sports 오브젝트에서 11을 구하려면 sports.soccer 또는 sports["soccer"] 형태로 작성합니다. game 오브젝트에서 11을 구하려면 game.soccer 또는 game["soccer"] 형태로 작성합니다.

■ 오브젝트와 인스턴스

오브젝트를 사용하여 오브젝트를 생성하면 오브젝트가 반환됩니다. 이때 반환된 오브젝트를 인스턴스(Instance)라고 하며 ES5 스펙에서도 인스턴스로 표기하고 있습니다. new 연산자로 오브젝트를 생성하여 변수에 할당할 수 있으며 변수에 할당된 오브젝트가 인스턴스입니다.

인스턴스를 생성하는 목적은 무엇일까요?

오브젝트에 book 프로퍼티가 있다고 할 때, book 프로퍼티에 값을 설정하면 생성하는 모든 인스턴스가 같은 값을 갖게 됩니다. 반면 생성한 인스턴스의 book 프로퍼티에 값을 설정하면 오브젝트의 book 프로퍼티 값이 변경되지 않습니다. 따라서 인스턴스마다 다른 값을 가질 수 있습니다. 이처럼 인스턴스마다 다른 값을 유지, 제어하기 위해 인스턴스를 생성합니다.

이는 보고서를 복사기로 복사한 것과 같습니다. 복사한 보고서에 메모를 하더라도 원본은 그대로 유지되므로 다시 복사했을 때 같은 내용이 복사됩니다. 원본이 오브젝트이고 복사한 보고서가 인스턴스입니다.

■ 함수와 메소드

"과일을 먹다"를 자바스크립트 프로그램 구현 형태로 작성하면 아래 모습이 됩니다.

```
eat: function(과일) {
    과일을 먹는다;
}
```

위에서 function( ){…} 형태를 함수(function)라고 합니다. 함수는 오브젝트에 속해야 하며, 오브젝트에 함수를 다수 작성할 수 있으므로 이름을 가져야 합니다. 함수는 자바스크립트에서 사용하는 용어로 객체 지향 프로그래밍의 일반적인 용어는 메소드(method)입니다. 함수와 메소드 모두 행위를 나타냅니다.

자바스크립트에서 함수와 메소드를 구분해야 하지만 사전 설명이 필요하므로 현 시점에서는 같게 보아도 됩니다. eat( ) 함수/메소드가 실행되면 "과일을 먹는다"와 같이 행동하게 되며 이를 프로그램 구현 측면에서 보면 코드입니다. 함수는 오브젝트에 속해야 하고 이름을 가져야 하며 함수 안에 함수의 목적 달성을 위한 코드를 작성합니다.

8.2 빌트인

브라우저가 html 파일의 처음부터 한 줄씩 해석하다가 〈script src="source.js"〉〈/script〉를 만나면 자바스크립트 실행 환경을 만듭니다. 이를 렌더링(Rendering)이라고 합니다. 렌더링을 완료한 후 src 속성의 source.js 파일 안에 작성한 자바스크립트 코드를 컴파일하고 실행합니다.

렌더링 단계에서 자바스크립트는 오브젝트를 생성하고 값을 초기화하며 연산자를 설정합니다. 렌더링 단계에서 만드는 것을 총칭하여 빌트인(built-in)이라고 하며 빌트인은 크게 연산자, 데이터 타입, 오브젝트로 나눕니다.

■ 빌트인 목적, 용도

빌트인은 개발자 프로그램이 실행되기 전에 생성되므로 프로그램에서 사용할 수 있습니다. 예를 들어 ==연산자가 만들어져 있지 않다면 먼저 ==연산자를 사용할 수 있는 환경을 만들어야 합니다. 하지만 이와 관련된 어떤 처리를 하지 않아도 (sports == 'swim')과 같이 ==연산자를 사용할 수 있습니다. 이 개념이 빌트인입니다.

(sports === null)에서 null이 빌트인 데이터 타입입니다. 자바스크립트가 null을 사전에 만들지 않는다면 개발자 프로그램에서 만들어야 합니다. 빌트인은 자바스크립트가 생성하며 개발자 프로그램에서 사전 처리를 하지 않고 사용할 수 있습니다.

빌트인에서 자바스크립트 특징을 나타낸 것이 빌트인 오브젝트입니다. 언어에 따라 다르지만, 문자열을 처리하려면 먼저 문자열 오브젝트를 만들어야 하며 문자열을 처리할 때마다 오브젝트를 만드는 것은 번거롭습니다. 하지만 자바스크립트는 문자열 처리를 위한 String 오브젝트를 빌트인 오브젝트로 제공하므로 오브젝트를 만들지 않고 문자열을 처리할 수 있습니다.

■ 빌트인 연산자

- ++, --, +, -, ~, !, +, -, * , /, %, ==, !=, ===, !==, =, * =, /=, %= 등

■ 빌트인 데이터 타입

- Undefined, Null, Boolean, Number, String

■ 빌트인 오브젝트

- Global, Object, Function, Array, String, Boolean, Number
- Math, Date, RegExp, JSON
- Error 처리용(Error, EvalError, RangeError, ReferenceError, SyntaxError, TypeError, URIError)

8.3 빌트인 오브젝트

각 빌트인 오브젝트 개요를 살펴봅니다. 다음 장부터 빌트인 오브젝트에서 제공하는 메소드와 프로퍼티를 다룹니다.

■ Global 오브젝트

글로벌(Global) 오브젝트는 전체를 통해서 하나만 존재하며 모든 프로그램에서 접근할 수 있습니다. html 파일에 〈script src="abc.js"〉와 〈script src="def.js"〉를 작성했을 때 abc.js와 def.js의 코드에서 글로벌 오브젝트의 프로퍼티를 공유합니다. 공유에 따른 장점도 있지만, 단점도 있습니다. 전역 객체라고도 하며 뉘앙스 차이가 있어 이 책에서는 글로벌 오브젝트로 표기합니다.

■ Object 오브젝트

Object 오브젝트는 오브젝트를 생성, 제어하며 대부분의 빌트인 오브젝트에 상속됩니다. 소스 텍스트에 var sports = {};와 같이 중괄호{}를 작성하면 새로운 Object 오브젝트를 생성하여 반환합니다. ES5 스펙에 기능이 추가되었습니다.

■ Function 오브젝트

Function 오브젝트는 함수 오브젝트를 생성, 제어합니다. 소스 텍스트에 function music(){}을 작성하면 새로운 Function 오브젝트를 생성하여 반환합니다. 자바스크립트는 Function 오브젝트로 시작해서 Function 오브젝트로 끝난다고 해도 지나치지 않습니다.

■ Array 오브젝트

Array 오브젝트는 배열을 생성, 제어합니다. 소스 텍스트에 var sports = [];와 같이 대괄호[]를 작성하면 새로운 Array 오브젝트를 생성하여 반환합니다. 배열을 정의하거나 분리, 연결, 추가, 삭제할 수 있는 메소드가 포함되어 있습니다. ES5 스펙에 기능이 추가되었습니다.

■ String 오브젝트

String 오브젝트는 문자열을 제어합니다. 문자열을 분리하거나 연결할 수 있으며 지정한 위치의 문자열을 구할 수 있는 메소드가 포함되어 있습니다.

■ Boolean 오브젝트

Boolean 오브젝트는 true와 false 값을 제공합니다.

■ Number 오브젝트

Number 오브젝트는 숫자를 제어합니다.

■ Math 오브젝트

Math 오브젝트는 수학 계산을 위한 상수와 함수를 제공합니다. 최댓값, 최솟값, 반올림, 코사인 등의 값을 구할 수 있습니다.

■ Date 오브젝트

Date 오브젝트는 날짜와 시간을 제공합니다. 년(Year), 월(Month), 일(Day), 시(Hour), 분(Minute), 초(Second), 밀리초(milliseconds) 값을 구할 수 있습니다.

■ RegExp 오브젝트

RegExp 오브젝트는 정규 표현식을 위한 오브젝트로 문자열을 검색, 치환할 수 있습니다. ECMA-262 스펙은 크게 자바스크립트 부분과 정규 표현식 부분으로 나눌 수 있습니다. String 오브젝트에 정규 표현식을 사용할 수 있는 메소드가 4개 있으며 정규 표현식 오브젝트에 2개의 메소드(exec, test)가 있습니다. 이 책은 정규 표현식을 다루지 않습니다.

■ JSON 오브젝트

JSON 오브젝트는 자바스크립트 형태의 값을 JSON 형태의 문자열로 변환하거나, 반대로 JSON 형태의 문자열을 자바스크립트 형태의 값으로 변환합니다. JSON 오브젝트는 ES5에서 제공합니다.

8.4 오브젝트 인식

메소드로 데이터를 연결하려면 아래와 같은 순서로 처리하게 됩니다. 자바스크립트가 오브젝트를 인식하는 방법을 설명하기 위한 시나리오입니다.

문자열 연결 시나리오

1. 연결 기능을 가진 메소드를 선택합니다.
   {설명} 메소드 이름은 concat입니다.
   {설명} 2번의 오브젝트를 먼저 선택하고 메소드를 선택할 수도 있습니다.
2. 메소드가 속한 오브젝트를 선택합니다.
   {설명} Array 오브젝트와 String 오브젝트에 concat 메소드가 있습니다.
   {설명} 처리(파라미터 값)할 데이터 타입을 보고 사용할 오브젝트를 결정합니다.
3. 파라미터로 넘겨 줄 데이터를 준비합니다.

{설명} 문자열 데이터는 "sports", "soccer", "11"입니다.

{설명} 배열 데이터는 ["sports", "soccer", "11"]입니다.

4. 데이터 타입에 따라 오브젝트를 생성합니다.

{설명} 배열이면 Array 오브젝트를 생성합니다.

{설명} 문자열이면 String 오브젝트를 생성합니다.

5. 오브젝트.메소드( ) 형태로 호출하면서 연결하려는 값을 파라미터로 넘겨줍니다.

{설명} 배열이면 Array_object.concat(["sports", "soccer", "11"]) 형태로 호출합니다.

{설명} 문자열이면 String_object.concat("sports", "soccer", "11") 형태로 호출합니다.

6. 메소드가 실행되며 메소드에서 값을 반환합니다.

{설명} 파라미터로 받은 데이터를 연결하고 연결한 값을 반환합니다.

■ 전형적인 객체 지향 형태

위 과정을 전형적인 객체 지향 프로그램 형태로 작성하면 [소스 8-4-1] 형태가 됩니다.

[소스 8-4-1]

```
var obj = new String();
var result = obj.concat('sports', 'soccer', 11);
js.log(result);


obj = new Array();
result = obj.concat('sports', 'soccer', 11);
js.log(result);
```

[실행결과 8-4-1]

1. sportssoccer11
2. [sports,soccer,11]

String 오브젝트 또는 Array 오브젝트를 생성하고 "오브젝트.concat( )" 형태로 작성합니다. 소괄호 안에 호출된 메소드에 넘겨줄 값을 작성합니다. concat( ) 메소드가 String 오브젝트 와 Array 오브젝트에 있지만 오브젝트를 지정하여 호출하므로 오브젝트에 속한 메소드가 호출됩니다.

■ 자바스크립트 형태

자바스크립트도 위와 같이 전형적인 객체 지향 프로그램 형태로 프로그램을 작성할 수 있 습니다. 하지만 일반적으로 아래 [소스 8-4-2]와 같이 작성합니다.

[소스 8-4-2]

```
var result = 'sports'.concat('soccer', 11);
js.log(result);

result = ['sports'].concat('soccer', 11);
js.log(result);
```

[실행결과 8-4-2]

1. sportssoccer11
2. [sports,soccer,11]

Array 오브젝트, String 오브젝트를 생성하지 않았으며 concat( ) 메소드를 호출할 때 오브젝트를 지정하지 않고 데이터를 지정했습니다. 그런데 정상적으로 [실행결과]에 값이 출력되었습니다.

자바스크립트는 메소드 앞의 오브젝트 위치에 작성한 데이터가 문자열('sports')이면 String 오브젝트의 concat( ) 메소드를 호출하고, 배열(['sports'])이면 Array 오브젝트의 concat( ) 메소드를 호출합니다. 오브젝트 위치에 작성한 데이터 타입에 의해 오브젝트가 결정됩니다. 전형적인 객체 지향 프로그램 형태와 다릅니다.

데이터 타입에 의해 오브젝트에 속한 메소드가 호출되는 메커니즘(Mechanism)을 뒷받침하는 것이 빌트인 타입, 빌트인 오브젝트입니다. 오브젝트에 속한 메소드를 호출하려면 오브젝트가 존재해야 합니다. 그런데 오브젝트를 생성하지 않고 메소드를 호출할 수 있는 것은 렌더링 단계에서 자바스크립트가 오브젝트를 생성하기 때문입니다. 생성한 오브젝트를 빌트인 오브젝트라고 합니다.

8.5 prototype 오브젝트

서울의 종로구에 100명이 살고 있으며 서울의 중구에 200명이 살고 있다고 할 때, 이를 오브젝트 형태로 표현하면 아래 [형태 8-5-1]이 됩니다. 서울["종로구"]로 접근하면 100이 반환되고 서울.중구로 접근하면 200이 반환됩니다.

```
서울: {
    종로구: 100,
    중구: 200
}
```

앞서 살펴보았던 String 오브젝트의 concat 메소드를 오브젝트 형태로 표현하면 아래 [형태 8-5-2]가 됩니다. indexOf 메소드는 String 오브젝트에서 제공하는 메소드입니다.

[형태 8-5-2]

```
String: {
    concat: function(){},
    indexOf: function(){}
}
```

한편 String 오브젝트에는 문자열의 문자 수를 제공하는 length 프로퍼티가 있으며 이를 String 오브젝트에 작성하면 아래 [형태 8-5-3]이 됩니다.

[형태 8-5-3]

```
String: {
    length: 값,
    concat: function(){},
    indexOf: function(){}
}
```

그런데 이렇게 작성하면 length 프로퍼티와 concat 메소드, indexOf 메소드가 구분이 되지 않습니다. 이때 자바스크립트는 prototype을 사용하여 메소드를 구분합니다. 아래 [형태 8-5-4]는 prototype을 사용하여 concat 메소드와 indexOf 메소드를 작성한 형태입니다.

[형태 8-5-4]

```
String.length
String.prototype.concat
String.prototype.indexOf
```

이를 오브젝트 형태로 정리하면 아래 [형태 8-5-5]가 됩니다.

[형태 8-5-5]

```
String: {
    length: 값,
```

```
        prototype: {
            concat: function(){},
            indexOf: function(){}
        }
    }
```

[소스 8-5]

```
var obj = String;
debugger;
```

var obj = String;을 수행하면 obj 변수에 String 오브젝트가 할당됩니다. String 오브젝트를 생성하지 않고 String 오브젝트를 할당할 수 있는 것은 String 빌트인 오브젝트가 있기 때문입니다.

아래 [그림 8-5]는 [소스 8-5]에서 debugger로 인해 멈춘 시점의 모습으로 String 오브젝트를 구성하는 프로퍼티입니다. 프로퍼티가 너무 많아 앞부분만 게재하였습니다. 앞에서 다루었던 length 프로퍼티가 있으며 가운데에 prototype이 있으며 마지막 줄에 concat 메소드가 prototype에 연결되어 있습니다.

[그림 8-5]

```
▼ obj: function String() { [native code] }
    arguments: null
    caller: null
  ▶ fromCharCode: function fromCharCode() { [native code] }
    length: 1
    name: "String"
  ▼ prototype: String
    ▶ anchor: function anchor() { [native code] }
    ▶ big: function big() { [native code] }
    ▶ blink: function blink() { [native code] }
    ▶ bold: function bold() { [native code] }
    ▶ charAt: function charAt() { [native code] }
    ▶ charCodeAt: function charCodeAt() { [native code] }
    ▶ concat: function concat() { [native code] }
```

■ 프로퍼티 연결

자바스크립트는 이처럼 prototype을 사용하여 String 오브젝트에 concat 메소드를 연결합니다. String 오브젝트에 prototype을 연결하고, prototype에 concat 메소드를 연결합니다. prototype은 이외에도 다른 오브젝트를 상속받아 연결하거나 prototype에 연결된 프로퍼티를 공유할 때 사용합니다. 이에 대해서는 사전 설명이 필요하므로 관련된 장에서 다룹니다.

8.6 new 연산자

new 연산자(Operator)는 인스턴스를 생성하여 반환합니다.

[문법]

구분	타입	데이터(값)
constructor	Function	생성자
파라미터	any	값_옵션
반환	Object	생성한 오브젝트

new 연산자는 constructor 위치에 지정한 생성자를 호출하여 새로운 오브젝트를 생성하여 반환합니다. 반환된 오브젝트를 인스턴스라고 합니다. constructor 위치에 아래의 생성자를 지정할 수 있습니다.

- String, Array, Object 등의 빌트인 오브젝트 생성자
- var sports = function( ){ } 형태에서 sports

new String( )을 하면 String 오브젝트를 생성하여 반환하고, new Array( )를 하면 Array 오브젝트를 생성하여 반환합니다. sports가 Function 오브젝트이므로 new sports( )를 하면 Function 오브젝트를 생성하여 반환합니다.

생성할 오브젝트에 넘겨줄 값을 파라미터에 지정합니다. 옵션이므로 지정하지 않아도 오브젝트 생성에 영향을 미치지 않습니다. 파라미터로 넘겨줄 값이 없으면 new String;과 같이 소괄호를 작성하지 않아도 되지만 소괄호 작성은 코딩 관례입니다.

일부 빌트인 오브젝트는 new 연산자를 사용하지 않고 생성자만 작성해도 새로운 오브젝트를 생성하여 반환합니다. Function 오브젝트는 Function( )만 작성해도 새로운 오브젝트를 생성하여 반환합니다. Number( )는 오브젝트를 생성하지 않고 파라미터에 지정한 값을 숫자 값으로 변환하여 반환합니다. Number("123")일 때 문자열 "123"을 숫자 123으로 변환하여 반환합니다. 빌트인 오브젝트를 다루는 각 장에 반환 형태가 작성되어 있습니다.

■ prototype 공유

new 연산자로 인스턴스를 생성하면 원본 오브젝트의 prototype에 연결된 메소드를 인스턴스에서 공유(share)합니다. 공유란 원본 오브젝트의 prototype에 연결된 메소드를 복사하지 않고 참조(Reference)하는 것을 의미합니다. 따라서 "인스턴스.메소드( )" 형태로 메소

드를 호출하면 원본 오브젝트의 prototype에 연결된 메소드가 호출됩니다.

빌트인 오브젝트의 메소드는 기능이 정해져 있으며 다른 프로그램에서 사용하므로 기능을 바꿔서는 안 됩니다.

■ fallback

ES5에 추가된 메소드는 ES5를 지원하지 않는 브라우저에 존재하지 않습니다. 이때 개발자 프로그램으로 같은 이름의 메소드를 만들어 빌트인 오브젝트의 prototype에 연결하면 ES5 를 지원하지 않는 브라우저에서도 메소드가 호출됩니다. 이를 fallback 메소드라고 합니다.

8.7 constructor

constructor는 생성자를 참조합니다. 따라서 constructor가 있어야 새로운 오브젝트를 생성 할 수 있습니다. Array, Boolean, Date, Function, Number, Object, RegExp, String 오브젝 트는 constructor가 있으며 Global, Math, JSON 오브젝트는 constructor가 없습니다. 따라서 Global, Math, JSON 오브젝트는 새로운 오브젝트를 생성할 수 없으며 이외의 오브젝트는 새로운 오브젝트 즉, 인스턴스를 생성할 수 있습니다.

[소스 8-7]

```
var obj = Array;
debugger;
```

아래 [그림 8-7]은 [소스 8-7]에서 debugger로 인해 멈춘 시점에 constructor를 전개한 모습 입니다.

[그림 8-7]

```
▼ constructor: function Array() { [native code] }
    arguments: null
    caller: null
  ▶ isArray: function isArray() { [native code] }
    length: 1
    name: "Array"
  ▶ prototype: Array[0]
  ▶ __proto__: function Empty() {}
  ▶ <function scope>
```

[그림 8-7] 첫 줄의 "constructor: function Array( ) {[native code]}"에서 function Array( ){ }는

생성자를 의미합니다. 가운데에 prototype이 있으며 이를 전개하면 Array 오브젝트에서 제공하는 메소드가 표시됩니다.

8.8 instanceof 연산자

instanceof 연산자는 지정한 오브젝트로 생성한 인스턴스이면 true를, 아니면 false를 반환합니다.

[문법]

형태	인스턴스 instanceof 오브젝트

instanceof 왼쪽에 생성한 인스턴스를 지정하고 오른쪽에 오브젝트를 지정합니다.

[소스 8-8]

```
var obj = new Object();
js.log(obj == Object);
js.log(obj instanceof Object);
```

[실행결과 8-8]

1. false
2. true

```
var obj = new Object();
js.log(obj == Object);
```

new Object( )로 생성한 오브젝트를 obj 변수에 할당한 후 obj와 Object의 일치 여부를 비교하였더니 [실행결과] 1번에 같지 않다고 false가 출력되었습니다. new 연산자로 생성한 인스턴스를 ==연산자로 비교하면 false가 반환되므로 instanceof 연산자로 비교합니다.

```
js.log(obj instanceof Object);
```

위 코드는 obj가 Object 오브젝트를 사용해서 생성한 인스턴스이면 true를, 아니면 false를 반환합니다. [실행결과] 2번에 true가 출력된 것은 obj가 Object 오브젝트로 생성한 인스턴스이기 때문입니다.

09

Object 오브젝트

ES5에 Object 오브젝트 개념이 추가되었으며 장을 분리하여 ES3와 ES5를 다룹니다.
9장은 ES3 기준으로 다루며 ES5 기준은 "20장 Object 5th 오브젝트"에서 다룹니다.

9.1 프로퍼티 리스트

아래는 ES3 기준 Object 오브젝트의 프로퍼티 리스트입니다.

이름	개요
Object	
new Object( )	인스턴스 생성
Object( )	인스턴스 생성. new Object()와 같음
Object.prototype	
constructor	생성자
toString( )	문자열 표시 변환
toLocaleString( )	지역화 문자열로 변환
valueOf( )	프리미티브 값 반환
hasOwnProperty( )	프로퍼티 소유 여부 반환
isPrototypeOf( )	prototype에 오브젝트 존재 여부 반환
propertyIsEnumerable( )	프로퍼티 열거 가능 여부 반환

9.2 Object 분류

ES5 스펙에서 용어 정의를 통해 아래와 같이 오브젝트를 분류하고 있습니다.

- 오브젝트
- 빌트인 오브젝트(Built-in Object)
- 네이티브 오브젝트(Native Object)
- 호스트 오브젝트(Host Object)

■ 오브젝트

var sports = {name: value} 형태에서 sports가 오브젝트이며 오브젝트는 0개 이상의 프로퍼티로 구성됩니다. "빌트인 오브젝트"와 같이 세분하지 않고 "오브젝트"로 표기하면 이 형태를 의미합니다.

■ 빌트인 오브젝트

렌더링 과정에서 자바스크립트가 생성하는 오브젝트를 의미합니다. Global, Object,

Function, Array, String, Boolean, Number, Math, Date, RegExp, JSON, Error, EvalError, RangeError, ReferenceError, SyntaxError, TypeError, URIError 오브젝트가 여기에 속합니다.

■ 네이티브 오브젝트

네이티브 오브젝트는 빌트인 오브젝트에 Arguments 오브젝트와 같이 자바스크립트 프로그램을 실행할 때 생성되는 오브젝트가 포함됩니다. 네이티브 오브젝트는 ES5 스펙에 오브젝트 기능과 목적이 작성되어 있으며 작성되어 있지 않은 오브젝트는 네이티브 오브젝트가 아닙니다.

■ 호스트 오브젝트

호스트 오브젝트는 자바스크립트 실행 환경을 보완, 지원하기 위해 호스트 환경에서 제공하는 오브젝트를 의미하며 네이티브 오브젝트를 제외한 오브젝트가 대상입니다. [소스 9-2] 사례를 통해 살펴보겠습니다.

[소스 9-2]

```
var nodes = document.getElementsByTagName('script');
for (var k = 0; k < nodes.length; k++){
    js.log(k + ' : ' + nodes[k].nodeName);
}
```

[실행결과 9-2]

1. 0 : SCRIPT
2. 1 : SCRIPT

```
var nodes = document.getElementsByTagName('script');
```

document.getElementsByTagName( )은 DOM(Document Object Model)에서 제공하는 메소드로 html 파일에서 파라미터에 지정한 태그 이름과 같은 엘리먼트(Element)를 모두 반환합니다. 즉, ⟨script⟩ 엘리먼트를 모두 반환하며 이를 NodeList라고 합니다. 하나의 엘리먼트에 id, className, nodeName과 같은 프로퍼티가 있으므로 엘리먼트는 오브젝트입니다. NodeList는 0개 이상의 엘리먼트 오브젝트를 갖는 List 형태의 오브젝트입니다.

NodeList가 DOM에서 제공하는 오브젝트이지만 [소스 9-2]와 같이 for 문으로 NodeList를 읽어 [실행결과]에 nodeName을 출력할 수 있습니다. 이처럼 자바스크립트는 외부에서 제공하는 오브젝트를 제어할 수 있습니다.

■ 필자 생각

"필자 생각"은 내용을 검증할 수 없는 환경, ES5 스펙에 작성되어 있지 않거나 포괄적인 내용 등으로 인해 확언할 수 없는 필자의 생각을 의미합니다. 다양한 방법으로 검증하고 테스트했으나 확정할 수 없는 상태를 나타냅니다. 자바스크립트 엔진 처리는 외부에서 접근할 수 없으므로 스펙 내용을 검증, 테스트할 수 없습니다. 그런데도 작성한 것은 깊이 있는 연구를 하려는 독자에게 틀림과 맞음의 시작점을 제시하려는 의도도 있습니다.

9.3 new Object( )

new Object( )는 인스턴스를 생성하여 반환합니다.

[문법]

구분	타입	데이터(값)
파라미터		값_{옵션}
반환	Object	생성한 오브젝트

파라미터에 지정한 데이터 타입에 따라 생성되는 인스턴스 타입이 달라집니다. 문자열을 작성하면 String 인스턴스가 반환되고 숫자를 작성하면 Number 인스턴스가 반환됩니다.

[소스 9-3-1]
```
var obj = new Object();
js.log(obj);


var numObj = new Number(567);
var objNumber = new Object(numObj);
js.log(numObj === objNumber);
```

```
obj = new Object(12345);
js.log(typeof obj);
js.log(obj);

js.log(new Object(true));
var nodes = document.getElementsByTagName('script');
js.log(new Object(nodes[0]));
```

[실행결과 9-3-1]

1. [object Object]
2. true
3. object
4. 12345
5. true
6. [object HTMLScriptElement]

```
var obj = new Object();
js.log(obj);
```

new Object( )의 파라미터에 값을 지정하지 않거나 undefined, null을 지정하면 Object.prototype에 연결된 프로퍼티(메소드)로 새로운 Object 인스턴스를 생성하여 반환합니다. 여기서 중요한 것은 Object 오브젝트의 전체 프로퍼티가 아닌 Object.prototype에 연결된 프로퍼티로 새로운 Object 인스턴스를 생성하는 점입니다.

Object 오브젝트에는 Object.create( ), Object.defineProperty( )와 같은 함수가 있으며 이러한 함수는 Object.prototype에 연결되어 있지 않고 Object에 직접 연결되어 있습니다. 따라서 생성한 Object 인스턴스에 반영되지 않습니다. 생성한 Object 인스턴스에서 호출할 수 없으며 Object.create( )와 같이 빌트인 오브젝트의 함수를 호출해야 합니다.

obj에 할당된 인스턴스의 오브젝트 타입은 Object 오브젝트를 사용했으므로 "Object"입니다. 생성한 인스턴스를 출력하면 [실행결과] 1번과 같이 [object Object]가 출력됩니다. 출력된 형태에서 [object]는 오브젝트를 나타내고 [Object]는 오브젝트 타입을 나타냅니다.

```
var numObj = new Number(567);
```

new Number(567)을 실행하면 새로운 Number 인스턴스를 생성하여 반환합니다. 바로 앞에서 new Object( )와 같이 Number.prototype에 연결된 프로퍼티로 새로운 인스턴스를 생성합니다.

```
var objNumber = new Object(numObj);
js.log(numObj === objNumber);
```

new Object( )의 파라미터에 인스턴스를 지정하면 인스턴스를 생성하지 않고 파라미터에 지정한 인스턴스를 반환합니다. new Object(numObj)에서 파라미터에 바로 위에서 생성한 Number 인스턴스를 지정했으므로 생성한 인스턴스를 그대로 반환합니다. 따라서 numObj 와 objNumber가 같은 인스턴스이므로 [실행결과] 2번에 true가 출력됩니다.

```
obj = new Object(12345);
js.log(typeof obj);
```

new Object( )의 파라미터에 123과 같이 숫자를 지정하면 새로운 Number 인스턴스를 생성하여 반환합니다. [실행결과] 3번에 object가 출력되었으며 이는 인스턴스를 생성하여 반환한 것을 의미합니다. new Object( )의 파라미터에 "ABC"와 같이 문자열을 지정하면 새로운 String 인스턴스를 생성하여 반환합니다.

인스턴스를 생성하면서 파라미터에 지정한 값을 인스턴스의 내부 프로퍼티인 [[PrimitiveValue]]에 설정합니다. 내부 프로퍼티이므로 외부에서 자바스크립트 프로그램으로 접근할 수 없습니다. 크롬 브라우저 37버전의 개발자 도구 창에 "[[PrimitiveValue]]: 12345" 형태로 표시되어 디버깅이 편리합니다. 이 책에서는 주변 문장에 따라 [[PrimitiveValue]] 또는 "프리미티브 값"으로 표기합니다.

```
js.log(obj);
```

생성한 인스턴스를 [실행결과] 4번에 출력하였더니 new Object(12345)의 파라미터 값인 12345가 출력되었습니다. 이는 생성한 인스턴스의 [[PrimitiveValue]]에 설정된 값이 반환되기 때문입니다. Boolean, Date, Number, String 오브젝트가 파라미터에 지정한 값을 [[PrimitiveValue]]에 설정하며 생성한 인스턴스를 출력하면 [[PrimitiveValue]]에 설정된 값이 출력됩니다.

한편 [실행결과] 1번에 new Object( )로 생성한 인스턴스를 출력하였으나 [object Object]가 출력된 것은 Object는 [[PrimitiveValue]]를 사용하지 않기 때문입니다.

```
js.log(new Object(true));
```

new Object( ) 파라미터에 true 또는 false를 지정하면 Boolean 인스턴스를 생성하여 반환합니다. [실행결과] 5번에 true가 출력된 것은 Boolean 인스턴스의 [[PrimitiveValue]] 값이 반환되기 때문입니다.

한편 new Object( )의 파라미터에 Date(연월일시분초)를 지정하더라도 Date 인스턴스가 생성되지 않습니다. 왜냐하면, 파라미터에 일시를 숫자로 지정하면 Number 인스턴스가 생성되고 문자열로 지정하면 String 인스턴스가 생성되기 때문입니다. 따라서 new Date( )로 인스턴스를 생성할 때만 파라미터 값이 [[PrimitiveValue]]에 설정됩니다.

```
var nodes = document.getElementsByTagName('script');
```

document.getElementsByTagName('script')는 DOM 메소드로 html 파일에서 〈script〉를 모두 추출하여 NodeList로 반환합니다.

```
js.log(new Object(nodes[0]));
```

new Object( )의 파라미터에 호스트 오브젝트를 지정하면 인스턴스로 생성하지 않고 호스트 오브젝트를 그대로 반환합니다. [실행결과] 6번에 출력된 [object HTMLScriptElement]에서 [HTMLScriptElement]는 [object Object]와 마찬가지로 오브젝트 타입입니다. 참고로 HTMLScriptElement는 "HTML" + 태그 이름(첫 문자는 대문자) + "Element" 형태로 이름이 부여됩니다. 〈div〉의 오브젝트 이름은 HTMLDivElement입니다.

■ 중괄호{ }로 Object 인스턴스 생성

{ }를 한글로 표기하면 중괄호이지만 자바스크립트 문법으로 표기하면 오브젝트 리터럴(Literal)입니다.

[소스 9-3-2]

```
var obj = {};
js.log(obj instanceof Object);

var objNew = new Object();
js.log(objNew instanceof Object);
```

[실행결과 9-3-2]

```
1. true
2. true
```

[실행결과] 1번에 true가 출력되었으며 Object 오브젝트로 생성한 인스턴스임을 나타냅니다. [실행결과] 2번에 true가 출력되었으며 Object 오브젝트로 생성한 인스턴스임을 나타냅

니다. 따라서 중괄호{ }는 new Object( )로 생성한 것과 같습니다. { }를 Hash(해시), 연상배열이라고 부르기도 하지만 ES5 스펙에서 오브젝트로 표기하고 있으므로 이 책에서도 오브젝트로 표기합니다.

■ prototype이 설정되지 않음

var obj = new Object( ) 또는 var obj = { }로 생성한 인스턴스에는 prototype이 설정되지 않습니다. 따라서 prototype에 프로퍼티 또는 다른 오브젝트를 연결할 수 없습니다. 하지만 Object 인스턴스를 생성할 수는 있습니다.

[소스 9-3-3]

```
var obj = {};
js.log(obj.prototype);

var objNew = new Object();
js.log(objNew.prototype);
```

[실행결과 9-3-3]

```
1. undefined
2. undefined
```

[실행결과] 1번은 중괄호{ }로 생성한 인스턴스에서 prototype을 출력한 결과이고 [실행결과] 2번은 new Object( )로 생성한 인스턴스에서 prototype을 출력한 결과입니다. 1번, 2번 모두 undefined가 출력되었으며 이는 인스턴스에 prototype이 존재하지 않는 것을 의미합니다.

9.4 Object( )

Object( )는 new Object( )와 같이 인스턴스를 생성하여 반환합니다.

[문법]

구분	타입	데이터(값)
파라미터		값옵션
반환	Object	생성한 오브젝트

new Object( )와 파라미터를 지정하는 방법, 형태, 인스턴스 반환이 모두 같습니다. 다만 new 연산자를 사용하지 않을 뿐입니다.

[소스 9-4-1]

```
js.log(Object());
js.log(Object(12345));
js.log(Object(true));

var nodes = document.getElementsByTagName('script');
js.log(Object(nodes[0]));
```

[실행결과 9-4-1]

1. [object Object]
2. 12345
3. true
4. [object HTMLScriptElement]

[실행결과]에 출력된 값이 앞 절의 new Object( )와 같습니다. 이는 Object( )와 new Object( ) 기능이 같기 때문이다.

■ Object와 Object( )의 차이

[소스 9-4-2]

```
var obj1 = Object;
var obj2 = Object();
```

[그림 9-4-1]

```
▼ obj1: function Object() { [native code] }
    arguments: null
    caller: null
  ▶ create: function create() { [native code] }
  ▶ defineProperties: function defineProperties() { [native code] }
  ▶ defineProperty: function defineProperty() { [native code] }
  ▶ keys: function keys() { [native code] }
    length: 1
    name: "Object"
  ▶ observe: function observe() { [native code] }
  ▶ preventExtensions: function preventExtensions() { [native code] }
  ▼ prototype: Object
    ▶ __defineGetter__ : function __defineGetter__ () { [native code] }
    ▶ __defineSetter__ : function __defineSetter__ () { [native code] }
    ▶ __lookupGetter__: function __lookupGetter__() { [native code] }
    ▶ __lookupSetter__ : function __lookupSetter__ () { [native code] }
    ▶ constructor: function Object() { [native code] }
    ▶ hasOwnProperty: function hasOwnProperty() { [native code] }
```

```
▶ isPrototypeOf: function isPrototypeOf() { [native code] }
▶ propertyIsEnumerable: function propertyIsEnumerable() { [native code] }
▶ toLocaleString: function toLocaleString() { [native code] }
▶ toString: function toString() { [native code] }
▶ valueOf: function valueOf() { [native code] }
▶ get  proto : function  proto () { [native code] }
▶ set __proto__: function __proto__() { [native code] }
▶ seal: function seal() { [native code] }
▶ setPrototypeOf: function setPrototypeOf() { [native code] }
▶ unobserve: function unobserve() { [native code] }
▶  proto : function Empty() {}
▶ <function scope>
```

[그림 9-4-1]은 빌트인 Object 오브젝트를 obj1에 할당한 모습입니다. 이미지가 커서 본문과 관계없는 앞부분을 삭제했습니다. [그림 9-4-1]에서 name 프로퍼티의 "Object"는 Object를 나타내며 length 프로퍼티 값은 항상 1입니다.

아래 [그림 9-4-2]는 Object( )로 새로운 Object를 생성하여 obj2에 할당한 모습입니다. 두 그림에서 [그림 9-4-1]의 prototype에 연결된 프로퍼티와 [그림 9-4-2]의 __proto__에 연결된 프로퍼티가 같습니다. 또한 [그림 9-4-2]는 Object( )로 생성한 인스턴스입니다.

이는 Object( )로 인스턴스를 생성하면 Object.prototype에 연결된 프로퍼티로 인스턴스를 생성하기 때문입니다. 이것이 인스턴스를 생성하는 기준입니다. 자바스크립트는 오브젝트의 prototype에 연결된 프로퍼티로 인스턴스를 생성합니다.

[그림 9-4-2]

```
▼ obj2: Object
  ▼ __proto__: Object
    ▶  defineGetter : function  defineGetter () { [native code] }
    ▶ __defineSetter__: function __defineSetter__() { [native code] }
    ▶  lookupGetter : function  lookupGetter () { [native code] }
    ▶ __lookupSetter__: function __lookupSetter__() { [native code] }
    ▶ constructor: function Object() { [native code] }
    ▶ hasOwnProperty: function hasOwnProperty() { [native code] }
    ▶ isPrototypeOf: function isPrototypeOf() { [native code] }
    ▶ propertyIsEnumerable: function propertyIsEnumerable() { [native code] }
    ▶ toLocaleString: function toLocaleString() { [native code] }
    ▶ toString: function toString() { [native code] }
    ▶ valueOf: function valueOf() { [native code] }
    ▶ get __proto__: function __proto__() { [native code] }
    ▶ set  proto : function  proto () { [native code] }
```

네이티브 오브젝트로 인스턴스를 생성하면 이처럼 prototype에 연결된 프로퍼티를 공유하게 됩니다. 그래서 9.1절의 "프로퍼티 리스트"에 prototype에서 제공하는 메소드를 별도로 분리하여 작성한 것입니다. prototype에 연결된 메소드를 공유하게 되므로 "인스턴스.메소드_이름( )" 형태로 메소드를 호출할 수 있으며 이 형태로 메소드를 호출하면

Object.prototype에 있는 메소드가 호출됩니다.

■ 함수와 메소드 차이

Object 오브젝트는 Object에 연결된 프로퍼티와 Object.prototype에 연결된 프로퍼티로 나눌 수 있습니다. Object에 연결된 프로퍼티에서 값 타입이 function인 것을 함수라고 부르며 Object.prototype에 연결된 프로퍼티에서 값 타입이 function인 것을 메소드라고 부릅니다. 이 기준은 자바스크립트의 모든 네이티브 오브젝트에 적용됩니다.

[그림 9-4-1]에서 create( ), defineProperty( )와 같은 함수는 prototype에 연결되어 있지 않으므로 생성한 인스턴스에서 호출할 수 없습니다. 반면 prototype에 연결된 메소드는 인스턴스에서 호출할 수 있습니다. 이 점이 함수와 메소드의 차이입니다.

create( ) 함수는 Object.create( ) 형태로 호출해야 하고, prototype에 연결된 valueOf( ) 메소드는 obj2.valueOf( ) 형태로 호출해야 합니다. Object.prototype.valueOf( ) 형태로 호출할 수 있지만 일반적인 방법은 아닙니다.

■ 모든 오브젝트에 Object.prototype 상속

Object.prototype에 연결된 메소드가 인스턴스로 생성되어 자바스크립트의 모든 네이티브 오브젝트에 상속됩니다. 따라서 Array 오브젝트, Number 오브젝트에서 Object.prototype에 연결된 메소드를 호출할 수 있습니다. 자바스크립트가 상속 처리를 하므로 개발자 프로그램에서 상속 처리를 하지 않아도 됩니다.

9.5 문자열 표시 반환

toString 메소드는 오브젝트 타입을 문자열 표시 형태로 변환하여 반환합니다.

[문법]

구분	타입	데이터(값)
object	Object	Object 인스턴스
파라미터		지정 불가
반환	String	문자열 표시 형태

object 위치에 new Object( )로 생성한 인스턴스를 지정하고 toString( ) 메소드를 호출하면

문자열로 "[object Object]"를 반환합니다. 인스턴스가 아닌 Object를 지정하면 "[object Object]"가 반환되지 않습니다. 마찬가지로 Array 오브젝트를 지정하면 Array 오브젝트의 toString( ) 메소드가 호출되므로 "[object Object]"가 반환되지 않습니다. 따라서 Object 인스턴스의 toString( ) 메소드가 호출되도록 코드를 작성해야 합니다. 이에 대해 살펴봅니다.

[소스 9-5-1]

```
js.log(Object().toString());

var obj = new Object();
js.log(obj.toString.call(new Number()));
js.log(obj.toString.call(undefined));
js.log(obj.toString.call(null));
```

[실행결과 9-5-1]

1. [object Object]
2. [object Number]
3. [object Undefined]
4. [object Null]

```
js.log(Object().toString());
```

toString 메소드의 오브젝트 위치에 Object( )로 생성한 인스턴스가 지정되므로 Object 인스턴스의 toString( ) 메소드가 호출됩니다. toString( ) 메소드는 아래 기준에 따라 문자열을 반환하며 [실행결과] 1번에 [object Object]가 출력됩니다.

문자열로 반환하는 기준은 "[object" + " " + "Object" + "]"입니다. "Object"에 오브젝트 타입이 표시됩니다. Number 오브젝트이면 "Object"에 "Number"가 표시됩니다.

```
var obj = new Object();
js.log(obj.toString.call(new Number()));
```

var obj = new Number( )로 인스턴스를 생성하고 obj.toString( ) 메소드를 호출하면 Number 오브젝트의 toString( ) 메소드가 실행되므로 [object Number] 형태로 반환받을 수 없습니다. 그래서 new Object( )로 인스턴스를 생성하여 obj에 할당했습니다.

그런데 toString( ) 메소드에 파라미터 값을 작성할 수 없으므로 new Number( )로 생성한 인스턴스를 넘겨줄 수 없습니다. 그래서 함수/메소드를 호출하는 call( ) 메소드를 사용하였으며 파라미터로 넘겨준 Number 오브젝트가 [실행결과] 2번에 [object Number]가 출력되었습니다. call( ) 메소드는 "16장 Function 오브젝트"에서 다루고 있으며 사전 설명이 필요하므로 이 절에서는 여기까지만 다룹니다.

```
js.log(obj.toString.call(undefined));
js.log(obj.toString.call(null));
```

[실행결과] 3번에 [object Undefined]가 출력되었으며 이는 call( ) 메소드의 파라미터에 작성한 값의 오브젝트 타입입니다. [실행결과] 4번에 [object Null]이 출력된 것도 마찬가지 방법입니다. ES3를 지원하는 브라우저에서 실행하면 "[object Object]"가 출력되며 ES5부터 Undefined와 Null로 구분하여 반환합니다.

개발 팁

> "[object Object]" 형태 값을 활용하여 오브젝트 타입을 판별할 수 있습니다. typeof 연산자가 상세하게 오브젝트 타입을 제공하지 못하므로 typeof 연산자만으로는 오브젝트 타입 인식에 한계가 있습니다. 모든 오브젝트를 하나씩 체크할 수 없으므로 [object Object] 형태로 변환하여 다양한 오브젝트 타입을 판별할 수 있습니다.
>
> 다양한 오브젝트 타입을 판별하는 일련의 코드는 독자 몫으로 남깁니다. 도전해 보세요.^^ 인터넷 검색과 삽질을 조금만 하면 멋있는 코드를 만들 수 있습니다.

■ toString( ) 메소드의 특징

[소스 9-5-2]

```
var obj = new Number(123);
js.log(obj.toString());
```

[실행결과 9-5-2]

1. 123

자바스크립트가 빌트인 Object 오브젝트의 prototype에 연결된 메소드를 자동으로 상속 처리하므로 모든 네이티브 오브젝트는 toString( ) 메소드를 갖게 됩니다. 상속이 되었다고 모든 네이티브 오브젝트에서 빌트인 Object 오브젝트의 toString( ) 메소드가 호출되는 것은 아닙니다. 만약 호출된다면 [소스 9-5-1]에서 call( ) 메소드를 사용하지 않아도 됩니다.

상속을 받았는데 빌트인 Object 오브젝트의 toString( ) 메소드가 호출되지 않는 것은 각 오브젝트에 toString( ) 메소드가 있기 때문입니다. toString( ) 메소드가 호출되면 오브젝트에 속한 toString( ) 메소드를 먼저 찾습니다. 메소드가 있으면 찾은 메소드가 호출되므로 상속받은 toString( ) 메소드가 호출되지 않습니다. toString( ) 메소드가 없으면 상속받은 toString( ) 메소드가 호출됩니다.

[실행결과] 1번에 123이 출력된 것은 Number 인스턴스에 toString( ) 메소드가 있으므로 이 메소드가 호출되었기 때문입니다. Number 오브젝트의 toString( ) 메소드는 프리미티브 값을 문자열로 변환하여 반환합니다.

9.6 지역화 문자로 변환

toLocaleString 메소드는 지역화 문자로 변환하여 반환합니다.

[문법]

구분	타입	데이터(값)
object	Object	오브젝트
파라미터		사용하지 않음
반환	String	변환 값

지역화 문자란 지역에서 사용하는 형태의 문자로 변환하는 것을 의미합니다. 예를 들어 한국에서 IE 브라우저로 12345를 변환하면 "12,345.00"을 반환합니다.

Object 오브젝트는 값이 없으므로 지역화 변환 대상이 아닙니다. 그런데도 Object에 toLocaleString 메소드를 선언한 것은 다른 오브젝트에서 toLocaleString 메소드를 호출할 때 메소드가 없으면 에러가 발생하므로 이를 방지하기 위해서입니다. 아래 오브젝트에서 지역화 문자를 지원합니다.

- Array.prototype.toLocaleString( )
- Number.prototype.toLocaleString( )
- Date.prototype.toLocaleString( )

필자 생각

> Date 오브젝트에서 일자와 시간을 한글로 반환하지만 콘텐츠로 제공하기에는 UI(User Interface) 면에서 한계가 있습니다. 브라우저에 따라 지원하는 형태가 다른 것은 자바스크립트 컴파일러 개발사에 지원 여부를 일임했기 때문입니다.

9.7 프리미티브 값 반환

valueOf 메소드는 오브젝트의 프리미티브 값을 반환합니다.

[문법]

구분	타입	데이터(값)
object	Object	인스턴스
파라미터		없음
반환	Object	Object

object 위치에 인스턴스를 지정하며 인스턴스의 프리미티브 값을 반환합니다. 프리미티브 값은 인스턴스의 [[PrimitiveValue]]에 설정되며 Boolean, Date, Number, String 오브젝트에만 존재합니다. [[PrimitiveValue]]가 없는 오브젝트는 오브젝트를 반환합니다.

값을 반환할 수 없는데도 Object 오브젝트에 valueOf 메소드가 있는 것은 Object.prototype에 연결된 메소드가 모든 네이티브 오브젝트에 상속되므로 데이터 타입에 따라 valueOf 메소드가 호출되었을 때 에러가 발생하지 않도록 하기 위해서입니다. Boolean, Date, Number, String 오브젝트는 [[PrimitiveValue]] 값이 반환되도록 하기 위해 오브젝트에 valueOf 메소드를 갖고 있습니다.

[소스 9-7]

```
var value = Object().valueOf();
js.log(typeof value);
js.log(value);


var nodes = document.getElementsByTagName('script');
js.log(Object.prototype.valueOf.call(nodes[0]));


js.log(new Number(123).valueOf());
```

[실행결과 9-7]

```
1. object
2. [object Object]
3. [object HTMLScriptElement]
4. 123
```

```
var value = Object().valueOf();
js.log(typeof value);
```

Object( )로 인스턴스를 생성하고 valueOf( ) 메소드를 호출하면 Object는 [[PrimitiveValue]] 가 없으므로 생성한 인스턴스가 반환되어 value 변수에 할당됩니다. [실행결과] 1번에 object가 출력된 것은 value 변수가 인스턴스이기 때문입니다.

```
js.log(value);
```

value에 생성한 인스턴스가 설정되어 있으므로 인스턴스를 출력하면 [실행결과] 2번에 [object Object]가 출력됩니다.

```
var nodes = document.getElementsByTagName('script');
js.log(Object.prototype.valueOf.call(nodes[0]));
```

호스트 오브젝트도 [[PrimitiveValue]]가 없으므로 nodes[0]에 설정된 〈script〉 엘리먼트 오브젝트가 반환됩니다. 그리고 엘리먼트 오브젝트를 출력하므로 [실행결과] 3번에 [object HTMLScriptElement]가 출력됩니다.

```
js.log(new Number(123).valueOf());
```

new Number(123)으로 인스턴스를 생성하면 인스턴스의 [[PrimitiveValue]]에 123이 설정됩니다. valueOf 메소드가 [[PrimitiveValue]] 값을 반환하므로 [실행결과] 4번에 123이 출력됩니다.

9.8 프로퍼티 소유 여부

hasOwnProperty 메소드는 프로퍼티 소유 여부를 반환합니다.

[문법]

구분	타입	데이터(값)
object	Object	인스턴스
파라미터	String	프로퍼티 이름
반환	Boolean	true, false

object 위치에 인스턴스를 지정합니다. 파라미터에 지정한 프로퍼티 이름이 인스턴스에 존재하면 true를, 존재하지 않으면 false를 반환합니다. 프로퍼티 값은 체크하지 않고 프로퍼

티 존재 여부만 체크합니다. 인스턴스에 연결된 __proto__에 이름이 있더라도 자신의 프로퍼티가 아니므로 false를 반환합니다. 파라미터를 문자열로 변환하여 체크하므로 숫자 값을 지정할 수 있습니다.

[소스 9-8]

```
var obj = Object();
obj.pty = 'check';
js.log(obj.hasOwnProperty('pty'));

obj.value = undefined;
js.log(obj.hasOwnProperty('value'));

js.log(obj.hasOwnProperty('hasOwnProperty'));
```

[실행결과 9-8]

1. true
2. true
3. false

```
var obj = Object();
obj.pty = 'check';
js.log(obj.hasOwnProperty('pty'));
```

Object 인스턴스를 생성하고 인스턴스의 pty 프로퍼티에 "check"를 설정하므로 obj 인스턴스에 pty가 존재하게 되며 자신이 만든 프로퍼티입니다. 따라서 obj.hasOwnProperty ("pty") 메소드를 실행하면 [실행결과] 1번에 true가 출력됩니다.

```
obj.value = undefined;
js.log(obj.hasOwnProperty('value'));
```

obj 인스턴스의 value 프로퍼티에 undefined를 설정하였는데 [실행결과] 2번에 true가 출력되었습니다. hasOwnProperty 메소드는 프로퍼티 이름의 존재 여부만 체크할 뿐, 프로퍼티 값은 체크하지 않습니다. 그래서 true가 출력되었습니다.

```
obj.hasOwnProperty('hasOwnProperty')
```

Object( )로 인스턴스를 생성할 때 Object.prototype에 연결된 메소드를 상속받으므로 파라미터에 지정한 hasOwnProperty는 빌트인 Object 오브젝트의 메소드입니다. 즉, 자신의 프로퍼티가 아니라 다른 오브젝트의 프로퍼티입니다. 그래서 [실행결과] 3번에 false가 출력되었습니다.

■ prototype chain, 상속

prototype에 오브젝트를 연결하는 것과 인스턴스를 연결하는 것은 다릅니다. 오브젝트 연결은 {name: value} 형태를 연결한 것이고 인스턴스 연결은 new 연산자로 생성한 인스턴스를 연결한 것입니다. 오브젝트 연결은 연결이고 인스턴스 연결은 상속입니다.

인스턴스가 연결된 형태를 "prototype chain"이라고 합니다. prototype chain의 상세 설명은 사전 설명이 필요하며 "26장 Function 인스턴스"에서 다루고 있습니다.

9.9 prototype에 오브젝트 존재 여부

isPrototypeOf 메소드는 prototype에 오브젝트 존재 여부를 반환합니다.

[문법]

구분	타입	데이터(값)
object	Object	비교할 오브젝트(인스턴스)
파라미터	Object	비교 기준 인스턴스
반환	Boolean	true, false

object 위치에 지정한 오브젝트로 생성한 인스턴스가 파라미터에 지정한 인스턴스이거나 인스턴스에 연결되어 있으면 true를, 아니면 false를 반환합니다.

[소스 9-9]

```
var obj = new Object();
js.log(Object.prototype.isPrototypeOf(obj));

js.log(Object.isPrototypeOf(obj));
js.log(obj instanceof Object);
```

[실행결과 9-9]

1. true
2. false
3. true

```
var obj = new Object();
js.log(Object.prototype.isPrototypeOf(obj));
```

파라미터에 지정한 obj가 Object.prototype에 연결된 메소드로 생성한 인스턴스이므로 [실행결과] 1번에 true가 출력됩니다.

```
js.log(Object.isPrototypeOf(obj));
```

파라미터에 지정한 obj가 Object 전체가 아닌 Object.prototype에 연결된 메소드로 생성한 인스턴스이므로 [실행결과] 2번에 false가 출력됩니다.

```
js.log(obj instanceof Object);
```

obj가 Object의 인스턴스이므로 [실행결과] 3번에 true가 출력됩니다. isPrototypeOf 메소드는 obj를 기준으로 isPrototypeOf 메소드 앞에 작성한 오브젝트의 연결을 체크합니다. instanceof 연산자는 왼쪽의 obj가 오른쪽의 오브젝트로 생성한 것을 체크합니다.

9.10 프로퍼티 열거 가능 여부

propertyIsEnumerable 메소드는 프로퍼티의 열거 가능 여부를 반환합니다.

[문법]

구분	타입	데이터(값)
object	Object	인스턴스
파라미터	String	프로퍼티 이름
반환	Boolean	true, false

object 위치에 지정한 인스턴스에서 파라미터에 지정한 프로퍼티 이름을 열거할 수 있으면 true를, 아니면 false를 반환합니다. 프로퍼티 이름이 인스턴스에 존재하지 않으면 false를 반환합니다. 오브젝트의 prototype에 연결된 프로퍼티는 비교 대상이 아니므로 prototype에 프로퍼티가 연결되어 있어도 false가 반환됩니다.

[소스 9-10]

```
var obj = new Object();
obj.value = '값';
js.log(Object.keys(obj));
```

```
js.log(obj.propertyIsEnumerable('value'));

Object.prototype.add = '더하기';

var addObj = new Object();
js.log(addObj.add);
js.log(addObj.propertyIsEnumerable('add'));
```

[실행결과 9-10]

1. [value]
2. true
3. 더하기
4. false

```
var obj = new Object();
obj.value = '값';
js.log(Object.keys(obj));
```

new Object( )로 생성한 obj에 value를 설정하므로 value는 obj 인스턴스 프로퍼티가 됩니다. Object.keys(obj) 함수는 파라미터에 지정한 obj에서 열거 가능한 프로퍼티 이름을 배열로 반환합니다. [실행결과] 1번에 [value]가 출력되었으며 열거 가능한 것을 의미합니다. keys 함수는 ES5에 추가되었으며 "20장 Object 5th 오브젝트"에서 다루고 있습니다.

```
js.log(obj.propertyIsEnumerable('value'));
```

obj 인스턴스의 value 프로퍼티가 열거 가능하므로 [실행결과] 2번에 true가 출력되었습니다.

```
Object.prototype.add = '더하기';
```

Object의 prototype 타입이 오브젝트이므로 위 형태로 프로퍼티 이름과 값을 추가할 수 있습니다. 한편 설명을 위해 Object.prototype에 프로퍼티를 추가했지만 Object.prototype이 모든 네이티브 오브젝트에 상속된다는 점을 고려해야 합니다.

```
var addObj = new Object();
js.log(addObj.add);
```

앞에서 Object.prototype에 {add: '더하기'}를 추가했으므로 new Object( )로 생성한

addObj 인스턴스에서 add 프로퍼티를 공유하게 됩니다. 따라서 addObj.add를 실행하면 [실행결과] 3번에 "더하기"가 출력됩니다.

```
js.log(obj1.propertyIsEnumerable('add'));
```

[실행결과] 4번에 false가 출력된 것은 add 프로퍼티가 Object.prototype에 연결되어 있기 때문입니다. prototype에 연결된 프로퍼티를 비교하지 않으므로 프로퍼티가 연결되어 있어도 false가 반환됩니다.

ES5에서 열거 가능 여부가 인스턴스(오브젝트) 내부 프로퍼티인 [[Enumerable]]에 설정되며 외부에서 enumerable 속성을 사용해서 값을 변경할 수 있습니다. enumerable 속성이 열거 불가이면 for-in 문에서 프로퍼티가 열거되지 않습니다. 상세 내용은 "20장 Object 5th 오브젝트"에서 다루고 있습니다.

10

글로벌 오브젝트

글로벌 오브젝트는 프로그램 전체를 통해 하나만 존재하는 오브젝트입니다.

10.1 개요

서울에 남산은 하나이며 누구라도 갈 수 있듯이 글로벌 오브젝트도 전체에서 하나이며 모든 프로그램에서 접근할 수 있습니다. 여기서 전체란 html 파일의 〈script〉〈/script〉 안에 작성된 모든 프로그램을 의미합니다. 다섯 개의 〈script〉〈/script〉가 있다고 할 때, 다섯 개 전체의 모든 프로그램을 통해 하나만 존재하며 어느 프로그램에서도 접근할 수 있습니다.

글로벌 오브젝트는 자바스크립트가 만들며 개발자 프로그램으로 만들 수 없습니다. 오브젝트의 프로퍼티를 사용하려면 프로퍼티 앞에 오브젝트를 지정해야 합니다. 하지만 글로벌 오브젝트는 하나라는 환경으로 인해 오브젝트를 지정하지 않고 프로퍼티를 사용합니다.

글로벌 오브젝트에 값, 함수, 생성자, Math, JSON 프로퍼티가 있으며 함수 프로퍼티를 글로벌 함수라고 부릅니다. 글로벌 함수를 전역 함수, 내장 함수라고도 부르지만 뉘앙스에 차이가 있어 이 책에서는 글로벌 함수로 표기합니다. 값 프로퍼티를 글로벌 프로퍼티로 표기합니다.

글로벌 오브젝트는 new 연산자로 오브젝트를 생성할 수 없으므로 메소드가 아닌 함수입니다. 글로벌 오브젝트에 constructor 함수가 없기 때문에 오브젝트를 생성할 수 없으며 전체를 통해 하나만 존재하므로 constructor 함수를 가질 필요가 없습니다.

10.2 프로퍼티 리스트

아래는 글로벌 오브젝트의 값, 함수, 생성자, 이외 프로퍼티 리스트입니다.

이름	개요
값 프로퍼티	
NaN	Not-a-Number
Infinity	무한대 값
undefined	undefined 값
함수 프로퍼티	
isNaN( )	NaN 여부. NaN이면 true, 아니면 false 반환
isFinite( )	무한대, NaN이면 false, 아니면 true 반환
parseInt( )	진수를 적용한 정숫값 반환
parseFloat( )	실숫값 반환

eval( )	문자열 값을 자바스크립트 코드로 간주하여 실행
encodeURI( )	URI 인코딩
encodeURIComponent( )	URI 확장 인코딩
decodeURI( )	encodeURI 함수의 인코딩 값을 디코딩
decodeURIComponent( )	encodeURIComponent 함수의 인코딩 값을 디코딩
생성자 프로퍼티	
	아래의 생성자 프로퍼티를 참조하세요.
이외 프로퍼티	
Math	생성자가 없으며 Math.abs( ) 형태로 호출
JSON	생성자가 없으며 JSON.parse( ) 형태로 호출

■ 생성자 프로퍼티

글로벌 오브젝트의 생성자 프로퍼티는 Array, Boolean, Date, Error, EvalError, Function, Number, Object, RangeError, ReferenceError, String, SyntaxError, TypeError, URIError가 있습니다.

new Number( )에서 Number가 생성자 프로퍼티입니다. new Number( )가 실행되면 빌트인 Number 오브젝트의 prototototype에 연결된 프로퍼티로 새로운 오브젝트를 생성하여 반환합니다.

10.3 글로벌 프로퍼티

글로벌 오브젝트에는 아래와 같이 값을 제공하는 세 개의 프로퍼티가 있습니다.

프로퍼티 이름	값
NaN	Not-a-Number
Infinity	∞, 무한대 값
undefined	undefined

글로벌 프로퍼티는 외부 프로그램으로 값을 변경할 수 없으며 for-in 문으로 열거할 수 없습니다. delete 연산자로 프로퍼티를 삭제할 수 없습니다. 오브젝트를 지정하지 않고 프로퍼티 이름으로 값을 구할 수 있습니다.

```
var value;
js.log(value === undefined);
js.log(Infinity);
js.log(NaN);
```

[실행결과 10-3]

```
1. true
2. Infinity
3. NaN
```

```
var value;
js.log(value === undefined);
```

var value;와 같이 변수를 선언하면 undefined가 초깃값으로 할당되므로 [실행결과] 1번에 true가 출력됩니다. undefined 앞에 오브젝트를 작성하지 않았으며 undefined는 글로벌 프로퍼티입니다. 이처럼 글로벌 프로퍼티는 오브젝트를 작성하지 않고 프로그램에서 사용할 수 있습니다.

```
js.log(Infinity);
```

Infinity는 무한대 값을 나타냅니다. [실행결과] 2번에 Infinity가 출력된 것은 Infinity가 글로벌 프로퍼티이기 때문입니다.

```
js.log(NaN);
```

NaN은 Not-a-Number를 나타냅니다. [실행결과] 3번에 NaN이 출력된 것은 NaN이 글로벌 프로퍼티이기 때문입니다. 이어서 글로벌 함수를 살펴봅니다.

10.4 NaN 여부

isNaN 함수는 값이 NaN이면 true를, 아니면 false를 반환합니다.

[문법]

구분	타입	데이터(값)
파라미터		값
반환	Boolean	결과

파라미터 값을 숫자 값으로 변환했을 때 NaN으로 변환되면 true를, 숫자 값으로 변환되면 false를 반환합니다. 문자열이라도 값이 숫자이면 숫자 값으로 변환되므로 false를 반환합니다. 숫자 값 변환 기준은 [표 4-3-1]에 작성되어 있습니다.

[소스 10-4-1]

```
js.log(isNaN(12));
js.log(isNaN('34'));
js.log(isNaN('AB'));
js.log(isNaN());
js.log(isNaN(null));
js.log(isNaN(true));
```

[실행결과 10-4-1]

1. false
2. false
3. true
4. true
5. false
6. false

```
isNaN(12);
```

파라미터에 숫자 값을 지정했으므로 [실행결과] 1번에 false가 출력됩니다.

```
isNaN('34');
```

파라미터에 문자열로 값을 지정했지만, 숫자 값으로 변환되므로 [실행결과] 2번에 false가 출력됩니다. 빈 문자열(" ") 또는 (" ")와 같이 공백은 0으로 변환되므로 false가 반환됩니다.

```
isNaN('AB');
```

파라미터에 지정한 문자열이 숫자 값으로 변환되지 않으므로 [실행결과] 3번에 true가 출력됩니다.

```
isNaN();
```

파라미터에 값을 지정하지 않으면 undefined로 인식되며 undefined를 숫자 값으로 변환하면 NaN이 되어 [실행결과] 4번에 true가 출력됩니다.

```
isNaN(null);
```

파라미터 값 null은 숫자 값 0으로 변환되므로 [실행결과] 5번에 false가 출력됩니다.

```
js.log(isNaN(true));
```

파라미터 값 true는 숫자 값 1로 변환되므로 [실행결과] 6번에 false가 출력됩니다.

[소스 10-4-2]

```
js.log(NaN === NaN);
js.log(isNaN(NaN));
js.log(NaN !== NaN);
```

[실행결과 10-4-2]

```
1. false
2. true
3. true
```

```
js.log(NaN === NaN);
```

(NaN === NaN)을 비교하면 값이 같으므로 true가 반환되어야 하나 [실행결과] 1번에 false 가 출력되었습니다. ES3 스펙 버그(bug)입니다.

```
js.log(isNaN(NaN));
js.log(NaN !== NaN);
```

[실행결과] 2번과 3번에 true가 출력되었으며 이 형태로 사용하면 NaN 값을 체크할 수 있 습니다. 한편 ES5 스펙에서 두 번째의 (NaN !== NaN) 형태를 사용하라고 기술되어 있습 니다.

Number 오브젝트가 숫자를 위한 오브젝트이므로 숫자를 비교하려면 Number 오브젝트의 메소드(함수)를 사용하는 것이 정상적인 설계입니다. 이 관점에서 보면 글로벌 오브젝트에 isNaN 함수가 있는 것은 설계 실수입니다. 참고로 ES6에 Number.isNaN( ) 함수가 추가될 예정입니다.

10.5 무한대 값 여부

isFinite 함수는 값이 무한대, NaN이면 false를, 아니면 true를 반환합니다.

[문법]

구분	타입	데이터(값)
파라미터		값
반환	Boolean	결과

파라미터 값이 NaN, +무한대, -무한대이면 false를 반환하고 아니면 true를 반환합니다.

[소스 10-5]

```
js.log(isFinite(12));
js.log(isFinite('35'));
js.log(isFinite('AB'));
js.log(isFinite(0 / 0));
```

[실행결과 10-5]

```
1. true
2. true
3. false
4. false
```

```
isFinite(12);
```

파라미터에 숫자 값을 지정했으며 NaN, 무한대 값이 아니므로 [실행결과] 1번에 true가 출력됩니다.

```
isFinite('35');
```

파라미터에 문자열로 지정했지만 숫자 값으로 변환하여 체크하며 NaN, 무한대 값이 아니므로 [실행결과] 2번에 true가 출력됩니다.

```
isFinite('AB');
```

파라미터 값 "AB"는 숫자 값이 아니므로 NaN에 해당되어 [실행결과] 3번에 false가 출력됩니다.

```
isFinite(0 / 0);
```

파라미터의 계산 결과가 무한대 값이므로 [실행결과] 4번에 false가 출력됩니다.

10.6 정숫값 변환

parseInt 함수는 진수를 적용한 정숫값을 반환합니다.

[문법]

구분	타입	데이터(값)
파라미터	Number	값, 문자열로 작성 가능
	Number	진수, 디폴트: 10진수
반환	Number	정수 변환 값

parseInt 함수는 첫 번째 파라미터의 값을 두 번째 파라미터의 진숫값으로 변환하고 변환 값의 정숫값을 반환합니다. parseInt 함수의 특징은 정숫값으로 변환하여 반환한다는 점입니다. 12.345를 변환하면 12를 반환하므로 값이 바뀌게 됩니다. 정숫값을 구하는 것이 목적입니다.

정숫값으로 변환하는 환경도 다양하며 진수 적용도 다양하므로 정숫값 변환과 진수 적용을 분리하여 다룹니다.

■ 첫 번째 파라미터: 정숫값 변환

아래는 parseInt 함수의 첫 번째 파라미터를 정숫값으로 변환하는 기준입니다. 작성된 순서가 처리 순서를 의미하는 것은 아닙니다.

정숫값 변환 기준

1. 파라미터 값을 문자열로 변환하여 내부 처리를 합니다.
2. 문자열의 처음부터 하나씩 오른쪽으로 이동하면서 변환합니다.
3. 첫 번째 자리가 음수 부호이면 다음 문자부터 비교합니다.
4. 숫자로 변환할 수 없는 문자를 만나면 그때까지 변환한 값을 반환합니다.
   {설명} 숫자가 아닌 값이 있을 때 일부만 변환되어 반환됩니다.
5. NaN 처리를 하지 않습니다.
   {설명} 정상적으로 변환된 것으로 생각할 수 있으므로 주의가 필요합니다.
6. 문자열 앞과 뒤의 화이트 스페이스(보이지 않는 문자)는 변환 대상에서 제외시킵니다.
   {설명} 화이트 스페이스를 무시하고 값만 변환합니다.
7. 문자열을 숫자 값으로 변환하고 사인 부호로 곱한 값을 반환합니다.

[소스 10-6-1]

```
js.log(parseInt('-12'));
js.log(parseInt('-123.45'));

js.log(parseInt());
js.log(parseInt('  123  '));
js.log(parseInt('56AB78'));
```

[실행결과 10-6-1]

```
1. -12
2. -123
3. NaN
4. 123
5. 56
```

```
parseInt('-12');
```

파라미터에 지정한 문자열 "-12"는 숫자 값으로 변환되며 두 번째 파라미터를 지정하지 않으면 10진수가 적용되므로 [실행결과] 1번에 -12가 출력되었습니다.

```
js.log(parseInt('-123.45'));
```

파라미터 값 "-123.45"의 소수 아래에 45가 있습니다. [실행결과] 2번에 123이 출력된 것은 45가 소수 이하 값이므로 반환하지 않고 정숫값만 반환하기 때문입니다.

```
js.log(parseInt());
```

파라미터에 값을 지정하지 않으면 [실행결과] 3번과 같이 NaN을 반환합니다.

```
js.log(parseInt('  123  '));
```

파라미터 값의 앞과 뒤에 화이트 스페이스가 있지만 이를 무시하고 처리하므로 [실행결과] 4번에 123이 출력되었습니다.

```
parseInt('56AB78');
```

파라미터 값의 구조를 보면 56 다음에 AB가 있고 이어서 78이 있습니다. [실행결과] 5번에 56이 출력되었으며 이는 왼쪽에서 오른쪽으로 값을 변환하면서 숫자로 변환할 수 없는 문자를 만나면 그때까지 변환한 값을 반환하기 때문입니다. 문자를 만나면 더 이상 변환하지 않습니다.

■ 두 번째 파라미터: 진수 변환

아래는 parseInt 함수의 두 번째 파라미터에 작성한 진수로 변환하는 기준입니다. 작성된 순서가 처리 순서를 의미하는 것은 아닙니다.

진수 변환

1. 두 번째 파라미터를 작성하지 않거나 0을 작성하면 10진수로 변환합니다.
2. 2이면 2진수로, 10이면 10진수로, 16이면 16진수로 변환합니다.
3. 2보다 작거나 36보다 크면 NaN을 반환합니다.
   {설명} 단, 0은 10진수를 적용합니다.
4. 첫 번째 파라미터의 처음 두 개의 문자가 0x 또는 0X이면 16진수로 변환합니다.
5. 첫 번째 파라미터의 첫 문자가 0이면 8진수로 변환합니다.
   {설명} ES3부터 8진수 사용을 권장하지 않으며 정상적으로 작동하지 않을 수 있습니다.
   {설명} 따라서 확실하게 변환하기 위해 두 번째 파라미터에 8 지정을 권합니다.

[소스 10-6-2]

```
js.log(parseInt('-12.345', 10));
js.log(parseInt('123', 0));
js.log(parseInt('13', 16));
js.log(parseInt('0x13'));

js.log(parseInt('101', 2));
js.log(parseInt('11', 8));
```

[실행결과 10-6-2]

```
1. -12
2. 123
3. 19
4. 19
5. 5
6. 9
```

```
js.log(parseInt('-12.345', 10));
js.log(parseInt('123', 0));
```

두 번째 파라미터에 10을 지정하거나 0을 지정하면 10진수로 변환합니다. 그래서 [실행결과] 1번에 −12가 출력되었으며 [실행결과] 2번에 123이 출력되었습니다.

```
js.log(parseInt('13', 16));
```

두 번째 파라미터에 16을 지정하면 16진수 값으로 변환합니다. 13을 16진수로 변환하면 19가 되므로 [실행결과] 3번에 19가 출력되었습니다.

```
js.log(parseInt('0x13'));
```

첫 번째 파라미터 값이 0x 또는 0X로 시작하면 16진수 값으로 변환합니다. 그래서 [실행결과] 4번에 19가 출력되었습니다.

```
parseInt('101', 2);
```

두 번째 파라미터에 2를 지정하면 2진수 값으로 변환되며 [실행결과] 5번에 5가 출력되었습니다. 왼쪽 첫 번째가 1이면 4이고 두 번째가 1이면 2이고 세 번째가 1이면 1입니다. 1에 해당하는 값을 더하면 5가 됩니다.

```
parseInt('11', 8);
```

두 번째 파라미터에 8을 지정하면 8진수 값으로 변환되며 [실행결과] 6번에 9가 출력되었습니다.

10.7 실숫값 변환

parseFloat 함수는 실숫값을 반환합니다.

[문법]

구분	타입	데이터(값)
파라미터	String	값, 숫자로 작성 가능
반환	Number	실수 변환 값

parseFloat 함수는 첫 번째 파라미터 값을 10진수 실숫값으로 변환하여 반환합니다. 자바스크립트는 부동 소수점으로 값을 표현하므로 실수로 변환하는 것은 의미가 없습니다. 문자열로 소수 값을 작성하면 숫자 값으로 변환하여 반환합니다.

아래는 실숫값으로 변환하는 기준입니다. 작성 순서가 처리 순서를 의미하는 것은 아닙니다.

1. 파라미터 값을 문자열로 변환하여 내부 처리를 합니다.
2. 문자열의 처음부터 하나씩 오른쪽으로 이동하면서 변환합니다.
3. 문자열 앞과 뒤의 화이트 스페이스(보이지 않는 문자)는 처리 대상에서 제외시킵니다.
   {설명} 화이트 스페이스를 무시하고 값만 변환합니다.
4. 첫 번째 문자가 숫자 값으로 변환되지 않으면 NaN을 반환합니다.
   {설명} 파라미터에 값을 작성하지 않거나 빈 문자열을 작성하면 NaN이 반환됩니다.
5. 양수/음수 부호, 숫자, 소수점, 지수 이외의 문자를 만나면 그때까지 변환한 값을 반환합니다.
6. 문자열을 숫자 값으로 변환하고 사인 부호로 곱한 값을 반환합니다.

[소스 10-7]

```
js.log(parseFloat('-123.45'));
js.log(parseFloat('-12e3'));
js.log(parseFloat('  123  '));

js.log(parseFloat(''));
js.log(parseFloat());
js.log(parseFloat('12x34'));
```

[실행결과 10-7]

```
1. -123.45
2. -12000
3. 123
4. NaN
5. NaN
6. 12
```

```
js.log(parseFloat('-123.45'));
```

파라미터에 문자열로 값을 작성했으며 [실행결과] 1번에 그대로 출력되었습니다. typeof 연산자로 반환한 값의 타입을 출력하면 number가 표시됩니다.

```
js.log(parseFloat('-12e3'));
```

[실행결과] 2번에 출력된 −12000은 e3을 지수로 인식한 결과입니다. 왼쪽에서 오른쪽으로 이동하면서 영문자를 만나면 더 이상 변환하지 않지만 "e"는 지수로 인식하여 변환합니다.

```
js.log(parseFloat('  123  '));
```

문자열 앞과 뒤의 화이트 스페이스를 문자로 인식하지 않고 처리 대상에서 제외하므로 [실행결과] 3번에 123이 출력되었습니다.

```
js.log(parseFloat(''));
```

파라미터에 빈 문자열을 작성하면 NaN이 반환되므로 [실행결과] 4번에 NaN이 출력되었습니다. 한편 Number('')는 0을 반환합니다.

```
js.log(parseFloat());
```

파라미터에 값을 작성하지 않으면 NaN이 반환되므로 [실행결과] 5번에 NaN이 출력되었습니다. 한편 Number( )는 0을 반환합니다.

```
js.log(parseFloat('12x34'));
```

왼쪽에서 오른쪽으로 변환하면서 양수/음수 부호, 숫자, 소수점, 지수 이외의 문자를 만나면 그때까지 변환한 값을 반환하므로 [실행결과] 6번에 12가 출력되었습니다.

10.8 문자열 실행

eval 함수는 문자열 값을 자바스크립트 코드로 간주하여 실행합니다.

[문법]

구분	타입	데이터(값)
파라미터	String	자바스크립트 코드
반환		반환한 값

파라미터에 자바스크립트 코드를 문자열로 작성합니다. 자바스크립트 엔진은 문자열을 자바스크립트로 코드로 간주하여 컴파일하고 실행합니다. 실행 결과에서 값을 반환하면 반환된 값을 반환하고 값을 반환하지 않으면 undefined를 반환합니다. 파라미터를 작성하지 않으면 처리하지 않으며 문자열이 아니면 파라미터를 그대로 반환합니다.

[소스 10-8-1]
```
eval("js.log(parseInt('-123.45'))");
```

```
1. -123
```

[실행결과]에 -123이 출력된 것은 eval 함수의 파라미터에 작성한 문자열을 자바스크립트 코드로 인식하여 실행하기 때문입니다.

■ strict 모드 체크

[소스 10-8-2]

```
"use strict";
eval = "10 + 20";
```

strict 모드일 때 eval에 값을 설정할 수 없습니다. 따라서 (eval = "10 + 20";) 문장은 에러가 발생하여 실행되지 않습니다. strict 모드가 아니면 에러가 발생하지 않습니다.

10.9 URI 인코딩

encodeURI 함수는 URI(Uniform Resource Identifier)를 인코딩(encoding)하여 반환합니다.

[문법]

구분	타입	데이터(값)
파라미터	String	URI
반환		인코딩 결과

encodeURI 함수는 파라미터에 작성한 문자열에서 영문자, 숫자, #, 예약 문자인 ;, /, ?, :, @, &, =, +, $, ","와 마크(Mark) 문자인 -, _, ., !, ~, *, ', (,)를 제외한 문자를 UTF-8로 "% 16진수 16진수" 형태로 변환합니다.

[소스 10-9]

```
var uri = "saveData.jsp?name=축구&player=11명";
js.log(encodeURI(uri));
```

[실행결과 10-9]

```
1. saveData.jsp?name=%EC%B6%95%EA%B5%AC&player=11%EB%AA%85
```

[실행결과 10-9]를 보면 %EC와 같이 사람이 문자로 인식할 수 없는 형태로 표시되었으며

이를 인코딩이라고 합니다. "축"이 %EC%B6%95로, "구"가 %EA%B5%AC로 인코딩되었습니다. 이처럼 encodeURI 함수는 파라미터에 지정한 문자를 (% 16진수 16진수) 형태로 인코딩합니다.

10.10 URI 확장 인코딩

encodeURIComponent 함수는 URI를 인코딩(encoding)하여 반환합니다.

[문법]

구분	타입	데이터(값)
파라미터	String	URI
반환		인코딩 결과

encodeURIComponent 함수는 파라미터에 작성한 문자열에서 영문자, 숫자, 마크 문자인 -, _, ., !, ~, *, ', (,)를 제외한 문자를 UTF-8로 "% 16진수 16진수" 형태로 변환합니다. encodeURI 함수는 예약 문자인 ;, /, ?, :, @, &, =, +, $, ","와 #을 인코딩하지 않으나 encodeURIComponent 함수는 인코딩합니다.

[소스 10-10]

```
var uri = "saveData.jsp?name=축구&player=11명";
js.log(encodeURIComponent(uri));
```

[실행결과 10-10]

1. saveData.jsp%3Fname%3D%EC%B6%95%EA%B5%AC%26player%3D11%EB%AA%85

encodeURI 함수는 uri 변수에 할당된 문자열에서 ?, =, &를 인코딩하지 않으나 encodeURIComponent 함수는 인코딩합니다.

10.11 URI 디코딩

decodeURI 함수는 URI를 디코딩(decoding)하여 반환합니다.

[문법]

구분	타입	데이터(값)
파라미터	String	encodeURI 함수로 인코딩한 URI
반환		디코딩 결과

파라미터에 encodeURI 함수로 인코딩한 URI를 작성하며 decodeURI 함수는 이 값을 디코 딩하여 반환합니다.

[소스 10-11]

```
var uri = "saveData.jsp?name=축구&player=11명";
var encode = encodeURI(uri);
js.log(encode);

var decode = decodeURI(encode);
js.log(decode);
```

[실행결과 10-11]

1. saveData.jsp?name=%EC%B6%95%EA%B5%AC&player=11%EB%AA%85
2. saveData.jsp?name=축구&player=11명

[실행결과] 1번은 uri 변수의 문자열을 encodeURI 함수로 인코딩한 것입니다. [실행결과] 2 번은 인코딩한 것을 decodeURI 함수로 디코딩한 것입니다.

10.12 URI 확장 디코딩

decodeURIComponent 함수는 URI를 디코딩하여 반환합니다.

[문법]

구분	타입	데이터(값)
파라미터	String	encodeURIComponent 함수로 인코딩한 URI
반환		디코딩 결과

파라미터에 encodeURIComponent 함수로 인코딩한 URI를 작성하며 decodeURI Component 함수는 이 값을 디코딩하여 반환합니다.

```
var uri = "saveData.jsp?name=축구&player=11명";
var encode = encodeURIComponent(uri);
js.log(encode);
js.log(decodeURIComponent(encode));
```

[실행결과 10-12]

1. saveData.jsp%3Fname%3D%EC%B6%95%EA%B5%AC%26player%3D11%EB%AA%85
2. saveData.jsp?name=축구&player=11명

[실행결과] 1번은 uri 변수의 문자열을 encodeURIComponent 함수로 인코딩한 것입니다.
[실행결과] 2번은 인코딩한 것을 decodeURIComponent 함수로 디코딩한 것입니다.

11

String 오브젝트

String 오브젝트는 문자열을 제어합니다.

11.1 프로퍼티 리스트

아래는 String 오브젝트의 프로퍼티 리스트입니다.

이름	개요
String	
new String( )	인스턴스 생성
String 함수	
String( )	문자열로 변환하여 반환
fromCharCode( )	유니코드를 문자열로 변환하여 반환
String 프로퍼티	
length	문자열의 문자 수 반환
String.prototype	
constructor	생성자
toString( )	문자열로 변환
valueOf( )	프리미티브 값 반환
charAt( )	인덱스 번째 문자 반환
charCodeAt( )	인덱스 번째 문자를 유니코드로 반환
concat( )	문자열 연결
indexOf( )	일치하는 문자열 중에서 가장 작은 인덱스 반환
lastIndexOf( )	일치하는 문자열 중에서 가장 큰 인덱스 반환
localeCompare( )	값의 위치를 1, 0, −1로 반환
match( )	매치 결과 반환
replace( )	매치 결과를 지정한 값으로 대체
search( )	검색된 첫 번째 인덱스 반환
substring( )	시작에서 끝 직전까지 값 반환
substr( )	시작 위치부터 지정한 문자 수 반환
slice( )	시작에서 끝 직전까지 값 반환. substring( )과 차이 있음
split( )	구분자로 분리하여 반환
toLowerCase( )	영문 소문자로 변환
toUpperCase( )	영문 대문자로 변환

11.2 new String( )

new String( )은 새로운 String 오브젝트를 생성하여 반환합니다.

[문법]

구분	타입	데이터(값)
파라미터	String	값_{옵션}
반환	Object	생성한 String 오브젝트

new String( )에서 String은 생성자 함수이며 생성자 함수가 실행되면 새로운 String 오브젝트를 생성하여 반환합니다. 생성된 String 인스턴스에서 String 오브젝트의 prototype에 연결된 메소드를 공유합니다. 따라서 "인스턴스.메소드( )" 형태로 호출할 수 있습니다.

파라미터에 작성한 값은 새로운 인스턴스를 생성할 때 인스턴스의 [[PrimitiveValue]]에 설정됩니다. 값을 지정하지 않으면 빈 문자열이 설정되고 숫자를 지정하면 문자열로 변환하여 설정됩니다. [[PrimitiveValue]] 값은 valueOf 메소드로 반환받을 수 있습니다. 생성한 인스턴스에 프로퍼티를 추가할 수 있습니다.

[소스 11-2]

```
var obj = new String('ABC');
js.log(obj);
```

[실행결과 11-2]

```
1. ABC
```

```
js.log(obj);
```

새로운 인스턴스를 생성할 때 인스턴스의 [[PrimitiveValue]]에 파라미터에 지정한 "ABC"가 설정됩니다. 인스턴스를 출력하면 인스턴스의 [[PrimitiveValue]]에 설정된 값이 반환되므로 [실행결과] 1번에 "ABC"가 출력됩니다.

11.3 String( )

String 함수는 파라미터 값을 문자열 타입으로 변환하여 반환합니다.

[문법]

구분	타입	데이터(값)
파라미터		변환 대상_{옵션}
반환	String	변환한 값

String 함수는 새로운 오브젝트를 생성하여 반환하지 않고 파라미터에 지정한 값을 문자열 타입으로 변환하여 반환합니다. 값을 지정하지 않으면 빈 문자열이 반환됩니다.

[소스 11-3]

```
var obj = String(123);
js.log('123' === obj);
js.log(String(true));
```

[실행결과 11-3]

1. true
2. true

```
var obj = String(123);
js.log('123' === obj);
```

String 함수의 파라미터에 지정한 숫자 값이 문자열로 변환된 것을 확인하기 위한 코드입니다. obj에 파라미터 값이 문자열로 설정되므로 [실행결과] 1번에 true가 출력됩니다.

```
js.log(String(true));
```

파라미터에 true를 지정하였으며 [실행결과] 2번에 true가 출력되었습니다. 이는 파라미터에 지정한 값을 문자열로 변환하여 반환하기 때문입니다. false, null, undefined도 마찬가지로 문자열로 변환하여 반환합니다.

11.4 length 프로퍼티

length 프로퍼티는 문자열의 문자 수를 반환합니다.

[문법]

프로퍼티 이름	반환 값
length	문자 수

문자열의 문자 수를 반환합니다. new String( )으로 인스턴스를 생성할 때 파라미터에 지정한 문자열의 문자 수가 인스턴스 프로퍼티로 설정됩니다.

[소스 11-4-1]

```
var value = 'ABC';
js.log(value.length);
value = 123;
js.log(value.length);
```

[실행결과 11-4-1]

```
1. 3
2. undefined
```

```
var value = 'ABC';
js.log(value.length);
```

value.length는 value 변수의 문자 수를 반환합니다. value 변수에 "ABC"를 할당했으므로 [실행결과] 1번에 3이 출력됩니다. 이것은 공식이라고 할 수 있습니다. 그런데 왠지 막연한 느낌이 듭니다. 기술자의 궁금증을 자극하기에 충분합니다. 그래서 필자 나름의 논리를 만들어 보았습니다.

ES5 스펙에 length가 인스턴스 프로퍼티라고 기술되어 있습니다. 이 문장은 필자에게 value.length가 문자 수를 반환하는 논리에 대한 궁금증을 풀 수 있는 힌트를 제공하였습니다.

문자 수 반환

1. 자바스크립트 엔진이 value 변수를 만나 문자열 타입을 인식합니다.
2. new String( ) 형태로 생성자 함수를 호출합니다.
3. 이때 value 변숫값을 파라미터로 넘겨줍니다.
4. 새로운 오브젝트를 생성하면서 파라미터로 받은 값을 [[PrimitiveValue]]에 설정합니다.
5. 생성한 인스턴스를 반환하지 않고 [[PrimitiveValue]]에 설정된 값의 length 값을 반환합니다.

ES5 스펙에 이렇게 작성되어 있지 않지만 필자의 논리가 맞지 않는가요... 이를 통해 지금
까지 살펴보았던 것을 정리할 수 있습니다.

```
value = 123;
js.log(value.length);
```

value 변수에 숫자 123을 할당한 후 value.length 값을 출력했더니 [실행결과] 2번에
undefined가 출력되었습니다.

이렇게 된 이유는 value 변수의 값이 숫자이므로 Number 오브젝트의 length 프로퍼티를
사용하게 됩니다. 그런데 Number 오브젝트에 length 프로퍼티가 없으므로 undefined를 반
환한 것입니다. value가 숫자이면 String(value) 또는 value.toString( )으로 123을 문자열로
변환한 후 length 값을 구해야 합니다. 즉, value 변수가 문자열 타입이어야 합니다.

[소스 11-4-2]

```
var value = 'ABC';
for (k = 0; k < value.length; k++){
    js.log(value[k]);
}
```

[실행결과 11-4-2]

```
1. A
2. B
3. C
```

위와 같이 for 문을 사용해서 value 변수의 문자열을 하나씩 출력할 수 있습니다. 이때 for 문의 두 번째 표현식에 value.length와 같이 작성하면 for 문을 반복할 때마다 length 값을 구하게 됩니다. 한편 아래와 같이 변수에 value.length 값을 할당한 후 for 문의 두 번째 파라미터에 지정하면 값을 구하지 않게 되므로 처리 시간을 줄일 수 있습니다. 값이 작으면 영향을 미치지 않지만 한 번쯤은 생각해 볼 필요가 있습니다.

```
var len = value.length;
for (k = 0; k < len; k++){
    js.log(value[k]);
}
```

자바스크립트는 인덱스 값이 0부터 시작합니다. 문자열의 첫 번째 문자를 반환하기 위해서는 1이 아닌 0을 지정해야 합니다. 그런데 length 프로퍼티가 문자 수를 반환하므로 문자가 없을 때는 0을, 문자가 하나 있을 때는 1을 반환합니다. 따라서 for 문의 두 번째 표현식에 k < value.length가 아닌 k == value.length로 작성하면 무한 루프를 돌게 됩니다.

[소스 11-4-3]

```
var obj = new String('ABC');
for (var pty in obj){
    js.log(obj[pty]);
}
debugger;
```

[실행결과 11-4-3]

```
1. A
2. B
3. C
```

```
for (var pty in obj){
    js.log(obj[pty]);
}
```

new String("ABC")에서 파라미터에 문자열로 지정했으므로 for-in 문으로 값을 출력할 수 없습니다. 그런데도 [실행결과] 1번에 A, 2번에 B, 3번에 C가 출력되었습니다. 이는 아래 [그림 11-4-3]에서 볼 수 있듯이 "ABC"가 {0: "A", 1: "B", 2: "C"} 형태로 저장되기 때문입니다. 이 형태에서 0, 1, 2는 자바스크립트가 자동으로 부여하며 이를 배열 인덱스가 이름인 프로퍼티라고 부릅니다. IE9, 4대 최신 브라우저에서 지원합니다.

[그림 11-4-3]

```
▼ obj: String
    0: "A"
    1: "B"
    2: "C"
    length: 3
  ▶ __proto__: String
    [[PrimitiveValue]]: "ABC"
```

11.5 문자열로 변환

toString 메소드는 값을 문자열로 변환하여 반환합니다.

[문법]

구분	타입	데이터(값)
data		String 오브젝트, 문자열
파라미터		사용하지 않음
반환	String	결과 값

data 위치에 String 오브젝트 또는 문자열 값을 작성하며 문자열 타입으로 변환하여 반환합니다. data 위치에 문자열을 지정하는데 문자열 타입으로 반환한다는 것이 어색하지만 이유가 있습니다.

Object.prototype에 연결된 프로퍼티로 인스턴스를 생성하여 모든 빌트인 오브젝트에 첨부합니다. 따라서 String 오브젝트에 toString 메소드를 작성하지 않으면 Object의 toString 메소드가 호출됩니다. 이를 방지하기 위한 메소드가 필요하며 문자열을 반환해야 하므로 같은 이름의 toString 메소드를 작성한 것입니다.

한편 변환 대상이 문자열이므로 문자열 타입으로 변환할 필요가 없다고 생각할 수 있습니다. 자바스크립트는 메소드 앞에 작성한 데이터 타입에 의해 오브젝트가 결정되며 오브젝트에 속한 메소드가 호출됩니다. value.toString() 형태에서 value가 문자열일 때 String 오브젝트에 toString 메소드가 없으면 에러가 발생하게 되므로 이를 방지하기 위해 toString 메소드가 필요합니다.

[소스 11-5]

```
var obj = new String(123);
js.log(obj.toString());
```

```
1. 123
```

```
var obj = new String(123);
js.log(obj.toString());
```

obj.toString( )은 obj 인스턴스의 프리미티브 값으로 toString 메소드를 호출하게 되므로 [실행결과] 1번에 123이 출력됩니다. 즉 "123".toString( )과 같습니다.

11.6 프리미티브 값 반환

valueOf 메소드는 String 인스턴스의 프리미티브 값을 반환합니다.

[문법]

구분	타입	데이터(값)
object	Object	String 인스턴스
파라미터		사용하지 않음
반환	String	프리미티브 값

object 위치에 new 연산자로 생성한 String 인스턴스를 지정합니다.

[소스 11-6]

```
var obj = new String('');
js.log(obj.valueOf());
js.log(new String('ABC').valueOf());
```

[실행결과 11-6]

```
1.
2. ABC
```

```
var obj = new String('');
js.log(obj.valueOf());
```

valueOf 메소드는 인스턴스에 설정된 프리미티브 값을 반환하므로 [실행결과] 1번에 빈 문자열이 출력되었습니다. String 인스턴스를 생성할 때 파라미터에 값을 지정하지 않으면 디폴트 값으로 빈 문자열이 설정됩니다.

```
js.log(new String('ABC').valueOf());
```

new String( )을 하면 String 인스턴스가 반환되므로 점('.')과 valueOf( )를 연결하여 작성하면 String 인스턴스의 valueOf 메소드가 호출됩니다. [실행결과] 2번에 출력된 "ABC"는 생성자 함수의 파라미터에 지정한 값입니다.

11.7 인덱스 번째 문자 반환

charAt 메소드는 인덱스 번째 문자를 반환합니다.

[문법]

구분	타입	데이터(값)
data	String	반환 대상
파라미터	Number	값을 반환할 인덱스(Index), 첨자
반환	String	인덱스 번째 문자

파라미터에 반환하려는 문자열의 인덱스를 지정합니다. 파라미터에 0을 지정하면 첫 번째 문자가 반환됩니다. 지정한 인덱스에 문자가 없으면 빈 문자열이 반환됩니다. 문자열 길이보다 큰 값을 지정하면 undefined가 아닌 빈 문자열이 반환됩니다. undefined와 빈 문자열은 다르므로 이에 따른 처리를 프로그램에 반영해야 합니다.

[소스 11-7]

```
var value = 'SPORTS';
js.log(value.charAt(1));
js.log(value.charAt(12));

js.log(value[3]);
js.log(value[31]);
```

[실행결과 11-7]

```
1. P
2.
3. R
4. undefined
```

```
value.charAt(1);
```

value 변숫값 'SPORTS'에서 chartAt(1)은 두 번째를 반환하므로 [실행결과] 1번에 P가 출력되었습니다.

```
js.log(value.charAt(12));
```

value 변숫값의 length가 6이므로 파라미터에 지정한 12보다 작습니다. 이때 빈 문자열을 반환하며 [실행결과] 2번에 출력된 값이 보이지 않지만 빈 문자열입니다.

```
js.log(value[3]);
```

value 변수의 데이터 타입은 문자열입니다. 그런데 네 번째의 R이 [실행결과] 3번에 출력되었습니다. 이는 String 인스턴스에 {0: "S", 1: "P", 2: "O", 3: "R", 4: "T", 5: "S"} 형태로 설정되기 때문입니다. ES5 지원 브라우저에서 사용할 수 있습니다.

```
js.log(value[31]);
```

value.charAt(12)는 빈 문자열을 반환하지만 value[31]은 undefined를 반환합니다. 반환 값의 데이터 타입이 다릅니다.

11.8 유니코드 값 반환

charCodeAt 메소드는 인덱스 번째 문자를 유니코드 값으로 반환합니다.

[문법]

구분	타입	데이터(값)
data	String	반환 대상
파라미터	Number	값을 반환할 인덱스
반환	Number	Unicode로 변환한 값

파라미터에 반환하려는 문자의 인덱스를 지정하며 유니코드를 나타내는 숫자 값을 반환합니다. 문자열 길이보다 작거나 큰 인덱스를 지정하면 NaN이 반환됩니다. NaN이 반환되는 이유는 charCodeAt 메소드가 유니코드를 나타내는 숫자 값을 반환하기 때문입니다.

```
var value = 'azAZ', len = value.length;
for (var k = 0; k < len; k++){
    js.log(value.charCodeAt(k));
};
js.log(value.charCodeAt(7));
```

[실행결과 11-8]

1. 97
2. 122
3. 65
4. 90
5. NaN

[실행결과] 1번에서 4번까지 k번째 문자의 유니코드 값이 출력되었습니다. value.char
CodeAt(7)에서 7이 value.length보다 크므로 [실행결과] 5번에 NaN이 출력되었습니다.

11.9 유니코드를 문자열로 변환

fromCharCode 함수는 유니코드 값을 문자열로 변환하여 반환합니다.

[문법]

구분	타입	데이터(값)
object	Object	String 오브젝트
파라미터		Unicode옵션; 다수를 콤마로 구분하여 지정 가능
반환	String	문자로 변환한 값

파라미터에 콤마로 구분하여 다수의 유니코드 값을 지정할 수 있습니다. 파라미터에 작성
한 순서로 문자를 연결하여 반환합니다. 파라미터를 지정하지 않으면 빈 문자열이 반환됩
니다.

String 오브젝트의 메소드는 String.prototype에 연결되어 있으며 data.charAt( ) 형태로 호출
합니다. 한편 fromCharCode는 함수입니다. 즉 prototype에 연결되어 있지 않으며
String.fromCharCode와 같이 오브젝트 위치에 String 오브젝트를 작성합니다.

[소스 11-9]

```
js.log(String.fromCharCode(65, 66, 97, 98));
```

[실행결과 11-9]

1. ABab

유니코드 65는 "A"이고 66은 "B"이며, 97은 "a"이고 98은 "b"입니다. String.from CharCode 함수는 파라미터의 유니코드 값을 문자로 변환하고 왼쪽에서 오른쪽으로 연결하여 반환합니다.

11.10 문자열 연결

concat 메소드는 값을 연결하여 반환합니다.

[문법]

구분	타입	데이터(값)
data	String	연결 시작 값, String 오브젝트
파라미터	String	연결 대상_{옵션}, 콤마로 구분하여 다수 지정 가능
반환	String	data와 파라미터를 연결한 결과

data 위치에 String 오브젝트 또는 문자열 값을 작성하며 이 값과 파라미터에 지정한 값을 연결하여 반환합니다. 파라미터에 콤마로 구분하여 다수의 값을 작성할 수 있으며 작성한 순서대로 연결합니다. 파라미터에 숫자 값을 작성하면 문자열로 변환하여 연결합니다. Array 오브젝트에도 concat 메소드가 있으며 배열을 연결합니다.

[소스 11-10]

```
js.log('sports: '.concat('soccer:', 11));
js.log(new String(123).concat('ABC'));
```

[실행결과 11-10]

1. sports: soccer:11
2. 123ABC

[실행결과] 1번에 출력된 값은 data 위치에 문자열 값을 지정하여 연결한 결과이며 ("sports: " + "soccer:" + 11)과 같습니다. [실행결과] 2번에 출력된 값은 new String(123)으

로 생성한 인스턴스의 프리미티브 값을 연결한 것입니다.

11.11 작은 인덱스 반환

indexOf 메소드는 일치하는 문자열 중에서 가장 작은 인덱스를 반환합니다.

[문법]

구분	타입	데이터(값)
data	String	검색 대상
파라미터	String	검색할 문자열
	Number	검색 시작 위치, 디폴트: 0
반환	Number	인덱스

data 위치에 검색 대상을 지정하고 첫 번째 파라미터에 검색할 값을 문자열로 지정합니다. 숫자를 지정하면 문자열로 변환하여 검색합니다. 가장 작은 인덱스를 반환하는 것이 목적이므로 왼쪽에서 오른쪽으로 검색하며 일치하는 문자열을 만나면 더 이상 검색하지 않고 그 위치의 인덱스를 반환합니다. 영문자는 대소문자를 구분합니다.

두 번째 파라미터를 지정하면 지정한 인덱스부터 검색합니다. 지정하지 않거나 음수 값 또는 NaN을 지정하면 처음부터 검색합니다. 같은 문자열이 없으면 -1을 반환합니다. ES5에서 Array 오브젝트에 indexOf 메소드가 추가되었습니다.

[소스 11-11-1]

```
var value = '123123';
js.log(value.indexOf(3));
js.log(value.indexOf(3, 4));
js.log(value.indexOf(23));
```

[실행결과 11-11-1]

1. 2
2. 5
3. 1

```
js.log(value.indexOf(3));
```

두 번째 파라미터를 지정하지 않았으므로 처음부터 검색합니다. indexOf(3)에서 3과 검색 대상 "123123"에서 세 번째의 3이 같으므로 [실행결과] 1번에 인덱스 값 2가 출력됩니다.

```
value.indexOf(3, 4);
```

indexOf(3, 4)의 두 번째 파라미터에 4를 지정했으므로 이 위치부터 검색하게 되며 "123123"에서 뒤에 있는 3과 일치하므로 [실행결과] 2번에 5가 출력됩니다.

```
js.log(value.indexOf(23));
```

23이 검색 대상에 존재하며 첫 번째 문자인 2의 인덱스를 반환하므로 [실행결과] 3에 1이 출력됩니다.

[소스 11-11-2]

```
var value = '123123';
js.log(value.indexOf(3, -1));
js.log(value.indexOf(3, 15));
js.log(value.indexOf(3, 'A'));
```

[실행결과 11-11-2]

```
1. 2
2. -1
3. 2
```

```
js.log(value.indexOf(3, -1));
```

두 번째 파라미터 값이 0보다 작으면 앞에서부터 검색하므로 [실행결과] 1번에 2가 출력됩니다.

```
js.log(value.indexOf(3, 15));
```

두 번째 파라미터에 15를 지정했으며 이 값은 value.length보다 큽니다. 따라서 검색되지 않으며 -1을 반환하므로 [실행결과] 2번에 -1이 출력됩니다.

```
js.log(value.indexOf(3, 'A'));
```

두 번째 파라미터 값이 NaN이면 앞에서부터 검색하므로 [실행결과] 3번에 2가 출력됩니다.

[소스 11-11-3]

```
function isContain(value, compare, start){
    return value.indexOf(compare, start) > -1;
}
js.log(isContain('12345', 3, 0) ? '있음' : '없음');
```

[실행결과 11-11-3]

1. 있음

```
return value.indexOf(compare, start) > -1;
```

마지막 줄에서 isContain 함수를 호출하면서 파라미터 값을 넘겨 줍니다. "12345"에 3이 존재하며 인덱스 값이 −1보다 크므로 true를 반환하게 됩니다.

여기서 인덱스 값을 반환받으면 if (return_index > −1){}과 같이 비교해야 존재 여부에 따른 다음 처리를 할 수 있습니다. 이 형태는 코드 흐름이 끊어집니다. [소스 11-11-3]과 같이 함수로 작성하고 true/false를 반환받으면, 코드를 연결하여 처리할 수 있습니다.

11.12 큰 인덱스 반환

lastIndexOf 메소드는 일치하는 문자열 중에서 가장 큰 인덱스를 반환합니다.

[문법]

구분	타입	데이터(값)
data	String	검색 대상
파라미터	String	검색할 문자열
	Number	검색 시작 위치
반환	Number	인덱스

data 위치에 검색 대상을 지정하고 첫 번째 파라미터에 검색할 값을 문자열로 지정합니다.

숫자를 지정하면 문자열로 변환하여 검색합니다. 가장 큰 인덱스를 반환하는 것이 목적이므로 끝에서 앞으로 검색하며 일치하는 문자열을 만나면 더 이상 검색하지 않고 그 위치의 인덱스를 반환합니다. 파라미터에 "ABC"와 같이 다수의 문자를 지정하고 검색이 되면 첫 번째 문자("A")의 인덱스를 반환합니다. 영문자는 대소문자를 구분합니다.

두 번째 파라미터를 지정하면 지정한 인덱스부터 앞으로 검색합니다. 지정하지 않거나 NaN 또는 검색 대상 length보다 큰 값을 지정하면 끝에서부터 검색합니다. 음수 값을 지정하거나 같은 문자열이 없으면 -1을 반환합니다.

[소스 11-12]

```
var value = '123123';
js.log(value.lastIndexOf(3));
js.log(value.lastIndexOf(3, 4));

js.log(value.lastIndexOf(3, 'A'));
js.log(value.lastIndexOf(3, 15));
js.log(value.lastIndexOf(3, -2));
```

[실행결과 11-12]

```
1. 5
2. 2
3. 5
4. 5
5. -1
```

```
js.log(value.lastIndexOf(3));
```

lastIndexOf(3)에서 3을 "123123"의 끝에서부터 검색하므로 [실행결과] 1번에 5가 출력됩니다.

```
js.log(value.lastIndexOf(3, 4));
```

lastIndexOf(3, 4)의 두 번째 파라미터에 4를 지정했습니다. "123123"에서 끝에 있는 3은 인덱스가 5이므로 앞에 있는 3의 인덱스인 2가 [실행결과] 2번에 출력됩니다.

```
js.log(value.lastIndexOf(3, 'A'));
```

두 번째 파라미터 값이 NaN이면 뒤에서부터 검색하므로 [실행결과] 3번에 5가 출력됩니다.

```
js.log(value.lastIndexOf(3, 15));
```

두 번째 파라미터 값이 검색 대상 length보다 크면 뒤에서부터 검색하므로 [실행결과] 4번에 5가 출력됩니다.

```
js.log(value.lastIndexOf(3, -2));
```

두 번째 파라미터에 음수 값을 지정하면 -1을 반환하므로 [실행결과] 5번에 -1이 출력됩니다.

11.13 값의 위치 반환

localeCompare 메소드는 값의 위치를 1, 0, -1로 반환합니다.

[문법]

구분	타입	데이터(값)
data	String	비교 대상
파라미터	String	비교할 값
반환	Number	1(앞), 0(같음), -1(뒤)

data 위치에 비교 대상을 지정하고 파라미터에 비교할 값을 지정합니다. 파라미터에 지정한 값이 data 값보다 앞에 있으면 1을, 뒤에 있으면 -1을, 같으면 0을 반환합니다.

브라우저에서 제공하는 지역화 문자의 분류(sort) 기준으로 비교하며 한글은 "가나다" 순으로 비교합니다. 따라서 숫자 값의 대/소 개념이 아닌 앞/뒤 위치 개념입니다. ES5 스펙에 두 번째 파라미터를 사용할 가능성이 있다고 기술되어 있으므로 추가될 가능성이 있습니다.

[소스 11-13]

```
var value = '나';
js.log(value.localeCompare('가'));
js.log(value.localeCompare('나'));
js.log(value.localeCompare('다'));
```

[실행결과 11-13]

1. 1

```
2. 0
3. -1
```

```
value.localeCompare('가');
```

파라미터 값인 "가"가 value 값인 "나"보다 앞에 있으므로 [실행결과] 1번에 1이 출력됩니다.

```
value.localeCompare('나');
```

"나"와 "나"는 같으므로 [실행결과] 2번에 0이 출력됩니다.

```
value.localeCompare('다');
```

"다"가 "나"보다 뒤에 있으므로 [실행결과] 3번에 -1이 출력됩니다.

11.14 매치 결과 반환

match 메소드는 매치(match) 결과를 반환합니다.

[문법]

구분	타입	데이터(값)
data	String	매치 대상
파라미터	RegExp, String	정규 표현식, 문자열
반환	Array	[매치 결과], 매치된 값이 없으면 null

data 위치에 매치 대상을 지정하며 파라미터에 정규 표현식 또는 문자열을 지정합니다. 매치 대상에 정규 표현식을 매치하여 매치 결과를 배열로 반환합니다. 매치된 값이 없으면 null을 반환합니다.

파라미터에 문자열을 지정하면 정규 표현식으로 변환하여 매치합니다. 파라미터에 정규 표현식을 지정하면 정규 표현식 오브젝트(RegExp)를 생성하여 처리하므로 파라미터에 정규 표현식 오브젝트를 지정할 수 있습니다. String 오브젝트의 match, replace, search, split 메소드의 파라미터에 정규 표현식을 지정할 수 있습니다.

정규 표현식은 문자열이 대상입니다. 문자열을 정규 표현식으로 비교, 검색하는 것을 정규 표현식 용어로 매치(match)라고 하며 "매치되었다, 매치되지 않았다"라고 표현합니다. 정규 표현식의 표현식을 패턴이라고 합니다. 패턴과 매치를 합한 처리를 "패턴으로 매치한다"고 하며 매치 결과를 "패턴에 매치되었다, 패턴에 매치되지 않았다"라고 표현합니다.

[소스 11-14]

```
var value = 'Sports';
var result = value.match(/s/);
js.log(Array.isArray(result));
js.log(result);

js.log(value.match('S'));
js.log(value.match(/s/ig));
js.log(value.match('spt'));
js.log(/S/.test(value));
```

[실행결과 11-14]

```
1. true
2. [s]
3. [S]
4. [S,s]
5. null
6. true
```

```
var result = value.match(/s/);
js.log(Array.isArray(result));
```

정규 표현식 /s/는 문자열에 소문자 "s"를 매치합니다. 매치가 되면 매치된 값을 배열로 반환합니다. Array.isArray 함수는 파라미터가 배열이면 true를, 아니면 false를 반환합니다. [실행결과] 1번에 true가 출력되었으며 이는 패턴이 매치되어 배열로 반환된 것을 의미합니다.

```
js.log(result);
```

매치 대상 "Sports"에 소문자 "s"가 있으므로 [실행결과] 2번에 [s]가 출력되었습니다. [s]를 ["s"]로 표기하는 것이 맞지만 [s]로 표기하였습니다.

```
js.log(value.match('S'));
```

파라미터가 정규 표현식이 아니면 자바스크립트가 정규 표현식으로 변환하여 매치합니다. 즉 파라미터의 "S"를 /S/ 형태의 정규 표현식으로 변환하여 매치합니다. "Sports"의 첫 번째에 대문자 "S"가 있어 매치가 되므로 [실행결과] 3번에 대문자 S가 출력되었습니다.

```
js.log(value.match(/s/ig));
```

파라미터 /s/ig에서 i는 대소문자를 구분하지 않고 매치하며 g는 매치 대상 전체를 매치합니다. 대소문자를 구분하지 않고 매치하며 매치되는 모든 문자를 배열로 반환하므로 [실행결과] 4번에 [S, s]가 출력되었습니다.

```
js.log(value.match('spt'));
```

파라미터에 지정한 "spt"가 "Sports"에 존재하지 않아 매치되지 않으므로 [실행결과] 5번에 null이 출력되었습니다.

```
js.log(/S/.test(value));
```

match 메소드는 String 오브젝트에 존재하며 정규 표현식은 RegExp 오브젝트에서 실행됩니다. match 메소드에서 RegExp 오브젝트의 exec 메소드를 호출하여 매치하며 exec 메소드에서 반환된 값을 정리하여 반환합니다. 이때 한 번에 exec 메소드를 호출하는 것이 아니라 매치할 문자 단위로 호출합니다. 브라우저 실행 환경이 좋지 않았을 때 정규 표현식을 사용하면 처리 속도가 떨어진다는 말은 이 모습에서 나온 것입니다.

RegExp 오브젝트에 패턴의 매치 결과를 true/false로 반환하는 test 메소드가 있으며 exec 메소드보다 처리 속도가 빠릅니다. 매치된 값을 반환받을 목적이 아니라 매치 여부가 목적이라면 match 메소드 대신에 test 메소드를 사용하는 것이 더 효율적입니다. [실행결과] 6번은 test 메소드로 출력한 것입니다.

11.15 매치 결과를 지정한 값으로 대체

replace 메소드는 매치 결과를 지정한 값으로 대체하여 반환합니다.

[문법]

구분	타입	데이터(값)
data	String	치환 대상
파라미터	RegExp, String	정규 표현식, 문자열
	String	대체할 값. 대체할 값을 설정하기 위한 함수
반환	String	치환 결과

data 위치에 매치 대상 문자열을 지정하며 첫 번째 파라미터에 매치할 정규 표현식을, 두 번째 파라미터에 대체할 값을 지정합니다. 매치 대상을 정규 표현식으로 매치하고 매치된 결과를 두 번째 파라미터 값으로 대체하여 반환합니다. 두 번째 파라미터가 함수이면 함수를 호출하여 반환된 값으로 대체합니다. data 위치에 지정한 문자열은 변경되지 않습니다.

[소스 11-15]

```
js.log('abcabc'.replace(/a/g, 'A'));
```

[실행결과 11-15]

1. AbcAbc

"abcabc"를 첫 번째 파라미터의 /a/g로 매치하고 매치된 문자를 두 번째 파라미터의 'A'로 대체합니다. [실행결과]에 소문자 a가 대문자 A로 대체되어 출력되었습니다.

11.16 앞뒤 화이트 스페이스 삭제

trim 메소드는 문자열 앞뒤의 화이트 스페이스를 삭제합니다.

[문법]

구분	타입	데이터(값)
data	String	삭제 대상
파라미터		지정하지 않음
반환	String	삭제 결과 .

data 위치에 작성한 문자열에서 앞과 뒤의 화이트 스페이스(보이지 않는 문자)를 삭제하여 반환합니다. ES5에 추가된 메소드입니다.

[소스 11-16]

```
var base = '  abcd  ';
js.log(base.replace(/^\s+|\s+$/g, ''));
js.log(base.trim());
```

[실행결과 11-16]

1. abcd
2. abcd

```
var base = '  abcd  ';
js.log(base.replace(/^\s+|\s+$/g, ''));
```

첫 번째 파라미터의 정규 표현식은 문자열 앞과 뒤의 화이트 스페이스를 모두 매치합니다. base 변숫값의 앞과 뒤에 화이트 스페이스가 두 개씩 있으므로 패턴으로 매치하면 화이트 스페이스가 모두 매치됩니다. 두 번째 파라미터에 빈 문자열을 지정했으며 매치된 모든 값을 대체하므로 "abcd"만 남게 됩니다. [실행결과] 1번에 출력된 abcd는 이런 과정으로 처리된 결과입니다.

```
js.log(base.trim());
```

trim 메소드도 위와 같이 문자열 앞뒤의 화이트 스페이스를 삭제하여 반환합니다. 앞 또는 뒤만 삭제할 수 없으므로 한쪽만 삭제하려면 [실행결과] 1번의 정규 표현식을 변경하면 됩니다.

11.17 검색된 첫 번째 인덱스 반환

search 메소드는 검색된 첫 번째 인덱스를 반환합니다.

[문법]

구분	타입	데이터(값)
data	String	검색 대상
파라미터	RegExp, String	정규 표현식, 문자열
반환	Number	매치된 인덱스, 매치된 값이 없으면 –1

data 위치에 지정한 문자열을 파라미터에 지정한 정규 표현식으로 매치하고 매치된 첫 번째 인덱스를 반환합니다. data 위치에 매치되는 문자가 다수 있더라도 처음 매치되는 인덱스를 반환합니다. 매치되지 않으면 –1을 반환합니다.

[소스 11–17]

```
var value = 'cbacba';
js.log(value.search(/a/g));
js.log(value.search('K'));
```

1. 2
2. -1

```
var value = 'cbacba';
js.log(value.search(/a/g));
```

파라미터에 지정한 /a/g는 "cbacba"에서 소문자 a와 같은 문자를 모두 매치합니다. 따라서 a가 두 개 매치되지만 처음 매치되는 인덱스를 반환하므로 [실행결과] 1번에 2가 출력되었습니다.

```
js.log(value.search('K'));
```

파라미터에 지정한 "K"를 정규 표현식 /K/로 변환하여 매치하게 되며 "cbacba"에 대문자 K가 없으므로 [실행결과] 2번에 -1이 출력되었습니다.

11.18 시작에서 끝 직전까지 값 반환: substring( )

substring 메소드는 시작에서 끝 직전까지 값을 반환합니다.

[문법]

구분	타입	데이터(값)
data	String	반환 대상
파라미터	Number	시작 인덱스
	Number	끝 인덱스, 지정하지 않으면 문자열 끝까지 반환
반환	String	결과

data 위치의 문자열에서 첫 번째 파라미터에 지정한 인덱스부터 두 번째 파라미터에 지정한 인덱스 직전까지 반환합니다. 두 번째 파라미터를 지정하지 않으면 문자열의 끝까지 반환하며 첫 번째와 두 번째 파라미터를 모두 지정하지 않으면 data 위치의 문자열 전체를 반환합니다.

파라미터에 NaN 또는 음수 값을 지정하면 0으로 대체됩니다. 반환 대상 문자열 수보다 큰 값을 지정하면 반환 대상 문자열 수를 사용합니다. 첫 번째 파라미터 값이 두 번째 파라미터 값보다 크면 값을 바꾸어서 반환 조건을 체크합니다.

```
var value = '01234567';
js.log(value.substring(2, 6));
js.log(value.substring());

js.log(value.substring(2));
js.log(value.substring(3, 20));
```

[실행결과 11-18-1]

1. 2345
2. 01234567
3. 234567
4. 34567

```
var value = '01234567';
js.log(value.substring(2, 6));
```

"01234567"을 substring(2, 6)을 하면 [실행결과] 1번에 2345가 출력됩니다. 첫 번째 파라미터 2는 인덱스이며 인덱스는 0부터 시작하므로 세 번째가 됩니다. 두 번째 파라미터 인덱스 6은 직전까지 반환하므로 인덱스로 5가 되어 여섯 번째까지 반환됩니다.

```
value.substring()
```

첫 번째와 두 번째 파라미터를 모두 작성하지 않으면 value 전체를 반환하므로 [실행결과] 2번에 01234567이 출력됩니다.

```
value.substring(2);
```

두 번째 파라미터를 작성하지 않으면 끝까지 반환하므로 [실행결과] 3번에 234567이 출력됩니다.

```
value.substring(3, 20)
```

두 번째 파라미터 값이 반환 대상 문자열 수보다 크면 반환 대상 문자 수를 사용하므로 substring(3)이 되어 [실행결과] 4번에 34567이 출력됩니다.

[소스 11-18-2]

```
var value = '01234567';
js.log(value.substring(-7, 2));
```

```
js.log(value.substring(5, 1));
js.log(value.substring(5, 'A'));
```

[실행결과 11-18-2]

1. 01
2. 1234
3. 01234

```
js.log(value.substring(-7, 2));
```

파라미터에 음수 또는 NaN을 지정하면 0으로 간주하므로 substring(0, 2) 형태가 되어 [실행결과] 1번에 "01"이 출력됩니다.

```
js.log(value.substring(5, 1));
```

첫 번째 파라미터 값이 두 번째 파라미터 값보다 크면 값을 바꾸므로 substring(1, 5)가 되어 [실행결과] 2번에 1234가 출력됩니다.

```
js.log(value.substring(5, 'A'));
```

파라미터에 NaN 또는 음수 값을 지정하면 0으로 간주하므로 substring(5, 0) 형태가 됩니다. 첫 번째 파라미터가 두 번째 파라미터보다 크면 값을 바꾸므로 substring(0, 5) 형태가 됩니다. 그래서 [실행결과] 3번에 "01234"가 출력되었습니다.

11.19 지정한 문자 수 반환

substr 메소드는 시작 위치부터 지정한 문자 수를 반환합니다.

[문법]

구분	타입	데이터(값)
data	String	반환 대상
파라미터	Number	시작 위치
	Number	반환할 문자 수, 지정하지 않으면 문자열 끝까지 추출
반환	String	결과

data 위치의 문자열에서 첫 번째 파라미터에 지정한 인덱스부터 두 번째 파라미터에 지정

한 문자 수를 반환합니다.

첫 번째 파라미터를 지정하지 않으면 0으로 간주합니다. 값이 음수이면 전체 길이에서 지정한 값을 더한 값이 시작 위치가 됩니다. 즉 끝에서 음수 값만큼 앞으로 온 위치가 시작 인덱스가 됩니다. IE9부터 지원하며 IE7, IE8은 0으로 간주합니다.

두 번째 파라미터를 지정하지 않으면 양수 무한대 값을 적용하므로 문자열 끝까지 반환됩니다. 문자열로 값을 지정하더라도 숫자 값이면 값으로 사용합니다.

[소스 11-19]

```
var value = '01234567';
js.log(value.substr(0, 3));

js.log(value.substr(3));
js.log(value.substr());
js.log(value.substr(-3, 3));
```

[실행결과 11-19]

1. 012
2. 34567
3. 01234567
4. 567

```
var value = '01234567';
js.log(value.substr(0, 3));
```

substr(0, 3)은 0번 인덱스부터 세 자리를 반환하므로 [실행결과] 1번에 012가 출력됩니다.

```
js.log(value.substr(3));
```

두 번째 파라미터를 지정하지 않으면 끝까지 반환하므로 [실행결과] 2번에 네 번째 값인 3부터 마지막의 7까지 출력됩니다.

```
js.log(value.substr());
```

첫 번째 파라미터를 지정하지 않으면 0으로 간주되며 두 번째 파라미터를 지정하지 않으면 끝까지 반환하므로 [실행결과] 3번에 반환 대상 전체가 출력됩니다.

```
js.log(value.substr(-3, 3));
```

파라미터가 음수 값이면 끝에서 음수 값만큼 앞으로 온 값이 인덱스가 됩니다. 즉 value.length + (−3)을 하게 되며 substr(5, 3) 형태가 되므로 [실행결과] 4번에 567이 출력됩니다. IE9부터 지원하며 IE7, IE8은 음수 값을 0으로 처리하므로 "012"가 출력됩니다.

11.20 시작에서 끝 직전까지 반환: slice( )

slice 메소드는 시작에서 끝 직전까지 값을 반환합니다.

[문법]

구분	타입	데이터(값)
data	String	반환 대상
파라미터	Number	시작 인덱스
	Number	끝 인덱스
반환	String	결과

data 위치의 문자열에서 첫 번째 파라미터에 지정한 인덱스부터 두 번째 파라미터에 지정한 인덱스 직전까지 반환합니다. 첫 번째 파라미터를 지정하지 않거나 NaN이면 0을 사용합니다. 두 번째 파라미터를 지정하지 않으면 전체 문자 수를 사용하며 이 값의 직전까지 반환하므로 시작 인덱스부터 끝까지 반환됩니다.

파라미터 값이 음수이면 전체 문자 수에 지정한 값을 더해 사용합니다. 이는 전체 문자 수에서 음수 값만큼 앞으로 온 위치가 인덱스가 된다는 것을 의미합니다. 그래도 이 값이 음수이면 0을 사용합니다. 이상의 조건을 적용한 값에서 시작 값이 끝 값보다 크면 빈 문자열을 반환합니다.

[소스 11-20-1]

```
var value = '01234567';
js.log(value.slice(1, 3));
js.log(value.slice(false, 3));
js.log(value.slice(5));
```

[실행결과 11-20-1]

```
1. 12
```

2. 012
3. 567

```
var value = '01234567';
js.log(value.slice(1, 3));
```

slice 메소드의 첫 번째 파라미터에 인덱스를 지정하므로 두 번째부터 반환하게 되며, 두 번째 파라미터의 인덱스 직전까지 반환하므로 [실행결과] 1번에 12가 출력됩니다.

```
js.log(value.slice(false, 3));
```

첫 번째 파라미터에 숫자 이외의 값을 지정하면 숫자 값으로 변환하여 사용합니다. false, undefined, null, 빈 문자열은 0으로 변환됩니다. 따라서 slice(0, 3) 형태가 되어 [실행결과] 2번에 012가 출력됩니다.

```
js.log(value.slice(5));
```

두 번째 파라미터를 지정하지 않으면 전체 길이를 사용합니다. 전체 길이가 인덱스 값보다 1이 크지만 직전까지 반환하므로 결국 문자열 끝까지 반환하게 됩니다. 그래서 [실행결과] 3번에 567이 출력되었습니다.

[소스 11-20-2]

```
var value = '01234567';
js.log(value.slice(5, 3));
js.log(value.slice(4, -2));
js.log(value.slice(-5, -2));
js.log(value.slice(-2, -5));
```

[실행결과 11-20-2]

1.
2. 45
3. 345
4.

```
var value = '01234567';
js.log(value.slice(5, 3));
```

첫 번째 파라미터 값이 두 번째 파라미터 값보다 같거나 크면 빈 문자열을 반환하므로 [실행결과] 1번에 빈 문자열이 출력됩니다.

```
js.log(value.slice(4, -2));
```

파라미터 값이 음수이면 전체 길이 값을 더합니다. 더한 값이 0보다 크면 이 값을 사용하고 아니면 0을 사용합니다. 따라서 8 + (-2)는 6이 되어 slice(4, 6)을 실행하게 되므로 [실행결과] 2번의 45가 출력됩니다.

```
js.log(value.slice(-5, -2));
```

파라미터가 모두 음수이므로 8 + (-5)는 3이 되고, 8 + (-2)는 6이 되어 slice(3, 6)을 실행하게 되므로 [실행결과] 3번에 345가 출력됩니다.

```
js.log(value.slice(-2, -5));
```

파라미터가 모두 음수이므로 8 + (-2)는 6이 되고, 8 + (-5)는 3이 되어 slice(6, 3)을 실행하게 됩니다. 첫 번째 파라미터 값이 두 번째 파라미터 값보다 크면 빈 문자열을 반환하므로 [실행결과] 4번에 빈 문자열이 출력됩니다.

■ slice와 substring 차이

- 첫 번째 파라미터에 음수를 지정하면 substring은 0으로 간주하며, slice는 전체 문자 수에 지정한 값을 더해 사용합니다.
- var value = "01234"에서 value.substring(1, 3), value.substring(3, 1), value.slice(1, 3)은 12를 반환하지만 value.slice(3, 1)은 빈 문자열을 반환합니다.

11.21 구분자로 분리하여 반환

split 메소드는 문자열을 구분자로 분리하여 배열로 반환합니다.

[문법]

구분	타입	데이터(값)
data	String	분리 대상
파라미터	RegExp, String	구분자; 정규 표현식, 문자열
	Number	반환 수, 지정하지 않으면 전체 반환
반환	Array	결과 값

data 위치의 문자열을 첫 번째 파라미터에 지정한 구분자로 분리하여 배열로 반환합니다. 두 번째 파라미터를 지정하지 않으면 배열 전체를 반환하며 숫자를 지정하면 앞에서부터

지정한 수만큼만 반환합니다.

첫 번째에 분리 구분자를 문자열 또는 정규 표현식으로 지정합니다. 왼쪽에서 오른쪽으로 분리하며 반환되는 배열에는 구분자가 포함되지 않습니다. 구분자 앞 또는 뒤에 값이 없으면 빈 문자열이 배열에 설정됩니다.

첫 번째 파라미터를 지정하지 않거나 지정한 구분자가 매치되지 않으면 전체 문자열을 하나의 배열로 반환합니다. split('')는 빈 문자열로 구분자를 지정한 것이며 문자열을 문자 단위로 분리하여 배열로 반환합니다. 즉 문자열에 문자가 5개 있으면 5개의 엘리먼트를 갖는 배열이 반환됩니다.

[소스 11-21-1]

```
var value = '_012_345';
js.log(value.split('_'));

js.log(value.split('_', 2));
js.log(value.split('AA'));

js.log(value.split());
js.log(value.split(''));
```

[실행결과 11-21-1]

```
1. ['', 012, 345]
2. ['', 012]
3. [_012_345]
4. [_012_345]
5. [_, 0, 1, 2, _, 3, 4, 5]
```

```
var value = '_012_345';
js.log(value.split('_'));
```

"_012_345"를 split 메소드의 파라미터에 지정한 언더바("_")로 분리하여 배열로 반환합니다. _012에 "_"가 있으므로 분리합니다. "_" 앞에 값이 없으므로 빈 문자열을 설정하게 되어 ["", "012"]로 분리됩니다. 다음 012와 345 사이에 "_"가 있으므로 ["012", "345"]로 분리됩니다. 이 과정을 통해 [실행결과] 1번에 ["", 012, 345]가 출력됩니다.

```
js.log(value.split('_', 2));
```

두 번째 파라미터에 반환하는 엘리먼트 수를 지정합니다. 따라서 분리된 배열의 앞에서부터 2개를 반환하므로 [실행결과] 2번에 [""", "012"]가 출력됩니다.

```
js.log(value.split('AA'));
```

파라미터에 지정한 문자열 또는 정규 표현식이 분리 대상에 매치되지 않으면 분리 대상 전체를 배열로 반환합니다. 그래서 [실행결과] 3번에 분리 대상 전체가 하나의 배열로 출력되었습니다.

```
js.log(value.split());
```

파라미터를 지정하지 않으면 분리 대상 전체를 배열로 반환하므로 [실행결과] 4번에 분리 대상 전체가 하나의 배열로 출력되었습니다.

```
js.log(value.split(''));
```

파라미터에 빈 문자열을 지정하면 분리 대상의 모든 문자를 하나씩 배열 엘리먼트로 설정하여 반환합니다. [실행결과] 5번에 분리된 형태로 출력되었습니다.

■ 브라우저 차이

[소스 11-21-2]

```
var result = '_012_345'.split(/_/g);
js.log(result);
js.log(result.length);


result = '12_34_56'.split(/(_)/g);
js.log(result);
js.log(result.length);
```

[실행결과 11-21-2]

```
1. ['', 012, 345]
2. 3
3. [12, _, 34, _, 56]
4. 5
```

```
var result = '_012_345'.split(/_/g);
```

IE9, 4대 브라우저는 [실행결과] 1번과 같이 출력되고 2번에 3이 출력됩니다. 한편 IE7, IE8은 [실행결과] 1번에 ["012", "345"]가 출력되고 2번에 2가 출력됩니다. 파라미터에 정규 표현식을 작성하고 분리 대상의 첫 문자가 매치되면 이처럼 다르게 출력됩니다. 첫 문자가 아니거나 정규 표현식이 아닌 문자열("_")로 지정하면 IE7, IE8도 같은 결과를 반환합니다.

```
result = '12_34_56'.split(/(_)/g);
```

괄호가 포함된 정규 표현식을 사용하면 구분자를 하나의 배열로 반환합니다. 정규 표현식에서 괄호를 사용해서 값을 임시로 저장하는 것을 캡처(capture)라고 합니다. IE9, 4대 브라우저는 [실행결과] 3번에 ["12", "_", "34", "_", "56"]이 출력되고 4번에 5가 출력됩니다. IE7, IE8은 [실행결과] 3번에 ["12", "34", "56"]이 출력되고 4번에 3이 출력됩니다.

개발 팁

> 서버에서 "1##2##3" 형태로 데이터를 받아 split('##') 메소드를 사용하여 값을 분리하여 사용할 수 있습니다. 데이터가 간단하면서 반복 형태일 때는 데이터가 가벼우므로 효율이 높습니다.

11.22 소문자로 변환

toLowerCase 메소드는 영문 대문자를 소문자로 변환하여 반환합니다.

[문법]

구분	타입	데이터(값)
data	String	변환 대상
파라미터		사용하지 않음
반환	String	변환 결과

data 위치의 문자열에서 모든 영문 대문자를 소문자로 변환하여 반환합니다. 변환 기준은 유니코드입니다.

[소스 11-22]

```
js.log('ABCDE'.toLowerCase());
```

[실행결과 11-22]

1. abcde

toLowerCase 메소드 앞의 "ABCDE"가 [실행결과]에 소문자로 출력되었습니다.

11.23 대문자로 변환

toUpperCase 메소드는 영문 소문자를 대문자로 변환하여 반환합니다.

[문법]

구분	타입	데이터(값)
data	String	변환 대상
파라미터		사용하지 않음
반환	String	변환 결과

data 위치의 문자열에서 모든 영문 소문자를 대문자로 변환하여 반환합니다. 변환 기준은 유니코드입니다.

[소스 11-23]

```
js.log('abcde'.toUpperCase());
```

[실행결과 11-23]

1. ABCDE

toUpperCase 메소드 앞의 "abcde"가 [실행결과]에 대문자로 출력되었습니다.

12

Number 오브젝트

Number 오브젝트는 숫자를 제어합니다.

12.1 프로퍼티 리스트

아래는 Number 오브젝트의 프로퍼티 리스트입니다.

이름	개요
Number	
new Number( )	인스턴스 생성
함수	
Number( )	숫자 값으로 변환
Number 상수	
	12.4절 참조
Number.prototype	
constructor	생성자
toString( )	숫자 값을 문자열로 변환
toLocaleString( )	숫자 값을 지역화 문자로 변환
valueOf( )	Number 인스턴스의 프리미티브 값 반환
toExponential( )	지수 표기로 변환
toFixed( )	고정 소수점 표기로 변환
toPrecision( )	고정 소수점 또는 지수 표기로 변환

12.2 new Number( )

new Number( )는 새로운 Number 오브젝트를 생성하여 반환합니다.

[문법]

구분	타입	데이터(값)
파라미터	Number	숫자옵션
반환	Object	생성한 Number 오브젝트

new Number( )에서 Number는 생성자 함수이며 생성자 함수가 실행되면 새로운 Number 오브젝트를 생성하여 반환합니다. 생성한 Number 인스턴스에서 Number 오브젝트의 prototype에 연결된 메소드를 공유하게 됩니다. 따라서 "인스턴스.메소드( )" 형태로 호출

할 수 있습니다.

Number 인스턴스에 Object.prototype에 연결된 프로퍼티로 인스턴스를 생성하여 첨부됩니다. 파라미터에 작성한 값은 생성된 인스턴스의 [[PrimitiveValue]]에 숫자 값으로 설정됩니다. 이 값은 valueOf 메소드로 반환받을 수 있습니다. 생성한 인스턴스에 프로퍼티를 추가할 수 있습니다.

[소스 12-2]

```
js.log(new Number(123));
js.log(new Number());

js.log(new Number('456'));
js.log(new Number(true));
js.log(new Number('ABC'));
```

[실행결과 12-2]

```
1. 123
2. 0
3. 456
4. 1
5. NaN
```

```
js.log(new Number(123));
```

new Number( )는 인스턴스를 생성하면서 인스턴스의 [[PrimitiveValue]]에 파라미터에 지정한 값을 숫자 값으로 변환하여 설정합니다. 생성한 인스턴스를 출력하면 [[PrimitiveValue]]에 설정된 값을 반환하므로 [실행결과] 1번에 파라미터에 지정한 123이 출력됩니다.

```
js.log(new Number());
```

파라미터를 지정하지 않으면 생성한 인스턴스의 [[PrimitiveValue]]에 0을 설정하므로 [실행결과] 2번에 0이 출력됩니다.

```
js.log(new Number('456'));
js.log(new Number(true));
```

파라미터에 지정한 값을 숫자 값으로 변환하여 인스턴스의 [[PrimitiveValue]]에 설정하므로 [실행결과] 3번에 456이 출력되며 4번에 1이 출력됩니다.

```
js.log(new Number('ABC'));
```

파라미터에 지정한 "ABC"는 숫자 값으로 변환할 수 없으므로 NaN이 인스턴스의 [[Primitive Value]]에 설정되며 [실행결과] 5번에 NaN이 출력됩니다.

12.3 Number( )

Number 함수는 숫자 값으로 변환하여 반환합니다.

[문법]

구분	타입	데이터(값)
파라미터		숫자, 문자열 타입의 숫자
반환	Number	변환한 값

Number 함수는 파라미터에 지정한 값을 숫자 값으로 변환하여 반환합니다. Number( )는 생성자가 아닌 값을 변환하는 함수로 Number 인스턴스를 생성하지 않습니다. 파라미터를 지정하지 않으면 0을 반환합니다. 문자열 타입의 숫자는 숫자 값으로 변환합니다.

[소스 12-3-1]
```
js.log(Number('456'));
js.log(Number());
js.log(Number(0X14));
js.log(Number('ABC'));
```

[실행결과 12-3-1]

```
1. 456
2. 0
3. 20
4. NaN
```

```
js.log(Number('456'));
```

파라미터에 문자열 타입으로 숫자를 지정하면 숫자 값으로 변환하여 반환하므로 [실행결과] 1번에 456이 출력됩니다.

```
js.log(Number());
```

파라미터에 값을 지정하지 않으면 0을 반환하므로 [실행결과] 2번에 0이 출력됩니다.

```
js.log(Number(0X14));
```

파라미터에 16진수 값을 지정하면 10진수 값으로 변환하여 반환하므로 [실행결과] 3번에 20이 출력됩니다.

```
js.log(Number('ABC'));
```

파라미터에 문자열을 지정하면 NaN을 반환하므로 [실행결과] 4번에 NaN이 출력됩니다.

[소스 12-3-2]

```
js.log(Number(true));
js.log(Number(null));
js.log(Number(undefined));
js.log(Number(new Number(789)));
```

[실행결과 12-3-2]

1. 1
2. 0
3. NaN
4. 789

```
js.log(Number(true));
```

파라미터가 true이면 1을, false이면 0을 반환하므로 [실행결과] 1번에 1이 출력됩니다.

```
js.log(Number(null));
```

파라미터에 null을 지정하면 0을 반환하므로 [실행결과] 2번에 0이 출력됩니다.

```
js.log(Number(undefined));
```

파라미터에 undefined를 지정하면 NaN을 반환하므로 [실행결과] 3번에 NaN이 출력됩니다. 파라미터를 지정하지 않으면 0이 출력되는 것과는 차이가 있습니다. undefined는 값입니다.

```
js.log(Number(new Number(789)));
```

파라미터에 Number 인스턴스를 지정하면 인스턴스를 생성할 때 파라미터에 지정한 값이

[실행결과] 4번에 출력됩니다. 이는 new Number(789)로 생성되는 인스턴스에 789가 프리미티브 값으로 설정되며, Number(생성한 인스턴스) 형태에서 생성한 인스턴스의 프리미티브 값이 반환되기 때문입니다.

12.4 Number 상수

Number 오브젝트에는 아래와 같은 상수가 있습니다.

상수 이름	값
Number.MAX_VALUE	$1.7976931348623157 * 10^{308}$
Number.MIN_VALUE	$5 * 10^{-324}$
Number.NaN	Not-a-Number
Number.POSITIVE_INFINITY	Infinity
Number.NEGATIVE_INFINITY	-Infinity

상수는 변경, 삭제할 수 없는 고정된 값을 의미합니다. 영문 대문자를 사용하는 것이 관례입니다. 상수는 Number.MAX_VALUE와 같이 "Number.상수이름" 형태로 사용하며 상수 값이 반환됩니다.

[소스 12-4]

```
js.log(Number.MAX_VALUE);
js.log(Number.MIN_VALUE);
js.log(Number.NaN);

js.log(Number.POSITIVE_INFINITY);
js.log(Number.NEGATIVE_INFINITY);
```

[실행결과 12-4]

1. 1.7976931348623157e+308
2. 5e-324
3. NaN
4. Infinity
5. -Infinity

```
js.log(Number.MAX_VALUE);
```

[실행결과] 1번에 출력된 값은 양수 값 중에서 가장 큰 값입니다.

```
js.log(Number.MIN_VALUE);
```

[실행결과] 2번에 출력된 값은 음수 값 중에서 가장 작은 값입니다.

```
js.log(Number.NaN);
```

[실행결과] 3번에 출력된 값은 (Not a Number)의 약칭으로 값이 숫자가 아님을 나타냅니다.

```
js.log(Number.POSITIVE_INFINITY);
```

양수 무한대 값이 [실행결과] 4번에 출력됩니다. Number.MAX_VALUE 값이 양수에서 가장 큰 값이므로 이 값보다 크면 Infinity가 반환됩니다.

```
js.log(Number.NEGATIVE_INFINITY);
```

음수 무한대 값이 [실행결과] 5번에 출력됩니다. Number.MIN_VALUE 값이 음수에서 가장 작은 값이므로 이 값보다 작으면 -Infinity가 반환됩니다.

12.5 문자열로 변환

toString 메소드는 data 위치의 값을 문자열로 변환하여 반환합니다.

[문법]

구분	타입	데이터(값)
data	Number	변환 대상 값
파라미터	Number	진수(2에서 36), 생략하면 10진법 사용
반환	String	문자열로 변환한 값

data 위치에 문자열로 변환할 값을 작성하며 파라미터에 변환할 진수를 지정합니다. 파라미터에 2진수에서 36진수까지 지정할 수 있으며 지정하지 않거나 undefined를 지정하면 10진수가 적용됩니다.

toString 메소드는 모든 빌트인 오브젝트에 존재합니다. toString 메소드 이름만 보면 문자열로 변환하여 반환하는 것으로 생각할 수 있습니다. 하지만 각 빌트인 오브젝트마다 데이터 타입이 다르고 목적이 다르므로 반환 대상과 반환 결과가 다릅니다. 빌트인 오브젝트에

toString 메소드를 작성하지 않으면 Object의 toString 메소드가 실행되며 오브젝트 타입이
반환됩니다.

[소스 12-5]

```
var value = 17;
js.log(17 === value.toString());

js.log(value.toString(16));
js.log(value.toString(2));
js.log(value.toString(8));
```

[실행결과 12-5]

1. false
2. 11
3. 10001
4. 21

```
var value = 17;
js.log(17 === value.toString());
```

toString 메소드의 파라미터에 진수를 지정하지 않았으므로 10진수 17이 문자열로 변환되
어 반환됩니다. (17 === '17')을 비교하게 되므로 [실행결과] 1번에 false가 출력됩니다.

```
js.log(value.toString(16));
```

파라미터에 16을 지정했으므로 17을 16진수 문자열로 변환하여 반환합니다. [실행결과] 2
번에 11이 출력됩니다.

```
js.log(value.toString(2));
```

[실행결과] 3번에 출력된 10001은 17을 2진수로 변환한 값입니다.

```
js.log(value.toString(8));
```

[실행결과] 4번에 출력된 21은 17을 8진수로 변환한 값입니다.

필자 생각

> 123.toString()과 같이 숫자를 직접 작성하면 에러가 발생하므로 123을 변수에 할당한 후
> value.toString() 형태로 사용해야 합니다. Number 오브젝트의 모든 메소드는 이처럼 변수에 할
> 당한 후 사용해야 합니다. String 오브젝트의 메소드는 문자 값을 직접 작성해도 되는데 Number

오브젝트는 직접 값을 작성할 수 없다는 점은 일관성이 없습니다. 자바스크립트 코드의 유연성을 떨어뜨립니다.

이유는 알 수 없지만 결과적으로 설계가 잘못되었다고 할 수 있습니다. 지금 시점에서 지원할 수도 있지만 잘못하면 과거 버전과 호환성 문제가 발생할 수 있으므로 세심한 접근이 필요합니다. 프로그램 설계도 중요하지만 아키텍처/메커니즘 설계는 큰 흐름을 좌우할 수 있으므로 더욱 중요합니다.

12.6 지역화 문자로 변환

toLocaleString 메소드는 숫자 값을 지역화 문자로 변환하여 반환합니다.

[문법]

구분	타입	데이터(값)
data	Number	변환 대상 값
파라미터		사용하지 않음
반환	String	변환한 값

data 위치의 숫자 값을 지역화 문자로 변환하여 반환합니다. ES5 스펙에 지역화 지원을 자바스크립트 컴파일러 개발자에게 일임한다고 기술되어 있으므로 브라우저에 따라 차이가 날 수 있습니다. 지원하지 않으면 toString 메소드로 반환하는 값과 같은 값을 반환해야 한다고 기술되어 있습니다.

[소스 12-6]

```
var value = 12345;
js.log(value.toLocaleString());
```

[실행결과 12-6]

1. 12,345

[실행결과]에 출력된 값은 크롬 34 버전에서 실행한 값으로 세 자리에 콤마(,)가 삽입되었습니다. 파이어폭스 28 버전도 같습니다. 사파리 5.1.7, 오페라 12는 12345로 콤마가 포함되지 않습니다. IE7, IE8, IE9는 12,345.00을 반환합니다.

12.7 프리미티브 값 반환

valueOf 메소드는 Number 인스턴스의 프리미티브 값을 반환합니다.

[문법]

구분	타입	데이터(값)
object	Instance	Number 인스턴스
파라미터		사용하지 않음
반환	Number	프리미티브 값

object 위치에 new 연산자로 생성한 Number 인스턴스를 지정하며 Number 인스턴스의 프리미티브 값을 반환합니다.

[소스 12-7]

```
js.log(new Number(123).valueOf());
```

[실행결과 12-7]

1. 123

new Number()의 파라미터에 123을 지정했으므로 생성한 인스턴스의 [[PrimitiveValue]]에 123이 설정됩니다. 생성한 인스턴스의 valueOf 메소드를 호출하면 [[PrimitiveValue]] 값이 반환되어 [실행결과]에 123이 출력됩니다.

12.8 지수 표기로 변환

toExponential 메소드는 숫자 값을 지수 표기로 변환하여 문자열 타입으로 반환합니다.

[문법]

구분	타입	데이터(값)
data	Number	변환 대상 값
파라미터	Number	소수 이하 자릿수
반환	String	변환 값

data 위치에 지정한 숫자 값을 지수 표기(decimal exponential notation)로 변환하여 문자열

타입으로 반환합니다. 파라미터에 0부터 20까지 소수 이하 자릿수를 지정할 수 있으며 NaN이면 문자열로 NaN을 반환합니다.

[소스 12-8]

```
var value = 34;
js.log(value.toExponential(1));

value = 123456.789;
js.log(value.toExponential(2));

js.log(value.toExponential(3));
js.log(value.toExponential());
js.log(value.toExponential(12));
```

[실행결과 12-8]

1. 3.4e+1
2. 1.23e+5
3. 1.235e+5
4. 1.23456789e+5
5. 1.234567890000e+5

```
var value = 34;
js.log(value.toExponential(1));
```

[실행결과] 1번에 출력된 3.4e+1과 변환 대상 34를 비교해보면 3이 정수로, 4가 소수로 표시되었습니다. 파라미터에 1을 지정했으므로 소수 이하를 한 자리 표시합니다. 3을 정수에 표시하고 이어서 "."을 첨부하고 4를 첨부합니다. 그리고 "e+"를 첨부하고 소수 이하에 표시된 수 1을 첨부합니다.

toExponential 메소드는 변환 대상의 첫 번째 자리를 정수로 표시하고 나머지를 소수에 표시한 후 지수(e+)와 정수에서 소수로 변환 자릿수를 표시한 형태로 변환하여 반환합니다.

```
value = 123456.789;
js.log(value.toExponential(2));
```

[실행결과] 2번에 출력된 1.23e+5와 123456.789를 비교해보면 1이 정수로 표시되므로 23456.789가 남습니다. 파라미터에 2를 지정했으므로 소수 이하에 23이 표시되고 "e+"가 첨부됩니다. 23456.789에서 소수 이하 789는 표시하지 않으므로 23456이 남으며 23456의

length가 5이므로 5를 첨부합니다.

```
js.log(value.toExponential(3));
```

[실행결과] 3번에 출력된 1.235e+5와 123456.789를 비교해보면, 파라미터에 3을 지정했으므로 1.234e+5가 표시되어야 합니다. 그런데 1.235e+5가 표시된 것은 네 번째 자리에서 반올림하기 때문입니다.

```
js.log(value.toExponential());
```

[실행결과] 4번에 출력된 1.23456789e+5와 123456.789를 비교해보면, 정수와 소수를 모두 표시하였습니다. 이처럼 파라미터에 값을 지정하지 않으면 반환 대상 전체를 표시합니다.

```
js.log(value.toExponential(12));
```

[실행결과] 5번에 출력된 1.234567890000e+5와 123456.789를 비교해보면, 정수와 소수를 모두 표시하였으며 0이 4개 첨부되었습니다. 파라미터에 12를 지정하였으며 1을 제외한 23456.789의 자릿수가 8이므로 (12 - 8) 결과인 4개의 0을 첨부합니다.

12.9 고정 소수점 표기로 변환

toFixed 메소드는 고정 소수점 표기로 변환하여 문자열 타입으로 반환합니다.

[문법]

구분	타입	데이터(값)
data	Number	변환 대상 값
파라미터	Number	반환할 소수점 이하 자릿수
반환	String	변환 값

data 위치에 지정한 숫자 값을 고정 소수점 표기(decimal fixed-point notation)로 변환하여 문자열 타입으로 반환합니다.

파라미터에 반환할 소수점 이하 자릿수를 0부터 20까지 지정할 수 있습니다. 파라미터에 지정한 값보다 소수 자릿수가 길 때는 지정한 자릿수에 1을 더한 위치에서 반올림합니다. 파라미터를 지정하지 않으면 0으로 간주되어 소수 첫째 자리에서 반올림하여 정숫값을 반환합니다. 변환 대상 값의 소수 자릿수보다 파라미터 값이 크면 나머지를 0으로 채워 반환합니다.

[소스 12-9]

```
var value = 1234.567;
js.log(value.toFixed(3));
js.log(value.toFixed(2));

js.log(value.toFixed());
js.log(value.toFixed(5));
```

[실행결과 12-9]

1. 1234.567
2. 1234.57
3. 1235
4. 1234.56700

```
var value = 1234.567;
js.log(value.toFixed(3));
```

value 변숫값이 [실행결과] 1번에 출력되었습니다. 그대로 반환하는 것 같지만, toFixed 메소드의 파라미터에 3을 지정했으므로 소수점 이하 세 자리까지 반환하기 때문입니다.

```
js.log(value.toFixed(2));
```

[실행결과] 2번에 출력된 1234.57과 변환 대상 1234.567을 비교해보면 .567이 57로 변환된 것에 차이가 있습니다. 파라미터에 2를 지정하면 소수점 두 자리까지만 표시하며 셋째 자리에서 반올림합니다.

```
js.log(value.toFixed());
```

파라미터에 값을 작성하지 않으면 소수 이하 첫 자리에서 반올림하여 정숫값만 반환하므로 [실행결과] 3번에 변환 대상 1234.567이 1235로 출력되었습니다.

```
js.log(value.toFixed(5));
```

파라미터에 5를 지정하였으며 이 값은 변환 대상 1234.567에서 소수 이하 .567의 자릿수보다 2가 큽니다. 이때 2만큼 소수 이하에 0을 첨부하여 반환하므로 [실행결과] 4번에 1234.56700이 출력되었습니다.

12.10 고정 소수점 또는 지수 표기로 변환

toPrecision 메소드는 고정 소수점 또는 지수 표기로 변환하여 반환합니다.

[문법]

구분	타입	데이터(값)
data	Number	변환 대상 값
파라미터	Number	지수, 유효 범위
반환	String	결과 값

toPrecision 메소드는 toExponential 메소드와 toFixed 메소드가 제공하는 기능을 통합한 메소드입니다. 단, 파라미터에 지정할 수 있는 범위가 다릅니다.

파라미터에 지정한 값이 변환 대상 값의 유효 범위이면 고정 소수점 표기로 변환하고 아니면 지수 표기로 변환하여 반환합니다. 여기서 유효 범위란 소수를 제외한 정수 자릿수와 비교한 결과입니다. 파라미터에 1부터 21까지 지정할 수 있습니다.

[소스 12-10]

```
var value = 1234.567;
js.log(value.toPrecision(5));
js.log(value.toPrecision(9));
js.log(value.toPrecision(2));
```

[실행결과 12-10]

1. 1234.6
2. 1234.56700
3. 1.2e+3

```
var value = 1234.567;
js.log(value.toPrecision(5));
```

toPrecision 메소드의 파라미터에 5를 지정했으므로 유효 범위에 속하게 되어 다섯 자리로 표기합니다. 따라서 1234.5가 출력되어야 하나 1234.6이 출력된 것은 소수 둘째 자리에서 반올림하기 때문입니다.

```
js.log(value.toPrecision(9));
```

파라미터에 9를 지정했으므로 유효 범위에 속하게 되며 아홉 자리로 표기합니다. 그런데 자릿수가 모자라므로 끝에 모자라는 수만큼 0을 첨부하여 [실행결과] 2번에 1234.56700을 출력합니다.

```
value.toPrecision(2);
```

[실행결과] 3에 출력된 값은 1.2e+3이며 변환 대상은 1234.567입니다. toPrecision 메소드의 파라미터에 지정한 2가 유효 범위가 아니므로 지수 표기로 변환합니다.

13

Array 오브젝트

Array 오브젝트는 배열을 제어합니다. 13장은 ES3 기준으로 다루며 14장은 ES5에 추가된 메소드를 다룹니다.

13.1 프로퍼티 리스트

아래는 ES3 기준 Array 오브젝트의 프로퍼티 리스트입니다.

이름	개요
Array	
new Array( )	인스턴스 생성
Array( )	인스턴스 생성
Array 프로퍼티	
length	배열의 엘리먼트 수 반환
Array.prototype	
constructor	생성자
toString( )	배열의 엘리먼트를 문자열로 연결하여 반환
toLocaleString( )	배열의 각 엘리먼트를 지역화 문자로 변환, 문자열로 연결하여 반환
concat( )	값을 결합하여 배열로 반환
push( )	배열 끝에 엘리먼트 추가
join( )	배열과 분리자를 결합하여 반환
pop( )	배열의 마지막 엘리먼트를 삭제하고 삭제한 엘리먼트를 반환
shift( )	배열의 첫 번째 엘리먼트를 삭제하고 삭제한 엘리먼트를 반환
sort( )	엘리먼트 값을 분류하여 반환
reverse( )	엘리먼트 위치를 역순으로 바꾸어 반환
slice( )	인덱스 범위의 배열 엘리먼트를 배열로 반환
splice( )	엘리먼트를 삭제하고 새로운 엘리먼트를 삽입, 삭제한 엘리먼트 반환

13.2 배열 개념

배열(Array)은 대괄호[ ]로 표현하며 [123, "ABC", "가나다"]와 같이 콤마로 구분하여 값을 작성합니다. 123, "ABC" 각각을 배열 엘리먼트(Element)라고 부르며 엘리먼트 전체를 엘리먼트 리스트(List)라고 합니다. 숫자, 문자 등의 데이터 타입을 $2^{32} - 1$개까지 작성할 수 있습니다. 배열에 엘리먼트를 추가하거나 삭제할 수 있습니다.

엘리먼트 위치를 인덱스(Index)라고 하며 왼쪽에서 첫 번째가 0번 인덱스이고 다음이 1번 인덱스입니다. 배열의 특징은 순서를 갖는다는 점입니다. 배열 [1, 2, 3]을 처음부터 읽을 수도 있고 중간 또는 끝에서부터 읽을 수도 있습니다. 또한 인덱스를 지정하여 읽을 수도 있습니다. 이렇게 접근할 수 있는 것은 배열이 인덱스 개념을 갖고 있기 때문입니다.

지금까지 배열이라고 표기했지만 메소드와 프로퍼티를 가진 배열 오브젝트이며 줄여서 표기한 것입니다. 배열을 값이 나열된 형태로 접근하면 데이터만 보이지만, 오브젝트로 접근하면 활용이 보입니다. 배열에 데이터를 설정하는 목적을 보다 근본적으로 접근할 수 있습니다.

■ 배열 형태

0	1	2	3	4

위 형태는 한 줄에 엘리먼트가 연결되어 있으며 이를 1차원 배열이라고 합니다. 자바스크립트로 표현하면 [0, 1, 2, 3, 4]가 됩니다. 일반적으로 배열이라고 하면, 1차원 배열을 의미합니다.

0,0	0,1	0,2	0,3	0,4
1,0	1,1	1,2	1,3	1,4
2,0	2,1	2,2	2,3	2,4

위 형태는 2차원 배열로 자바스크립트 배열로 표현하면 [[0, 1, 2, 3, 4], [0, 1, 2, 3, 4], [0, 1, 2, 3, 4]]가 됩니다. 2차원 배열에서 엘리먼트 값을 반환받으려면 [0][0], [0][1]과 같이 가로와 세로 인덱스를 지정합니다.

3차원 배열은 여기에 하나 더 배열을 추가한 형태이지만, 접근성도 떨어지고 유지보수도 어려우므로 특별한 경우가 아니면 사용하지 않습니다. 필요하다면 1차원 또는 2차원으로 배열을 분리하여 사용할 것을 권합니다. 인덱스를 프로퍼티로 사용한 {0: {0: {0: 값}}} 형태를 고려해 볼 수도 있습니다.

■ 배열 오브젝트 생성

배열을 사용하려면 우선 배열 오브젝트를 생성해야 하며 생성하는 방법은 세 가지가 있습니다.

- 대괄호[]를 사용해서 생성
- new Array( )로 생성
- Array( )로 생성

```
var sports = [];
```
위와 같이 대괄호[]를 작성하면 배열 인스턴스가 생성되어 sports 변수에 할당됩니다.

■ 배열 초깃값 설정

```
var sports = [123, 'ABC'];
```
0번 인덱스에 123을 지정했으며 1번 인덱스에 "ABC"를 지정했습니다. 따라서 두 개의 엘리먼트가 sports 변수에 할당됩니다. 문자열은 큰따옴표 또는 작은따옴표를 사용할 수 있습니다.

```
var values = [1, 2, "", true, , {soccer: '11명'}];
```
콤마로 구분하여 다양한 데이터 타입을 지정할 수 있습니다. 콤마로 구분만 하고 아무것도 작성하지 않으면 undefined가 설정됩니다. 콤마 다음에 바로 엘리먼트를 붙여서 사용해도 되지만 가독성이 떨어집니다.

13.3 length 프로퍼티

length 프로퍼티는 배열의 엘리먼트 수를 반환합니다. [1, 2, 3]일 때 마지막 인덱스 값은 2 이지만 length 값은 3입니다. 따라서 length - 1한 값이 마지막 인덱스가 됩니다. length 프로퍼티는 배열을 생성할 때마다 인스턴스에 설정되므로 배열 인스턴스마다 각각 다른 length 값을 가질 수 있습니다.

length 프로퍼티를 삭제 또는 열거할 수 없지만 값을 변경할 수는 있습니다. length 프로퍼티가 배열의 엘리먼트를 수를 나타내므로 이 값을 변경하면 엘리먼트 수가 변경됩니다. length 프로퍼티가 엘리먼트 수를 갖고 있다는 점을 활용한 대표적인 문장이 for 문입니다. 배열을 차례로 읽어 가면서 처리할 때 사용합니다.

[소스 13-3]
```
var value = [1, 2, 3];
js.log(value.length);

value.length = 5;
js.log(value);
js.log(value[3]);
```

```
value.length = 2;
js.log(value);
```

[실행결과 13-3]

```
1. 3
2. [1,2,3,,]
3. undefined
4. [1,2]
```

```
var value = [1, 2, 3];
js.log(value.length);
```

value 변수에 세 개의 엘리먼트를 가진 배열이 할당되어 있으므로 [실행결과] 1번에 3이 출력됩니다. 이처럼 length 프로퍼티는 배열의 엘리먼트 수를 반환합니다.

```
value.length = 5;
js.log(value);
```

배열의 length 프로퍼티 값을 5로 변경하면 배열의 길이가 늘어나며, 늘어난 엘리먼트에 undefined가 설정됩니다. [실행결과] 2번에서 늘어난 것을 확인할 수 있습니다.

```
js.log(value[3]);
```

[실행결과] 3번에 undefined가 출력되었으며 이는 length 프로퍼티를 사용하여 배열을 늘렸을 때 추가된 엘리먼트의 값입니다.

```
value.length = 2;
js.log(value);
```

배열에 엘리먼트가 다섯 개인 상태에서 length 프로퍼티 값을 2로 변경하면 [실행결과] 4번에서 볼 수 있듯이 앞에서부터 2개만 남기고 나머지는 삭제됩니다. length 프로퍼티 값을 조정하여 배열의 엘리먼트 수를 늘리거나 줄일 수 있습니다.

13.4 엘리먼트 추가

생성한 배열에 엘리먼트를 추가할 수 있습니다.

[소스 13-4]

```
var data = [1, 2];
data[4] = 5;
js.log(data);

var value = 5;
data[value + 1] = 7;
js.log(data);
```

[실행결과 13-4]

```
1. [1,2,,,5]
2. [1,2,,,5,,7]
```

```
var data = [1, 2];
data[4] = 5;
js.log(data);
```

data 변수는 두 개의 엘리먼트를 갖고 있으며 가장 큰 인덱스 값은 1입니다. data[4] = 5를 실행하면 배열이 늘어나면서 인덱스 2와 3에 undefined를 설정하고 4번 인덱스에 5를 설정합니다. [실행결과] 1번에 5를 추가한 모습이 출력되었습니다.

```
var value = 5;
data[value + 1] = 7;
js.log(data);
```

표현식을 사용해서 인덱스를 지정할 수 있습니다. data[value + 1]에서 먼저 value 변숫값에 1을 더해 인덱스로 사용합니다. [실행결과] 2번에 7이 추가된 모습이 출력되었습니다.

13.5 엘리먼트 삭제

배열의 엘리먼트를 삭제하는 것과 엘리먼트의 값을 지우는 것은 차이가 있습니다. 엘리먼트를 삭제하면 배열의 엘리먼트 수가 줄어듭니다. 즉 length 프로퍼티 값이 줄어듭니다. 반면 값을 지우면 엘리먼트 수가 줄지 않고 유지됩니다.

[소스 13-5]

```
var data = [1, 2, 3, 4, 5];
data[2] = '';
js.log(typeof data[2]);

delete data[1];
js.log(typeof data[1]);
```

[실행결과 13-5]

1. string
2. undefined

```
var data = [1, 2, 3, 4, 5];
data[2] = '';
js.log(typeof data[2]);
```

data[2]에 빈 문자열("")을 설정하면 값이 빈 문자열로 바뀌는 것이지 삭제는 아닙니다. [실행결과] 1번에 string이 출력된 것은 값이 빈 문자열이기 때문입니다.

```
delete data[1];
js.log(typeof data[1]);
```

delete 연산자로 배열 엘리먼트를 삭제하면 엘리먼트가 삭제되지 않고 값이 undefined로 변경됩니다. 따라서 length 프로퍼티 값이 줄어들지 않습니다. Array 오브젝트의 메소드를 사용하여 엘리먼트를 완전하게 삭제할 수 있으며 length 프로퍼티 값이 줄어듭니다. 이에 대해서는 해당하는 절에서 다룹니다.

13.6 new Array( )

new Array( )는 새로운 Array 오브젝트를 생성하여 반환합니다.

[문법]

구분	타입	데이터(값)
파라미터		[item0 [, item1 [, …]]]옵션 또는 length옵션
반환	Array	생성한 Array 오브젝트

new Array( )에서 Array는 생성자 함수이며 생성자 함수가 실행되면 새로운 Array 오브젝트를 생성하여 반환합니다. 생성한 Array 인스턴스에서 빌트인 Array 오브젝트의 prototype에 연결된 메소드를 공유하게 됩니다. 따라서 "생성한 오브젝트.메소드( )" 형태로 호출할 수 있습니다.

new Array( )에서 파라미터를 작성하지 않거나 2개 이상의 파라미터를 작성했을 때와 파라미터를 하나만 작성했을 때 배열을 생성하는 기준이 다릅니다.

new Array( )와 같이 파라미터를 지정하지 않으면 빈 배열을 생성하며 length 프로퍼티의 값은 0입니다. 파라미터를 (12, 34, 56) 또는 ([12, 34, 56])과 같이 작성하면 작성한 순서로 배열의 엘리먼트로 설정됩니다. 즉 [12, 34, 56] 형태가 됩니다.

파라미터를 (5)와 같이 하나만 지정하면 지정한 값만큼 엘리먼트를 생성합니다. 예를 들어 2를 지정하면 [undefined, undefined] 형태의 배열이 됩니다. 양의 정숫값으로 4,294,967,295($2^{32} - 1$)까지 지정할 수 있습니다. 파라미터에 영문자 ('A')를 작성하면 ['A']와 같이 배열을 생성하고 엘리먼트 값으로 설정합니다.

[소스 13-6]

```
js.log(new Array());
js.log(new Array(12, 34, 56));
js.log(new Array([1, 2, 3]));

js.log(new Array(3));
js.log(new Array('A'));
```

[실행결과 13-6]

```
1.  []
2.  [12,34,56]
3.  [1,2,3]
4.  [,,]
5.  [A]
```

```
js.log(new Array());
```

new Array( )에서 파라미터에 값을 작성하지 않으면 엘리먼트가 없는 빈 배열 오브젝트를 생성하여 반환합니다. [실행결과] 1번에 빈 배열이 출력된 것은 엘리먼트가 없다는 것을 의미합니다.

```
new Array(12, 34, 56);
```

파라미터에 작성한 순서로 배열 엘리먼트를 설정합니다. 즉 [실행결과] 2번에 출력된 [12, 34, 56] 형태가 됩니다.

```
new Array([1, 2, 3]);
```

파라미터에 배열로 작성해도 2차원 배열이 아닌 1차원 배열을 생성하여 반환합니다. [실행결과] 3번에 출력된 형태는 파라미터와 같습니다.

```
new Array(3);
```

파라미터를 숫자 값으로 하나만 작성하면 값만큼 엘리먼트를 생성하며 각 엘리먼트에 undefined를 설정합니다. [실행결과] 4번에 세 개의 엘리먼트가 출력되었습니다. 한편 new Array([3])와 같이 파라미터를 배열로 작성하면 엘리먼트를 하나만 만들고 파라미터 값을 첫 번째 엘리먼트에 설정합니다.

```
js.log(new Array('A'));
```

파라미터에 문자열 "A"를 작성하였으며 [실행결과] 5번에 ['A']가 출력되었습니다. 파라미터를 하나만 작성하였을 때 값이 숫자가 아니면 엘리먼트를 하나 만들고 파라미터를 엘리먼트에 설정합니다.

13.7 Array( )

Array 함수는 new Array( )와 마찬가지로 새로운 Array 오브젝트를 생성하여 반환합니다.

[문법]

구분	타입	데이터(값)
파라미터		[item0 [, item1 [, …]]] 또는 length, 생략 가능
반환	Object	생성한 Array 오브젝트

파라미터에 배열 엘리먼트의 초깃값을 작성하거나 생성할 엘리먼트 수를 지정할 수 있습니다. 파라미터에 값을 지정하지 않으면 인스턴스만 생성합니다. 바로 위 [소스 13-6]에서 new Array( )를 Array( )로 변경하면 [실행결과]를 볼 수 있으므로 예제를 생략합니다.

valueOf 메소드가 Array 오브젝트에 없지만, Object.prototype에 연결된 프로퍼티로 인스턴스를 생성하여 Array 오브젝트에 첨부하므로 valueOf 메소드를 사용할 수 있습니다.

13.8 문자열로 연결하여 반환

toString 메소드는 배열의 엘리먼트를 문자열로 연결하여 반환합니다.

[문법]

구분	타입	데이터(값)
data	Array	변환 대상 배열
파라미터		사용하지 않음
반환	String	변환한 값, 콤마 삽입

data 위치에 변환 대상이 되는 배열을 작성합니다. 배열의 각 엘리먼트를 문자열로 연결하여 반환합니다. 이때 각 엘리먼트를 콤마로 구분합니다.

[소스 13-8]

```
var result = ['A', 'B', 'C'].toString();
js.log(result);
js.log(typeof result);

js.log([['가', '나'], ['다', '라']].toString());
```

[실행결과 13-8]

```
1. A,B,C
2. string
3. 가,나,다,라
```

```
var result = ['A', 'B', 'C'].toString();
js.log(result);
js.log(typeof result);
```

['A', 'B', 'C']에서 각 엘리먼트를 콤마로 구분하고 문자열로 연결하여 반환합니다. [실행결과] 1번은 반환된 결과이며 [실행결과] 2번은 반환된 값이 문자열인 것을 나타냅니다.

```
[['가', '나'], ['다', '라']].toString();
```

2차원 배열도 마찬가지로 전체 엘리먼트를 콤마로 연결하여 문자열로 반환합니다. [실행결과] 3번에 엘리먼트가 콤마로 연결되어 출력되었습니다.

13.9 지역화 문자로 변환, 연결

toLocaleString 메소드는 배열의 각 엘리먼트를 지역화 문자로 변환하고 문자열로 연결하여 반환합니다.

[문법]

구분	타입	데이터(값)
data	Array	변환 대상
파라미터		사용하지 않음
반환	String	변환한 값

toString 메소드와 마찬가지로 배열의 엘리먼트를 콤마로 연결하여 문자열로 반환합니다. 단 엘리먼트 값을 지역화 문자로 변환합니다.

[소스 13-9]

```
js.log([12345].toLocaleString());
```

[실행결과 13-9]

1. 12,345

[실행결과 13-9]는 크롬 34 버전에서 실행한 결과입니다. [12345]가 "12,345"로 변환되어 [실행결과]에 출력되었습니다. 브라우저에 따라 "12345", "12,345", "12,345.00"으로 변환합니다.

13.10 값을 결합하여 배열로 반환

concat 메소드는 값을 결합하여 배열로 반환합니다.

[문법]

구분	타입	데이터(값)
data	Array	대상
파라미터		[item1 [, item2 [, …]]]옵션
반환	Array	결합 결과

data 위치의 배열 엘리먼트를 반환할 배열에 할당한 후 파라미터에 작성한 순서로 반환할 배열 끝에 첨부하여 반환합니다.

콤마로 구분하여 파라미터를 다수 작성할 수 있습니다. 파라미터에 배열을 작성하면 배열의 엘리먼트 값을 첨부합니다. 예를 들어 [123]을 파라미터에 작성하면 123을 반환할 배열에 첨부합니다. 파라미터에 값을 지정하지 않으면 data 위치의 배열이 그대로 반환됩니다. data 위치에 지정한 배열은 변경되지 않습니다.

[소스 13-10]

```
var value = [1, 2];
js.log(value.concat(3, 4));
js.log(value.concat([5], [6]));
```

[실행결과 13-10]

```
1. [1,2,3,4]
2. [1,2,5,6]
```

```
var value = [1, 2];
js.log(value.concat(3, 4));
```

반환할 배열에 [1, 2]를 할당하고 파라미터에 작성한 3과 4를 첨부하므로 [실행결과] 1번에 [1, 2, 3, 4]가 출력됩니다.

```
value.concat([5], [6]);
```

파라미터를 배열로 작성했으나 엘리먼트 값만 반환할 배열에 첨부하므로 2차원 배열이 되지 않고 [실행결과] 2번과 같이 1차원 배열로 반환됩니다.

13.11 배열 끝에 추가

push 메소드는 배열 끝에 값을 추가합니다.

[문법]

구분	타입	데이터(값)
data	Array	기준
파라미터		[item1 [, item2 [, …]]]_{옵션}
반환	Number	추가 후의 length

배열을 새로 생성하지 않고 data 위치의 배열 끝에 파라미터에 작성한 값을 첨부합니다. 엘리먼트가 추가되므로 배열이 늘어나게 되며 length 프로퍼티 값이 증가합니다. 파라미터를 작성하지 않으면 data 위치의 배열에 영향을 미치지 않습니다. data 위치의 배열 엘리먼트 수를 반환합니다. 즉 length 프로퍼티 값을 반환합니다.

[소스 13-11]

```
var value = [1, 2, 3];
var len = value.push('456');
js.log(value);
js.log(len);
```

[실행결과 13-11]

```
1. [1,2,3,456]
2. 4
```

[1, 2, 3] 끝에 push 메소드의 파라미터에 작성한 "456"을 추가하므로 [실행결과] 1번에 [1, 2, 3, 456]이 출력되었습니다. 추가된 후의 엘리먼트 수를 반환하므로 [실행결과] 2번에 4가 출력되었습니다.

13.12 배열 첫 번째에 삽입

unshift 메소드는 배열의 첫 번째에 값을 삽입합니다.

[문법]

구분	타입	데이터(값)
data	Array	기준
파라미터		[item1 [, item2 [, …]]]옵션
반환	Number	추가 후의 length

data 위치에 지정한 배열의 첫 번째에 파라미터에 지정한 값을 삽입합니다. 따라서 배열이 늘어나게 되며 length 프로퍼티 값도 증가합니다. 파라미터에 값을 지정하지 않으면 삽입하지 않습니다. 늘어난 배열의 length 프로퍼티 값을 반환합니다.

[소스 13-12]

```
var value = [1, 2, 3];
var len = value.unshift(45);
js.log(value);
js.log(len);

value.unshift([78]);
js.log(value);
```

[실행결과 13-12]

```
1. [45, 1, 2, 3]
2. 4
3. [[78], 45, 1, 2, 3]
```

```
var value = [1, 2, 3];
var len = value.unshift(45);
js.log(value);
js.log(len);
```

unshift 메소드의 파라미터에 지정한 45를 [1, 2, 3]의 맨 앞에 삽입하므로 [실행결과] 1번에 출력된 형태의 배열이 됩니다. 삽입한 후의 엘리먼트 수를 반환하므로 [실행결과] 2번에 4가 출력됩니다.

```
value.unshift([78]);
js.log(value);
```

[실행결과] 3번에 출력된 값은 앞에서 변경한 [45, 1, 2, 3]의 처음에 [78]을 추가한 형태입니

다. 이처럼 파라미터에 지정한 값/형태를 그대로 배열에 삽입합니다.

13.13 배열과 분리자 결합

join 메소드는 배열과 분리자를 결합하여 반환합니다.

[문법]

구분	타입	데이터(값)
data	Array	결합 대상
파라미터	String	분리자옵션. 생략하면 콤마 사용
반환	String	결합 결과

data 위치의 배열에서 각 엘리먼트와 파라미터에 작성한 분리자를 하나씩 문자열로 연결하여 반환합니다.

data 위치의 배열에서 0번 인덱스 엘리먼트와 파라미터에 작성한 분리자를 결합하여 문자열로 만듭니다. 다시 1번 인덱스 엘리먼트와 파라미터에 작성한 분리자를 결합하여 문자열로 만들고, 앞서 만든 문자열 뒤에 연결합니다. 이렇게 배열 끝까지 반복하면서 문자열을 만들고 연결하여 반환합니다. 마지막 엘리먼트는 분리자를 결합하지 않습니다. 파라미터를 작성하지 않으면 콤마(,)를 분리자로 사용합니다. data 위치의 배열은 변경되지 않습니다.

[소스 13-13]

```
var value = [1, 2, 3];
js.log(value.join());
js.log(value.join('##'));
```

[실행결과 13-13]

```
1. 1,2,3
2. 1##2##3
```

```
var value = [1, 2, 3];
js.log(value.join());
```

join 메소드에 파라미터를 작성하지 않으면 콤마(,)를 분리자로 사용합니다. [실행결과] 1번에 콤마가 표시된 것은 이 때문입니다.

```
js.log(value.join('##'));
```

파라미터에 ##을 지정했으며 [1, 2, 3]과 결합하게 되므로 1##2##3이 [실행결과] 2번에 출력
되었습니다. 마지막 엘리먼트에는 ##이 첨부되지 않습니다. 배열의 엘리먼트와 엘리먼트
사이에 분리자가 첨부됩니다.

13.14 마지막 엘리먼트 삭제

pop 메소드는 배열의 마지막 엘리먼트를 삭제하고 삭제한 엘리먼트를 반환합니다.

[문법]

구분	타입	데이터(값)
data	Array	대상
파라미터		사용하지 않음
반환	any	삭제한 배열 엘리먼트

data 위치의 배열에서 끝에 있는 엘리먼트를 삭제하고 삭제한 엘리먼트를 반환합니다.
배열의 마지막 엘리먼트가 undefined 상태로 남지 않고 완전히 삭제됩니다. 따라서
length 프로퍼티 값이 줄어듭니다. 배열이 빈 배열이면 삭제할 수 없으며 undefined가 반
환됩니다.

[소스 13-14]

```
var value = [1, 2, 345];
var result = value.pop();
js.log(value);
js.log(result);

js.log([].pop());
```

[실행결과 13-14]

```
1. [1,2]
2. 345
3. undefined
```

```
var value = [1, 2, 345];
var result = value.pop();
js.log(value);
js.log(result);
```

[실행결과] 1번에 [1, 2]가 출력되었으며 [1, 2, 345]에서 끝에 있는 345를 삭제한 것입니다. [실행결과] 2번에 345가 출력되었으며 [1, 2, 345]에서 마지막 엘리먼트입니다. 이처럼 pop 메소드는 배열의 마지막 엘리먼트를 삭제하고 삭제한 엘리먼트를 반환합니다.

```
js.log([].pop());
```

빈 배열로 pop 메소드를 실행하면 [실행결과] 3번과 같이 undefined가 반환됩니다.

13.15 첫 번째 엘리먼트 삭제

shift 메소드는 배열의 첫 번째 엘리먼트를 삭제하고 삭제한 엘리먼트를 반환합니다.

[문법]

구분	타입	데이터(값)
data	Array	대상
파라미터		사용하지 않음
반환	any	삭제한 엘리먼트

data 위치의 배열에서 첫 번째 엘리먼트를 삭제하고 삭제한 엘리먼트를 반환합니다. 배열의 첫 번째 엘리먼트가 undefined 상태로 남지 않고 완전히 삭제됩니다. 따라서 length 프로퍼티 값이 줄어듭니다. 배열이 빈 배열이면 삭제할 수 없으며 undefined가 반환됩니다.

[소스 13-15]

```
var value = [123, 4, 5];
var result = value.shift();
js.log(value);
js.log(result);

js.log([].shift());
```

1. [4,5]
2. 123
3. undefined

```
var value = [123, 4, 5];
var result = value.shift();
```

[실행결과] 1번에 [4, 5]가 출력되었으며 [123, 4, 5]에서 123을 삭제한 것입니다. [실행결과] 2번에 123이 출력되었으며 [123, 4, 5]에서 첫 번째 엘리먼트입니다. 이처럼 shift 메소드는 배열의 첫 번째 엘리먼트를 삭제하고 삭제한 엘리먼트를 반환합니다.

```
js.log([].shift());
```

빈 배열로 shift 메소드를 실행하면 [실행결과] 3번과 같이 undefined가 반환됩니다.

13.16 엘리먼트 값 정렬

sort 메소드는 엘리먼트 값을 정렬하여 반환합니다.

[문법]

구분	타입	데이터(값)
data	Array	대상
파라미터	Function	선택(필수 아님)
반환	Array	sort 결과

data 위치에 지정한 배열에서 엘리먼트 값을 분류(sort)하여 반환합니다. 값 정렬 기준은 유니코드(Unicode)로 작은 값이 앞에 오고 큰 값이 뒤에 옵니다. data 위치에 지정한 배열도 정렬되어 엘리먼트 순서가 바뀝니다. 엘리먼트 값이 undefined이면 배열 끝으로 이동합니다. 파라미터에 함수를 작성할 수 있으며 함수에서 반환된 값으로 정렬합니다.

숫자는 작은 값에서 큰 값으로 유니코드가 구성되어 있으므로 값이 작은 순서로 정렬됩니다. 한편 한글은 "가"가 "나"보다 값이 작다고 할 수 없습니다. "가"의 유니코드 값이 "나"의 유니코드 값보다 작으므로 앞에 오는 것입니다. 영문자도 마찬가지입니다. 작은 값으로 정렬하는 것과 유니코드 값 순서로 정렬하는 것은 뉘앙스에 차이가 있습니다.

```
var value = [4, 2, 3, 1];
var result = value.sort();
js.log(result);
js.log(value);

js.log(['A1', 'A01', 'B2', 'B02'].sort());
js.log([, 78, 12].sort());
```

[실행결과 13-16-1]

1. [1,2,3,4]
2. [1,2,3,4]
3. [A01,A1,B02,B2]
4. [12,78,]

```
var value = [4, 2, 3, 1];
var result = value.sort();
js.log(result);
js.log(value);
```

[실행결과] 1번에 [1, 2, 3, 4]와 같이 출력되었으며 [4, 2, 3, 1]을 작은 값 순서로 정렬한 결과입니다. 조금 더 명확하게 표현하면 유니코드 값이 작은 순서로 정렬한 것입니다. [실행결과] 2번에 출력된 배열은 sort 메소드로 정렬한 것과 같으며 sort 메소드를 실행할 때 data 위치의 배열도 정렬하기 때문입니다.

```
js.log(['A1', 'A01', 'B2', 'B02'].sort());
```

[실행결과] 3번에 출력된 ["A01", "A1", "B02", "B2"]와 정렬에 사용한 ["A1", "A01", "B2", "B02"]의 차이는 A01이 A1보다 유니코드 값이 작으며 B02가 B2보다 작다는 점입니다. A01과 A1에서 첫 문자 A는 같지만 다음의 0과 1에서 0이 작으므로 A01이 A1보다 앞에 오게 됩니다. B02와 B2도 마찬가지입니다. sort 메소드는 왼쪽에서 오른쪽으로 문자 하나씩 크고 작음을 비교하며 같지 않을 때는 더 이상 비교하지 않습니다.

```
js.log([, 78, 12].sort());
```

배열의 첫 번째 인덱스에 값을 작성하지 않았으므로 undefined 값을 갖게 됩니다. 정렬하게 되면 undefined가 배열의 마지막으로 이동하므로 [실행결과] 4번 형태로 출력됩니다.

■ 파라미터에 함수 지정

자바스크립트 소트(정렬)는 한계가 있습니다. 값을 역순으로 소트하는 메소드를 제공하지 않으며, 특정 기준으로 계산한 결과로 소트할 수도 없습니다. 하지만 파라미터에 함수를 작성하여 구현할 수 있습니다.

sort 메소드의 파라미터에 함수를 작성하면 함수를 실행하여 반환된 값으로 소트합니다. 함수를 호출할 때 비교 대상이 되는 두 개의 엘리먼트 값을 파라미터로 넘겨주면 함수는 이 값을 사용하여 자바스크립트가 소트할 수 있도록 값을 반환합니다. 작성 편의를 위해 첫 번째 파라미터 값을 one, 두 번째 파라미터 값을 two로 표기합니다.

함수를 호출하여 소트

1. one이 two보다 크면 0보다 큰 값을 반환합니다. 자바스크립트는 배열에서 one과 two 위치를 바꿉니다.
2. one이 two보다 작으면 0보다 작은 값을 반환합니다. 자바스크립트는 위치를 바꾸지 않습니다.
3. one과 two가 같으면 0을 반환합니다. 자바스크립트는 위치를 바꾸지 않습니다.

[소스 13-16-2]

```
var value = [101, 26, 7, 1234];
value.sort();
js.log(value);

value = [101, 26, 7, 1234];
value.sort(function(one, two){
    return one - two;
});
js.log(value);

value = [101, 26, 7, 1234];
value.sort(function(one, two){
    return -(one - two);
});
js.log(value);
```

[실행결과 13-16-2]

```
1. [101, 1234, 26, 7]
2. [7, 26, 101, 1234]
```

3. [1234, 101, 26, 7]

```
var value = [101, 26, 7, 1234];
value.sort();
```

[실행결과] 1번에 출력된 [101, 1234, 26, 7]은 소트되지 않았으며 [7, 26, 101, 1234]가 원하는 결과입니다. 이런 결과가 나오게 된 것은 자바스크립트가 숫자 값을 문자열 타입으로 변환한 후 소트하기 때문입니다.

[101, 26, 7, 1234] 중에서 첫 번째 자리가 1인 엘리먼트가 가장 앞에 놓이게 됩니다. 101과 1234에서 첫 번째 자리가 같으므로 두 번째 자리인 0과 2를 비교하게 되어 [101, 1234]가 됩니다. 그리고 다시 26과 7에서 2가 7보다 작으므로 [101, 1234, 26, 7]이 반환됩니다. 이는 원했던 결과가 아니며 이때 sort 메소드의 파라미터에 함수를 작성합니다.

```
value = [101, 26, 7, 1234];
value.sort(function(one, two){
    return one - two;
});
```

우선 [실행결과] 2번을 보면 원했던 결과인 [7, 26, 101, 1234]가 출력되었습니다. 작은 값이 앞에 오고 뒤로 가면서 큰 값이 오므로 작은 값 순서로 소트가 되었습니다. 소트 과정을 살펴보겠습니다.

소트 과정

1. sort 메소드에서 파라미터에 작성한 function(one, two){ }을 호출합니다.
2. 101과 26을 파라미터로 넘겨줍니다.
3. (101 − 26) 결과를 반환하므로 0보다 큰 값이 반환됩니다.
4. 101과 26의 위치를 바꾸므로 [26, 101, 7, 1234] 형태가 됩니다.
5. 다시 함수를 호출하면서 101과 7을 파라미터로 넘겨줍니다.
6. 호출된 함수에서 (101 − 7) 값을 반환합니다.
7. 반환 값이 0보다 크므로 7과 101의 위치를 바꾸게 되어 [26, 7, 101, 1234] 형태가 됩니다.
8. 다시 함수를 호출하면서 101과 1234를 파라미터로 넘겨줍니다.
9. 호출된 함수에서 (101 − 1234) 값을 반환합니다.
10. 반환 값이 0보다 작으므로 101과 1234 위치를 바꾸지 않습니다.
11. 이와 같은 방법으로 처리를 반복하면서 엘리먼트 위치를 바꿉니다.

```
value = [101, 26, 7, 1234];
value.sort(function(one, two){
    return -(one - two);
});
```

[실행결과] 3번에 출력된 [1234, 101, 26, 7]은 큰 값이 앞에 있고 뒤로 갈수록 작은 값이 있습니다. 즉 역순으로 소트한 것입니다. 자바스크립트는 역순 소트 메소드를 제공하지 않으므로 sort 메소드에 맞추어 호출된 함수에서 값을 반환해야 합니다. 호출된 함수에서 반환 값을 반대로 반환하면 역순 소트가 됩니다. 즉 양수이면 음수로 반환하고 음수이면 양수로 반환합니다. 역순 소트 과정을 살펴보겠습니다.

역순 소트 과정

1. sort 메소드에서 파라미터에 작성한 function(one, two){ }을 호출합니다.
2. 101과 26을 파라미터로 넘겨 줍니다.
3. (101 − 26)으로 양수가 되지만 −(101 − 26)으로 부호가 바뀌게 되어 음수가 반환됩니다.
4. 반환 값이 음수이면 위치를 바꾸지 않으므로 [101, 26, 7, 1234]가 됩니다.
5. 다시 함수를 호출하면서 26과 7을 파라미터로 넘겨주면 −(101 − 7) 값을 반환합니다.
6. 반환 값이 음수이면 위치를 바꾸지 않으므로 [101, 26, 7, 1234]가 됩니다.
7. 다시 함수를 호출하면서 7과 1234를 파라미터로 넘겨주면 −(7 − 1234) 값을 반환합니다.
8. 반환 값이 양수이면 7과 1234 위치를 바꾸므로 [101, 26, 1234, 7]이 됩니다.
9. 이와 같은 방법으로 처리를 반복하면서 엘리먼트 위치를 바꿉니다.

13.17 역순으로 바꿈

reverse 메소드는 배열에서 엘리먼트 위치를 역순으로 바꿉니다.

[문법]

구분	타입	데이터(값)
data	Array	대상
파라미터		사용하지 않음
반환	Array	결과

역순으로 바꾸는 기준이 엘리먼트 값이 아닌 인덱스입니다. 인덱스 값이 가장 큰 엘리먼트 즉, 배열의 가장 끝에 있는 엘리먼트를 0번 인덱스로 이동하고, 뒤에서 두 번째 인덱스 엘리먼트를 앞에서 두 번째 인덱스로 이동하여 엘리먼트 순서를 거꾸로 바꿉니다. [1, 7, 3]일

때 [3, 7, 1] 순서로 바꿉니다. data 위치의 배열도 바꿉니다.

[소스 13-17]

```
var value = [1, 7, 3];
var result = value.reverse();
js.log(value);
js.log(result);
```

[실행결과 13-17]

1. [3, 7, 1]
2. [3, 7, 1]

```
value = [1, 7, 3];
result = value.reverse();
```

[1, 7, 3]과 [실행결과] 1번에 출력된 [3, 7, 1]에서 순서가 정반대로 바뀐 것을 볼 수 있습니다. [실행결과] 2번에 같은 형태가 출력되었으며 대상 엘리먼트도 변경된다는 것을 의미합니다.

13.18 인덱스 범위 반환

slice 메소드는 인덱스 범위의 엘리먼트를 배열로 반환합니다.

[문법]

구분	타입	데이터(값)
data	Array	대상
파라미터	Number	시작 인덱스
	Number	끝 인덱스옵션
반환	Array	결과

첫 번째 파라미터의 인덱스부터 두 번째 파라미터의 인덱스 직전까지 엘리먼트를 배열로 반환합니다. slice(1, 6)에서 1은 두 번째가 되고, 6을 인덱스로 바꾸면 7이 되지만 직전 인덱스이므로 여섯 번째가 되며, 범위에 속한 5개 엘리먼트를 반환합니다.

첫 번째 파라미터를 지정하지 않으면 0번 인덱스로 간주되며 두 번째 파라미터를 지정하지 않으면 마지막 인덱스를 사용합니다. 따라서 파라미터를 모두 지정하지 않으면 배열 전체가 반환됩니다.

첫 번째 파라미터 값이 음수이면 length 프로퍼티 값을 더해 인덱스로 사용합니다. 이는 length 값에서 음수 값만큼 앞으로 온 위치가 인덱스가 됩니다. 그래도 결과가 음수이면 0을 사용합니다. length가 7인데 파라미터에 −12를 지정하면 −5가 되며, 음수이므로 0을 사용하게 됩니다.

두 번째 파라미터 값이 음수일 때도 마찬가지로 length 값을 더해 인덱스로 사용합니다. 이상의 조건을 적용하여 구한 시작 값이 끝 값보다 크면 빈 배열을 반환합니다.

파라미터 값이 적절하지 않았을 때 0번 인덱스를 사용하는 것은 자바스크립트가 에러 발생을 방지하기 위한 것이지 개발자가 원했던 결과는 아닙니다. 이상한 값이 반환되는 것보다 차라리 에러가 발생하여 코드를 수정하는 것이 더 나을 수도 있습니다. 이처럼 눈에 잘 보이지 않는 에러가 발생하는 것을 방지하기 위해 slice( ) 메소드를 호출하기 전에 파라미터 값을 체크해야 합니다.

[소스 13-18-1]

```
var value = [1, 2, 3, 4, 5, 6, 7];
js.log(value.slice(1, 3));
js.log(value.slice(false, 3));
js.log(value.slice(4));
```

[실행결과 13-18-1]

1. [2,3]
2. [1,2,3]
3. [5,6,7]

```
var value = [1, 2, 3, 4, 5, 6, 7];
js.log(value.slice(1, 3));
```

[실행결과] 1번에 출력된 [2, 3]의 기준은 [1, 2, 3, 4, 5, 6, 7]입니다. 이는 slice(1, 3) 메소드가 두 번째와 세 번째 엘리먼트를 반환하기 때문입니다.

```
js.log(value.slice(false, 3));
```

첫 번째 파라미터에 false를 지정했으며 자바스크립트는 파라미터 값을 숫자 값으로 바꿉니다. false가 0으로 변환되므로 slice(0, 3) 형태가 되어 [실행결과] 2번에 [1, 2, 3]이 출력됩니다. false 대신에 undefined, 빈 문자열("")￼, null도 0으로 변환되므로 slice(0, 3) 형태가
됩니다. true 또는 문자열 "1"을 지정하면 1로 변환되므로 slice(1, 3) 형태가 됩니다.

```
js.log(value.slice(4));
```

두 번째 파라미터를 지정하지 않았으므로 마지막 인덱스를 사용하게 됩니다. 여기서 마지
막 인덱스란 length 프로퍼티 값을 의미하며 length 값은 엘리먼트 수이므로 마지막 인덱스
보다 1이 큽니다. 하지만 length 값의 직전까지 반환하므로 (length - 1)한 인덱스인 마지
막 엘리먼트까지 반환하게 되어 [실행결과] 3번에 [5, 6, 7]이 출력되었습니다.

[소스 13-18-2]

```
var value = [1, 2, 3, 4, 5, 6, 7];
js.log(value.slice(4, 3));
js.log(value.slice(-4, -2));
js.log(value.slice(-2, -4));
```

[실행결과 13-18-2]

1. []
2. [4,5]
3. []

```
var value = [1, 2, 3, 4, 5, 6, 7];
js.log(value.slice(4, 3));
```

첫 번째 파라미터에 두 번째 파라미터 값보다 큰 값을 작성하였으며 [실행결과] 1번에 빈
배열이 출력되었습니다. 첫 번째 파라미터 값이 두 번째 파라미터 값보다 크면 빈 배열을
반환합니다. slice(3, 3)과 같이 같은 값을 지정해도 빈 배열을 반환합니다.

```
js.log(value.slice(-4, -2));
```

인덱스로 사용할 수 없는 음수 값을 파라미터에 작성하였습니다. 음수 값을 작성하면
length 프로퍼티 값을 더해 인덱스로 사용합니다. 배열의 엘리먼트 수가 일곱 개이므로
length 값은 7이 되며 (7 + (-4))를 하면 3이 됩니다. 또한 (7 + (-2))를 하면 5가 되므로
slice(3, 5) 형태가 되어 [실행결과] 2번에 [4, 5]가 출력됩니다.

```
js.log(value.slice(-2, -4));
```

[실행결과] 3번에 빈 배열이 출력되었다는 것은 파라미터에 지정한 값으로 엘리먼트를 추

출할 수 없다는 것을 의미합니다. slice 메소드의 첫 번째 파라미터 -2와 length 값을 더하면 5가 되며 두 번째 파라미터 -4와 length 값을 더하면 3이 됩니다. 즉 slice(5, 3) 형태가 되므로 빈 배열을 반환합니다.

13.19 엘리먼트 삭제, 삽입

splice 메소드는 엘리먼트를 삭제하고 새로운 엘리먼트를 삽입합니다. 삭제한 엘리먼트를 배열로 반환합니다.

[문법]

구분	타입	데이터(값)
data	Array	대상
파라미터	Number	시작 위치(인덱스)
	Number	삭제할 엘리먼트 수
	Array	추가할 엘리먼트: [item1 [, item2 [, …]]]옵션
반환	Array	결과

splice 메소드는 파라미터에 지정한 값에 따라 처리가 다릅니다. data 위치의 배열이 변경됩니다.

첫 번째 파라미터에 시작 인덱스를 작성합니다. 첫 번째 엘리먼트부터 삭제하려면 0을 작성하고 두 번째 엘리먼트부터 삭제하려면 1을 작성합니다. 파라미터에 음수 값을 작성하면 length 값에 음수 값을 더해 인덱스로 사용하며 그래도 값이 음수이면 0을 사용합니다. 파라미터 값이 length 값보다 크면 배열의 범위를 넘게 되므로 삭제하지 않습니다. 파라미터 값을 작성하지 않으면 처리하지 않습니다. 즉, data 위치의 배열을 삭제하지 않으며 빈 배열이 반환됩니다.

두 번째 파라미터에 삭제할 엘리먼트 수를 작성합니다. 배열에서 첫 번째 파라미터에 작성한 인덱스부터 두 번째 파라미터에 작성한 수만큼 엘리먼트 수를 삭제합니다. 새로운 배열을 생성하여 삭제된 엘리먼트를 설정하여 반환합니다. 두 번째 파라미터 값을 작성하지 않으면 length 프로퍼티 값을 사용합니다.

세 번째 파라미터에 삭제한 인덱스에 삽입할 엘리먼트를 작성합니다. 콤마로 구분하여 다수의 엘리먼트를 작성할 수 있습니다. 배열의 삭제된 위치에 삽입하게 되므로 작성한 엘리먼트가 삭제한 엘리먼트를 대체하는 모습입니다. 두 번째 파라미터에 0을 작성할 수 있으므로 대체보다는 엘리먼트를 삭제하고 삽입하는 개념이 더 정확합니다.

세 번째 파라미터는 옵션이므로 삽입할 엘리먼트가 없다면 작성하지 않아도 됩니다. 세 번째 파라미터는 세 번째, 네 번째와 같이 다수의 파라미터 작성을 의미하며 세 번째 이후의 모든 파라미터를 총칭한 것입니다.

[소스 13-19-1]

```
var value = [1, 2, 3, 4, 5, 6];
var result = value.splice(1, 3);
js.log(result);
js.log(value);

value = [1, 2, 3, 4, 5, 6];
value.splice(1, 3, 'A', 'B');
js.log(value);

value = [1, 2, 3];
value.splice();
js.log(value);
```

[실행결과 13-19-1]

1. [2,3,4]
2. [1,5,6]
3. [1,A,B,5,6]
4. [1,2,3]

```
var value = [1, 2, 3, 4, 5, 6];
var result = value.splice(1, 3);
js.log(result);
```

splice(1, 3) 메소드는 [1, 2, 3, 4, 5, 6]의 1번 인덱스부터 3개 엘리먼트를 삭제하고 삭제한 엘리먼트를 반환합니다. [실행결과] 1번에 출력된 [2, 3, 4]는 삭제된 엘리먼트로 1번 인덱스부터 3개가 출력되었습니다.

```
js.log(value);
```

[실행결과] 2번에 출력된 [1, 5, 6]은 splice(1, 3) 메소드를 실행한 후의 value 변수 상태입니다. [1, 2, 3, 4, 5, 6]에서 2, 3, 4가 삭제되고 [1, 5, 6]이 남았습니다.

```
value = [1, 2, 3, 4, 5, 6];
value.splice(1, 3, 'A', 'B');
js.log(value);
```

splice(1, 3, 'A', 'B')에서 splice(1, 3)은 앞에서 다루었으므로 A, B의 변화에 대해 살펴봅니다. [실행결과] 3번에 출력된 [1, A, B, 5, 6]은 [1, 2, 3, 4, 5, 6]에서 2, 3, 4를 삭제하고 1번 인덱스에 세 번째 이후의 파라미터("A", "B")를 순서대로 삽입한 것과 같은 모습입니다. splice 메소드의 세 번째 파라미터부터 다수의 파라미터를 작성할 수 있으며 작성한 모든 파라미터를 삭제한 첫 번째 인덱스에 순서대로 하나씩 삽입합니다.

```
value = [1, 2, 3];
value.splice();
js.log(value);
```

파라미터를 작성하지 않으면 엘리먼트를 삭제하지 않고 빈 배열을 반환합니다. 즉 data 위치의 배열이 변경되지 않습니다.

[소스 13-19-2]

```
var value = [1, 2, 3, 4, 5, 6];
value.splice(-3);
js.log(value);

value = [1, 2, 3];
value.splice(-7, 2);
js.log(value);

value = [1, 2, 3];
value.splice(1, 0, 456);
js.log(value);
```

[실행결과 13-19-2]

```
1. [1,2,3]
2. [3]
3. [1,456,2,3]
```

```
value = [1, 2, 3, 4, 5, 6];
value.splice(-3);
js.log(value);
```

첫 번째 파라미터에 -3을 작성했습니다. 음수 값을 작성하면 length 프로퍼티 값에 작성한 값을 더해 시작 인덱스로 사용합니다. (6 + (-3))은 splice(3)이 되므로 네 번째 이후의 [4, 5, 6]이 삭제되고 남아있는 [1, 2, 3]이 [실행결과] 1번에 출력됩니다.

```
value = [1, 2, 3];
value.splice(-7, 2);
js.log(value);
```

첫 번째 파라미터에 -7을 작성했으며 length 프로퍼티 값인 3을 더해도 -4가 됩니다. 이처럼 length 값을 더해도 음수가 되면 0을 지정한 것으로 간주합니다. 따라서 splice(0, 2) 형태가 되어 [실행결과] 2번에 [3]이 출력됩니다.

첫 번째 파라미터에 length 프로퍼티 값보다 큰 값을 작성하면 일치하는 인덱스가 없으므로 삭제하지 않습니다. 즉, data 위치에 작성한 배열이 변하지 않습니다.

```
value = [1, 2, 3];
value.splice(1, 0, 456);
js.log(value);
```

[실행결과] 3번 [1, 456, 2, 3]은 첫 번째 파라미터의 인덱스 위치에 세 번째 파라미터에 작성한 엘리먼트가 삽입되어 출력되었습니다. 두 번째 파라미터에 0을 지정했으며 이는 삭제할 엘리먼트가 없다는 의미입니다.

splice 메소드는 두 번째 파라미터에 작성한 수만큼의 엘리먼트를 세 번째 파라미터 이후에 작성한 엘리먼트로 대체하는 개념보다, 두 번째 파라미터에 작성한 수만큼 엘리먼트를 삭제하고 세 번째 파라미터 이후에 작성한 엘리먼트를 삽입하는 개념이 더 정확합니다.

14

Array 5th 오브젝트

ES5에서 Array 오브젝트에 추가한 함수와 메소드를 다룹니다.

14.1 프로퍼티 리스트

아래는 ES5에 추가된 Array 오브젝트 프로퍼티 리스트입니다.

메소드 이름	개요
Array 함수	
Array.isArray( )	배열 여부 반환; 배열이면 true, 아니면 false 반환
Array.prototype	
forEach( )	배열을 반복하면서 콜백 함수 실행
every( )	반환 값이 false일 때까지 콜백 함수 실행
some( )	반환 값이 true일 때까지 콜백 함수 실행
filter( )	콜백 함수에서 true를 반환한 엘리먼트 반환
map( )	콜백 함수에서 반환한 값을 새로운 배열로 반환
reduce( )	배열의 엘리먼트 값을 누적하여 반환
reduceRight( )	배열의 엘리먼트 값을 누적하여 반환; 배열의 끝에서 앞으로 누적
indexOf( )	지정한 값에 일치하는 엘리먼트 인덱스 반환
lastIndexOf( )	지정한 값에 일치하는 엘리먼트 인덱스 반환; 배열 끝에서 앞으로 검색

14.2 배열 여부 반환

Array.isArray 함수는 체크 대상이 배열이면 true를, 아니면 false를 반환합니다.

[문법]

구분	타입	데이터(값)
data	Array	Array 오브젝트
파라미터		체크 대상
반환	Boolean	배열이면 true, 아니면 false

Array.isArray는 함수이므로 data 위치에 Array 오브젝트를 작성합니다. new Array( )로 생성된 인스턴스에 할당되지 않으므로 Array.isArray( ) 형태로 호출해야 합니다. 파라미터에 배열 여부 체크 대상을 작성하며 파라미터를 작성하지 않으면 false가 반환됩니다.

```
js.log(typeof [1, 2]);
js.log(Array.isArray([1, 2]));
```

[실행결과 14-2-1]

1. object
2. true

```
js.log(typeof [1, 2]);
```

[실행결과] 1번에 (typeof [1, 2])의 결과로 object가 출력되었습니다. 배열이므로 array가 출력될 것으로 기대했으나 기대를 벗어났습니다. 한편 오브젝트{}도 object이고 null도 object이므로 typeof 연산자로 배열 여부를 체크할 수 없습니다.

```
js.log(Array.isArray([1, 2]));
```

isArray 함수의 파라미터에 배열 [1, 2]를 작성했습니다. [실행결과] 2번에 true가 출력된 것은 파라미터에 배열을 작성했기 때문입니다. 파라미터가 배열이 아니거나 값을 지정하지 않으면 false가 반환됩니다.

■ fallback 함수

자바스크립트 프로그램에서 배열 여부 체크를 자주 사용합니다. 한편 IE8 이하에서 Array.isArray 함수를 지원하지 않으므로 대응하는 함수를 만들면 브라우저에 관계없이 사용할 수 있습니다. 어떤 환경을 지원하지 않았을 때 대체할 수 있도록 하는 것을 총칭하여 폴백(fallback)이라고 하며 상황, 환경에 따라 의미와 범위가 다릅니다. isArray 함수의 폴백을 폴백 함수 또는 폴백 코드라고 부릅니다.

[소스 14-2-2]

```
if (!Array.isArray) {
    Array.isArray = function (args) {
        return Object.prototype.toString.call(args) === "[object Array]";
    };
}
js.log(Array.isArray([1, 2]));
```

```
if (!Array.isArray) {···}
```

isArray가 Array 오브젝트의 함수이므로 Array.isArray 형태로 존재 여부를 체크합니다. 존재하지 않으면 지원하지 않는 환경이므로 블록 안의 코드를 실행하여 빌트인 Array 오브젝트에 isArray 함수를 추가합니다. 존재하면 지원하는 환경이므로 추가하지 않습니다.

```
Array.isArray = function (args) {
    return Object.prototype.toString.call(args) === "[object Array]";
};
```

Object 오브젝트의 toString 메소드는 오브젝트 타입을 "[object Array]" 형태로 반환합니다. Object.prototype에 toString 메소드가 연결되어 있으므로 위와 같이 직접 호출할 수 있습니다. new Object( )로 인스턴스를 생성한 후 인스턴스의 toString 메소드를 호출할 수도 있습니다.

toString 메소드에 파라미터를 지정할 수 없으므로 call 메소드를 사용했으며 Array.isArray 함수를 호출할 때 지정한 파라미터 값을 call 메소드의 파라미터 값으로 사용합니다. call 메소드가 실행되면 파라미터 값을 "[object Array]" 형태로 반환하므로 반환된 값을 비교합니다. 같으면 true를, 같지 않으면 false를 반환합니다.

14.3 배열 반복 실행

forEach 메소드는 배열을 반복하면서 콜백 함수를 실행합니다.

[문법]

구분	타입	데이터(값)
data	Array	반복 대상 배열
파라미터	Function	반복할 때마다 실행할 콜백 함수
	Object	this로 참조할 오브젝트옵션
반환		없음

data 위치에 배열을 작성하며 첫 번째 파라미터에 콜백(callback) 함수를 작성합니다. 두 번째 파라미터에 함수가 실행될 때 this로 참조할 오브젝트를 작성합니다.

forEach 메소드의 반복 기준은 data 위치의 배열입니다. 배열의 엘리먼트 수만큼 반복하면서 첫 번째 파라미터의 콜백 함수를 호출합니다. 콜백 함수의 파라미터에 엘리먼트 값, 인덱스, 전체 배열 순서로 파라미터 값을 넘겨줍니다. forEach 메소드의 반복 횟수는 메소드를 실행하기 전에 결정됩니다.

콜백 함수 호출을 반복하는 중간에 data 위치의 배열에 엘리먼트를 추가, 변경, 삭제하면 어떻게 될까요?

- 배열에 엘리먼트를 추가하면 처리하지 않습니다. 즉, 추가된 엘리먼트의 인덱스에 해당하는 콜백 함수를 호출하지 않습니다.
- 현재 인덱스보다 큰 인덱스의 엘리먼트를 변경하면 변경된 값으로 콜백 함수를 실행합니다.
- 현재 인덱스보다 작은 인덱스의 엘리먼트를 변경하면 이미 함수를 실행했으므로 콜백 함수의 결과가 반영되지 않습니다.
- 현재 인덱스보다 큰 인덱스의 엘리먼트를 삭제하면 삭제한 엘리먼트에 해당하는 콜백 함수를 호출하지 않습니다.

forEach 메소드는 콜백 함수를 반복 호출하므로 break; continue; 문을 사용할 수 없습니다. 따라서 조건에 따라 반복을 종료해야 한다면 비효율적입니다. 콜백 함수 안에서 return 문을 작성하면 return 문 아래 코드를 실행하지 않고 다음 반복을 수행합니다.

두 번째 파라미터에 this로 참조하는 오브젝트를 지정합니다. 옵션이므로 지정하지 않아도 됩니다. this는 선행하여 설명할 것이 많으며 "27장 this 바인딩 오브젝트"에서 다루고 있습니다.

반복해서 호출/실행되는 함수를 이터레이터(iterator) 함수라고 부릅니다. 한편 ES5 스펙에서 콜백 함수로 표기하고 있으며 이 책에서도 콜백 함수로 표기합니다.

[소스 14-3-1]

```
[1, 2, 3].forEach(function(element, index, list){
    js.log('value: ' + element + ', index: ' + index);
});
```

[실행결과 14-3-1]

```
1. value: 1, index: 0
2. value: 2, index: 1
3. value: 3, index: 2
```

forEach 메소드 앞의 data 위치에 작성한 배열 [1, 2, 3]에서 엘리먼트를 하나씩 읽어 가면서 엘리먼트 값과 인덱스를 출력합니다. 처리 순서와 방법을 살펴봅니다.

forEach 메소드 처리 순서, 방법

1. 엘리먼트 [1]을 읽습니다.
   {코드} [1, 2, 3].forEach(…);
2. 콜백 함수를 호출합니다.
   {코드} function(element, index, list){…}
3. 콜백 함수에 파라미터 값을 넘겨줍니다.
   {설명} 첫 번째 파라미터인 element에 1이 설정되고 두 번째 파라미터인 index에 0이 설정되며 세 번째 파라미터인 list에 배열 전체 [1, 2, 3]이 설정됩니다.
4. 콜백 함수 코드를 실행합니다.
   {코드} js.log('value: ' + element + ', index: ' + index);
5. data 위치에 지정한 배열 엘리먼트를 전부 읽을 때까지 1번부터 반복합니다.

■ 배열에 엘리먼트 추가

[소스 14-3-2]

```
var value = [1, 2];
value.forEach(function(element, index, list){
    if (index === 0){
        list.push('ABC');
    }
    js.log('value: ' + element);
})
js.log('forEach 종료 후: ' + value);
```

[실행결과 14-3-2]

```
1. value: 1
2. value: 2
3. forEach 종료 후: 1,2,ABC
```

```
if (index === 0){
    list.push('ABC');
}
```

첫 번째 배열 엘리먼트를 읽으면 index에 0이 설정되고 배열 전체가 list에 설정되므로 list.push('ABC')로 인해 배열의 마지막에 "ABC"가 추가됩니다. 즉 data 위치의 배열 엘리먼트 수가 늘어납니다. 따라서 [실행결과] 3번에 "value: ABC"가 출력되어야 하는데 forEach 메소드를 종료한 후의 값이 출력되었습니다.

"value: ABC"가 출력되지 않은 것은 forEach 메소드 실행을 시작할 때 인식한 data 위치의 배열 엘리먼트 기준으로 콜백 함수를 호출하기 때문입니다. 반복하면서 배열에 엘리먼트를 추가하면 배열에는 반영되나 콜백 함수를 호출하지 않습니다.

■ 인덱스가 큰 엘리먼트 삭제

[소스 14-3-3]

```
var value = [1, 2, 3, 4];
value.forEach(function(element, index, list){
    if (index === 0){
        list.pop();
    }
    js.log('value: ' + element);
});


js.log('forEach 종료 후: ' + value);
```

[실행결과 14-3-3]

```
1. value: 1
2. value: 2
3. value: 3
4. forEach 종료 후: 1,2,3
```

```
if (index === 0){
    list.pop();
}
```

첫 번째 엘리먼트로 콜백 함수가 실행되었을 때 배열의 마지막 엘리먼트를 삭제합니다. 따라서 [1, 2, 3, 4]에서 [1, 2, 3]이 남게 되며 [실행결과]에 삭제한 값이 출력되지 않습니다. forEach 메소드가 실행을 시작할 때 data 위치의 배열을 기준으로 반복하지만, 중간에 엘리먼트를 삭제하면 삭제한 엘리먼트에 해당하는 콜백 함수를 호출하지 않습니다.

■ 인덱스가 작은 엘리먼트 삭제

[소스 14-3-4]

```
var value = ['A', 'B', 'C', 'D'];
```

```
value.forEach(function(element, index, list){
    if (index === 1){
        list.shift();
    }
    js.log('value: ' + element + ', index: ' + index);
});

js.log('forEach 종료 후: ' + value);
```

[실행결과 14-3-4]

```
1. value: A, index: 0
2. value: B, index: 1
3. value: D, index: 2
4. forEach 종료 후: B,C,D
```

```
if (index === 1){
    list.shift();
}
```

두 번째 엘리먼트를 읽었을 때 첫 번째 엘리먼트를 삭제합니다. 배열 [A, B, C, D]에서 shift 메소드를 실행하면 첫 번째 엘리먼트가 삭제되어 [B, C, D]가 됩니다. [실행결과] 4번에 삭제 후 결과가 출력되었습니다. 실행 과정을 단계별로 살펴보겠습니다.

인덱스가 작은 엘리먼트 삭제

1. 첫 번째 엘리먼트인 [A]를 읽으면 [실행결과] 1번에 A가 출력됩니다.
2. 두 번째 엘리먼트인 [B]를 읽으면 element에 B가 설정되며 index에 1이 설정됩니다.
   {코드} function(element, index, list){···}
3. index가 1이므로 shift 메소드가 실행됩니다.
   {코드} if (index === 1){list.shift( );}
4. shift 메소드가 배열의 첫 번째 엘리먼트를 삭제하므로 반복 기준 배열은 [B, C, D]가 됩니다
5. 삭제로 인해 엘리먼트가 앞으로 이동했지만 element에 B가 있으므로 [실행결과] 2번에 B가 출력됩니다.
   {코드} js.log('value: ' + element + ', index: ' + index);
6. 다음 엘리먼트를 읽으면 [D]가 [실행결과] 3번에 출력됩니다.
   {설명} 인덱스가 1이 증가하므로 2가 되며 현재 배열이 [B, C, D]이므로 [D]가 읽혀집니다.
   {설명} 배열 엘리먼트가 앞으로 당겨지고 인덱스가 증가하므로 [C]가 출력되지 않습니다.

지금까지의 엘리먼트 삭제 처리를 정리하면, forEach 메소드를 수행하는 도중에 현재의 인덱스보다 큰 인덱스의 엘리먼트를 삭제하면 반영되지만, 작은 인덱스의 엘리먼트를 삭제하면 현재의 다음 인덱스의 엘리먼트가 처리되지 않습니다. 설명을 위해 의도적으로 작성했지만 정상적인 코드는 아닙니다.

14.4 forEach와 for 비교

배열의 엘리먼트를 pop 메소드와 delete 연산자로 삭제할 수 있습니다. 삭제 기능은 같지만 용도가 다릅니다. 이런 배경을 두고 본문의 주제인 forEach 메소드와 for 문 비교를 통해 두 마리 토끼(forEach 메소드와 for 문 차이, pop 메소드와 delete 연산자 차이)를 모두 잡으려고 합니다.

pop 메소드는 배열의 마지막 엘리먼트를 완전히 삭제하여 length 값이 줄지만, delete 연산자는 엘리먼트를 삭제하지 않고 값을 undefined로 바꾸므로 length 프로퍼티 값이 바뀌지 않습니다.

[소스 14-4]

```
var value = [1, 2, 3];
delete value[2];
js.log(value.length);
for (var k = 0; k < value.length; k++){
    js.log('value: ' + value[k] + ', index: ' + k);
}

value.forEach(function(element, index, list){
        js.log('value: ' + element + ', index: ' + index);
});
```

[실행결과 14-4]

```
1. 3
2. value: 1, index: 0
3. value: 2, index: 1
4. value: undefined, index: 2
5. value: 1, index: 0
6. value: 2, index: 1
```

```
var value = [1, 2, 3];
delete value[2];
js.log(value.length);
```

value에 [1, 2, 3]을 할당한 후 delete value[2]; 문장을 실행하면 배열의 마지막 엘리먼트가 삭제됩니다. 한편 [실행결과] 1번에 3이 출력되었습니다. 이는 마지막 엘리먼트를 완전히 삭제하지 않고 엘리먼트 값에 undefined를 설정하기 때문입니다.

```
for (var k = 0; k < value.length; k++){
    js.log('value: ' + value[k] + ', index: ' + k);
}
```

for 문으로 배열의 엘리먼트 수만큼 반복하면서 엘리먼트의 값과 인덱스를 출력하는 코드입니다. length 프로퍼티 값이 3이므로 세 번 반복하게 됩니다. [실행결과] 2번, 3번은 [1, 2]를 출력한 것이며 4번은 삭제한 엘리먼트를 출력한 것으로 undefined가 출력되었습니다.

일반적으로 undefined는 삭제한 엘리먼트이므로 처리하지 않습니다. 그런데 for 문은 이를 데이터로 읽으니 for 문 블록에 제외시키는 코드를 작성해야 합니다. 번거롭기도 하고 잊어버리고 그냥 놔둘 수도 있습니다. 이때 forEach 메소드를 사용합니다.

```
value.forEach(function(element, index, list){
    js.log('value: ' + element + ', index: ' + index);
});
```

[실행결과] 5번 이후에 undefined가 출력되지 않았습니다. forEach 메소드의 함수에 아무것도 작성하지 않았는데 undefined가 걸러진 것은 forEach 메소드가 undefined 값을 가진 엘리먼트를 처리하지 않기 때문입니다. length 프로퍼티가 기준이 아니라 배열 엘리먼트를 읽어가면서 처리하기 때문입니다.

또한 for 문에 k 변수를 선언하거나 value[k]와 같이 값을 얻기 위한 코드를 작성하지 않습니다. 전반적으로 코드가 깨끗하므로 가독성도 좋습니다. 하지만 좋은 점만 있는 것은 아닙니다. 이에 대해 살펴보겠습니다.

forEach 메소드와 for 문 차이

- forEach 메소드는 배열을 처음부터 끝까지 전부 읽어야 합니다.
  for 문은 for (k = 5)와 같이 시작 인덱스를 지정할 수 있어 지정한 엘리먼트부터 읽을 수 있습니다.
- forEach 메소드는 도중에 반복을 중단할 수 없습니다.
  for 문은 break; 문을 사용해서 반복을 중단할 수 있습니다.
- forEach 메소드는 엘리먼트를 마지막까지 읽어야 메소드가 종료됩니다.
  for 문은 for (; k < 7; k++)와 같이 반복할 엘리먼트 수를 지정할 수 있습니다.

윗글만 보면 필자가 for 문 사용을 권장하는 느낌이 들 수도 있지만, 필자는 forEach 메소드를 더 많이 사용합니다. for 문의 특징을 사용할 때는 어쩔 수 없지만 일반적인 반복 처리는 forEach 메소드를 사용합니다.

필자가 forEach 메소드를 선호하는 이유는 지금까지 거론된 이유도 있지만 두 번째 파라미터에 지정하는 this 때문입니다. this!? 사전 설명이 필요하므로 여기서는 곤란합니다. 필자나름 전체 시나리오를 갖고 펼쳐나가고 있으니 this를 다루는 곳으로 건너뛰지 말고 하나씩다듬어 나가기 바랍니다.

14.5 반환 값이 false가 될 때까지 반복

every 메소드는 반환 값이 false가 될 때까지 콜백 함수를 실행합니다.

[문법]

구분	타입	데이터(값)
data	Array	대상
파라미터	Function	반복할 때마다 실행할 콜백 함수
	Object	this로 참조할 오브젝트옵션
반환	Boolean	true, false

data 위치의 배열을 하나씩 읽어가면서 첫 번째 파라미터의 콜백 함수를 호출하는 과정과 파라미터를 넘겨주는 방법은 앞에서 다루었던 forEach 메소드와 같습니다. forEach는 엘리먼트 수만큼 반복하지만 every 메소드는 콜백 함수에서 false를 반환하면 반복을 종료합니다.

콜백 함수에서 false를 반환하지 않으면 디폴트로 true를 반환합니다. 따라서 콜백 함수에 false가 되는 코드만 작성해도 됩니다. every 메소드는 false 조건이 배열 앞에 있을 때 효율성이 높습니다. 배열에 엘리먼트가 100개 있을 때 두 번째에서 false를 반환하면 나머지 98개를 처리하지 않고 every 메소드를 종료합니다.

[소스 14-5]

```
var value = [20, 10, 30];
var result = value.every(function(element, index, list){
    js.log('value: ' + element);
```

```
    return element > 15;
});
js.log(result);
```

1. value: 20
2. value: 10
3. false

```
var result = value.every(function(element, index, list){
    js.log('value: ' + element);
    return element > 15;
});
```

배열 [20, 10, 30]에서 엘리먼트 값이 15보다 크면 true를 반환하고 작거나 같으면 false를 반환합니다. 첫 번째 엘리먼트로 (20 > 15)를 비교하면 true를 반환합니다. 반환 값이 true 이므로 다음 엘리먼트 [10]으로 콜백 함수를 호출합니다. (10 > 15)를 비교하면 false를 반환하므로 every 메소드가 종료됩니다. 따라서 [실행결과]에 [30]이 출력되지 않습니다.

[실행결과] 3번에 출력된 false는 every 메소드에서 반환한 값으로 (10 > 15) 비교 결과입니다. 배열 끝까지 반복했는데 콜백 함수에서 false를 반환하지 않으면 result 변수에 true가 설정됩니다. 따라서 result 변수 값으로 반복 중간에 every 메소드가 종료된 것을 체크할 수 있습니다.

14.6 반환 값이 true가 될 때까지 반복

some 메소드는 반환 값이 true가 될 때까지 콜백 함수를 실행합니다.

[문법]

구분	타입	데이터(값)
data	Array	대상
파라미터	Function	반복할 때마다 실행할 콜백 함수
	Object	this로 참조할 오브젝트_{옵션}
반환	Boolean	true, false

data 위치의 배열을 하나씩 읽어가면서 첫 번째 파라미터의 콜백 함수를 호출하는 과정과 파라미터를 넘겨주는 방법은 앞에서 다루었던 every 메소드와 같습니다. every 메소드는 false를 반환하면 종료하지만 some 메소드는 true를 반환하면 종료합니다.

콜백 함수에서 true를 반환하지 않으면 디폴트로 false를 반환합니다. 따라서 콜백 함수에 true가 되는 코드만 작성해도 됩니다. some 메소드는 true 조건이 배열 앞에 있을 때 효율성이 높습니다. 배열에 엘리먼트가 100개 있을 때 두 번째에서 true를 반환하면 나머지 98개를 처리하지 않고 메소드를 종료합니다.

[소스 14-6]

```
var value = [20, 10, 30];
var result = value.some(function(element, index, list){
    js.log('value: ' + element);
    return element < 15;
});
js.log(result);
```

[실행결과 14-6]

1. value: 20
2. value: 10
3. true

```
var result = value.some(function(element, index, list){
    js.log('value: ' + element);
    return element < 15;
});
js.log(result);
```

배열 [20, 10, 30]에서 엘리먼트 값이 15보다 작으면 true를 반환하고 크거나 같으면 false를 반환합니다. 첫 번째 엘리먼트로 (20 < 15)를 비교하면 false를 반환합니다. 반환 값이 false 이므로 다음 엘리먼트 [10]으로 콜백 함수를 호출합니다. (10 < 15)를 비교하면 true를 반환 하므로 some 메소드가 종료됩니다. 따라서 [실행결과]에 [30]이 출력되지 않습니다.

[실행결과] 3번에 출력된 true는 some 메소드에서 반환한 값으로 (10 < 15) 비교 결과입니다. 배열 끝까지 반복했는데 콜백 함수에서 true를 반환하지 않으면 result 변수에 false가 설정됩니다. 따라서 result 변수 값으로 반복 중간에 some 메소드가 종료된 것을 체크할 수 있습니다.

14.7 true를 반환한 엘리먼트 반환

filter 메소드는 콜백 함수에서 true를 반환한 엘리먼트를 반환합니다.

[문법]

구분	타입	데이터(값)
data	Array	대상
파라미터	Function	반복할 때마다 실행할 콜백 함수
	Object	this로 참조할 오브젝트_{옵션}
반환	Array	함수에서 true를 반환한 엘리먼트

data 위치의 배열을 하나씩 읽어가면서 첫 번째 파라미터의 콜백 함수를 호출하는 과정과 파라미터를 넘겨주는 방법은 앞에서 다루었던 forEach 메소드와 같습니다. filter 메소드는 콜백 함수에서 true를 반환하면 새로운 배열에 엘리먼트 값을 추가하여 반환합니다. false 를 반환하면 반환할 배열에 설정되지 않으므로 조건에 맞지 않는 엘리먼트를 걸러낼 수 있습니다.

[소스 14-7]

```
var result = [10, 20, 30, 40].filter(function(element, index, list){
    return element < 25;
});
js.log(result);
```

[실행결과 14-7]

```
1. [10, 20]
```

[10, 20, 30, 40]에서 엘리먼트 값이 25보다 작은 것만 걸러내어 배열로 반환합니다. 첫 번째 엘리먼트로 (10 < 25)를 비교하면 true를 반환하며 반환 값이 true이므로 반환할 배열에 추가됩니다. 다음의 [20]도 25보다 작으므로 반환할 배열에 추가됩니다. 다음의 [30], [40]은 25보다 크므로 false가 반환되며 반환 값이 false이면 반환할 배열에 추가하지 않습니다. 따라서 [실행결과]에 [10, 20]이 출력됩니다.

14.8 반환 값을 배열로 반환

map 메소드는 콜백 함수에서 반환한 값을 새로운 배열로 반환합니다.

[문법]

구분	타입	데이터(값)
data	Array	대상
파라미터	Function	반복할 때마다 실행할 콜백 함수
	Object	this로 참조할 오브젝트옵션
반환	Array	함수에서 반환한 엘리먼트

data 위치의 배열을 하나씩 읽어가면서 첫 번째 파라미터의 콜백 함수를 호출하는 과정과
파라미터를 넘겨주는 방법은 앞에서 다루었던 forEach 메소드와 같습니다. map 메소드는
콜백 함수에서 반환한 값을 새로운 배열에 엘리먼트 값을 설정하여 반환합니다.

[소스 14-8]

```
var result = [10, 20, 30].map(function(element, index, list){
    return element + 7;
});
js.log(result);
```

[실행결과 14-8]

1. [17, 27, 37]

배열 [10, 20, 30]에서 엘리먼트 값에 7을 더해 반환합니다. 첫 번째 엘리먼트로 (10 + 7) 값
을 반환하며 반환할 배열에 추가됩니다. [20], [30] 순서로 콜백 함수를 호출하면 27, 37이
반환되고 반환할 배열에 추가됩니다.

14.9 엘리먼트 값 누적

reduce 메소드는 배열의 엘리먼트 값을 누적하여 반환합니다.

[문법]

구분	타입	데이터(값)
data	Array	대상
파라미터	Function	반복할 때마다 실행할 콜백 함수
	any	초기값
반환	Number	누적한 값

data 위치의 배열을 하나씩 읽어 가면서 첫 번째 파라미터의 콜백 함수를 호출합니다. 콜백 함수에 네 개의 파라미터(previous, current, index, data 위치의 배열)를 넘겨줍니다. 그리고 콜백 함수에서 값을 반환합니다. 다음 엘리먼트로 콜백 함수를 호출할 때 콜백 함수에서 반환한 값이 첫 번째 파라미터에 설정됩니다. 이처럼 콜백 함수에서 반환한 값을 콜백 함수의 파라미터로 넘겨주면서 최종값을 구해 반환합니다. data 위치의 배열은 변경되지 않습니다.

reduce 메소드의 두 번째 파라미터를 지정했을 때와 지정하지 않았을 때, 콜백 함수의 파라미터에 값을 설정하는 방법이 다릅니다. 계속해서 이에 대해 살펴보겠습니다.

■ 두 번째 파라미터를 지정하지 않았을 때

[소스 14-9-1]

```
var value = [10, 20, 30, 40];
var result = value.reduce(function(previous, current, index, list){
    js.log('previous: ' + previous + ', current: ' + current);
    return previous + current;
});
js.log(result);
```

[실행결과 14-9-1]

1. previous: 10, current: 20
2. previous: 30, current: 30
3. previous: 60, current: 40
4. 100

reduce 메소드는 아래와 같은 순서와 방법으로 실행합니다.

엘리먼트/파라미터	previous	current	index	반환 값
첫 번째	10	20	1	30
두 번째	30	30	2	60
세 번째	60	40	3	100

reduce 메소드 실행 과정

1. 콜백 함수를 호출합니다.
   {설명} 처음 콜백 함수를 호출할 때는 두 개의 엘리먼트 값을 파라미터에 설정합니다.
   {설명} 첫 번째 엘리먼트 값인 [10]을 첫 번째 파라미터(previous)에 설정합니다.
   {설명} 두 번째 엘리먼트 값인 [20]을 두 번째 파라미터(current)에 설정합니다.
   {설명} 두 번째 엘리먼트의 인덱스를 세 번째 파라미터(index)에 설정합니다. index 값은
         0이 아닌 1입니다.
   {설명} data 위치의 배열 전체를 네 번째 파라미터(list)에 설정합니다.
2. [실행결과] 1번에 "previous: 10, current: 20"이 출력됩니다.
   {코드} js.log('previous: ' + previous + ', current: ' + current)
3. 콜백 함수에서 30을 반환합니다.
   {설명} return previous + current를 하므로 (10 + 20) 결과를 반환합니다.
4. 배열에 엘리먼트가 남아 있으므로 콜백 함수를 호출합니다.
   {설명} 콜백 함수에서 받은 30을 previous에 설정합니다.
   {설명} 다음 엘리먼트 값인 [30]을 current에 설정하고 인덱스를 index에 설정합니다.
5. [실행결과] 2번에 "previous: 30, current: 30"이 출력됩니다.
6. 콜백 함수에서 60을 반환합니다.
   {설명} return previous + current를 하므로 (30 + 30) 결과를 반환합니다.
7. 배열에 엘리먼트가 남아 있으므로 콜백 함수를 호출합니다.
   {설명} 콜백 함수에서 받은 60을 previous에 설정합니다.
   {설명} 다음 엘리먼트 값인 [40]을 current에 설정하고 인덱스를 index에 설정합니다.
8. [실행결과] 3번에 "previous: 60, current: 40"이 출력됩니다.
9. 콜백 함수에서 100을 반환합니다.
   {설명} return previous + current를 하므로 (60 + 40) 결과를 반환합니다.
10. 배열을 전부 처리했으므로 reduce 메소드를 종료하면서 최종값인 100을 반환합니다.

[실행결과] 4번에 reduce 메소드에서 반환한 값인 100이 출력되었습니다. reduce 메소드의
두 번째 파라미터를 지정하면 앞부분 처리에 차이가 있습니다. 이에 대해 살펴보겠습니다.

■ 두 번째 파라미터를 지정했을 때

[소스 14-9-2]

```
var value = [10, 20, 30];
var result = value.reduce(function(previous, current, index, list){
    js.log('previous: ' + previous + ', current: ' + current);
    return previous + current;
}, 50);
js.log(result);
```

[실행결과 14-9-2]

1. previous: 50, current: 10
2. previous: 60, current: 20
3. previous: 80, current: 30
4. 110

reduce 메소드는 아래와 같은 순서와 방법으로 실행합니다.

엘리먼트/파라미터	previous	current	index	반환 값
첫 번째	50	10	0	60
두 번째	60	20	1	80
세 번째	80	30	2	110

reduce 메소드 실행 과정

1. 콜백 함수를 호출합니다.

    {설명} reduce 메소드 두 번째 파라미터에 지정한 값 50을 첫 번째 파라미터(previous)에 설정합니다.

    {설명} 첫 번째 엘리먼트 값인 [10]을 두 번째 파라미터(current)에 설정합니다.

    {설명} 첫 번째 엘리먼트의 인덱스를 세 번째 파라미터(index)에 설정합니다. index 값은 0 입니다.

    {설명} data 위치의 배열 전체를 네 번째 파라미터(list)에 설정합니다.

2. [실행결과] 1번에 "previous: 50, current: 10"이 출력됩니다.

    {코드} js.log('previous: ' + previous + ', current: ' + current)

3. 콜백 함수에서 60을 반환합니다.

    {설명} return previous + current를 하므로 (50 + 10) 결과를 반환합니다.

4. 배열에 엘리먼트가 남아 있으므로 콜백 함수를 호출합니다.

    {설명} 콜백 함수에서 받은 60을 previous에 설정합니다.

    {설명} 다음 엘리먼트 값인 [20]을 current에 설정하고 인덱스를 index에 설정합니다.

5. [실행결과] 2번에 "previous: 60, current: 20"이 출력됩니다.
6. 콜백 함수에서 80을 반환합니다.

   {설명} return previous + current를 하므로 (60 + 20) 결과를 반환합니다.
7. 배열에 엘리먼트가 남아 있으므로 콜백 함수를 호출합니다.

   {설명} 콜백 함수에서 받은 80을 previous에 설정합니다.

   {설명} 다음 엘리먼트 값인 [30]을 current에 설정하고 인덱스를 index에 설정합니다.
8. [실행결과] 3번에 "previous: 80, current: 30"이 출력됩니다.
9. 콜백 함수에서 110을 반환합니다.

   {설명} return previous + current를 하므로 (80 + 30) 결과를 반환합니다.
10. 배열을 전부 처리했으므로 reduce 메소드를 종료하면서 최종값인 110을 반환합니다.

[실행결과] 4번에 reduce 메소드에서 반환한 값인 110이 출력되었습니다.

14.10 엘리먼트 값 누적: 배열 끝에서 앞으로 누적

reduceRight 메소드는 배열의 엘리먼트 값을 누적하여 반환합니다. 배열 끝에서 앞으로 누적합니다.

[문법]

구분	타입	데이터(값)
data	Array	대상
파라미터	Function	반복할 때마다 실행할 콜백 함수
	any	초기값
반환	Number	누적한 값

앞 절의 reduce 메소드와 처리 방법이 같습니다. 다만 배열 끝에서 앞으로 이동하면서 값을 누적하여 반환합니다. 두 번째 파라미터를 지정하지 않은 경우는 끝에서부터 두 개의 엘리먼트를 콜백 함수의 파라미터에 설정하며 처리 방법은 reduce 메소드와 같습니다. reduceRight 메소드의 두 번째 파라미터에 값을 지정한 경우에 대해 살펴보겠습니다.

[소스 14-10]

```
var value = [10, 20, 30];
var result = value.reduceRight(function(previous, current, index, list){
    js.log('previous: ' + previous + ', current: ' + current);
```

```
    return previous + current;
}, 50);
js.log(result);
```

[실행결과 14-10]

1. previous: 50, current: 30
2. previous: 80, current: 20
3. previous: 100, current: 10
4. 110

reduceRight 메소드는 아래와 같은 순서와 방법으로 실행합니다.

엘리먼트/파라미터	previous	current	index	반환 값
첫 번째	50	30	2	80
두 번째	80	20	1	100
세 번째	100	10	0	110

reduceRight 메소드 실행 과정

1. 콜백 함수를 호출합니다.
   {설명} reduceRight 메소드 두 번째 파라미터에 지정한 값 50을 첫 번째 파라미터(previous)에 설정합니다.
   {설명} 마지막 엘리먼트 값인 [30]을 두 번째 파라미터(current)에 설정합니다.
   {설명} 마지막 엘리먼트의 인덱스를 세 번째 파라미터(index)에 설정합니다. index 값은 2입니다.
   {설명} data 위치의 배열 전체를 네 번째 파라미터(list)에 설정합니다.
2. [실행결과] 1번에 "previous: 50, current: 30"이 출력됩니다.
   {코드} js.log('previous: ' + previous + ', current: ' + current)
3. 콜백 함수에서 80을 반환합니다.
   {설명} return previous + current를 하므로 (50 + 30) 결과를 반환합니다.
4. 배열에 엘리먼트가 남아 있으므로 콜백 함수를 호출합니다.
   {설명} 콜백 함수에서 받은 80을 previous에 설정합니다.
   {설명} 직전 엘리먼트 값인 [20]을 current에 설정하고 인덱스를 index에 설정합니다.
5. [실행결과] 2번에 "previous: 80, current: 20"이 출력됩니다.
6. 콜백 함수에서 100을 반환합니다.
   {설명} return previous + current를 하므로 (80 + 20) 결과를 반환합니다.
7. 배열에 엘리먼트가 남아 있으므로 콜백 함수를 호출합니다.
   {설명} 콜백 함수에서 받은 100을 previous에 설정합니다.
   {설명} 직전 엘리먼트 값인 [10]을 current에 설정하고 인덱스를 index에 설정합니다.

8. [실행결과] 3번에 "previous: 100, current: 10"이 출력됩니다.

9. 콜백 함수에서 110을 반환합니다.

{설명} return previous + current를 하므로 (100 + 10) 결과를 반환합니다.

10. 배열을 전부 처리했으므로 reduceRight 메소드를 종료하면서 최종값인 110을 반환합니다.

[실행결과] 4번에 reduceRight 메소드에서 반환한 값인 110이 출력되었습니다.

14.11 일치하는 엘리먼트 인덱스 반환

indexOf 메소드는 지정한 값에 일치하는 엘리먼트 인덱스를 반환합니다.

[문법]

구분	타입	데이터(값)
data	Array	대상
파라미터	any	검색할 값
	Number	선택. 검색 시작 인덱스
반환	Number	-1, 숫자값

data 위치의 배열 왼쪽에서 오른쪽으로 검색하여 엘리먼트 값과 첫 번째 파라미터에 지정한 값이 같으면 더 이상 검색하지 않고 그 위치의 인덱스를 반환합니다. 같은 엘리먼트가 하나도 없으면 -1을 반환합니다. 값의 일치 여부를 체크할 때 데이터와 데이터 타입을 같이 체크하므로 "12"와 12는 다릅니다. ES5 스펙에서 이를 "Strict Equality Comparison"으로 표기하고 있습니다.

두 번째 파라미터를 지정하면 지정한 인덱스부터 검색하며 지정하지 않으면 0으로 간주되어 처음부터 검색합니다. 음수 값을 지정하면 length 프로퍼티 값을 더해 인덱스로 사용합니다. 더한 값이 그래도 음수이면 0으로 간주합니다.

indexOf 메소드는 배열 앞에 일치하는 조건이 있을 때 효율성이 높습니다. 배열에 엘리먼트가 100개 있을 때 두 번째에서 검색이 되면 나머지 98개를 검색하지 않고 종료하기 때문입니다.

[소스 14-11]

```
var value = [1, 2, 3, 1, 2, 3];
js.log(value.indexOf(3));
```

```
js.log(value.indexOf('3'));

js.log(value.indexOf(3, 4));
js.log(value.indexOf(3, 12));
js.log(value.indexOf(3, -1));
```

[실행결과 14-11]

```
1. 2
2. -1
3. 5
4. -1
5. 5
```

```
var value = [1, 2, 3, 1, 2, 3];
result = value.indexOf(3);
```

indexOf 메소드의 파라미터에 작성한 3을 [1, 2, 3, 1, 2, 3]의 왼쪽에서 오른쪽으로 비교합
니다. 세 번째 3과 같으므로 인덱스 2가 [실행결과] 1번에 출력되었습니다.

```
js.log(value.indexOf('3'));
```

위 코드와 차이는 파라미터에 숫자가 아닌 문자열 "3"을 지정한 점이며 [실행결과] 2번에
-1이 출력되었습니다. -1은 문자열 "3"이 배열에 없다는 것을 의미합니다. 3이 두 개씩이
나 있는데 검색되지 않은 것은 값의 타입까지 비교하기 때문입니다.

```
js.log(value.indexOf(3, 4));
```

두 번째 파라미터를 지정하면 지정한 인덱스부터 검색합니다. [실행결과] 3번에 5가 출력되
었으며 이는 마지막 엘리먼트 값입니다. 2번 인덱스에 3이 있지만 두 번째 파라미터에 4를
지정했으므로 2번 인덱스는 검색하지 않습니다.

```
js.log(value.indexOf(3, 12));
```

두 번째 파라미터에 지정한 값이 배열의 엘리먼트 수보다 크면 인덱스로 사용할 수 없으므
로 -1을 반환합니다. [실행결과] 4번에 -1이 출력된 것은 이 때문입니다.

```
js.log(value.indexOf(3, -1));
```

두 번째 파라미터에 음수 값을 지정하면 배열의 length 값을 더해 인덱스를 구합니다. (6 +
(-1))은 5가 되며 5번 인덱스부터 검색하므로 [실행결과] 5번에 5가 출력되었습니다. 계산

한 인덱스 값이 음수이면 0을 사용합니다.

14.12 String.indexOf( )와 Array.indexOf( )

String 오브젝트에도 indexOf 메소드가 있으며 일치하는 엘리먼트의 인덱스를 반환하는 것은 Array 오브젝트의 indexOf 메소드와 같습니다. 대상이 문자열이고 배열인 점이 다릅니다.

■ 좋아진 점

ES3에서는 indexOf를 사용하기 전에 배열을 지정하면 에러가 발생하므로 문자열 타입을 체크해야 했습니다. 그래서 코드가 길어지고 체크를 하지 않아 에러가 발생하기도 했습니다. 하지만 ES5는 배열을 지원하므로 아래의 [소스 14-12-1]과 같이 코드를 작성할 수 있습니다. 메소드 앞에 작성한 데이터 타입에 의해 오브젝트가 결정되고 오브젝트에 속한 메소드가 호출되는 메커니즘을 사용할 수 있습니다.

[소스 14-12-1]

```
var status = true;
var value = status ? ['A', 'B', 'C'] : 'ABC';
js.log(value.indexOf('C'));
```

[실행결과 14-12-1]

1. 2

status 값에 따라 배열 또는 문자열 데이터를 value에 할당하면 다음 라인에서 value의 데이터 타입에 따라 String 오브젝트 또는 Array 오브젝트의 indexOf 메소드가 호출됩니다.

■ String 오브젝트와 Array 오브젝트의 반환 값이 다름

indexOf 메소드 두 번째 파라미터에 음수 값을 지정했을 때, String 오브젝트와 Array 오브젝트 반환 값이 다르므로 메소드를 호출하기 전에 음수 값과 오브젝트 타입을 체크해야 합니다.

[소스 14-12-2]

```
js.log('ABCABC'.indexOf('C', -2));
js.log(['A', 'B', 'C', 'A', 'B', 'C'].indexOf('C', -2));
```

```
1. 2
2. 5
```

```
js.log('ABCABC'.indexOf('C', -2));
```

String 오브젝트의 indexOf 메소드 두 번째 파라미터에 음수 값을 지정하면 0번 인덱스로 간주되어 처음부터 검색합니다. [실행결과] 1번에 2가 출력되었습니다.

```
js.log(['A', 'B', 'C', 'A', 'B', 'C'].indexOf('C', -2));
```

Array 오브젝트의 indexOf 메소드 두 번째 파라미터에 음수 값을 지정하면 배열 length 값에 음수 값을 더해 인덱스로 사용합니다. [실행결과] 2번에 5가 출력되었습니다.

indexOf 메소드의 파라미터 값이 String 오브젝트와 Array 오브젝트 모두 같습니다. 다만 데이터가 배열이고 문자열입니다. 같은 메소드 이름을 사용한 목적은 데이터 타입에 따라 오브젝트를 결정하고 결정된 오브젝트에 속한 메소드를 호출하려는 것입니다. 같은 파라미터 값을 가지고 일관되게 처리하기 위함입니다. 그런데 위에서 볼 수 있듯이 파라미터에 음수 값을 지정했을 때 처리 기준이 다릅니다.

14.13 일치하는 엘리먼트 인덱스 반환: 배열 끝에서 앞으로 검색

lastIndexOf 메소드는 지정한 값에 일치하는 엘리먼트 인덱스를 반환합니다. 배열의 끝에서 앞으로 검색합니다.

[문법]

구분	타입	데이터(값)
data	Array	대상
파라미터	any	검색할 값
	Number	선택. 검색 시작 인덱스
반환	Number	-1, 숫자값

파라미터에 지정한 값으로 일치하는 엘리먼트 인덱스를 반환하는 방법은 앞 절의 indexOf 메소드와 같습니다. 단, 배열 끝에서 앞으로 검색합니다. 검색하는 값이 배열 뒤에 있을 때 효율성이 높습니다.

```
js.log( [1, 2, 3, 1, 2, 3].lastIndexOf(2));
```

[실행결과 14-13]

1. 4

lastIndexOf 메소드 파라미터에 지정한 값 2는 1번 인덱스와 4번 인덱스에 있습니다. [실행결과]에 4가 출력된 것은 배열 끝에서부터 앞으로 검색하기 때문입니다.

15

JSON 오브젝트

ES5에 추가된 JSON 오브젝트를 다룹니다.

15.1 JSON 개요

JSON(JavaScript Object Notation: http://json.org)은 Array, String과 같은 하나의 데이터 형태입니다. 자바스크립트 문법이 적용되며 자바스크립트 데이터 타입에 친화적입니다. 지금까지 살펴보았던 배열[], 오브젝트{}, 숫자, 문자열을 그대로 사용할 수 있지만 100% 완전하게 같지는 않습니다. 왜냐하면 JSON은 자바스크립트뿐만 아니라 다른 언어에서도 사용할 수 있도록 독립적인 형태를 취하기 때문입니다.

JSON을 기능으로 보면 "데이터 변환 기준"이 더 어울립니다. 데이터 변환 기준을 통해 자바스크립트와 다른 언어가 데이터를 주고받을 수 있습니다. 특히 클라이언트와 서버 간에 데이터 송수신이 필수인 환경에서는 데이터 변환이 처리 속도, 호환성에 영향을 미치므로 JSON 채용이 증가하고 있습니다. JSON은 텍스트 문자열이므로 데이터 송수신 속도에 거의 영향을 주지 않으며 텍스트이므로 변환 처리도 가볍습니다.

■ JSON 문서

JSON은 Douglas Crockford에 의해 고안되었으며 국제 인터넷 표준화 기구인 IETF(Internet Engineering Task Force)에 RFC 4627 문서(http://www.ietf.org/rfc/rfc4627.txt)로 등록되어 있습니다. 한편 ES5 스펙의 JSON.parse와 JSON.stringify는 RFC 4627 문서 기준이 아닌 ES5 스펙을 준수하도록 기술되어 있으므로 차이가 날 수 있습니다. JSON의 MIME(Multi-purpose Internet Mail Extension) 타입은 application/json이고 파일 확장자는 json입니다.

■ 자바스크립트의 JSON 오브젝트

JSON 오브젝트는 new 연산자를 사용해서 인스턴스를 생성할 수 없습니다. JSON 오브젝트는 JSON 형태의 문자열을 자바스크립트 데이터 타입으로 변환하는 parse 함수와 자바스크립트 데이터 타입을 JSON 형태로 변환하는 stringify 함수를 갖고 있습니다. 자바스크립트 데이터로 변환하는 것과 JSON 형태로 변환하는 것을 통칭하여 파싱(Parsing)이라고 합니다.

15.2 자바스크립트 값으로 변환

parse 함수는 JSON 형태의 문자열을 자바스크립트 값(데이터 타입)으로 변환합니다.

[문법]

구분	타입	데이터(값)
object	JSON	JSON 오브젝트
파라미터	String	변환 대상
	Function	파싱 데이터로 함수 실행옵션
반환	Object	변환 결과

parse 함수는 서버 또는 외부에서 받은 JSON 형태의 문자열 데이터를 자바스크립트 값(데이터 타입)으로 변환합니다. object 위치에 JSON을 작성하며 첫 번째 파라미터에 변환할 데이터를 지정합니다. 두 번째 파라미터에 데이터 변환을 완료한 후 호출할 함수를 작성하며 옵션이므로 작성하지 않아도 됩니다.

JSON의 오브젝트{}는 자바스크립트의 오브젝트{}로 변환되며, JSON의 배열[]은 자바스크립트 배열[]로 변환됩니다. JSON의 String, Number, Boolean, null은 자바스크립트의 같은 타입으로 변환됩니다. JSON에서 라인 분리자(Line Separator; 유니코드 U+2028)와 문단 분리자(Paragraph Separator; 유니코드 U+2029) 값이 그대로 자바스크립트로 변환됩니다.

[소스 15-2-1]

```
var result = JSON.parse("123");
js.log(result);
js.log(typeof result);

js.log(typeof JSON.parse('true'));
js.log(Array.isArray(JSON.parse("[]")));

result = JSON.parse('["ABC", "가나다"]');
for (var k = 0; k < result.length; k++){
    js.log(result[k]);
}
```

[실행결과 15-2-1]

1. 123
2. number
3. boolean
4. true
5. ABC

6. 가나다

```
var result = JSON.parse("123");
js.log(result);
js.log(typeof result);
```

parse 함수의 파라미터에 큰따옴표를 사용하여 "123"을 작성하였습니다. [실행결과] 1번에 123이 출력되었으며 [실행결과] 2번에 number가 출력되었습니다. 문자열 타입의 숫자 값을 자바스크립트 값으로 변환한 것을 의미합니다. 작은따옴표를 사용하여 '123'과 같이 작성할 수 있습니다. 한편 숫자 값 변환은 아래와 같이 일부 제약이 있습니다.

숫자 값 변환 제약

1. "123."과 같이 소수점만 사용할 수 없으며 "123.0"과 같이 소수점 아래에 숫자를 작성해야 합니다.
2. 16진수를 사용할 수 없으며 10진수를 사용해야 합니다.
3. "0123"과 같이 첫 자리가 0이면 에러가 발생하므로 0을 사용할 수 없습니다.
4. "1.23e5"와 같이 지수를 사용할 수 있습니다.

```
js.log(typeof JSON.parse('true'));
```

[실행결과] 3번에 boolean이 출력되었으며 parse 함수의 파라미터에 작성한 'true'가 Boolean 데이터 타입으로 변환된 것을 의미합니다. "TRUE", "FALSE"와 같이 대문자를 사용할 수 없으며 소문자를 사용해야 합니다.

```
js.log(Array.isArray(JSON.parse("[]")));
```

parse 함수의 파라미터에 배열을 작성했으며 Array.isArray 함수로 자바스크립트 배열로 파싱된 것을 체크하는 코드입니다. [실행결과] 4번에 true가 출력되었으며 배열로 파싱된 것을 의미합니다. '[]'와 같이 작은따옴표 안에 작성할 수 있습니다.

```
result = JSON.parse('["ABC", "가나다"]');
for (var k = 0; k < result.length; k++){
    js.log(result[k]);
}
```

parse 함수에 배열을 작성했으며 배열 안에 "ABC", "가나다"를 작성했습니다. [실행결과] 5번, 6번에 배열에 작성한 문자열이 자바스크립트 값으로 파싱되어 출력되었습니다.

이 형태에서 주의할 것은 'ABC', '가나다'와 같이 작은따옴표 안에 문자열을 작성하면 에러가 발생하므로 "ABC", "가나다"와 같이 큰따옴표 안에 작성해야 합니다. 배열[]을 단독으로 사용할 때는 큰따옴표를 사용할 수 있지만, 배열 안에 "ABC"와 같이 큰따옴표를 사용했을 때 "[]"와 같이 큰따옴표를 사용하면 에러가 발생하므로 작은따옴표를 사용해야 합니다.

[소스 15-2-2]

```
js.log(JSON.parse("null"));
var result = JSON.parse('{"sports": "soccer"}');
for (var name in result){
    js.log('name: ' + name + ', value: ' + result[name]);
}
```

[실행결과 15-2-2]

1. null
2. name: sports, value: soccer

```
js.log(JSON.parse("null"));
```

NULL은 대문자를 사용할 수 없으며 소문자를 사용해야 합니다.

```
result = JSON.parse('{"sports": "soccer"}');
for (var name in result){
    js.log('name: ' + name + ', value: ' + result[name]);
}
```

parse 함수의 파라미터에 작성한 JSON 형태의 문자열이 [실행결과] 2번에 출력되었으며 정상으로 자바스크립트 데이터 타입으로 파싱된 것을 의미합니다.

이 형태에서 주의할 것은 sports와 soccer가 문자열이므로 작은따옴표가 아닌 큰따옴표 안에 작성해야 합니다. 오브젝트{} 안에 큰따옴표를 사용하여 프로퍼티를 작성했을 때는 '{}'와 같이 작은따옴표 안에 {}를 작성해야 합니다.

■ 두 번째 파라미터에 함수 지정

parse 함수의 두 번째 파라미터에 함수를 작성하면, 파싱 데이터를 반환하기 전에 함수를 실행하고 함수에서 반환된 값을 파싱 데이터에 반영하여 반환합니다. 아래와 같은 방법으로 함수를 호출하고 함수에서 반환된 값을 반영합니다.

1. 파싱 데이터를 하나씩 읽어가면서 함수를 호출합니다.
2. 호출하는 함수의 파라미터에 파싱 데이터의 name과 value를 넘겨줍니다.
3. 함수의 자바스크립트 코드를 실행합니다.
4. 함수에서 반환한 값을 파싱 데이터에 반영합니다.
5. 단, 파라미터로 보내 준 값과 반환된 값이 같으면 반영하지 않습니다.
6. undefined를 반환하면 파싱 데이터에서 파라미터로 넘겨준 name과 value를 삭제합니다.

[소스 15-2-3]

```
try {
    var result = JSON.parse('{"soccer": "55", "ball": "22"}',
        function(key, value){
            return key === 'soccer' ? 11 : value;
        });
} catch(e){
    console.log('JSON 변환 에러');
}
for (var key in result){
    js.log('name: ' + key + ', value: ' + result[key]);
}
```

[실행결과 15-2-3]

```
1. name: soccer, value: 11
2. name: ball, value: 22
```

```
try { } catch(e){ }
```

파싱 대상 문자열에 파싱할 수 없는 값이 작성되어 있으면 에러가 발생하므로 try-catch 사용은 필수입니다.

```
var result = JSON.parse('{"soccer": "55", "ball": "22"}',
    function(key, value){
        return key === 'soccer' ? 11 : value;
    });
```

parse 함수의 첫 번째 파라미터에 작성한 JSON 형태의 문자열을 자바스크립트 값으로 파싱하면 {soccer: "55", ball: "22"} 형태가 됩니다. 한편 두 번째 파라미터에 함수를 작성했으므로 파싱된 데이터를 하나씩(name, value) 읽어가면서 함수를 실행하고 함수에서 반환한 값을 파싱 데이터에 반영하여 반환합니다.

파라미터로 받은 key가 'soccer'이면 11을 반환하므로 soccer 값이 55에서 11로 변경됩니다. 'soccer'가 아니면 파라미터로 받은 value 값을 반환합니다. 값이 같으면 변경할 필요가 없다고 생각하여 반환하지 않으면 parse 함수에서 값을 반환하지 않으므로 값에 변경이 없더라도 반환해야 합니다. undefined를 반환하면 파싱된 데이터를 삭제합니다.

return value 문장을 작성하지 않으면 파싱된 모든 데이터가 반환되지 않아 (for key in result) 문에서 파싱 데이터가 읽혀지지 않습니다. IE8, IE9, 4대 최신 브라우저 모두 같습니다. 값을 반환하지 않으면 파싱된 모든 데이터가 지워진다고 ES5 스펙에 작성되어 있지는 않습니다. 같은 값을 반환받아 파싱 데이터에 반영하는 것은 일반적인 코딩 방법이 아니지만, 현재 스펙 상태이므로 이를 피하기 위해서는 값이 같더라도 반환해야 합니다.

```
for (var key in result){
    js.log('key: ' + key + ', value: ' + result[key]);
}
```

parse 함수에서 반환한 값을 출력하는 코드입니다. parse 함수의 두 번째 파라미터에 작성한 함수에서 55를 11로 변경했으므로 [실행결과] 1번에 11이 출력되었습니다. [실행결과] 2번은 값을 변경하지 않았으므로 파싱한 값이 출력되었습니다.

[소스 15-2-4]

```
try {
    var result = JSON.parse('{"soccer": "55", "ball": "22"}',
        function(key, value){
            return key === 'soccer' ? undefined : value;
        });
} catch(e){
    console.log('JSON 변환 에러');
}
for (var key in result){
    js.log('name: ' + key + ', value: ' + result[key]);
}
```

```
1. name: ball, value: 22
```

앞의 [소스 15-2-3]과 다른 점은 (return key === 'soccer' ? undefined : value;)에서 soccer 일 때 undefined를 반환하는 점입니다. 이처럼 undefined를 반환하면 반환하는 시점의 {name: value}를 파싱 데이터에서 삭제합니다. 그래서 [실행결과]에 soccer가 출력되지 않았습니다.

15.3 JSON 형태의 문자열로 변환

stringify 함수는 자바스크립트 값(데이터 타입)을 JSON 형태의 문자열로 변환합니다.

[문법]

구분	타입	데이터(값)
object	JSON	JSON 오브젝트
파라미터	String	변환 대상
	Function	함수 또는 배열옵션
	String	가독성을 위한 구분자옵션
반환	String	변환 결과

자바스크립트 형태 값을 JSON 형태의 문자열로 변환하는 목적은, 문자열을 받은 언어에서 JSON 형태로 변환할 수 있도록 하는 것입니다. 따라서 JSON 데이터 변환 기준에 맞추어 작성해야 합니다. {sports: 'soccer'}는 자바스크립트 형태이므로 {"sports": "soccer"}와 같이 JSON 형태의 문자열로 바꾸어야 합니다.

첫 번째 파라미터에 변환할 대상인 자바스크립트 형태의 값을 작성합니다. 일반적으로 오브젝트{} 또는 배열[]을 작성하지만 String, Boolean, Number, null을 작성할 수도 있습니다. 두 번째 파라미터에 함수 또는 배열을 지정할 수 있으며 옵션이므로 작성하지 않아도 됩니다. 세 번째 파라미터에 사람이 보기 편하게 줄을 바꾸거나 들여쓰기를 위한 구분자를 작성할 수 있으며 옵션이므로 작성하지 않아도 됩니다.

[소스 15-3-1]

```
var result = JSON.stringify(123);
js.log(typeof result);
```

```
js.log(JSON.stringify([Infinity, NaN, null]));
js.log(JSON.stringify([true, false]));
```

[실행결과 15-3-1]

```
1. string
2. [null,null,null]
3. [true,false]
```

```
var result = JSON.stringify(123);
js.log(typeof result);
```

[실행결과] 1번에 출력된 값은 string으로 stringify 함수의 파라미터에 작성한 숫자 123이 문자열로 변환된 것을 의미합니다. 숫자 타입을 문자열 타입으로 변환합니다.

```
js.log(JSON.stringify([Infinity, NaN, null]));
```

무한대(Infinity), NaN, null은 "null"로 변환됩니다. [실행결과] 2번에 변환된 형태가 출력되었습니다.

```
js.log(JSON.stringify([true, false]));
```

true, false는 그대로 문자열로 변환됩니다. [실행결과] 3번에 변환된 형태가 출력되었습니다.

[소스 15-3-2]

```
js.log(JSON.stringify(undefined));
js.log(JSON.stringify([undefined]));
js.log(JSON.stringify({sports: undefined}));

js.log(JSON.stringify(['ABC', '가나다']));
js.log(JSON.stringify({sports: 'soccer', player: 11}));
```

[실행결과 15-3-2]

```
1. undefined
2. [null]
3. { }
4. '["ABC","가나다"]'
5. '{"sports":"soccer","player":11}'
```

```
js.log(JSON.stringify(undefined));
```

undefined는 stringify 함수의 파라미터에 작성한 형태에 따라 변환 값이 다릅니다. [실행결과] 1번에 undefined가 출력되었으며 파라미터에 undefined를 직접 작성한 결과입니다.

```
js.log(JSON.stringify([undefined]));
```

[실행결과] 2번에 null이 출력되었으며 배열 안에 undefined를 작성한 결과입니다. 배열 안에 undefined를 작성하면 null로 변환합니다.

```
js.log(JSON.stringify({sports: undefined}));
```

[실행결과] 3번에 빈 오브젝트가 출력되었으며 {sports: undefined}의 결과입니다. 프로퍼티 값에 undefined를 작성하면 프로퍼티 이름과 값을 변환에서 제외시킵니다.

```
js.log(JSON.stringify(['ABC', '가나다']));
```

배열[]은 문자열로 변환되며 'ABC'와 '가나다'의 작은따옴표가 큰따옴표로 변환됩니다. [실행결과] 4번에 변환 결과가 출력되었습니다.

```
js.log(JSON.stringify({sports: 'soccer', player: 11}));
```

[실행결과] 5번에 변환 결과가 출력되었습니다. 'soccer'의 작은따옴표가 큰따옴표로 변환되며 따옴표를 사용하지 않은 sports, player가 큰따옴표 안에 작성됩니다. 숫자 11은 변환되지 않았습니다. 오브젝트 안의 숫자, true, false, null은 데이터 타입이 변경되지 않습니다.

■ 두 번째 파라미터에 함수 또는 배열 지정

두 번째 파라미터에 함수 또는 배열을 작성할 수 있습니다.

[소스 15-3-3]

```
var result = JSON.stringify({sports: 'soccer', player: 55},
    function(key, value){
        return key === 'player' ? 11 : value;
    }
);
js.log(result);
```

```
js.log(JSON.stringify({sports: 'soccer', player: 11, time: 90}, ['sports', 'time']));
```

[실행결과 15-3-3]

1. {"sports":"soccer","player":11}
2. {"sports":"soccer","time":90}

```
var result = JSON.stringify({sports: 'soccer', player: 55},
    function(key, value){
        return key === 'player' ? 11 : value;
    }
);
js.log(result);
```

두 번째 파라미터에 함수를 작성하면 함수에서 반환한 결과를 프로퍼티 값으로 사용하여 변환합니다. [실행결과] 1번에 player 프로퍼티 값이 55에서 11로 변경되어 출력된 것은 함수에서 11을 반환하기 때문입니다.

```
js.log(JSON.stringify({sports: 'soccer', player: 11, time: 90}, ['sports', 'time']));
```

두 번째 파라미터에 배열을 작성할 수 있으며 반환 대상이 되는 프로퍼티 이름을 작성합니다. 배열에 작성하지 않은 이름은 반환 대상에서 제외됩니다. 파라미터에 'sports'와 'time'을 작성했으며 [실행결과] 2번에 player가 출력되지 않았습니다.

■ 세 번째 파라미터에 값 지정

세 번째 파라미터는 데이터를 보는 사람의 편의를 위한 것입니다. 100개 프로퍼티를 가진 오브젝트를 한 줄에 표시하면 프로퍼티 이름과 값을 구분하기 어렵습니다. 이때 프로퍼티 단위로 줄을 분리하여 표시하면 쉽게 읽을 수 있습니다. 세 번째 파라미터에 줄 분리자와 같은 제어 문자를 작성합니다. 사람 눈에 보이면 데이터로 인식될 수 있으므로 화이트 스페이스 문자를 사용합니다.

[소스 15-3-4]

```
console.log(JSON.stringify({sports: 'soccer', player: 11}, '', '\r'));
console.log(JSON.stringify({sports: 'soccer', player: 11}, '', 4));
console.log(JSON.stringify({sports: 'soccer', player: 11}, '', "12345"));
```

실행결과를 각 코드 설명에 작성했습니다. [실행결과]에 들여쓰기와 줄 바꿈을 표시하기 위해 console.log( )를 사용합니다.

```javascript
console.log(JSON.stringify({sports: 'soccer', player: 11}, '', '\r'));
```

```
{
"sports": "soccer",
"player": 11
}
```

stringify 함수에서 반환한 결과를 출력한 것이며 오브젝트의 프로퍼티가 줄이 분리되어 표시되었습니다. stringify 함수의 세 번째 파라미터에 지정한 '\r'은 줄 분리 제어문자로 이 값이 {와 sports 사이에, player 앞에, 11과 } 사이에 삽입됩니다. '\r'은 화이트 스페이스로 값이 보이지 않지만 줄을 분리하여 표시합니다.

```javascript
console.log(JSON.stringify({sports: 'soccer', player: 11}, '', 4));
```

```
{
    "sports": "soccer",
    "player": 11
}
```

stringify 함수의 세 번째 파라미터에 숫자를 지정하였으며 들여쓰기가 되어 출력되었습니다. 세 번째 파라미터에 숫자를 지정하면 줄을 바꾸면서 들여쓰기를 합니다. 4를 지정했으므로 4개의 공백으로 들여쓰기 합니다. 최대 10까지 지정할 수 있으며 10보다 크면 10을 사용합니다. 1보다 작은 값을 지정하면 빈 문자열을 지정한 것으로 간주하여 들여쓰기 및 줄 바꿈을 하지 않습니다.

```javascript
console.log(JSON.stringify({sports: 'soccer', player: 11}, '', "12345"));
```

```
{
12345"sports": "soccer",
12345"player": 11
}
```

세 번째 파라미터에 문자열로 값을 지정하면 프로퍼티 이름 앞에 지정한 값을 삽입합니다. "sports" 앞에 표시된 12345는 세 번째 파라미터에 문자열로 작성한 값입니다. 문자열 수가 10이 넘으면 열 자리까지만 표시합니다.

16

Function 오브젝트

Function 오브젝트는 함수를 제어합니다.

16.1 프로퍼티 리스트

아래는 ES5 스펙 기준 Function 오브젝트의 프로퍼티 리스트입니다.

이름	개요
Function	
new Function( )	인스턴스 생성
Function( )	인스턴스 생성
Function 프로퍼티	
length	함수에 선언한 파라미터 수
Function.prototype	
constructor	생성자
toString( )	함수를 문자열로 반환
call(( )	함수 호출
apply( )	함수 호출: 배열로 파라미터 사용
bind( )	새로운 오브젝트를 생성하고 생성한 오브젝트로 함수 실행

16.2 함수 개요

함수(Function)는 실행할 수 있는 자바스크립트 코드(문장)의 묶음입니다. 함수의 구성 요소와 개념을 살펴보겠습니다.

[소스 16-2]

```
function myBook(){
    var read = 'Book';
}
var myBook = function() {
    var read = 'Book';
};
```

■ 함수 이름

책을 지칭하려면 도서명을 사용해야 하듯이 함수를 지칭하려면 함수 이름을 사용해야 합니다. 따라서 함수는 이름을 가져야 합니다. 함수 이름이 없어도 함수를 정의할 수 있지만 임시 사용이며 특별한 형태입니다.

■ 함수 이름 명명 규칙

문자열 타입에 맞으면 함수 이름으로 사용할 수 있습니다. 첫 문자는 영문자, $, 언더바(_)만 사용할 수 있으며 숫자, &, *, @, +를 사용할 수 없습니다. 함수 기능을 나타내도록 함수 이름을 사용합니다. 함수는 값을 계산하는 것과 같이 동적 처리를 동반하므로 명사보다는 동사를 사용합니다. 동사로 의미 전달이 부족하면 명사를 같이 사용합니다.

일반적인 코딩 관례이지만, 함수 이름의 첫 단어는 소문자로 작성하고 이어진 다음 단어의 첫 문자를 대문자로 작성하며 나머지는 소문자로 작성합니다. myBook에서 my는 소문자이고 다음 단어 Book의 첫 번째 문자는 대문자 B이고 나머지 ook는 소문자입니다. 이 형태가 낙타 등 같다고 하여 카멜 케이스(Camel Case)라고 부릅니다.

일반적인 관례이지만 값을 설정하는 함수는 setValue( )와 같이 set을 사용하며, 값을 구하는 함수는 getValue( )와 같이 get을 사용합니다. 값을 설정하는 함수를 세터(setter), 값을 구하는 함수를 게터(getter)라고 부릅니다.

■ function 키워드

자바스크립트가 함수를 인식하는 기준은 "function" 키워드입니다. 즉 function 키워드를 사용해서 자바스크립트 코드를 작성하면 자바스크립트가 함수로 인식합니다. 함수는 function 키워드, 함수 이름, 함수 블록의 자바스크립트 코드로 구성됩니다.

■ 함수 호출

뒤에서 내 이름을 부르면 돌아보게 되듯이 함수 이름을 부르면 돌아보게 됩니다. 함수 이름을 부르는 것을 "함수 호출"이라고 합니다. 돌아보는 행동은 함수 안에 작성된 자바스크립트 코드가 실행되는 것과 같습니다. 함수를 호출하는 목적은 함수 안에 작성된 자바스크립트 코드를 실행하기 위해서입니다.

■ 파라미터(Parameter)

호출하는 함수에서 호출받는 함수로 값(데이터)을 넘겨 주려면 양쪽 함수에 파라미터를 작성해야 합니다. 함수 외부의 값을 받아 함수 내부에서 사용할 수 있도록 중간 역할을 하는 것이 파라미터입니다. 아래와 같이 함수의 소괄호( ) 안에 파라미터를 작성합니다. 콤마로 구분하여 다수의 파라미터를 작성할 수 있으며 이를 파라미터 리스트(List)라고 합니다.

```
function myBook(book) {
    var read = book;
}
myBook('책')
```

호출하는 함수에서 myBook('책')과 같이 "책"을 파라미터로 넘겨주면 호출받는 함수의 파라미터에 작성된 book에 "책"이 설정됩니다. 함수 안에 var read = book; 문장을 실행하면 book에 "책"이 설정되어 있으므로 read 변수에 "책"이 할당됩니다.

파라미터를 매개변수, 인수, 인자라고 부르기도 하지만 이 책에서는 파라미터로 사용합니다. 또한 파라미터를 아규먼트(Argument)로 부르기도 하지만 자바스크립트에 Argument 오브젝트가 있으므로 이 책에서 아규먼트는 아규먼트 오브젝트를 나타내는 데 사용합니다.

16.3 new Function( )

new Function( )은 새로운 Function 오브젝트를 생성하여 반환합니다.

[문법]

구분	타입	데이터(값)
파라미터	String	param1, param2,,, paramN옵션
	String	실행 가능 자바스크립트 코드옵션
반환	Function	생성한 Function 오브젝트

[문법]에 파라미터를 두 개로 구분하여 작성했지만 실제로는 아래와 같이 콤마로 구분하여 파라미터를 작성합니다. 파라미터를 구분한 것은 작성한 파라미터 수에 따라 다르게 해석하기 때문이며 각 기능을 설명하기 위해서입니다.

new Function(param1, param2,,, paramN, 실행 가능 자바스크립트 코드)

▶ 파라미터를 2개 이상 작성했을 때:
마지막 파라미터를 호출받은 함수 안에서 실행되는 자바스크립트 코드로 사용합니다. 마지막 파라미터를 제외한 앞의 파라미터는 호출받은 함수에서 파라미터 이름으로 사용합니다. [소스 16-3]에서 첫 번째 예제 형태입니다.

▶ 파라미터를 하나만 작성할 때:
[문법]에서 첫 번째 파라미터를 작성하지 않고 두 번째 파라미터인 호출받은 함수 안에서

실행되는 자바스크립트 코드를 작성합니다. 호출받은 함수에 파라미터가 없다는 것을 나타냅니다. 아래 [소스 16-3]에서 두 번째 예제 형태입니다.

[소스 16-3]

```
var obj = new Function('book', 'return book;');
js.log(obj('책'));

obj = new Function('return 1 + 2 + 3;');
js.log(obj());
```

[실행결과 16-3]

1. 책
2. 6

```
var obj = new Function('book', 'return book;');
```

new Function( )에 파라미터를 두 개 작성했습니다. 첫 번째 파라미터 'book'은 호출한 함수에서 넘겨준 값을 받는 파라미터 이름으로 사용되고, 두 번째 파라미터는 함수 안에서 실행할 자바스크립트 코드로 사용됩니다. 아래 [그림 16-3]은 생성한 Function 오브젝트가 할당된 obj 모습입니다.

[그림 16-3]

```
▼ obj: function anonymous(book
    arguments: null
    caller: null
    length: 1
    name: ""
  ▼ prototype: Object
    ▶ constructor: function anonymous(book
    ▶ __proto__: Object
  ▼ __proto__: function Empty() {}
    ▶ apply: function apply() { [native code] }
      arguments: null
    ▶ bind: function bind() { [native code] }
    ▶ call: function call() { [native code] }
      caller: null
    ▶ constructor: function Function() { [native code] }
      length: 0
      name: "Empty"
    ▶ toString: function toString() { [native code] }
    ▶ __proto__: Object
    ▶ <function scope>
  ▶ <function scope>
```

obj 인스턴스 안에 있는 모든 것을 프로퍼티(Property)라고 합니다. length 프로퍼티가 있으며 그 아래 prototype 프로퍼티가 있으며 이는 다수의 프로퍼티들을 갖고 있으므로 [그림

16-3]과 같이 펼칠 수 있습니다. 그 아래 __proto__ 프로퍼티가 있으며 이 또한 다수의 프로퍼티를 갖고 있으므로 펼칠 수 있습니다. 이 책에서 [그림 16-3]의 모든 프로퍼티를 하나도 빠짐없이 다루고 있으며 여기서는 Function 인스턴스의 전체 모습을 이해하면 됩니다.

```
js.log(obj('책'));
```

obj( )와 같이 작성하면 new Function( )으로 생성한 함수가 호출됩니다. 이때 파라미터 값으로 '책'을 작성했으므로 호출받은 함수에 파라미터 값으로 넘겨줍니다. 파라미터에 빈 값을 넘겨주려면 obj('')와 같이 빈 문자열을 작성합니다.

파라미터 값을 넘겨주지 않으려면 obj( )와 같이 파라미터를 작성하지 않으면 됩니다. 호출받는 함수에 파라미터 이름을 작성하더라도 함수가 호출되며 값이 넘어가지 않습니다. 호출받는 함수에서 값을 받아 사용한다고 선언한 것입니다.

obj("책") 형태로 함수를 호출하면 new Function( )의 두 번째 파라미터에 작성한 "return book;"이 실행됩니다. 파라미터 book에 "책"이 설정되어 있으므로 "책"을 반환합니다. 이런 과정을 통해 [실행결과] 1번에 책이 출력됩니다.

앞에서 함수를 호출하려면 함수 이름이 필요하다고 하였습니다. new Function( )으로 오브젝트를 생성하여 obj에 할당하므로 obj가 함수 이름이며 인스턴스입니다. 따라서 obj( ) 형태로 함수를 호출할 수 있습니다.

```
obj = new Function('return 1 + 2 + 3;');
result = obj();
```

Function( )에 파라미터를 하나만 작성하면, 함수에서 실행되는 자바스크립트 코드로 인식하며 함수에 파라미터 이름을 작성하지 않은 것으로 간주합니다. obj( )와 같이 호출하면 (return 1 + 2 + 3) 문장이 실행되고 [실행결과] 2번에 6이 출력됩니다.

■ 파라미터 이름 작성 형태

함수에 파라미터 이름을 아래와 같이 분리하거나 하나로 작성할 수 있습니다.

```
var obj = new Function("book", "audio", "video", "return book + audio + video;");
var obj = new Function("book, audio, video", "return book + audio + video;");
var obj = new Function("book, audio", "video", "return book + audio + video;");
```

첫 번째는 파라미터를 각각 작성했으며 두 번째는 큰따옴표 안에 콤마로 구분하여 파라미터를 작성했습니다. 세 번째는 "book, audio"를 작성하고 "video"를 분리하여 작성했습니다. 어떤 형태로 작성하든 세 개의 파라미터 이름을 작성한 것으로 인식됩니다.

16.4 Function( )

Function( )은 new Function( )과 마찬가지로 새로운 Function 오브젝트를 생성하여 반환합니다.

[문법]

구분	타입	데이터(값)
파라미터	String	param1, param2,,,,, paramN옵션
	String	실행 가능 자바스크립트 코드옵션
반환	Function	생성한 오브젝트

Function( )과 new Function( )은 모든 것이 같습니다.

■ length 프로퍼티

생성한 Function 인스턴스에 length 프로퍼티를 할당하며 함수의 파라미터 수를 설정합니다. 파라미터를 선언하지 않으면 0이고 하나를 선언하면 1이 됩니다. length 프로퍼티는 읽을 수는 읽어도 삭제할 수는 없습니다.

■ 함수와 메소드 구분

"9.4절 Object( )"에서 prototype 중심으로 다루었지만, 자바스크립트에서 함수와 메소드를 확연하게 구분해야 합니다. 왜냐하면 호출하는 형태가 다르기 때문입니다.

글로벌 오브젝트는 new 연산자를 사용하여 인스턴스를 생성할 수 없으며 isNaN( )과 같이 오브젝트를 지정하지 않고 호출합니다. new 연산자를 사용할 수 없는 오브젝트의 function 은 메소드가 아닌 함수입니다. 따라서 글로벌 오브젝트의 모든 function은 함수입니다.

Array 오브젝트는 new 연산자로 인스턴스를 생성할 수 있으며 인스턴스.push( ) 또는 Array.prototype.push( ) 형태로 메소드를 호출할 수 있습니다. new 연산자로 인스턴스를 생성했을 때 function이 인스턴스에 존재하면 메소드입니다. Array.isArray는 인스턴스에 할당되지 않으므로 함수입니다.

16.5 함수 생명주기

일반적으로 new Function( ) 형태로 함수 인스턴스를 생성하지 않으며 function getBook( ) {} 형태로 함수 인스턴스를 생성합니다.

[소스 16-5]

```
function getBook(book){
    return book;
}
var result = getBook('책');
js.log(result);
```

[실행결과 16-5]

1. 책

[소스 16-5]는 var getBook = new Function('book', 'return book;')과 형태는 다르지만 기능이 같습니다. [실행결과]에 "책"이 출력된 것은 이를 증명합니다. 함수가 실행되어 결과를 반환하고 종료하는 일련의 과정을 함수 생명주기라고 합니다. 이에 대해 살펴보겠습니다.

함수 생명 주기

1. 자바스크립트 엔진이 function 키워드를 만나면 함수로 인식합니다.
   {코드} function getBook(book){…}
2. 인스턴스 이름이 getBook인 Function 인스턴스를 생성합니다.
3. 글로벌 오브젝트에 설정됩니다.
   {설명} 생성한 인스턴스를 설정할 오브젝트를 지정하지 않았기 때문입니다.
   {설명} 여기까지가 Function 인스턴스 생성 단계입니다.

4. getBook 함수를 호출합니다.
   {코드} var result = getBook('책');
5. "책"을 파라미터 값으로 호출받는 함수에 넘겨줍니다.
   {설명} 여기까지가 함수 호출 단계입니다.

6. 자바스크립트 엔진이 호출된 함수로 이동합니다.
7. 파라미터로 받은 값을 함수의 파라미터 이름에 설정합니다.
   {코드} function getBook(book){…}
8. 함수 안의 자바스크립트 코드를 실행합니다.

{코드} return book;
9. 반환 값을 갖고 함수를 호출한 곳으로 돌아갑니다.
{설명} 여기까지가 함수 실행 단계입니다.
10. 반환 값을 result 변수에 할당합니다.
{코드} var result = getBook('책');

함수가 생명 주기를 실행하기 위해서는 자바스크립트 문법에 맞추어 함수를 생성하고 호출해야 합니다.

16.6 함수 선언문

함수 정의(Function Definition)란 함수를 호출할 수 있도록 자바스크립트 문법에 맞게 함수를 작성하는 것을 의미합니다. 함수 정의는 함수 선언문(Function Declaration) 형태와 함수 표현식(Function Expression) 형태로 나눕니다. 이 절에서는 함수 선언문 형태를 다루고 다음 절에서 함수 표현식 형태를 다룹니다.

[문법]

구분	타입	데이터(값)
function	Function	function 키워드
식별자	String	함수 이름
파라미터		파라미터 리스트_{옵션}
함수 블록	Object	{실행 가능 코드_{옵션}}
반환	Function	Function Object

함수 선언문은 아래 형태로 작성합니다.

[소스 16-6]

```
function myHome(book, video, audio) {
    return book + video + audio;
};
```

function 키워드와 함수 이름을 반드시 작성해야 합니다. 파라미터는 옵션이므로 작성하지 않아도 됩니다. 함수 블록을 나타내는 오브젝트 리터럴{}은 작성해야 하지만 블록 안에 자바스크립트 코드를 작성하지 않아도 됩니다.

자바스크립트 엔진이 function 키워드를 만나면 new Function( )을 실행하는 것과 같이 Function 인스턴스를 생성하며 myHome이 인스턴스 이름이 됩니다. 다시 한 번 강조합니다. 자바스크립트 엔진이 function 키워드를 만나면 Function 인스턴스를 생성합니다. 이 개념의 이해가 매우 중요합니다. function을 선언한 것이 아니라 Function 인스턴스를 생성하기 위해서 선언한 것입니다.

16.7 함수 표현식

함수 표현식은 var name = function( ){}과 같이 함수를 변수에 할당하는 형태를 의미합니다.

[문법]

구분	타입	데이터(값)
function	Function	키워드
식별자	String	함수 이름옵션
파라미터		파라미터 리스트옵션
함수 블록	Object	{실행 가능 코드옵션}
반환	Function	Function Object

함수 표현식의 특징은 함수 이름이 선택이므로 지정하지 않을 수 있다는 점입니다. 함수 이름을 지정하지 않으면 함수를 할당한 왼쪽의 변수 이름이 함수 이름이 됩니다. [소스 16-7-1]에서 함수 이름을 사용하지 않는 형태를 살펴보고 [소스 16-7-2]에서 함수 이름을 사용한 형태를 살펴봅니다.

[소스 16-7-1]

```
var myHome = function(param) {
    return param;
};

var result = myHome('노트북');
js.log(result);
```

[실행결과 16-7-1]

1. 노트북

자바스크립트 엔진이 function 키워드를 만나면 Function 인스턴스를 생성합니다. 함수 이름이 없으므로 생성한 Function 인스턴스를 할당한 변수 이름이 함수 이름이 됩니다. 자바스크립트 엔진이 myHome("노트북")을 만나면 함수로 인식하여 호출하며 이때 "노트북"을 파라미터로 넘겨줍니다. 호출받은 함수에서 파라미터 값을 반환하므로 [실행결과]에 "노트북"이 출력되었습니다.

[소스 16-7-2]

```
var yourHome = function myHome(param) {
    if (param === 101){
        return param;
    }
    return myHome(param + 1);
};


var result = yourHome(100);
js.log(result);
```

[실행결과 16-7-2]

1. 101

자바스크립트 엔진이 function 키워드를 만나면 Function 인스턴스를 생성합니다. 함수 이름이 있으므로 myHome을 갖게 되며 전체를 yourHome 변수에 할당합니다.

함수 밖에서 myHome(100) 형태로 함수를 호출하면 에러가 발생합니다. 이유는 myHome( )을 호출하는 시점, 위치가 잘못되었기 때문입니다. 즉, 용도에 맞게 사용하지 않은 것입니다. [소스 16-7-2]와 같이 함수 안에서 자신을 호출할 때 함수 이름을 사용합니다. 이를 재귀 함수라고 하며 "29.1절 재귀 함수"에서 다루고 있습니다.

yourHome(100) 형태로 함수를 호출하면 호출됩니다. 함수 안에서 100에 1을 더해 자신을 호출합니다. 그리고 if (param === 101){return param}으로 101을 반환합니다. 이 문장은 함수에서 함수 자신을 호출하면 무한 루프를 돌게 되므로 반복을 해제하는 역할을 합니다. 반환된 101을 다시 반환하므로 [실행결과]에 101이 출력되었습니다.

아래와 같이 함수 이름과 변수 이름을 같게 작성해도 에러가 발생하지 않고 실행되며 변수 이름에 할당된 함수가 호출됩니다. 하지만 좋은 코드는 아닙니다.

```
var one = function one(param) {
    return param;
};
one('스마트폰');
```

16.8 문자열로 변환

toString 메소드는 함수 코드를 문자열로 반환합니다.

[문법]

구분	타입	데이터(값)
object	Function	Function 인스턴스
파라미터		사용하지 않음
반환	String	변환한 값

함수에는 다수의 문장이 있으며 대부분 한 줄이 아니며 줄을 분리하여 작성합니다. 또한 코드를 쉽게 읽기 위해 들여쓰기도 합니다. ES5 스펙에서 함수 코드 출력을 구현 개발자에게 일임하고 있으므로 브라우저마다 표시되는 형태가 다를 수 있습니다.

[소스 16-8]

```
var myHome = function(book) {
    return book;
};
console.log(myHome.toString());
```

[실행결과 16-8]

```
1. function (book) {
       return book;
   }
```

[실행결과]에 Function 인스턴스를 생성한 함수 코드가 문자열로 출력되었습니다. 함수 코드를 문자열로 출력하는 것이 기능적으로 의미가 없지만 toString 메소드가 Function 오브젝트에 있어야 하는 이유가 있습니다.

Function 오브젝트에 toString 메소드가 없으면 Object.prototype에 연결된 프로퍼티로 인스턴스를 생성하여 상속받으므로 "[object Object]" 형태가 되어 목적과 다른 결과가 출력됩니다. ES3 스펙이 발표된 시점에는 브라우저에 개발자 도구도 없었으며 자바스크립트 엔진에서 인식하는 함수 코드를 볼 수 있는 방법이 없었습니다. toString 메소드를 사용하여 함수 코드를 출력해서 보기도 했습니다.

16.9 함수 호출

call 메소드는 object 위치에 작성한 함수를 호출합니다.

[문법]

구분	타입	데이터(값)
object	Function	호출할 함수 이름
파라미터	Object	this로 참조할 오브젝트
		호출된 함수에 넘겨 줄 파라미터_{옵션}
반환		호출된 함수에서 반환한 값

myHome( )과 같이 작성하면 함수가 호출되듯이 call 메소드도 object 위치에 작성한 함수를 호출합니다. 두 번째 파라미터에 호출받는 함수로 넘겨 줄 파라미터 값을 작성합니다. 콤마로 구분하여 다수를 작성할 수 있습니다.

첫 번째 파라미터에 호출된 함수에서 this로 참조할 오브젝트를 작성합니다. 타입이 오브젝트이므로 오브젝트를 지정할 수 있습니다. 일반적으로 this를 지정합니다.

call 메소드의 첫 번째 파라미터는 호출받는 함수에 파라미터로 넘어가지 않습니다. 호출한 함수의 파라미터에 작성한 순서로 호출받는 함수의 파라미터에 작성된 순서의 이름에 값이 설정됩니다. 하지만 call 메소드는 첫 번째 파라미터가 제외되므로 두 번째 파라미터가 호출받는 함수의 첫 번째 파라미터 이름에 설정되고 세 번째 파라미터가 호출받는 함수의 두 번째 파라미터 이름에 설정됩니다.

[소스 16-9]

```
var getValue = function(one, two) {
    return one + two;
};
js.log(getValue.call(this, 10, 20));
```

1. 30

```
var getValue = function(one, two) {
    return one + two;
};
```

함수 표현식으로 getValue 함수를 선언하였으며 파라미터에 one과 two를 작성하였습니다. 함수가 호출되면 파라미터로 받은 one에 two를 더해 결과를 반환합니다.

```
js.log(getValue.call(this, 10, 20));
```

call 메소드 앞에 작성한 getValue 함수를 호출합니다. 첫 번째 파라미터에 this를 작성했으므로 호출받은 함수에서 this.property_name 형태로 접근하여 프로퍼티 값을 구할 수 있습니다. 두 번째 파라미터에 10을, 세 번째 파라미터에 20을 작성했으므로 호출받은 함수의 one에 10이 설정되고 two에 20이 설정됩니다. 그리고 getValue 함수에서 10과 20을 더해 30을 반환하며 [실행결과]에 30이 출력됩니다.

16.10 함수 호출: 배열 사용

apply 메소드는 object 위치에 작성한 함수를 호출합니다. 배열로 파라미터를 넘겨 줍니다.

[문법]

구분	타입	데이터(값)
object	Function	호출할 함수
파라미터	Object	this로 참조할 오브젝트
	Array	호출된 함수에 넘겨 줄 파라미터옵션, arguments옵션
반환		호출된 함수에서 반환한 값

object 위치에 작성한 함수를 호출하면서 파라미터를 넘겨주는 형태는 call 메소드와 같습니다. 두 번째 파라미터를 배열로 작성하는 점이 다릅니다. call 메소드는 콤마로 구분하여 두 번째 이후의 파라미터를 작성하지만, apply 메소드는 배열로 파라미터를 작성합니다. arguments 오브젝트를 지정할 수도 있습니다. 따라서 호출 받는 함수에서 이에 대응하도록 코드를 작성해야 합니다.

[소스 16-10]

```
var getValue = function() {
    var list = arguments,
        total = 0;
    for (var k = 0; k < list.length; k++){
        total += list[k];
    }
    return total;
};
js.log(getValue.apply(this, [10, 20, 30]));
```

[실행결과 16-10]

1. 60

```
var getValue = function() {
    var list = arguments,
};
```

getValue 함수에 파라미터 이름을 작성하지 않았으며 대신 함수 안에서 arguments를 사용하고 있습니다.

```
js.log(getValue.apply(this, [10, 20, 30]););
```

getValue를 호출하면서 배열로 [10, 20, 30]을 파라미터로 넘겨줍니다. 그런데 호출받는 getValue 함수에 파라미터를 작성하지 않았습니다. 함수가 호출되면 파라미터 작성에 관계없이 넘겨받은 파라미터 값을 arguments 오브젝트에 설정합니다. 따라서 호출받는 함수에 파라미터를 작성하지 않아도 호출한 함수에서 보낸 파라미터 값을 사용할 수 있습니다. arguments를 읽으면 파라미터로 받은 모든 값을 구할 수 있습니다.

```
var list = arguments, total = 0;
for (var k = 0; k < list.length; k++){
    total += list[k];
}
```

getValue 함수에서 arguments를 list 변수에 설정한 후 for 문으로 반복하면 호출한 함수에서 넘겨준 파라미터 값을 하나씩 처리할 수 있습니다. 파라미터 값을 누적하여 반환하므로 [실행결과]에 60이 출력되었습니다.

만약 호출된 함수에 이름을 작성하여 파라미터 값을 받으려면 아래와 같이 작성합니다. 하지만 이 형태는 apply 메소드 특징을 활용한 것이 아니며 call 메소드를 사용하는 것이 더 적절합니다.

```
var getValue = function(p1, p2, p3) {
    return p1 + p2 + p3;
};
var result = getValue.apply(this, [10, 20, 30]);
```

16.11 call( )과 apply( ) 차이

단지 파라미터를 한꺼번에 넘기는 것이 편해서 apply 메소드를 사용하는 것은 아닙니다. call 메소드와 apply 메소드는 각각 특징을 갖고 있으므로 상황에 맞는 메소드를 사용해야 합니다. 이에 대해 살펴보겠습니다.

■ 파라미터 고정

call 메소드는 파라미터가 고정되어 있을 때 유용합니다. 파라미터가 고정되어 있으니 book, audio와 같이 의미 있는 이름을 사용할 수 있으므로 코드의 가독성이 향상됩니다. 또한 대략적으로 파라미터로 넘어올 값을 이해할 수 있습니다.

apply 메소드는 파라미터를 배열로 넘겨주므로 함수 안에서 사용하는 형태를 이해해야 파라미터를 알 수 있습니다. 따라서 시간이 걸립니다.

■ 파라미터가 가변적

call 메소드는 파라미터가 고정되어 있으므로 파라미터 수가 변동될 때는 어려움이 있습니다. 예를 들어 HTML에 10개의 체크박스를 작성했으며 사용자가 선택한 체크박스에 해당하는 값을 합산한다고 할 때 사용자는 하나에서 열 개까지 선택할 수 있으므로 선택이 유동적입니다. 그렇다고 파라미터 이름을 10개 작성하는 것도 어색하며 함수 안에서 파라미터 이름으로 합산해야 합니다.

이럴 때 apply 메소드를 사용합니다. 사용자가 선택한 것을 배열에 설정하고 이를 파라미터로 넘겨줍니다. 사용자의 선택에 따라 배열의 길이가 달라질 뿐 프로그램이 그때마다 변경되지 않습니다. 호출받은 함수에서도 arguments로 배열을 읽어서 합산하면 되므로 파라미터 수에 신경 쓰지 않아도 됩니다.

■ 혼합 사용

호출받는 함수에 파라미터 이름을 작성하고 apply 메소드로 배열을 넘겨주면 호출받는 함수의 파라미터 이름 기준으로 값이 설정됩니다. 호출한 함수에서 넘겨준 파라미터가 arguments 오브젝트에 설정되므로 두 형태를 혼합해서 사용하면 가독성을 최대한 살리면서 파라미터 값을 처리할 수 있습니다. 호출받는 함수의 파라미터 이름 수가 배열의 엘리먼트 수보다 많으면 남는 파라미터 이름에 undefined가 설정됩니다.

ES5에서 Function 오브젝트에 bind 메소드가 추가되었습니다. 이 메소드는 함수를 호출하는 개념도 다르고 사전 이해가 선행되어야 하므로 "27장. this 바인딩 오브젝트"에서 다루고 있습니다.

17

Boolean 오브젝트

Boolean 오브젝트는 true와 false를 가진 오브젝트입니다.

17.1 프로퍼티 리스트

아래는 Boolean 오브젝트의 프로퍼티 리스트입니다.

이름	개요
Boolean	
new Boolean( )	인스턴스 생성
Boolean 함수	
Boolean( )	불린 타입으로 변환
Boolean.prototype	
constructor	생성자
toString( )	불린 값을 문자열로 반환
valueOf( )	프리미티브 값 반환

17.2 Boolean 개요

불린(Boolean) 타입은 true와 false로 구성되며 문자열 타입, 숫자 타입과 같이 자바스크립트에서 하나의 타입입니다. 불린 오브젝트는 빌트인 오브젝트입니다. 불린 타입은 크게 두 가지 목적으로 사용합니다. 첫째 true와 false 값입니다. 둘째 조건이 일치하면 true, 일치하지 않으면 false로 조건의 일치 여부를 체크할 때 사용합니다.

불린 타입은 아래 기준으로 값을 인식합니다.

불린 값 인식 기준

1. 값이 undefined 또는 null이면 false로 인식합니다.
2. 숫자 타입으로 0 또는 NaN이면 false로 인식하고 값이 있으면 true로 인식합니다.
3. 문자열 타입에서 값이 빈 문자열이면 false로 인식하고 값이 있으면 true로 인식합니다.
4. Object이면 true로 인식합니다.

불린 타입은 아래 기준으로 데이터(값)을 변환합니다.

데이터(값) 변환 기준

1. true, false를 숫자 타입으로 변환할 수 있으며 true는 1로, false는 0으로 변환합니다.
2. 문자열로 변환하면 true는 "true"로 false는 "false"로 변환합니다.
3. Object로 변환하면 Boolean 오브젝트가 되고 파라미터 값이 [[PrimitiveValue]]에 설정됩니다.

17.3 new Boolean( )

new Boolean( )은 새로운 Boolean 오브젝트를 생성하여 반환합니다.

[문법]

구분	타입	데이터(값)
파라미터		값
반환	Boolean	생성한 오브젝트

파라미터에 작성한 값은 생성된 인스턴스의 [[PrimitiveValue]]에 불린 값으로 변환하여 설정합니다. 이 값은 valueOf 메소드로 반환받을 수 있습니다. 'true' 또는 'false'와 같이 문자열로 지정하면 문자열 값을 변환하지 않고 문자열 값의 지정 여부를 체크하여 true/false를 설정합니다. 즉 "true" 또는 "false"를 지정하면 true가 설정됩니다.

[소스 17-3-1]

```
var obj = new Boolean(true);
js.log(typeof obj);
js.log(obj);

js.log(new Boolean(null));
js.log(new Boolean(undefined));
```

[실행결과 17-3-1]

```
1. object
2. true
3. false
4. false
```

```
var obj = new Boolean(true);
js.log(typeof obj);
```

new 연산자로 Boolean 인스턴스를 생성하여 obj에 할당한 후 typeof 연산자로 obj 타입을 출력하였더니 [실행결과] 1번에 object가 출력되었습니다. 즉 obj는 true/false 값이 아닌 인스턴스입니다.

```
js.log(obj);
```

생성한 인스턴스를 출력하면 인스턴스의 [[PrimitiveValue]]에 설정된 값이 반환되므로 [실행결과] 2번에 true가 출력되었습니다.

```
js.log(new Boolean(null));
```

파라미터에 null을 지정하여 인스턴스를 생성한 후 인스턴스를 [실행결과] 3번에 출력하였더니 false가 출력되었습니다. null이 출력되지 않고 false가 출력된 것은 인스턴스를 생성할 때 파라미터 값을 불린 타입으로 변환하여 [[PrimitiveValue]]에 설정하기 때문입니다.

```
js.log(new Boolean(undefined));
```

undefined도 불린 타입으로 변환하면 false가 되므로 [실행결과] 4번에 false가 출력되었습니다.

[소스 17-3-2]

```
js.log(new Boolean('false'));
js.log(new Boolean('1'));
js.log(new Boolean('0'));

js.log(new Boolean(0));
```

[실행결과 17-3-2]

1. true
2. true
3. true
4. false

```
js.log(new Boolean('false'));
js.log(new Boolean('1'));
js.log(new Boolean('0'));
```

파라미터에 문자열로 'false'를 지정하면 false로 변환될 것으로 생각할 수 있습니다. 하지만 값에 관계없이 파라미터가 문자열이면 문자열 길이에 따라 불린 값으로 변환합니다. "false"와 같이 문자열 길이가 0보다 크면 true로, 빈 문자열이면 false로 변환됩니다. 그래서 [실행결과] 1번, 2번, 3번에 true가 출력되었습니다.

```
js.log(new Boolean(0));
```

파라미터 값이 숫자 0이면 false가 반환되고 문자열 "0"이면 true가 반환됩니다.

17.4 Boolean( )

Boolean( )은 파라미터 값을 불린 타입으로 변환하여 반환합니다.

[문법]

구분	타입	데이터(값)
파라미터		값
반환	Boolean	변환한 값

파라미터에 지정한 값을 불린 타입으로 변환하여 반환합니다. 따라서 반환 값은 true 또는 false입니다. 불린 타입으로 변환 기준은 [표 4-14]에 작성되어 있습니다.

[소스 17-4]

```
js.log(Boolean('1'));
js.log(Boolean(0));
```

[실행결과 17-4]

```
1. true
2. false
```

Boolean 함수의 파라미터에 문자열 "1"를 지정했더니 [실행결과] 1번에 true가 출력되었습니다. 파라미터에 숫자 0을 지정했더니 [실행결과] 2번에 false가 출력되었습니다. 이처럼 Boolean( )은 파라미터에 지정한 값을 불린 타입으로 변환합니다.

17.5 문자열로 변환

toString 메소드는 object 위치에 지정한 true/false를 문자열로 변환하여 반환합니다.

구분	타입	데이터(값)
object	Boolean	변환 대상 값
파라미터		사용하지 않음
반환	String	문자열로 변환된 값

object에 위치에 지정한 true/false를 문자열로 변환하여 반환합니다. 즉 "true", "false"로 반환합니다.

[소스 17-5]

```
var result = true.toString();
js.log(result);
js.log(true === result);
```

[실행결과 17-5]

```
1. true
2. false
```

[실행결과] 1번에 true가 출력되었으며 이 값은 object 위치에 지정한 true입니다. [실행결과] 2번에 false가 출력된 것은 true를 문자열로 변환하므로 데이터 타입이 다르기 때문입니다.

17.6 프리미티브 값 반환

valueOf 메소드는 인스턴스의 프리미티브 값을 반환합니다.

[문법]

구분	타입	데이터(값)
object	Boolean	Boolean 인스턴스
파라미터		사용하지 않음
반환	Boolean	true/false

object 위치에 Boolean 인스턴스를 지정하며 인스턴스의 프리미티브 값을 반환합니다.

[소스 17-6]

```
var obj = new Boolean();
```

```
js.log(obj.valueOf());
```

[실행결과 17-6]

1. false

```
var obj = new Boolean();
js.log(obj.valueOf());
```

new Boolean( )에서 파라미터에 값을 지정하지 않으면 false로 간주됩니다. 따라서 [실행결과] 1번에 false가 출력되었습니다.

18

Math 오브젝트

Math 오브젝트는 수학 계산을 위한 상수와 함수를 제공합니다.

18.1 프로퍼티 리스트

아래는 ES5 스펙 기준 Math 오브젝트의 프로퍼티 리스트입니다.

이름	개요
Math 상수	
	[표 18-2] 참조
Math 함수	
abs( )	절댓값 반환
floor( )	소수 이하 버림, 정숫값 반환
ceil( )	소수 이하 절상, 정숫값 반환
round( )	소수 이하 반올림, 정숫값 반환
max( )	최댓값
min( )	최솟값
random( )	0에서 1미만 난수
log( )	자연로그 값
cos( )	코사인(cosine)
acos( )	아크 코사인(arc cosine)
sin( )	사인(sine)
asin( )	아크 사인(arc sine)
tan( )	탄젠트(tangent)
atan( )	아크 탄젠트(arc tangent)
atan2( )	y, x 좌표의 아크 탄젠트(arc tangent)
sqrt( )	제곱근
exp( )	자연로그 상수(e)의 제곱근
pow( )	x의 y자승 값

18.2 Math 오브젝트 상수

Math 오브젝트는 3.14159(π)와 같이 상수 프로퍼티와 양수, 음수를 무시하고 절댓값을 반환하는 함수를 제공합니다. Math 오브젝트는 new 연산자로 새로운 오브젝트를 생성할 수 없습니다. 따라서 Math.PI, Math.abs( )와 같이 object 위치에 Math를 작성합니다.

■ 싱글 오브젝트

new 연산자로 새로운 오브젝트를 생성할 수 없는 오브젝트를 ES5 스펙에서 싱글 오브젝트 (Single Object)로 표기하고 있습니다. Math, 글로벌 오브젝트, JSON 오브젝트가 싱글 오브젝트입니다. 따라서 Math 오브젝트의 function은 메소드가 아닌 함수입니다.

■ Math 오브젝트 상수

원주율을 나타내는 PI(π) 값은 3.1415926535897932로 값이 정해져 있습니다. 이처럼 값이 변하지 않는 값을 상수라고 합니다. 아래 [표 18-2]는 Math 오브젝트에서 제공하는 상수 리스트입니다. 상수는 영문 대문자로 표기하는 것이 코딩 관례입니다.

[표 18-2] Math 오브젝트 상수

프로퍼티 이름	값	기능
E	2.7182818284590452354	자연로그 상수(e)
LN10	2.302585092994046	자연로그 10
LN2	0.6931471805599453	자연로그 2
LOG2E	1.4426950408889634	밑이 2인 e(자연로그 밑) 로그 값
LOG10E	0.4342944819032518	e의 상용 로그(10을 밑으로 하는 로그) 값
PI	3.1415926535897932	π
SQRT1_2	0.7071067811865476	0.5의 제곱근 값
SQRT2	1.4142135623730951	2의 제곱근

18.3 절댓값

abs 함수는 절댓값을 반환합니다.

[문법]

구분	타입	데이터(값)
파라미터	Number	값
반환	Number	절댓값

파라미터에 변환하려는 값을 지정합니다. 절댓값이라고 해서 부호가 없는 값이 아니라 음수를 양수로 변환한다는 표현이 더 정확합니다. Math.abs(-12)는 12를 반환합니다. -0이면

+0을, −∞이면 +∞를, NaN이면 NaN을 반환합니다.

[소스 18-3]

```
js.log(Math.abs(-123));
js.log(Math.abs(NaN));
js.log(Math.abs(-Infinity));
```

[실행결과 18-3]

1. 123
2. NaN
3. Infinity

abs 함수의 파라미터에 −123을 지정했으면 [실행결과] 1번에 123이 출력되었습니다. 이처럼 abs 함수는 음수를 무시한 절댓값을 반환합니다. NaN의 절댓값은 NaN으로 [실행결과] 2번에 NaN이 출력되었습니다. [실행결과] 3번은 −Infinity를 절댓값으로 변환한 결과입니다.

18.4 소수 이하 버림

floor 함수는 소수 이하 값을 버리고 정숫값을 반환합니다.

[문법]

구분	타입	데이터(값)
파라미터	Number	값
반환	Number	변환된 값

파라미터에 작성한 값에 소수 값이 있으면 소수 이하를 버립니다. 그리고 남은 값이 양수이면 그대로 반환하고 음수이면 −1을 더해 반환합니다. NaN을 지정하면 NaN을, 0이면 0을, 무한대이면 무한대를 반환합니다.

[소스 18-4]

```
js.log(Math.floor(5.3));
js.log(Math.floor(-1.7));
```

```
1. 5
2. -2
```

Math.floor(5.3)에서 소수 이하 3을 버리면 5가 남게 되므로 [실행결과] 1번에 5가 출력됩니다. Math.floor(-1.7)에서 소수 이하 7을 버리면 -1이 남고 여기에 -1을 더하므로 [실행결과] 2번에 -2가 출력됩니다.

18.5 소수 이하 절상

ceil 함수는 소수점 이하 값을 절상하여 정숫값을 반환합니다.

[문법]

구분	타입	데이터(값)
파라미터	Number	값
반환	Number	변환된 값

파라미터에 작성한 값에 소수 값이 있으면 소수 이하 값을 버립니다. 그리고 남은 값이 양수이면 1을 더해 반환하고 음수이면 그대로 반환합니다. NaN을 지정하면 NaN을, 0이면 0을, 무한대이면 무한대를 반환합니다. 0보다 작고 -1보다 크면 -0을 반환합니다.

[소스 18-5]

```
js.log(Math.ceil(5.1));
js.log(Math.ceil(-1.7));
```

[실행결과 18-5]

```
1. 6
2. -1
```

Math.ceil(5.1)에서 소수 이하에 값이 있으므로 절상하게 되어 [실행결과] 1번에 6이 출력됩니다. 값이 음수이면 소수 이하를 버리므로 [실행결과] 2번에 -1이 출력됩니다.

18.6 소수 이하 반올림

round 함수는 소수 이하 값을 반올림하여 정숫값을 반환합니다.

[문법]

구분	타입	데이터(값)
파라미터	Number	값
반환	Number	변환된 값

파라미터 값이 양수이면 소수 이하 첫째 자리에서 반올림하여 반환하고 음수이면 반내림하여 반환합니다. -1.7이면 -2가 반환되고 -1.3이면 -1이 반환됩니다. NaN을 작성하면 NaN을, 0이면 0을, 무한대이면 무한대를 반환합니다. 0보다 크고 0.5보다 작으면 +0을 반환합니다. 0보다 작으면서 -0.5이상이면 -0을 반환합니다.

[소스 18-6]

```
js.log(Math.round(5.1));
js.log(Math.round(5.5));

js.log(Math.round(-1.6));
js.log(Math.round(-1.3));
```

[실행결과 18-6]

```
1. 5
2. 6
3. -2
4. -1
```

5.1에서 소수 이하를 반올림하면 5가 되므로 [실행결과] 1번에 5가 출력됩니다. 5.5를 반올림하면 6이 되므로 [실행결과] 2번에 6이 출력됩니다. 값이 음수이면 소수 첫째 자리에서 반내림하므로 -1.6은 -2가 되어 [실행결과] 3번에 출력됩니다. -1.3은 -1이 되므로 [실행결과] 4번에 -1이 출력됩니다.

18.7 최댓값

max 함수는 파라미터에서 가장 큰 값을 반환합니다.

[문법]

구분	타입	데이터(값)
파라미터	Number	콤마로 구분하여 다수 지정 가능
반환	Number	값

파라미터에 콤마로 구분하여 값을 다수 작성할 수 있습니다. max 함수는 파라미터 값을 전부 숫자 값으로 변환하여 비교합니다. 파라미터를 작성하지 않으면 음수 무한대 값을 반환합니다. NaN이 하나라도 있으면 NaN을 반환합니다.

[소스 18-7]

```
js.log(Math.max(5, 3, 9));
js.log(Math.max());

js.log(Math.max(5, 3, NaN));
js.log(Math.max(5, 3, Infinity));
```

[실행결과 18-7]

```
1. 9
2. -Infinity
3. NaN
4. Infinity
```

```
js.log(Math.max(5, 3, 9));
```

파라미터 값 (5, 3, 9) 중에서 가장 큰 값은 9이므로 [실행결과] 1번에 9가 출력됩니다.

```
js.log(Math.max());
```

max 함수의 파라미터를 작성하지 않으면 음수 무한대 값을 반환하므로 [실행결과] 2번에 -Infinity가 출력됩니다. 파라미터를 하나만 작성하면 작성한 값을 반환합니다.

```
js.log(Math.max(5, 3, NaN));
```

파라미터 값 (5, 3, NaN) 중에서 가장 큰 값으로 [실행결과] 3번에 NaN이 출력되었습니다. 이는 비교 대상 중에서 NaN이 하나라도 있으면 NaN을 반환하기 때문입니다. 조금 더 논리적인 근거는 파라미터 값을 숫자 값으로 변환하여 비교하게 되는데 NaN은 변환할 수 없기 때문입니다.

```
js.log(Math.max(5, 3, Infinity));
```

[실행결과] 4번에 Infinity가 출력된 것은 양의 무한대 값이 숫자 값보다 크기 때문입니다.

18.8 최솟값

min 함수는 파라미터에서 가장 작은 값을 반환합니다.

[문법]

구분	타입	데이터(값)
파라미터	Number	콤마로 구분하여 다수 지정 가능
반환	Number	값

파라미터에 콤마로 구분하여 값을 다수 작성할 수 있습니다. min 함수는 파라미터 값을 전부 숫자 값으로 변환하여 비교합니다. 파라미터를 작성하지 않으면 양수 무한대 값을 반환합니다. NaN이 하나라도 있으면 NaN을 반환합니다.

[소스 18-8]

```
js.log(Math.min(7, 5, 9));
js.log(Math.min(7, 5, Infinity));

js.log(Math.min());
js.log(Math.min(7, 5, NaN));
```

[실행결과 18-8]

1. 5
2. 5
3. Infinity
4. NaN

```
js.log(Math.min(7, 5, 9));
```

파라미터 값 (7, 5, 9)중에서 5가 가장 작은 값이므로 [실행결과] 1번에 5가 출력됩니다.

```
js.log(Math.min(7, 5, Infinity));
```

[실행결과] 2번에 5가 출력된 것은 Infinity가 양수 무한대로 값이 가장 크기 때문입니다.

```
js.log(Math.min());
```

파라미터를 작성하지 않으면 양수 무한대 값을 반환하므로 [실행결과] 3번에 Infinity가 출력됩니다. 파라미터를 하나만 작성하면 작성한 값을 반환합니다.

```
js.log(Math.min(7, 5, NaN));
```

파라미터 값 (7, 5, NaN)중에서 가장 작은 값으로 [실행결과] 4번에 NaN이 출력되었습니다. 비교 대상 중에서 NaN이 하나라도 있으면 NaN을 반환하기 때문입니다.

18.9 0에서 1미만 난수

random 함수는 0에서 1미만의 난수를 반환합니다.

[문법]

구분	타입	데이터(값)
파라미터		사용하지 않음
반환	Number	값

자바스크립트가 0에서 1미만 값을 임의로 만들어 반환합니다.

[소스 18-9]

```
js.log(Math.random());
js.log(Math.random());
```

[실행결과 18-9]

1. 0.418173577869311
2. 0.37099442444741726

random 함수를 실행할 때마다 0에서 1미만의 난수를 만들어 반환합니다.

18.10 자연로그

log 함수는 파라미터 값의 자연로그 값을 반환합니다.

[문법]

구분	타입	데이터(값)
파라미터	Number	값
반환	Number	로그 값

파라미터 값이 NaN이거나 음수이면 NaN을 반환합니다. 0이면 음수 무한대를, 1이면 0을, 양수 무한대이면 양수 무한대를 반환합니다.

[소스 18-10]

```
js.log(Math.log(1));
js.log(Math.log(5));


js.log(Math.log(-1));
js.log(Math.log(0));
```

[실행결과 18-10]

1. 0
2. 1.6094379124341003
3. NaN
4. -Infinity

[실행결과] 1번에 0이 출력된 것은 log 함수의 파라미터에 1을 지정했기 때문입니다. [실행결과] 2번에 출력된 값은 log(5)의 값입니다. 파라미터에 음수 또는 NaN을 작성하면 NaN을 반환하므로 [실행결과] 3번에 NaN이 출력되었습니다. 파라미터에 0을 작성하면 음수 무한대를 반환하므로 [실행결과] 4번에 -Infinity가 출력되었습니다.

18.11 코사인

cos 함수는 파라미터 값의 코사인(cosine) 값을 반환합니다.

[문법]

구분	타입	데이터(값)
파라미터	Number	라디안 값
반환	Number	−1에서 1까지의 값

파라미터에 라디안(Radian) 값을 작성하며 −1과 1까지의 값을 반환합니다. NaN 또는 무한대 값이면 NaN을, 0이면 1을 반환합니다.

[소스 18-11]

```
js.log(Math.cos(Math.PI));
js.log(Math.cos(Math.PI * 2));
js.log(Math.cos(90));

js.log(Math.cos(0));
```

[실행결과 18-11]

```
1. -1
2. 1
3. -0.4480736161291702
4. 1
```

Math.PI의 코사인 값은 [실행결과] 1번에 출력된 −1입니다. Math.PI * 2의 코사인 값은 [실행결과] 2번에 출력된 1입니다. cos(90)의 값은 [실행결과] 3번에 출력된 값입니다. 코사인 값은 −1에서 1까지가 범위입니다. 파라미터에 0을 지정하면 1을 반환하므로 [실행결과] 4번에 1이 출력되었습니다.

브라우저마다 Math.cos(90) 끝자리 값에 차이가 있습니다. [실행결과] 3번 값은 크롬 38 버전 값입니다. IE10과 3대 브라우저 값은 끝자리가 701입니다. Math 오브젝트의 다른 메소드에서도 차이가 날 수 있으므로 정밀 계산이 필요한 프로그램은 브라우저와 버전을 체크해야 합니다.

18.12 아크 코사인

acos 함수는 파라미터 값의 아크 코사인(arc cosine) 값을 반환합니다.

[문법]

구분	타입	데이터(값)
파라미터	Number	−1 ~ 1
반환	Number	0 ~ +π(PI) 라디안

파라미터에 −1에서 1까지의 값을 작성하며 +0에서 +π까지의 라디안 값을 반환합니다. 파라미터 값이 1보다 크거나 −1보다 작으면 NaN을, 1을 지정하면 0을 반환합니다.

[소스 18-12]

```
js.log(Math.acos(-1));
js.log(Math.acos(0));
js.log(Math.acos(1));

js.log(Math.acos(5));
```

[실행결과 18-12]

1. 3.141592653589793
2. 1.5707963267948966
3. 0
4. NaN

−1의 아크 코사인 값은 [실행결과] 1번에 출력된 값이고 0의 아크 코사인 값은 [실행결과] 2번에 출력된 값입니다. 1의 아크 코사인 값은 [실행결과] 3번에 출력된 0입니다. 파라미터에 1보다 크거나 −1보다 작은 값을 지정하면 NaN이 반환되므로 [실행결과] 4번에 NaN이 출력되었습니다.

18.13 사인

sin 함수는 사인(sine) 값을 반환합니다.

[문법]

구분	타입	데이터(값)
파라미터	Number	라디안 값
반환	Number	-1 ~ 1

파라미터에 라디안 값을 작성하며 -1에서 1까지의 값을 반환합니다. NaN 또는 무한대 값이면 NaN을, 0이면 0을 반환합니다.

[소스 18-13]

```
js.log(Math.sin(0));
js.log(Math.sin(Math.PI / 2));
js.log(Math.sin(2));
```

[실행결과 18-13]

```
1. 0
2. 1
3. 0.9092974268256817
```

[실행결과] 1번은 sin(0)의 값이고 2번은 sin(Math.PI / 2)의 값입니다. 3번은 sin(2)의 값입니다.

18.14 아크 사인

asin 함수는 파라미터 값의 아크 사인(arc sine) 값을 반환합니다.

[문법]

구분	타입	데이터(값)
파라미터	Number	-1 ~ 1
반환	Number	$-\pi/2$ ~ $+\pi/2$ 라디안

파라미터에 −1에서 1까지의 값을 작성합니다. −π/2에서 +π/2까지의 라디안 값을 반환합니다. 파라미터 값이 1보다 크거나 −1보다 작으면 NaN을, 0이면 0을 반환합니다.

[소스 18-14]

```
js.log(Math.asin(1));
js.log(Math.asin(-1));
js.log(Math.asin(0));

js.log(Math.asin(2));
```

[실행결과 18-14]

1. 1.5707963267948966
2. -1.5707963267948966
3. 0
4. NaN

asin(1)은 (Math.PI / 2) 값과 같으며 [실행결과] 1번에 출력된 값입니다. asin(-1)은 (Math.PI / 2 * -1) 값과 같으며 [실행결과] 2번에 출력된 값입니다. 파라미터에 0을 지정하면 0을 반환하므로 [실행결과] 3번에 0이 출력되었습니다. 파라미터에 −1에서 1까지의 값을 지정할 수 있으며 이외 값을 지정하면 [실행결과] 4번과 같이 NaN이 반환됩니다.

18.15 탄젠트

tan 함수는 파라미터 값의 탄젠트(tangent) 값을 반환합니다.

[문법]

구분	타입	데이터(값)
파라미터	Number	라디안
반환	Number	계산 결과

파라미터에 NaN 또는 무한대 값을 지정하면 NaN을 반환하며 0이면 0을 반환합니다.

[소스 18-15]

```
js.log(Math.tan(90));
js.log(Math.tan(-90));
js.log(Math.tan(0));
```

```
1. -1.995200412208242
2. 1.995200412208242
3. 0
```

[실행결과] 1번은 tan(90)의 결과이고 [실행결과] 2번은 tan(-90)의 결과입니다. 파라미터에 0을 지정하면 0이 반환되므로 [실행결과] 3번에 0이 출력되었습니다.

18.16 아크 탄젠트

atan 함수는 파라미터 값의 아크 탄젠트(arc tangent) 값을 반환합니다.

[문법]

구분	타입	데이터(값)
파라미터	Number	-1 ~ 1
반환	Number	$-\pi/2$ ~ $+\pi/2$ 라디안

파라미터에 -1에서 1까지의 값을 작성하며 $-\pi/2$에서 $+\pi/2$까지의 라디안 값을 반환합니다. NaN이면 NaN을, 0을 지정하면 0을 반환합니다.

[소스 18-16]

```
js.log(Math.atan(1));
js.log(Math.atan(-1));
js.log(Math.atan(0));
```

[실행결과 18-16]

```
1. 0.7853981633974483
2. -0.7853981633974483
3. 0
```

atan 함수는 파라미터에 -1에서 1까지의 값을 작성할 수 있으며 [실행결과] 1번과 2번에 출력된 범위의 값을 반환합니다.

18.17 y, x 좌표 아크 탄젠트

atan2 함수는 y, x 파라미터 값의 아크 탄젠트(arc tangent) 값을 반환합니다.

[문법]

구분	타입	데이터(값)
파라미터	Number	y축 값
	Number	x축 값
반환	Number	−π ~ +π 라디안

첫 번째 파라미터에 y축 좌푯값을 지정하고 두 번째 파라미터에 x축 좌푯값을 지정합니다. 첫 번째 파라미터가 x축, 두 번째 파라미터가 y축으로 생각할 수 있지만 반대입니다. −π에서 +π까지의 라디안 값을 반환합니다.

[소스 18-17-1]

```
js.log(Math.atan2(20, 90));
js.log(Math.atan2(90, 20));


js.log('-- Y가 +0 --');
js.log(Math.atan2(0, 50));
js.log(Math.atan2(0, 0));
js.log(Math.atan2(0, -0));
js.log(Math.atan2(0, -20));
```

[실행결과 18-17-1]

1. 0.21866894587394195
2. 1.3521273809209546
3. -- Y가 0 --
4. 0
5. 0
6. 3.141592653589793
7. 3.141592653589793

Y값 또는 X값이 0일 때 +0과 −0에 따라 반환되는 값이 다릅니다. 예제 설명은 생략합니다. 예제가 많아 분리하여 작성하였습니다.

```
js.log('-- Y가 0보다 작음 --');
js.log(Math.atan2(-20, +0));
js.log(Math.atan2(-20, -0));

js.log('-- Y가 0이 아니면서 무한대가 아님 --');
js.log(Math.atan2(10, +Infinity));
js.log(Math.atan2(10, -Infinity));
js.log(Math.atan2(-10, +Infinity));
js.log(Math.atan2(-10, -Infinity));
```

[실행결과 18-17-2]

1. -- Y가 0보다 작음 --
2. -1.5707963267948966
3. -1.5707963267948966
4. -- Y가 0이 아니면서 무한대가 아님 --
5. 0
6. 3.141592653589793
7. 0
8. -3.141592653589793

y가 양수 무한대, 음수 무한대일 때 x값에 따라 반환되는 값입니다.

[소스 18-17-3]

```
js.log('-- Y가 +무한대 --');
js.log(Math.atan2(+Infinity, 10));
js.log(Math.atan2(+Infinity, +Infinity));
js.log(Math.atan2(+Infinity, -Infinity));

js.log('-- Y가 -무한대 --');
js.log(Math.atan2(-Infinity, 10));
js.log(Math.atan2(-Infinity, +Infinity));
js.log(Math.atan2(-Infinity, -Infinity));
```

[실행결과 18-17-3]

1. -- Y가 +무한대 --
2. 1.5707963267948966
3. 0.7853981633974483
4. 2.356194490192345

5. -- Y가 - 무한대 --
6. -1.5707963267948966
7. -0.7853981633974483
8. -2.356194490192345

18.18 제곱근

sqrt 함수는 파라미터 값의 제곱근 값을 반환합니다.

[문법]

구분	타입	데이터(값)
파라미터	Number	양수
반환	Number	제곱근 값

파라미터 값이 0보다 작거나 NaN이면 NaN을 반환합니다. 0이면 0을, 무한대이면 무한대를 반환합니다.

[소스 18-18]

```
js.log(Math.sqrt(25));
js.log(Math.sqrt(-25));
js.log(Math.sqrt(0));
```

[실행결과 18-18]

1. 5
2. NaN
3. 0

5의 제곱이 25이므로 [실행결과] 1번에 5가 출력됩니다. -25는 음수이므로 [실행결과] 2번에 NaN 출력됩니다. 파라미터 값이 0이면 0을 반환하므로 [실행결과] 3번에 0이 출력됩니다.

18.19 자연로그 상수(e)의 x승

exp 함수는 자연로그 상수(e)의 x승 값을 반환합니다.

[문법]

구분	타입	데이터(값)
파라미터	Number	값
반환	Number	계산 값

자연로그 상수(e)는 Math.E를 의미하며 값은 2.718281828459045235입니다. 파라미터에 숫자 값을 지정합니다. 파라미터 값이 0이면 1을, NaN이면 NaN을 반환합니다. 양수 무한대이면 양수 무한대를, 음수 무한대이면 0을 반환합니다.

[소스 18-19]

```
js.log(Math.exp(1));
js.log(Math.exp(2));
js.log(Math.exp(0));
```

[실행결과 18-19]

1. 2.718281828459045
2. 7.3890560989306495
3. 1

Math.E의 1승이므로 [실행결과]에 Math.E 값이 출력되었습니다. [실행결과] 2번에 출력된 값은 Math.E의 2승입니다. 파라미터에 0을 지정하면 1이 반환되므로 [실행결과] 3번에 1이 출력되었습니다.

18.20 y자승 값

pow 함수는 x 값의 y자승 값을 반환합니다.

[문법]

구분	타입	데이터(값)
파라미터	Number	x
	Number	y
반환	Number	결과 값

첫 번째 파라미터에 10을 지정하고 두 번째 파라미터에 2를 지정하면 10^2 값인 100이 반환

됩니다. 설명의 편의를 위해 첫 번째 파라미터를 x, 두 번째 파라미터를 y로 표기합니다. y가 NaN이면 NaN을 반환하고 y가 0이면 x가 NaN이라도 1을 반환합니다. 이외에도 경우의 수가 많습니다.

[소스 18-20-1]

```
js.log(Math.pow(10, 2));
js.log(Math.pow(10, 0));

js.log(Math.pow(10));
js.log(Math.pow(NaN, 10));

js.log(Math.pow(-2, 0.1));
```

[실행결과 18-20-1]

1. 100
2. 1
3. NaN
4. NaN
5. NaN

아래는 [실행결과]에 출력된 값의 반환 기준입니다. 일련번호와 [실행결과] 번호가 일치합니다.

1) pow(10, 2)는 10의 자승이므로 100을 반환합니다.

2) y가 0이면 x가 NaN이라도 1을 반환합니다.

3) y를 지정하지 않으면 NaN을 반환합니다.

4) x가 NaN이고 y가 0이 아니면 NaN을 반환합니다.

5) x가 0보다 작으면서 무한대가 아닐 때, y가 무한대가 아니면서 정수가 아니면 NaN을 반환합니다.

■ **x의 절댓값 기준**

[소스 18-20-2]

```
js.log(Math.pow(10, Infinity));
js.log(Math.pow(10, -Infinity));

js.log(Math.pow(1, Infinity));
```

```
js.log(Math.pow(0.5, Infinity));
js.log(Math.pow(0.5, -Infinity));
```

[실행결과 18-20-2]

```
1. Infinity
2. 0
3. NaN
4. 0
5. Infinity
```

아래는 [실행결과]에 출력된 값의 반환 기준입니다. 일련번호와 [실행결과] 번호가 일치합
니다.

　　1) 절댓값 x가 1보다 크고 y가 양수 무한대이면 양수 무한대 값을 반환합니다.

　　2) 절댓값 x가 1보다 크고 y가 음수 무한대이면 0을 반환합니다.

　　3) 절댓값 x가 1일 때 y가 무한대(양수, 음수)이면 NaN을 반환합니다.

　　4) 절댓값 x가 1보다 작고 y가 양수 무한대이면 0을 반환합니다.

　　5) 절댓값 x가 1보다 작고 y가 음수 무한대이면 양수 무한대를 반환합니다.

■ x가 양수 무한대, 음수 무한대 기준

[소스 18-20-3]

```
js.log(Math.pow(Infinity, 2));
js.log(Math.pow(Infinity, -2));

js.log(Math.pow(-Infinity, 1));
js.log(Math.pow(-Infinity, 2));
js.log(Math.pow(-Infinity, -1));
```

[실행결과 18-20-3]

```
1. Infinity
2. 0
3. -Infinity
4. Infinity
5. 0
```

아래는 [실행결과]에 출력된 값의 반환 기준입니다. 일련번호와 [실행결과] 번호가 일치합
니다.

1) x가 양수 무한대이고 y가 0보다 크면 양수 무한대를 반환합니다.

2) x가 양수 무한대이고 y가 0보다 작으면 0을 반환합니다.

3) x가 음수 무한대이고 y가 0보다 크면서 홀수이면 음수 무한대를 반환합니다.

4) x가 음수 무한대이고 y가 0보다 크면서 짝수이면 양수 무한대를 반환합니다.

5) x가 음수 무한대이고 y가 0보다 작으면 0을 반환합니다. [실행결과 5번]

■ x가 +0, −0 기준

[소스 18-20-4]

```
js.log(Math.pow(0, 2));
js.log(Math.pow(0, -2));


js.log(Math.pow(-0, 1));


js.log(Math.pow(-0, -1));
js.log(Math.pow(-0, -2));
```

[실행결과 18-20-4]

```
1. 0
2. Infinity
3. 0
4. -Infinity
5. Infinity
```

아래는 [실행결과]에 출력된 값의 반환 기준입니다. 일련번호와 [실행결과] 번호가 일치합니다.

1) x가 +0이고 y가 0보다 크면 0을 반환합니다.

2) x가 +0이고 y가 0보다 작으면 양수 무한대 값을 반환합니다.

3) x가 −0이고 y가 0보다 크면 0을 반환합니다. [실행결과 3번]

4) x가 −0이고 y가 0보다 작으면서 홀수이면 음수 무한대를 반환합니다. [실행결과 4번]

5) x가 −0이고 y가 0보다 작으면서 짝수이면 양수 무한대를 반환합니다. [실행결과 5번]

19

Date 오브젝트

Date 오브젝트는 날짜와 시간을 제어합니다.

19.1 프로퍼티 리스트

아래는 Date 오브젝트의 프로퍼티 리스트입니다.

이름	개요
Date	
new Date( )	인스턴스 생성
Date 함수	
Date( )	현재 시각 반환
Date.parse( )	문자열 값을 밀리초로 변환
Date.UTC( )	UTC 기준 밀리초로 변환
Date.now( )	현재 시각을 밀리초로 반환
Date.prototype	
constructor	생성자
toString( )	일자와 시간을 변환해서 문자열로 반환
toUTCString( )	UTC 일자와 시간 반환
toISOString( )	"ISO 8601 확장 형식의 간소화 버전" 형태로 일자와 시간 반환
toDateString( )	연월일과 요일을 사람이 읽기 쉬운 형태로 반환
toTimeString( )	시분초와 타임존을 사람이 읽기 쉬운 형태로 반환
toLocaleString( )	일자와 시간을 지역 언어로 반환
toLocaleDateString( )	연월일을 지역 언어로 반환
toLocaleTimeString( )	시분초와 오전/오후를 지역 언어로 반환
getFullYear( )	연도 반환
getUTCFullYear( )	UTC 연도 반환
getYear( )	세기 구분과 연도 2자리 반환. getFullYear( ) 사용 권장
getMonth( )	월 반환
getUTCMonth( )	UTC 월 반환
getDate( )	일 반환
getUTCDate( )	UTC 일 반환
getDay( )	요일 반환
getUTCDay( )	UTC 요일 반환
getHours( )	시 반환
getUTCHours( )	UTC 시 반환
getMinutes( )	분 반환
getUTCMinutes( )	UTC 분 반환

getTimezoneOffset( )	UTC 시간과 지역 시간 차이를 분으로 반환
getSeconds( )	초 반환
getUTCSeconds( )	UTC 초 반환
getMilliseconds( )	밀리초 반환
getUTCMilliseconds( )	UTC 밀리초 반환
valueOf( )	시간값 반환
getTime( )	시간값 반환
setFullYear( )	연도 변경. 월, 일 변경 가능
setUTCFullYear( )	UTC 연도 변경. 월, 일 변경 가능
setYear( )	두 자리로 연도 변경. setFullYear( ) 사용 권장
setMonth( )	월 변경. 일 변경 가능
setUTCMonth( )	UTC 월 변경. 일 변경 가능
setDate( )	일 변경
setUTCDate( )	UTC 일 변경
setHours( )	시 변경
setUTCHours( )	UTC 시 변경
setMinutes( )	분 변경. 초, 밀리초 변경 가능
setUTCMinutes( )	UTC 기준 분 변경. 초, 밀리초 변경 가능
setSeconds( )	초 변경. 밀리초 변경 가능
setUTCSeconds( )	UTC 초 변경. 밀리초 변경 가능
setMilliseconds( )	밀리초 변경
setUTCMilliseconds( )	UTC 밀리초 변경
setTime( )	1970년 1월 1일부터 경과한 밀리초 변경
toJSON( )	JSON.stringify 함수와 연동하여 JSON 형태의 일자, 시간 설정

19.2 Date 오브젝트 개요

Date 오브젝트는 년(Year), 월(Month), 일(Day), 시(Hour), 분(Minute), 초(Second), 밀리초 (millisecond)를 제공합니다. 밀리초는 1/1000초를 나타내며 자바스크립트가 나타낼 수 있는 최솟값입니다. Data 오브젝트는 밀리초 값을 갖고 있으며 이를 시간값(Time Value)이라고 부릅니다.

Date 오브젝트는 함수와 메소드가 있으므로 구분해서 사용해야 합니다. 함수는 Date.parse( ) 와 같이 parse( ) 앞에 Date를 작성합니다. 메소드는 new Date( )로 생성한 인스턴스를 메소드 앞에 작성합니다.

■ 자바스크립트 기준

1) UTC(Coordinated Universal Time) 기준으로 1970년 1월 1일부터 밀리초로 나타내며 남는 초는 무시합니다.

2) 1970년 1월 1일 0시 기준으로 전후 100,000,000일을 지원합니다.

3) 월은 0부터 시작하며 0이 1월이고 1이 2월이며 11이 12월입니다.

4) 일은 1에서 31까지 정수로 표시합니다.

5) 요일은 0부터 시작하며 0이 일요일이고 1이 월요일이며 6이 토요일입니다.

6) UTC와 GMT(Greenwich Mean Time)는 조금 차이가 있지만 거의 같으며 자바스크립트는 UTC 기준입니다.

7) Date 오브젝트를 사용하여 값을 구할 때 숫자가 아닌 값을 지정하면 NaN이 반환됩니다.

[표 19-2] 일시 문자열 형태

형태	개요
YYYY	그레고리력(Gregorian Calendar)으로 0000~9999년의 10진수
–	하이픈
MM	01에서 11까지
–	하이픈
DD	01에서 31까지
T	시간을 나타내기 위한 문자
HH	오전 0시부터 경과 시간. 00에서 24까지 두 자리로 1시간 단위 값
:	콜론
mm	00에서 59로 표시. 분
:	콜론
ss	00에서 59로 표시. 초
.	초와 밀리초 구분
sss	밀리초로 3자리
Z	타임존(Time zone). + 또는 −로 연결하고 HH:mm 형태로도 표시

위 형태를 정리하면 아래 형태가 됩니다.

- YYYY, YYYY-MM, YYYY-MM-DD
- THH:mm, THH:mm:ss, THH:mm:ss.sss

MM, DD를 지정하지 않으면 "01"로 간주하며 HH, mm를 지정하지 않으면 "00"으로 간주합니다. sss를 지정하지 않으면 "000"으로 간주하며 타임존을 지정하지 않으면 "Z"로 간주합니다.

개발 팁

> 클라이언트에서 시간을 변경할 수 있으므로 입력 시간을 서버에 저장할 때는 서버 시간을 사용합니다.

19.3 문자열 값을 밀리초로 변환

parse 함수는 문자열 값을 밀리초로 변환하여 반환합니다.

[문법]

구분	타입	데이터(값)
object	Date	Date 오브젝트
파라미터	String	일시
반환	Number	밀리초

object 위치에 Date 오브젝트를 작성합니다. 파라미터에 연월일, 시분초, 밀리초를 지정할 수 있으며 1970-01-01T00:00:00.000Z 기준으로 경과된 밀리초를 반환합니다.

자바스크립트는 우선 [표 19-2]의 "일시 문자열 형태"를 기준으로 변환합니다. 이 형태에 맞지 않으면 브라우저에서 지원하는 형태(예: '24 Oct 2013')로 변환합니다. 그래도 맞지 않으면 NaN을 반환합니다. 자바스크립트는 ISO 8601 확장 형식의 간소화 버전을 기준으로 문자열을 일자로 변환합니다.

[소스 19-3]

```
js.log(Date.parse('2013'));
js.log(Date.parse('2013-10'));
js.log(Date.parse('2013-10-24'));

js.log(Date.parse('2013-10-24T09:12'));
js.log(Date.parse('2013-10-24T09:12:34'));
js.log(Date.parse('2013-10-24T09:12:34.123'));
```

1. 1356998400000
2. 1380585600000
3. 1382572800000
4. 1382605920000
5. 1382605954000
6. 1382605954123

파라미터에 지정한 값에 따라 밀리초를 반환합니다. [실행결과]는 크롬 34 버전 기준입니다. 이 장에서 [실행결과]에 대해 특별하게 브라우저를 언급하지 않으면 크롬 34 버전 기준입니다.

■ 크로스 브라우징 문제

크로스 브라우징(Cross Browsing) 문제는 브라우저마다 결과가 다르게 표현되는 것을 나타냅니다. Date.parse 함수도 크로스 브라우징 문제가 있습니다. 하이픈(-)으로 연월일을 구분하면 사파리와 IE7, IE8에서 NaN을 반환합니다.

19.4 UTC 기준 밀리초로 변환

UTC 함수는 파라미터에 값을 UTC 기준 밀리초로 변환하여 반환합니다.

[문법]

구분	타입	데이터(값)
object	Date	Date 오브젝트
파라미터	Number	년, 월 [, 일[, 시 [, 분 [, 초 [, 밀리초]]]]]
반환	Number	밀리초

UTC 함수는 함수 이름이 소문자가 아닌 대문자입니다. 파라미터에 콤마로 구분하여 년, 월, 일, 시, 분, 초, 밀리초를 작성합니다. ES5 스펙에 연도 하나만 작성했을 때 처리를 자바스크립트 개발사에 일임하고 있으므로 브라우저에 따라 차이가 발생할 수 있습니다. 크롬, 사파리, 오페라는 NaN을 반환하고 IE7, 파이어폭스는 값을 반환합니다. 따라서 연도 하나만 지정하는 것은 피해야 합니다.

[소스 19-4]

```
js.log(Date.UTC(2013));
js.log(Date.UTC(2013, 10));
js.log(Date.UTC(2013, 10, 24));

js.log(Date.UTC(2013, 10, 24, 09));
js.log(Date.UTC(2013, 10, 24, 09, 11));
js.log(Date.UTC(2013, 10, 24, 09, 11, 23));

js.log(Date.UTC(2013, 10, 24, 09, 11, 23, 123));
js.log('parse(): ' + Date.parse('2013-11-24T09:11:23.123'));
```

[실행결과 19-4]

1. NaN
2. 1383264000000
3. 1385251200000
4. 1385283600000
5. 1385284260000
6. 1385284283000
7. 1385284283123
8. parse(): 1385284283123

[실행결과] 7번은 Date.UTC 함수로 출력한 값이며 8번은 Date.parse 함수로 출력한 값입니다. 값은 같지만 각 함수의 파라미터 값이 다릅니다. [실행결과] 7번은 월에 10을 지정했으며 [실행결과] 8번은 월에 11을 지정했습니다.

Date.UTC(2013, 10, 24, 09, 11, 23, 123)는 5대 브라우저에서 1385284283123을 반환합니다. 반면 Date.parse 함수는 차이가 있습니다. 아래 [표 19-4]는 Date.parse 함수에 11월과 10월을 지정한 결과입니다. 파이어폭스와 사파리는 다른 값을 제공하므로 크로스 브라우징 문제가 있습니다. 크롬, IE9, 오페라는 11월을 지정해야 값이 같습니다.

[표 19-4] Date.parse( ) 결과

브라우저, 버전	'2013-11-24T09:11:23.123'	'2013-10-24T09:11:23.123'
크롬 34	1385284283123	1382605883123
IE9	1385284283123	1382605883123
오페라 12.17	1385284283123	1382605883123
파이어폭스 29	1385251883123	1382573483123
사파리 5.1.7	NaN	NaN

19.5 현재 시각을 밀리초로 반환

now 함수는 현재 시각을 밀리초로 반환합니다.

[문법]

구분	타입	데이터(값)
object	Date	Date 오브젝트
파라미터		사용하지 않음
반환	Number	밀리초

object 위치에 Date 오브젝트를 작성합니다. now 함수는 ES5에 추가되었지만 IE7, IE8도 지원합니다.

[소스 19-5]

```
js.log(Date.now());
```

[실행결과 19-5]

1. 1389901038513

ES3에서 현재 시각을 알려면 new Date( )로 Date 인스턴스를 생성해야 했지만 Date.now 함수를 사용하면 인스턴스를 생성하지 않아도 됩니다.

개발 팁

> now 함수는 경과 시간을 구할 때 유용합니다. 시작 시점의 now 함수 값과 종료 시점의 now 함수 값의 차이를 구하면 경과 시간을 알 수 있습니다.

19.6 new Date( )

new Date( )는 새로운 Date 오브젝트를 생성하여 반환합니다.

[문법]

구분	타입	데이터(값)
파라미터	Number	년, 월 [, 일[, 시 [, 분 [, 초 [, 밀리초]]]]]
반환	Date	생성한 오브젝트

파라미터는 네 가지 형태로 작성할 수 있습니다. 작성한 값을 해석하여 생성한 인스턴스에 시간값으로 설정합니다. 즉 인스턴스의 [[PrimitiveValue]]에 설정합니다.

파라미터 작성

1. **파라미터를 하나도 작성하지 않음**
   UTC 기준 현재 시각을 프리미티브 값으로 사용합니다.
2. **년, 월, 일, 시, 분, 초, 밀리초 지정**
   지정한 값을 시각으로 변환하여 프리미티브 값으로 사용합니다.
3. **밀리초 작성**
   년, 월, 일, 시, 분, 초, 밀리초로 변환하여 프리미티브 값으로 사용합니다.
4. **"2013-10-24T09:11:23.123"와 일시 문자열 형태로 작성**
   문자열 값을 변환하여 프리미티브 값으로 사용합니다.

[소스 19-6-1]

```
js.log(new Date(2013, 01));
js.log(new Date(2013, 00, 24));

js.log(new Date(2013, 01, 24, 09));
js.log(new Date(2013, 01, 24, 09, 11));
js.log(new Date(2013, 01, 24, 09, 11, 23));
js.log(new Date(2013, 01, 24, 09, 11, 23, 123));
```

[실행결과 19-6-1]

```
1. Fri Feb 01 2013 00:00:00 GMT+0900 (대한민국 표준시)
2. Thu Jan 24 2013 00:00:00 GMT+0900 (대한민국 표준시)
3. Sun Feb 24 2013 09:00:00 GMT+0900 (대한민국 표준시)
4. Sun Feb 24 2013 09:11:00 GMT+0900 (대한민국 표준시)
5. Sun Feb 24 2013 09:11:23 GMT+0900 (대한민국 표준시)
6. Sun Feb 24 2013 09:11:23 GMT+0900 (대한민국 표준시)
```

```
js.log(new Date(2013, 10));
```

파라미터에 년, 월, 일, 시, 분, 초, 밀리초를 지정할 때에는 적어도 년과 월을 작성해야 합니다. 파라미터를 하나만 작성하면 밀리초 작성으로 해석하므로 다른 값이 반환됩니다. [실행결과]는 크롬 34버전에서 출력한 것으로 브라우저마다 값은 같지만 형태가 다릅니다.

- IE7, IE8, IE9: Sun Nov 24 09:11:23 UTC+0900 2013
- 파이어폭스 28: Sun Nov 24 2013 09:11:23 GMT+0900
- 크롬 34: Sun Nov 24 2013 09:11:23 GMT+0900 (대한민국 표준시)

브라우저마다 차이, 영어로 요일이 표시되는 점, 일자 표시 순서가 맞지 않습니다 특별한 경우를 제외하고 그대로 사용하기 어려우므로 Date 오브젝트의 메소드로 시간값을 구해 별도로 편집하여 표시할 필요가 있습니다.

```
js.log(new Date(2013, 00, 24));
```

월에 00을 지정했으며 [실행결과] 2번의 월에 'Jan'이 출력되었습니다. 월이 0부터 시작하므로 0을 파라미터에 작성하면 1월이 반환됩니다.

[소스 19-6-2]

```
js.log(new Date());

js.log(new Date(2013));
js.log(new Date(1382605954123));
js.log(new Date('2013-10-24T09:12:34.123'));

js.log(new Date(90, 10));
```

[실행결과 19-6-2]

1. Mon May 05 2014 05:36:12 GMT+0900 (대한민국 표준시)
2. Thu Jan 01 1970 09:00:02 GMT+0900 (대한민국 표준시)
3. Thu Oct 24 2013 18:12:34 GMT+0900 (대한민국 표준시)
4. Thu Oct 24 2013 18:12:34 GMT+0900 (대한민국 표준시)
5. Thu Nov 01 1990 00:00:00 GMT+0900 (대한민국 표준시)

```
js.log(new Date());
```

파라미터를 하나도 작성하지 않으면 현재 시각이 Date 인스턴스의 시간값에 설정됩니다.

```
js.log(new Date(2013));
```

파라미터에 작성한 값이 연도로 느껴지지만, 파라미터를 하나만 작성했으므로 1970년 1월 1일 0초부터 경과한 밀리초로 인식합니다. [실행결과]에 초까지만 표시하므로 2013 밀리초가 2초로 출력되었습니다.

```
js.log(new Date(1382605954123));
```

파라미터를 하나만 작성했으므로 밀리초로 인식합니다. [실행결과] 3번에 1970.01.01부터 경과한 밀리초가 일시로 변환되어 출력되었습니다.

```
js.log(new Date('2013-10-24T09:12:34.123'));
```

파라미터에 문자열로 [표 19-2] "일시 문자열 형태"로 작성하면 일시로 변환합니다. [실행결과] 3번과 4번에 출력된 결과가 같다는 것은 밀리초와 "일시 문자열 형태"로 작성한 값이 같다는 의미입니다.

```
js.log(new Date(90, 12));
```

첫 번째 파라미터 값이 99보다 작거나 같으면 1900을 더하므로 1990이 됩니다. 2000년대를 지정하려면 두 자리가 아닌 네 자리로 지정해야 합니다. [실행결과] 5번의 연도가 1990인 것은 1900을 더하기 때문입니다.

■ 자동 넘김

파라미터에 지정한 값이 년, 월, 일, 시, 분, 초에 해당하는 값보다 크면 자동으로 값을 넘겨 반영합니다.

[소스 19-6-3]
```
js.log(new Date(2013, 00, 33));
js.log(new Date(2013, 11, 33));
```

[실행결과 19-6-3]

1. Sat Feb 02 2013 00:00:00 GMT+0900 (대한민국 표준시)
2. Thu Jan 02 2014 00:00:00 GMT+0900 (대한민국 표준시)

```
js.log(new Date(2013, 00, 33));
```

두 번째 파라미터에 00을 지정했으므로 [실행결과] 1번에 1월이 출력되어야 하는데 "Feb"가 출력되었습니다. 이는 세 번째 파라미터인 일에 33을 지정했기 때문입니다. 33에서 31을 뺀 값을 일로 사용하고 월에 1을 더하므로 2월 2일이 [실행결과] 1번에 출력되었습니다.

```
js.log(new Date(2013, 11, 33));
```

세 번째 파라미터에 33을 지정했으므로 월에 1을 더하게 됩니다. 그런데 더한 값이 12이므로 연도에 1을 더하게 되어 [실행결과] 2번에 2014가 출력되었습니다. 값을 실수로 잘못 지정하면 에러가 나지 않고 자동으로 일자를 계산하므로 상황에 따라 사전에 값의 범위를 체크할 필요가 있습니다.

개발 팁

> 필자가 개발한 캘린더 프레임워크는 이 메커니즘을 활용하고 있습니다. 캘린더를 표시할 때 오늘 일자를 구합니다. 일 값을 증가/감소시키면서 Date 인스턴스를 생성하면 증가/감소가 반영된 일자를 구할 수 있으며 캘린더 형태에 맞추어 표시합니다.

19.7 Date( )

Date 함수는 현재 시각을 반환합니다.

[문법]

구분	타입	데이터(값)
파라미터		년, 월 [, 일[, 시 [, 분 [, 초 [, 밀리초]]]]]옵션
반환	String	현재 시각

Date( )는 생성자 함수를 호출하는 것과 같지만 인스턴스를 반환하지 않고 현재 시각을 문자열로 반환합니다. 파라미터를 작성하지 않고 (new Date( )).toString( );한 것과 같습니다. 파라미터에 값을 작성할 수 있으나 자바스크립트 내부에서 값을 사용하지 않으므로 의미가 없습니다. 필자의 임의적 해석이 아니라 ES5 스펙에 기술되어 있습니다.

[소스 19-7]

```
js.log(Date());
js.log(Date(2013, 00, 24));
```

[실행결과 19-7]

1. Mon May 05 2014 06:34:07 GMT+0900 (대한민국 표준시)
2. Mon May 05 2014 06:34:07 GMT+0900 (대한민국 표준시)

[실행결과] 1번에 현재 시각이 출력되었으며 [실행결과] 2번과 같습니다. 파라미터에 값을 지정하더라도 이를 사용하지 않고 현재 시각을 반환합니다.

19.8 시간 반환-1

Date 오브젝트에 메소드가 많습니다. 그런데 기능이 조금씩 다르지만 비슷한 것이 많습니다. 절 단위로 하나씩 구분하여 다루는 것보다 기능이 비슷한 것을 묶어서 다루면 효율이 높을 것입니다. 이 절에서는 생성한 Date 인스턴스에 설정된 시간을 반환받는 메소드를 다룹니다.

- toString( ): 일자와 시간을 변환해서 문자열로 반환
- toUTCString( ): UTC 기준 일자와 시간 반환
- toISOString( ): "ISO 8601 확장 형식의 간소화 버전" 형태로 일자와 시간 반환

[문법]

구분	타입	데이터(값)
object	Date	Date 인스턴스
파라미터		사용하지 않음
반환	String	값

ES5 스펙에 사람이 읽기 쉽도록 반환한다고 기술되어 있으며 구현은 구현자에게 일임한다고 되어 있습니다. 그래서 브라우저마다 조금씩 차이가 있습니다.

[소스 19-8]

```
var obj = new Date();
js.log(obj.toString());
js.log(obj.toUTCString());

js.log(obj.toISOString());
```

[실행결과 19-8]

1. Fri Jan 17 2014 23:46:09 GMT+0900 (대한민국 표준시)
2. Fri, 17 Jan 2014 14:46:09 GMT
3. 2014-01-17T14:46:09.675Z

```
obj.toString()
```

toString 메소드는 일자와 시간을 문자열로 반환하며 [실행결과] 1번에 출력된 형태입니다. 한국과 시간 차이가 표시됩니다. 숫자 값을 문자열로 반환하는 것이 아니라 [실행결과] 1번과 같이 일자와 시간을 변환해서 반환합니다.

```
obj.toUTCString()
```

toUTCString 메소드는 UTC 일자, 시간을 반환하며 [실행결과] 2번에 출력된 형태입니다. 한국과 시간 차이가 반영되지 않았습니다. Date 오브젝트에 toGMTString 메소드가 있으며 toUTCString 메소드와 유사합니다. ES3부터 toGMTString은 과거 버전 호환성을 위한 것이므로 toUTCString 사용을 권하고 있습니다.

```
obj.toISOString()
```

toISOString 메소드는 [표 19-2] "일시 문자열 형태"로 일자와 시간을 편집하여 반환합니다. [실행결과] 3번에 출력된 형태와 같이 하이픈, 콜론, T, Z로 일자와 시간을 구분하여 반환합니다.

19.9 시간 반환-2

new Date( )로 생성한 인스턴스에서 연월일, 시분초를 문자열로 반환합니다. 아래는 이 절에서 다루는 메소드입니다.

- toDateString( ): 연월일과 요일을 사람이 읽기 쉬운 형태로 반환
- toTimeString( ): 시분초와 타임존을 사람이 읽기 쉬운 형태로 반환
- toLocaleString( ): 일자와 시간을 지역 언어로 반환
- toLocaleDateString( ): 연월일을 지역 언어로 반환
- toLocaleTimeString( ): 시분초와 오전/오후를 지역 언어로 반환

[문법]

구분	타입	데이터(값)
object	Date	Date 인스턴스
파라미터		사용하지 않음
반환	String	값

```
var obj = new Date();
js.log(obj.toDateString());
js.log(obj.toTimeString());

js.log(obj.toLocaleString());
js.log(obj.toLocaleDateString());
js.log(obj.toLocaleTimeString());
```

[실행결과 19-9]

1. Sat Jan 18 2014
2. 00:07:23 GMT+0900 (대한민국 표준시)
3. 2014년 1월 18일 오전 12:07:23
4. 2014년 1월 18일
5. 오전 12:07:23

ES5 스펙에 향후 첫 번째 파라미터를 사용할 가능성이 있다고 기술되어 있습니다. 첫 번째 파라미터에 지역코드(Locale Code)를 지정하여 보다 완전하게 지역에 맞는 값을 지원하기 위한 것으로 생각합니다.

`toDateString()`

연월일과 요일을 사람이 읽기 쉬운 형태로 반환하며 [실행결과] 1번에 출력된 형태입니다. 영문이 기본이므로 한국에서 사용하기에는 거리감이 있습니다.

`toTimeString()`

시분초와 타임존을 사람이 읽기 쉬운 형태로 반환하며 [실행결과] 2번에 출력된 형태입니다.

`toLocaleString()`

일자와 시간을 사람이 읽기 쉬운 지역 언어로 반환하며 [실행결과] 3번에 출력된 형태입니다.

`toLocaleDateString()`

연월일을 사람이 읽기 쉬운 지역 언어로 반환하며 [실행결과] 4번에 출력된 형태입니다.

시분초와 오전/오후를 사람이 읽기 쉬운 지역 언어로 반환하며 [실행결과] 5번에 출력된 형태입니다.

19.10 년, 월 구하기

new Date( )로 생성한 인스턴스에서 년, 월을 구할 수 있습니다. 아래는 이 절에서 다루는 메소드입니다.

- getFullYear( ): 연도 반환
- getUTCFullYear( ): UTC 연도 반환
- getYear( ): 세기 구분과 연도 2자리 반환. getFullYear( ) 사용 권장
- getMonth( ): 월 반환
- getUTCMonth( ): UTC 월 반환

[문법]

구분	타입	데이터(값)
object	Date	Date 인스턴스
파라미터		사용하지 않음
반환	Number	값

[소스 19-10]

```
var obj = new Date();
js.log(obj.getFullYear());
js.log(obj.getUTCFullYear());
js.log(obj.getYear());

js.log(obj.getMonth());
js.log(obj.getUTCMonth());
```

[실행결과 19-10]

1. 2014
2. 2014
3. 114

```
4.0
5.0
```

```
obj.getFullYear();
obj.getUTCFullYear();
```

getFullYear 메소드는 연도를 반환하며 [실행결과] 1번에 출력된 형태입니다. getUTCFullYear 메소드는 UTC 기준 연도를 반환하며 [실행결과] 2번에 출력된 형태입니다.

```
obj.getYear();
```

[실행결과] 3번에 114가 출력되었으며 첫 번째 1이 세기 구분이고 나머지 두 자리가 연도입니다. 1980년대 이전에는 하드웨어와 메모리 가격이 비싸서 4자리가 아닌 2자리를 사용했습니다. 그런데 세기가 바뀌면서 "2000년 문제"가 발생하였으며 지금은 4자리를 사용합니다. ES3부터 getFullYear 메소드 사용을 권하고 있습니다.

```
obj.getMonth();
obj.getUTCMonth();
```

getMonth 메소드는 월을 반환하며 [실행결과] 4번에 출력된 형태입니다. 1월을 0으로, 2월을 1로 반환합니다. getUTCMonth 메소드는 UTC 기준 월을 반환하며 [실행결과] 5번에 출력된 형태입니다

19.11 요일, 일 구하기

new Date( )로 생성한 인스턴스에서 요일과 일을 구할 수 있습니다. 아래는 이 절에서 다루는 메소드입니다.

- getDate( ): 일 반환
- getUTCDate( ): UTC 일 반환
- getDay( ): 요일 반환
- getUTCDay( ): UTC 요일 반환

구분	타입	데이터(값)
object	Date	Date 인스턴스
파라미터		사용하지 않음
반환	Number	값

[소스 19-11]

```
var obj = new Date();
js.log(obj.getDate());
js.log(obj.getUTCDate());

js.log(obj.getDay());
js.log(obj.getUTCDay());
```

[실행결과 19-11]

```
1. 17
2. 17
3. 5
4. 5
```

```
obj.getDate();
obj.getUTCDate();
```

getDate 메소드는 일을 반환하며 [실행결과] 1번에 출력된 형태입니다. getUTCDate 메소드는 UTC 기준 일을 반환하며 [실행결과] 2번에 출력된 형태입니다.

```
obj.getDay();
obj.getUTCDay();
```

getDay 메소드는 요일을 반환하며 [실행결과] 3번에 출력된 형태입니다. 0이 일요일이고, 1이 월요일입니다. getUTCDay 메소드는 UTC 기준 요일을 반환하며 [실행결과] 4번에 출력된 형태입니다.

19.12 시, 분 구하기

new Date( )로 생성한 인스턴스에서 시와 분을 구할 수 있습니다. 아래는 이 절에서 다루는 메소드입니다.

- getHours( ): 시 반환
- getUTCHours( ): UTC 시 반환
- getMinutes( ): 분 반환
- getUTCMinutes( ): UTC 분 반환
- getTimezoneOffset( ): UTC 시간과 지역 시간 차이를 분으로 반환

[문법]

구분	타입	데이터(값)
object	Date	Date 인스턴스
파라미터		사용하지 않음
반환	Number	값

[소스 19-12]

```
var obj = new Date();
js.log(obj.getHours());
js.log(obj.getUTCHours());

js.log(obj.getMinutes());
js.log(obj.getUTCMinutes());
js.log(obj.getTimezoneOffset());
```

[실행결과 19-12]

```
1. 18
2. 9
3. 37
4. 37
5. -540
```

```
obj.getHours();
obj.getUTCHours();
```

getHours 메소드는 시를 반환하며 [실행결과] 1번에 출력된 형태입니다. getUTCHours 메소드는 UTC 기준 시를 반환하며 [실행결과] 2번에 출력된 형태입니다.

```
obj.getMinutes();
obj.getUTCMinutes();
```

getMinutes 메소드는 분을 반환하며 [실행결과] 3번에 출력된 형태입니다. getUTCMinutes 메소드는 UTC 기준 분을 반환하며 [실행결과] 4번에 출력된 형태입니다.

```
obj.getTimezoneOffset();
```

getTimezoneOffset 메소드는 UTC 시간과 지역 시간의 차이를 분으로 반환합니다. [실행결과] 5번에 출력된 형태입니다. 한국이 UTC+9이므로 -540이 반환됩니다.

19.13 초, 밀리초 구하기

new Date( )로 생성한 인스턴스에서 초와 밀리초를 구할 수 있습니다. 아래는 이 절에서 다루는 메소드입니다.

- getSeconds( ): 초 반환
- getUTCSeconds( ): UTC 초 반환
- getMilliseconds( ): 밀리초 반환
- getUTCMilliseconds( ): UTC 밀리초 반환

[문법]

구분	타입	데이터(값)
object	Date	Date 인스턴스
파라미터		사용하지 않음
반환	Number	값

[소스 19-13]

```
var obj = new Date();
js.log(obj.getSeconds());
js.log(obj.getUTCSeconds());

js.log(obj.getMilliseconds());
```

```
js.log(obj.getUTCMilliseconds());
```

[실행결과 19-13]

```
1. 15
2. 15
3. 988
4. 988
```

```
obj.getSeconds();
obj.getUTCSeconds();
```

getSeconds 메소드는 초를 반환하며 [실행결과] 1번에 출력된 형태입니다. getUTCSeconds 메소드는 UTC 기준 초를 반환하며 [실행결과] 2번에 출력된 형태입니다.

```
obj.getMilliseconds();
obj.getUTCMilliseconds();
```

getMilliseconds 메소드는 밀리초를 반환하며 [실행결과] 3번에 출력된 형태입니다. getUTCMilliseconds 메소드는 UTC 기준 밀리초를 반환하며 [실행결과] 4번에 출력된 형태입니다.

19.14 시간값 구하기

new Date( )로 생성한 인스턴스에 설정된 시간값을 구할 수 있습니다. 아래는 이 절에서 다루는 메소드입니다.

- valueOf( ): 시간값 반환
- getTime( ): 시간값 반환

[문법]

구분	타입	데이터(값)
object	Date	Date 인스턴스
파라미터		사용하지 않음
반환	Number	메소드에서 반환한 값

[소스 19-14]

```
var obj = new Date();
js.log(obj.valueOf());
js.log(obj.getTime());
```

[실행결과 19-14]

1. 1389960825626
2. 1389960825626

valueOf 메소드는 Date 인스턴스를 생성할 때 인스턴스에 설정된 즉, [[PrimitiveValue]] 값의 일자와 시간을 밀리초로 반환하며 [실행결과] 1번에 출력된 형태입니다. Date.now 함수는 현재 시각을 밀리초로 반환합니다. getTime 메소드도 인스턴스에서 시간을 밀리초로 반환하며 [실행결과] 2번에 출력된 형태입니다. valueOf, getTime 메소드 모두 숫자 타입으로 반환하므로 사칙연산을 할 수 있습니다.

valueOf 메소드를 Date 오브젝트에 작성해야 합니다. Object.prototype에 연결된 프로퍼티를 인스턴스로 생성하여 상속받으므로 Date 오브젝트에 valueOf 메소드가 없으면 Object의 valueOf 메소드가 호출되어 다른 값이 반환되기 때문입니다.

필자 생각

> valueOf 메소드가 있는데 getTime 메소드가 있는 것은 지금까지 보았듯이 get*** 형태의 이름을 가진 메소드로 연월일, 시분초 값을 구할 수 있으며 valueOf는 일관성이 없다는 점을 반영한 것으로 생각합니다.

19.15 연도 변경

new Date()로 생성한 인스턴스의 연도를 변경합니다. 아래는 이 절에서 다루는 메소드입니다.

- setFullYear(): 연도 변경. 월, 일 변경 가능
- setUTCFullYear(): UTC 연도 변경. 월, 일 변경 가능
- setYear(): 두 자리로 연도 변경. setFullYear() 사용 권장

[문법]

구분	타입	데이터(값)
object	Date	Date 인스턴스
파라미터	Number	년 [, 월 [, 일]]옵션
반환	Number	값이 반영된 시간값

파라미터에 네 자리로 연도를 작성합니다. 이어서 월과 일을 콤마로 구분하여 작성할 수 있습니다. 연도는 필수이고 월과 일은 옵션입니다. setFullYear 메소드 이름만 보면 연도 변경을 위한 메소드라고 생각할 수 있지만 월과 일을 같이 변경할 수 있습니다.

[소스 19-15]

```
var obj = new Date();
obj.setFullYear(2012);
js.log(obj.toLocaleString());

obj.setFullYear(2011, 10);
js.log(obj.toLocaleString());

obj.setFullYear(2010, 10, 3);
js.log(obj.toLocaleString());

obj.setYear(78);
js.log(obj.toLocaleString());
```

[실행결과 19-15]

1. 2012년 5월 5일 오후 8:01:49
2. 2011년 11월 5일 오후 8:01:49
3. 2010년 11월 3일 오후 8:01:49
4. 1978년 11월 3일 오후 8:01:49

```
obj.setFullYear(2012);
```

파라미터를 하나만 작성하면 연도로 인식하며 [실행결과] 1번에 연도가 변경되어 출력되었습니다.

```
obj.setFullYear(2011, 10);
```

파라미터에 연도와 월을 작성했으며 [실행결과] 2번에 연도와 월이 변경되어 출력되었습니다.

```
obj.setFullYear(2010, 10, 3);
```

파라미터에 연도, 월, 일을 지정했으며 [실행결과] 3번에 연도, 월, 일이 변경되어 출력되었습니다. setUTCFullYear 메소드는 UTC 기준만 다르므로 예제를 작성하지 않았습니다.

```
obj.setYear(78);
```

setYear 파라미터 값이 0보다 크거나 같으면서 99보다 작거나 같으면 1900을 더한 값으로 연도를 변경합니다. [실행결과] 4번에 1978년이 출력된 것은 이 때문입니다. 완전하지 못한 모습으로 ES3부터 setFullYear 메소드 사용을 권하고 있습니다.

19.16 월 변경

new Date( )로 생성한 인스턴스의 월을 변경합니다. 아래는 이 절에서 다루는 메소드입니다.

- setMonth( ): 월 변경. 일 변경 가능
- setUTCMonth( ): UTC 월 변경. 일 변경 가능

[문법]

구분	타입	데이터(값)
object	Date	Date 인스턴스
파라미터	Number	월 [, 일]옵션
반환	Number	값이 반영된 시간값

파라미터에 월을 작성합니다. 이어서 일을 콤마로 구분하여 작성할 수 있습니다. 월은 필수이고 일은 옵션입니다.

[소스 19-16]

```
var obj = new Date();
obj.setMonth(06);
js.log(obj.toLocaleString());

obj.setMonth(03, 12);
js.log(obj.toLocaleString());
```

1. 2014년 7월 17일 오후 10:07:15
2. 2014년 4월 12일 오후 10:07:15

```
obj.setMonth(06);
```

파라미터를 하나만 작성하면 월로 인식하며 [실행결과] 1번에 월이 변경되어 출력되었습니다.

```
obj.setMonth(03, 12);
```

파라미터에 월과 일을 작성하였으며 [실행결과] 2번에 월과 일이 변경되어 출력되었습니다. setUTCMonth는 UTC 기준만 다르므로 예제를 작성하지 않았습니다.

19.17 일 변경

new Date( )로 생성한 인스턴스의 일을 변경합니다. 아래는 이 절에서 다루는 메소드입니다.

- setDate( ): 일 변경
- setUTCDate( ): UTC 일 변경

[문법]

구분	타입	데이터(값)
object	Date	Date 인스턴스
파라미터	Number	일
반환	Number	값이 반영된 시간값

파라미터에 일을 작성합니다.

[소스 19-17]

```
var obj = new Date();
obj.setDate(23);
js.log(obj.toLocaleString());
```

1. 2014년 1월 23일 오후 10:24:42

파라미터에 일을 작성하였으며 [실행결과] 1번에 일이 변경되어 출력되었습니다. setUTCDate는 UTC 기준만 다르므로 예제를 작성하지 않았습니다.

19.18 시 변경

new Date( )로 생성한 오브젝트의 시를 변경합니다. 아래는 이 절에서 다루는 메소드입니다.

- setHours( ): 시 변경
- setUTCHours( ): UTC 시 변경

[문법]

구분	타입	데이터(값)
object	Date	Date 인스턴스
파라미터	Number	시 [, 분 [, 초 [, 밀리초]]]옵션
반환	Number	값이 반영된 시간값

파라미터에 시를 작성합니다. 이어서 분, 초, 밀리초를 콤마로 구분하여 작성할 수 있습니다. 시는 필수이고 분, 초, 밀리초는 옵션입니다.

[소스 19-18]

```
var obj = new Date();
obj.setHours(15);
js.log(obj.toLocaleString());

obj.setHours(16, 37);
js.log(obj.toLocaleString());

obj.setHours(17, 45, 56);
js.log(obj.toLocaleString());

obj.setHours(22, 34, 45, 789);
js.log(obj.toLocaleString());
```

[실행결과 19-18]

1. 2014년 1월 17일 오후 3:39:03
2. 2014년 1월 17일 오후 4:37:03
3. 2014년 1월 17일 오후 5:45:56
4. 2014년 1월 17일 오후 10:34:45

```
obj.setHours(15);
```

파라미터를 하나만 작성하면 시로 인식하며 [실행결과] 1번에 변경된 시가 출력되었습니다.

```
obj.setHours(16, 37);
```

파라미터에 시와 분을 작성했으며 [실행결과] 2번에 시와 분이 변경되어 출력되었습니다.

```
obj.setHours(17, 45, 56);
```

파라미터에 시, 분, 초를 작성했으며 [실행결과] 3번에 시, 분, 초가 변경되어 출력되었습니다.

```
obj.setHours(22, 34, 45, 789);
```

파라미터에 시, 분, 초, 밀리초를 작성했으며 [실행결과] 4번에 변경된 값이 출력되었습니다. setUTCHours( )는 UTC 기준만 다르므로 예제를 작성하지 않았습니다.

19.19 분 변경

new Date( )로 생성한 인스턴스의 분을 변경합니다. 아래는 이 절에서 다루는 메소드입니다.

- setMinutes( ): 분 변경. 초, 밀리초 변경 가능
- setUTCMinutes( ): UTC 기준 분 변경. 초, 밀리초 변경 가능

[문법]

구분	타입	데이터(값)
object	Date	Date 인스턴스
파라미터	Number	분 [, 초 [, 밀리초]]옵션
반환	Number	값이 반영된 시간값

파라미터에 분을 작성합니다. 이어서 초, 밀리초를 콤마로 구분하여 작성할 수 있습니다.

분은 필수이고 초, 밀리초는 옵션입니다.

[소스 19-19]

```
var obj = new Date();
obj.setMinutes(37);
js.log(obj.toLocaleString());

obj.setMinutes(15, 45);
js.log(obj.toLocaleString());

obj.setMinutes(34, 56, 789);
js.log(obj.toLocaleString());
```

[실행결과 19-19]

1. 2014년 1월 17일 오후 10:37:53
2. 2014년 1월 17일 오후 10:15:45
3. 2014년 1월 17일 오후 10:34:56

```
obj.setMinutes(37);
```

파라미터를 하나만 작성하면 분으로 인식되며 [실행결과] 1번에 분이 변경되어 출력되었습니다.

```
obj.setMinutes(15, 45);
```

파라미터에 분, 초를 작성했으며 [실행결과] 2번에 변경된 분, 초가 출력되었습니다.

```
obj.setMinutes(34, 56, 789);
```

파라미터에 분, 초, 밀리초를 작성했으며 [실행결과] 3번에 변경된 값이 출력되었습니다. setUTCMinutes( )는 UTC 기준만 다르므로 예제를 작성하지 않았습니다.

19.20 초 변경

new Date( )로 생성한 인스턴스의 초를 변경합니다. 아래는 이 절에서 다루는 메소드입니다.

- setSeconds( ): 초 변경. 밀리초 변경 가능
- setUTCSeconds( ): UTC 초 변경. 밀리초 변경 가능

[문법]

구분	타입	데이터(값)
object	Date	Date 인스턴스
파라미터	Number	초 [, 밀리초]옵션
반환	Number	값이 반영된 시간값

파라미터에 초를 작성합니다. 이어서 밀리초를 콤마로 구분하여 작성할 수 있습니다. 초는 필수이고 밀리초는 옵션입니다.

[소스 19-20]

```
var obj = new Date( );
obj.setSeconds(37);
js.log(obj.toLocaleString( ));

obj.setSeconds(56, 789);
js.log(obj.toLocaleString( ));
```

[실행결과 19-20]

1. 2014년 1월 17일 오후 11:06:37
2. 2014년 1월 17일 오후 11:06:56

```
obj.setSeconds(37);
```

파라미터를 하나만 작성하면 초로 인식하며 [실행결과] 1번에 변경된 값이 출력되었습니다.

```
obj.setSeconds(56, 789);
```

파라미터에 초, 밀리초를 작성했으며 [실행결과] 2번에 초와 밀리초가 변경되어 출력되었습니다. setUTCSeconds( )는 UTC 기준만 다르므로 예제를 작성하지 않았습니다.

19.21 밀리초 변경

new Date( )로 생성한 인스턴스의 밀리초를 변경합니다. 아래는 이 절에서 다루는 메소드입니다.

- setMilliseconds( ): 밀리초 변경
- setUTCMilliseconds( ): UTC 밀리초 변경

[문법]

구분	타입	데이터(값)
object	Date	Date 인스턴스
파라미터	Number	밀리초
반환	Number	값이 반영된 시간값

[소스 19-21]

```
var obj = new Date();
obj.setMilliseconds(789);
js.log(obj.getMilliseconds());
```

[실행결과 19-21]

1. 789

파라미터에 작성한 값으로 인스턴스의 밀리초를 변경하며 [실행결과] 1번에 변경된 값이 출력되었습니다. setUTCMilliseconds( )는 UTC 기준만 다르므로 예제를 작성하지 않았습니다.

19.22 경과한 시간값 변경

setTime 메소드는 인스턴스의 시간값을 1970년 1월 1일부터 경과한 밀리초로 변경합니다.

[문법]

구분	타입	데이터(값)
object	Date	Date 인스턴스
파라미터	Number	경과한 밀리초
반환	Number	값이 반영된 시간값

파라미터에 1970년 1월 1일부터 경과한 밀리초를 작성합니다.

[소스 19-22]

```
var obj = new Date();
obj.setTime(1321234567890);
js.log(obj.toLocaleString());
```

[실행결과 19-22]

1. 2011년 11월 14일 오전 10:36:07

파라미터에 지정한 값을 인스턴스에 설정하므로 프리미티브 값(시간값)이 변경됩니다.

19.23 Date 오브젝트와 JSON 연동

toJSON 메소드는 Date 인스턴스의 시간값을 JSON 형태로 변환합니다. JSON.stringify 함수의 파라미터에 Date 인스턴스를 작성하면 toISOString 메소드로 반환하는 값을 JSON 형태로 변환합니다.

[소스 19-23]

```
var obj = new Date();
js.log(obj.toJSON());

js.log(JSON.stringify({key: obj}));
js.log(JSON.stringify({key: obj.toJSON()}));
```

[실행결과 19-23]

1. 2014-10-11T12:32:57.794Z
2. {"key":"2014-10-11T12:32:57.794Z"}
3. {"key":"2014-10-11T12:32:57.794Z"}

obj.toJSON()

toJSON 메소드를 호출하면 [실행결과] 1번과 같이 "ISO 8601 확장 형식의 간소화 버전" 형태로 출력됩니다. ES5를 지원하는 브라우저에서 사용할 수 있으며 IE8은 지원하나 IE7은 지원하지 않아 에러가 발생합니다.

```
JSON.stringify({key: obj})
js.log(JSON.stringify({key: obj.toJSON()}));
```

JSON.stringify 함수의 파라미터에 Date 인스턴스를 지정하면 [실행결과] 2번과 같이 JSON 형태에 맞추어 변환합니다. 자동으로 큰따옴표 안에 값이 작성됩니다. toJSON() 메소드로 구한 값도 변환됩니다.

20

Object 5th 오브젝트

ES5 Object 오브젝트에 추가된 함수를 다룹니다.

20.1 프로퍼티 리스트

아래는 ES5 스펙에 추가된 Object 오브젝트의 함수와 디스크립터 리스트입니다. 메소드로 추가된 것은 없습니다.

이름	개요
Object 함수	
defineProperty( )	프로퍼티 추가, 프로퍼티 속성 변경
getOwnPropertyDescriptor( )	디스크립터 속성 반환
defineProperties( )	다수의 프로퍼티 추가, 속성 변경
getOwnPropertyNames( )	오브젝트 이름을 배열로 반환
keys( )	열거 가능 프로퍼티 이름 반환
create( )	새로운 오브젝트 생성, 반환.
getPrototypeOf( )	prototype에 연결된 프로퍼티 반환
preventExtensions( )	프로퍼티 추가 금지 설정
isExtensible( )	프로퍼티 추가 금지 여부 반환
seal( )	프로퍼티 추가, 삭제 금지 설정
isSealed( )	프로퍼티 추가, 삭제 금지 여부 반환
freeze( )	프로퍼티 추가, 삭제/변경 금지 설정
isFrozen( )	프로퍼티 추가, 삭제/변경 금지 여부 반환
프로퍼티 디스크립터	
value	[[Value]], 설정할 값
writable	[[Writable]], 값 변경 가능 여부
get	[[Get]], 값 반환 프로퍼티 함수
set	[[Set]], 값 설정 프로퍼티 함수
enumerable	[[Enumerable]], 프로퍼티 열거 가능 여부
configurable	[[Configurable]], 프로퍼티 삭제 가능 여부

※ create 함수는 사전 설명이 필요하므로 이 장에서 다루지 않고 "28.6절 Object.create( ) 로 오브젝트 상속"에서 다룹니다.

20.2 오브젝트에 프로퍼티 추가

Object.defineProperty 함수는 오브젝트에 프로퍼티를 추가하거나 프로퍼티 속성을 변경합니다.

[문법]

구분	타입	데이터(값)
object	Object	Object 오브젝트
파라미터	Object	대상 오브젝트
	String	프로퍼티 이름
	Object	속성
반환	Object	대상 오브젝트

이 절에서는 defineProperty 함수에 대한 설명과 함께 ES5 오브젝트 개념을 다루며 개념 설명에 더 초점을 맞추고 있습니다.

defineProperty 함수는 오브젝트에 프로퍼티를 추가하거나 속성을 변경합니다. 첫 번째 파라미터에 추가, 변경 대상 오브젝트를 작성하고 두 번째 파라미터에 추가, 변경 대상 프로퍼티 이름을 작성합니다. 세 번째 파라미터에 속성 이름과 속성 값을 작성합니다. 이것이 defineProperty 함수 기능이며 최종 결과입니다. 최종 결과를 만들어 가는 과정을 하나씩 살펴 보겠습니다.

ES3에서 오브젝트에 프로퍼티를 추가하려면, 아래와 같이 obj 오브젝트에 프로퍼티 이름인 add를 작성하고 값인 "더하기"를 작성합니다. 프로퍼티 값을 바꾸는 형태도 마찬가지입니다. 프로퍼티 이름이 있으면 값이 바뀌고 프로퍼티 이름이 없으면 추가됩니다.

```
var obj = {};
obj.add = '더하기';
```

하지만 ES5는 제약이 있으므로 프로퍼티를 무작정 변경할 수 없습니다. 프로퍼티마다 상태를 갖고 있으며 변경을 허용하는 상태이면 값을 변경할 수 있지만 변경 불가 상태이면 값을 변경할 수 없습니다. 프로퍼티를 추가할 때 다음의 변경을 위해 권한을 설정해야 합니다. 권한을 설정하지 않으면 삭제, 변경을 할 수 없으며 심지어 for-in 문으로 읽을 수도 없습니다.

```
var obj = {};
Object.defineProperty(obj, "book", {
    value : 123
});
```

[소스 20-2-1]에 작성된 코드를 실행하면 obj 오브젝트는 {book: 123} 형태가 됩니다.

defineProperty 함수의 첫 번째 파라미터에 프로퍼티 이름과 값이 설정될 오브젝트를 작성합니다. 첫째 줄에서 생성한 obj 오브젝트를 파라미터에 지정했으므로 defineProperty 함수에서 선언하는 프로퍼티 이름과 값은 obj 오브젝트에 설정됩니다.

두 번째 파라미터에 프로퍼티 이름을 작성합니다. {book: 123} 형태에서 book을 작성합니다.

defineProperty(obj, "book", {value : 123});에서 첫 번째 파라미터 obj와 두 번째 파라미터 book을 제외하면 {value: 123}이 남습니다. value는 약속된 이름으로 다른 이름을 사용할 수 없으며 속성이라고 부릅니다. value 속성 값인 123이 book 프로퍼티 값이 됩니다.

defineProperty 함수가 실행되면 obj 오브젝트에 book 프로퍼티가 없으므로 추가하게 되며 {book: 123} 형태가 됩니다. book 프로퍼티가 존재하면 값이 123으로 변경됩니다. book 프로퍼티가 변경 허용 상태일 때만 변경할 수 있으며 변경 불가 상태이면 변경할 수 없습니다.

[소스 20-2-2]

```
window.onload = function(){
    var obj = {};
    Object.defineProperty(obj, "book", {
        value : 123
    });
}
```

[소스 20-2-2]와 앞의 [소스 20-2-1]의 다른 점은 window.onload = function( ){ } 안에 코드를 작성한 점입니다. window.onload는 DOM(Document Object Model)에서 제공하는 이벤트 타입으로 html 파일에 작성된 HTML 전체를 렌더링하게 되면 자동으로 이벤트가 발생합니다. 이벤트가 발생하면 핸들러 함수가 실행됩니다. 핸들러 함수는 window.onload = function( ){ }과 같이 할당된 함수를 의미합니다.

자바스크립트 범위가 아닌 window.onload 이벤트를 사용한 것은 개발자 도구 창에서 디버깅이 편하기 때문입니다. 글로벌 오브젝트에 설정된 프로퍼티를 보려면 크롬 개발자 도구 창을 상하로 스크롤해야 하지만 onload 이벤트 핸들러 안에 작성하면 "Local"(크롬 브라우저 기준)에 표시되므로 스크롤하지 않고 쉽게 프로퍼티 상태를 볼 수 있습니다.

20.3 오브젝트 프로퍼티 열거 불가

오브젝트의 프로퍼티를 읽을 수 없는 형태를 살펴봅니다. 이 절의 내용은 다음 절부터 다룰 내용의 사전 이해를 위한 것입니다.

[소스 20-3-1]

```
var obj = {};
Object.defineProperty(obj, "soccer", {
    value : "11명"
});

for (var name in obj){
    js.log(name);
}
console.dir(obj);
```

[소스 20-3-1]을 실행하면 obj 오브젝트에 설정된 프로퍼티가 출력되지 않습니다. 브라우저 개발자 도구 콘솔 창에 console.dir(obj) 결과인 {soccer: "11명"}이 표시되지만 for-in 문에서 value 속성을 읽지 못합니다. 반면 아래 [소스 20-3-2]를 실행하면 프로퍼티 이름과 값이 출력됩니다.

[소스 20-3-2]

```
var obj = {};
Object.defineProperty(obj, "soccer", {
    value : "11명",
    enumerable: true
});

for (var name in obj){
    js.log(name + ' : ' + obj[name]);
}
```

```
1. soccer : 11명
```

```
enumerable: true
```

[소스 20-3-1]과 [소스 20-3-2]의 차이는 defineProperty 함수 안에 "enumerable: true"를 작성한 점입니다. 이처럼 enumerable에 true를 작성하면 for-in 문으로 obj 오브젝트의 프로퍼티를 읽을 수 있습니다. enumerable에 false를 작성하거나 enumerable을 작성하지 않으면 디폴트가 false이므로 obj 오브젝트의 프로퍼티를 읽을 수 없습니다.

■ 디폴트 값

아래 [표 20-3]은 프로퍼티의 속성 이름과 디폴트 값입니다. 디폴트 값이란 프로퍼티에 속성을 작성하지 않았을 때 기본으로 설정되는 값을 의미합니다. enumerable은 소스 텍스트에 작성하는 속성 이름이고 [[Enumerable]]은 내부 처리용 이름입니다. writable, enumerable, configurable 속성의 디폴트 값은 false이며 value, get, set의 디폴트 값은 undefined입니다.

[표 20-3]

속성 이름	디폴트 값
[[Value]]	undefined
[[Get]]	undefined
[[Set]]	undefined
[[Writable]]	false
[[Enumerable]]	false
[[Configurable]]	false

20.4 ES5 Object 개요

ES5 Object는 ES3 Object의 문제점을 보완하기 위한 경험적 사항을 반영했다고 필자는 생각합니다. ES5 Object를 한마디로 요약하면 자바스크립트로 객체 지향 프로그램을 구현할 때 부족했던 점을 보강했다고 할 수 있습니다. 작은 프로그램에서 ES5 Object 개념은 효율이 높지 않을 수 있습니다. 하지만 이제 자바스크립트 프로그램은 대형화되고 많은 개발자가 코드를 공유하며 협업 방향으로 전개되고 있습니다. 다른 라이브러리, 프레임워크가 프로그램에 포함됩니다. 이런 환경에서 ES3 Object는 한계가 있습니다.

이 장에서는 ES5 Object 기능 중심으로 접근합니다. 이 장에서 다룰 Object 기능과 다음 장부터 다루는 자바스크립트 아키텍처, 메커니즘, 객체 지향 프로그래밍 개념을 연동시키면 자바스크립트 객체 지향에 최적화된 그림을 그릴 수 있습니다.

■ ES5 Object 함수

ES5 Object에 추가된 메소드는 없으며 모두 함수입니다. new 연산자로 생성한 인스턴스, obj = { }, ary = [ ]; 형태로 생성한 인스턴스에 defineProperty가 할당되지 않으므로 "인스턴스.defineProperty( )" 형태로 호출할 수 없으며 Object.defineProperty( )와 같이 함수 앞에 Object를 작성하여 호출합니다.

함수는 인스턴스를 생성하지 않고 바로 호출할 수 있습니다. 그러면 왜 인스턴스를 생성하지 않고 바로 호출할 수 있도록 하였을까요? 여기에 ES5 Object의 목적이 포함되어 있으며 향후 방향성이라고 볼 수 있습니다.

인스턴스를 만든다는 것은 인스턴스 각각에 데이터를 가지려는 의도이며 목적입니다. sports 프로퍼티 값을 A 인스턴스에는 123으로, B 인스턴스에는 456을 설정하기 위해서 입니다. 반면 오브젝트는 하나이므로 123 또는 456중에 하나만 가질 수 있습니다. 따라서 오브젝트는 값에 비중을 두지 않고 공통 사용에 중심을 둡니다.

공통으로 사용하기 위해서는 함수가 공통 환경을 지원할 수 있어야 하며 이를 위해서는 함수 구조가 데이터 처리 중심으로 되어야 합니다. 데이터 형태만 맞추어 주면 데이터에 관계없이 데이터 중심으로 처리하는 구조입니다.

이 개념의 구현은 파라미터를 받아 처리하는 구조가 되면 가능합니다. 상품 인스턴스를 파라미터에 지정하면 공통 코드를 통해 상품 인스턴스에 프로퍼티를 설정하고, 자동차 인스턴스를 지정하면 자동차 인스턴스에 프로퍼티를 설정합니다.

ES5 Object에 이런 개념이 추가되었습니다. 함수의 파라미터에 처리 대상 오브젝트를 지정하여 데이터를 처리하는 개념입니다. 데이터만 넘겨주면 되므로 공통으로 사용할 수 있습니다. 데이터가 문자열이면 문자열 오브젝트의 메소드를 호출하고, 배열이면 배열 오브젝트의 메소드를 호출하는 형태가 아닙니다.

20.5 프로퍼티 디스크립터 타입

enumerable 속성에 false를 지정하면 for-in 문으로 프로퍼티를 읽을 수 없습니다. ES5 Object에는 이와 같은 유형의 속성이 더 있습니다. 이에 대해 살펴보겠습니다.

enumerable과 같은 속성을 프로퍼티 디스크립터(Descriptor) 타입이라고 하며 프로퍼티의 속성을 구체적으로 정의하거나 처리 기준을 정의합니다. 디스크립터의 사전적 의미는 기술어, 기술자이며 이 책에서는 뉘앙스에 차이가 있어 디스크립터로 표기합니다.

프로퍼티 디스크립터 타입은 필드 이름과 필드 값으로 구성되며 이를 레코드(Record)라고 합니다. 즉 enumerable이 필드 이름이고 true가 필드 값이며 "enumerable: true"가 레코드입니다. 레코드는 필드 중심의 표기이고 속성은 프로퍼티 중심의 표기입니다. 프로퍼티 디스크립터 타입은 데이터 프로퍼티 디스크립터와 악세스(Access) 프로퍼티 디스크립터로 분류됩니다.

▶ 데이터 프로퍼티 디스크립터

필드 이름	필드 값 형태	디폴트 값	개요
value	자바스크립트 지원 데이터 타입	undefined	프로퍼티 값으로 사용
writable	true, false	false	false: 필드 값 변경 불가
enumerable	true, false	false	false: for-in으로 열거 불가
configurable	true, false	false	false: 프로퍼티 삭제 불가

▶ 악세스 프로퍼티 디스크립터

필드 이름	필드 값 형태	디폴트 값	개요
get	Function Object, undefined	undefined	프로퍼티 함수
set	Function Object, undefined	undefined	프로퍼티 함수
enumerable	true, false	false	false: for-in으로 열거 불가
configurable	true, false	false	false: 프로퍼티 삭제 불가

각 프로퍼티 디스크립터에 속한 필드만 같이 사용할 수 있습니다. 데이터 프로퍼티 디스크립터에서 get과 set을 사용할 수 없으며, 악세스 프로퍼티 디스크립터에서 value와 writable을 사용할 수 없습니다. enumerable과 configurable은 모든 디스크립터에서 사용할 수 있

습니다.

■ 프로퍼티 디스크립터 인식 기준

자바스크립트는 먼저 value와 writable 작성을 체크합니다. value 또는 writable이 작성되어 있으면 데이터 프로퍼티 디스크립터로 인식하고, 작성되어 있지 않으면 악세스 프로퍼티 디스크립터로 인식합니다. value와 get을 함께 작성하면 데이터 프로퍼티 디스크립터로 인식하지 않고 에러가 발생합니다.

■ value

오브젝트의 프로퍼티 값으로 사용될 값을 {value: '가나다'} 형태로 작성합니다. value 필드 값 "가나다"는 for-in 문으로 읽을 때 프로퍼티 값이 됩니다. 악세스 프로퍼티 디스크립터의 get, set 함수와 함께 사용할 수 없습니다. 즉 아래 형태로 작성할 수 없습니다.

```
Object.defineProperty(obj, "soccer", {
    value : "11명",
    get: function(){}  //에러
});
```

■ writable

writable: false이면 value 필드 값을 변경할 수 없으며 true이면 변경할 수 있습니다.

■ enumerable

enumerable: true이면 for-in 문으로 프로퍼티를 열거할 수 있지만 false이면 열거할 수 없습니다.

■ configurable

configurable: false이면 오브젝트의 프로퍼티를 삭제할 수 없으며 true이면 삭제할 수 있습니다. false이면 value 이외의 속성을 변경할 수 없으며 true이면 변경할 수 있습니다.

20.6 get 속성

get 속성 값에 함수 또는 undefined를 작성할 수 있습니다.

[소스 20-6-1]

```
var obj = {};
Object.defineProperty(obj, 'book', {
    get: function(){
        return "자바스크립트";
    }
});
result = obj.book;
js.log(result);
```

[실행결과 20-6-1]

1. 자바스크립트

defineProperty 함수를 실행하면 아래 [그림 20-6-1]과 같이 book 프로퍼티와 get 함수가 obj 오브젝트에 설정됩니다. 함수는 이름을 가져야 하며 get이 함수 이름입니다. 그런데 "get book: function( ){…}" 형태로 표시되었으며 이는 get 함수가 book 프로퍼티에 연결된 것을 의미합니다.

[그림 20-6-1]

```
▼ obj: Object
    book: (...)
  ▼ get book: function (){
      arguments: null
      caller: null
      length: 0
      name: ""
    ▶ prototype: Object
    ▶   proto : function Empty() {}
    ▶ <function scope>
  ▶   proto : Object
```

result = obj.book;

자바스크립트 엔진이 obj.book; 문장을 만나면 book 프로퍼티 값을 반환하지 않고 obj.book 프로퍼티의 get 함수를 호출합니다. 이것이 get 함수의 특징입니다. 함수가 호출되면 "자바스크립트"가 반환되고 반환된 값이 result 변수에 할당되며 [실행결과]에 출력됩니다.

obj.book.get( ); 형태로 작성하면 에러가 발생합니다. 에러가 발생하는 이유는 obj.book으로 get 함수를 호출하면 get 함수에서 "자바스크립트"를 반환합니다. 따라서 get 함수를 "자바스크립트".get( ) 형태로 호출하기 때문입니다. obj.book 프로퍼티의 get 함수가 호출되는 것이 아니라 obj.book이 자동으로 get 함수를 호출하며 반환된 값을 오브젝트로 하여 get 함수를 호출하기 때문에 에러가 발생합니다.

[소스 20-6-2]

```
var obj = {
    book: {
        get: function(){
            return "자바스크립트";
        }
    }
};
js.log(obj.book.get());
```

[실행결과 20-6-2]

1. 자바스크립트

ES3 기준으로 obj.book.get( ) 함수를 호출하려면 [소스 20-6-2]와 같이 구조적으로 작성해야 합니다. defineProperty 함수로 get 속성에 함수를 작성하는 것은 다른 개념이며 구조입니다.

20.7 set 속성

set 속성 값에 함수 또는 undefined를 작성할 수 있습니다.

[소스 20-7]

```
var bookValue, obj = {};
Object.defineProperty(obj, 'book', {
    get: function(){
        return bookValue;
    },
    set: function(param){
        bookValue = param;
    }
});
obj.book = 12345;
result = obj.book;
js.log(result);
```

```
1. 12345
```

```
get: function(){
    return bookValue;
},
```

get 함수가 호출되면 bookValue 변숫값을 반환합니다. bookValue가 글로벌 변수이므로 get 함수에서 값을 반환할 수 있습니다.

```
set: function(param){
    bookValue = param;
}
```

set 함수가 호출되면 파라미터로 받은 값을 bookValue 변수에 할당합니다. bookValue가 글로벌 변수이므로 set 함수에서 값을 설정할 수 있습니다.

```
obj.book = 12345;
```

자바스크립트 엔진이 obj.book = 12345; 문장을 만나면 obj.book 프로퍼티에 12345를 할당하지 않고 set 함수를 호출합니다. 이때 12345를 파라미터 값으로 넘겨줍니다. 호출된 set 함수에서 파라미터 값인 12345를 bookValue 변수에 할당합니다.

```
result = obj.book;
```

자바스크립트 엔진이 obj.book 문장을 만나면 get 함수를 호출하며 set 함수에서 bookValue 변수에 설정한 값인 12345를 반환합니다. 이런 과정을 통해 [실행결과]에 "12345"가 출력됩니다.

20.8 프로퍼티 디스크립터 반환

getOwnPropertyDescriptor 함수는 프로퍼티의 디스크립터에 속한 필드를 반환합니다.

구분	타입	데이터(값)
object	Object	Object
파라미터	Object	대상 오브젝트
	String	프로퍼티 이름
반환	Object	디스크립터 단위로 반환

첫 번째 파라미터에 대상 오브젝트를 작성하고 두 번째 파라미터에 프로퍼티 이름을 작성
합니다. 데이터 프로퍼티 디스크립터 또는 악세스 프로퍼티 디스크립터 하나를 결정하고
결정된 디스크립터에 속한 필드 이름과 필드 값을 반환합니다. 상속받은 인스턴스는 처리
대상이 아닙니다.

[소스 20-8-1]

```
var obj = Object.defineProperty({}, "book", {
    value : '자바스크립트',
    writable: true,
    enumerable: true
});


var desc = Object.getOwnPropertyDescriptor(obj, 'book');
for (var key in desc){
    js.log(key + ': ' + desc[key]);
};
```

[실행결과 20-8-1]

1. value: 자바스크립트
2. writable: true
3. enumerable: true
4. configurable: false

```
var desc = Object.getOwnPropertyDescriptor(obj, 'book');
```

book 프로퍼티에 value 속성을 작성했으므로 getOwnPropertyDescriptor 함수는 데이터 프
로퍼티 디스크립터에 속한 필드 이름과 필드 값을 반환합니다. [실행결과] 1번, 2번, 3번은
defineProperty 함수에서 설정한 값이며 [실행결과] 4번의 configurable은 디폴트 값입니다.

[소스 20-8-2]

```
var obj = Object.defineProperty({}, 'book', {
    enumerable: true,
    get: function(){
        return 700;
    }
});

var desc = Object.getOwnPropertyDescriptor(obj, 'book');
for (var key in desc){
    js.log(key + ': ' + desc[key]);
};
```

[실행결과 20-8-2]

1. get: function (){return 700;}
2. set: undefined
3. enumerable: true
4. configurable: false

```
var desc = Object.getOwnPropertyDescriptor(obj, 'book');
```

book 프로퍼티에 value와 writable 속성을 작성하지 않았으므로 getOwnPropertyDescriptor 함수는 악세스 프로퍼티 디스크립터에 속한 필드 이름과 필드 값을 반환합니다. [실행결과] 1번과 3번은 defineProperty 함수에서 설정한 값이며 [실행결과] 2번과 4번은 디폴트 값입니다.

20.9 다수의 프로퍼티 추가, 변경

defineProperties 함수는 다수의 프로퍼티를 추가하거나 프로퍼티 속성을 변경합니다.

[문법]

구분	타입	데이터(값)
object	Object	Object
파라미터	Object	대상 오브젝트
	String	프로퍼티, 속성
반환	Object	대상 오브젝트

defineProperties 함수는 defineProperty 함수와 기능이 같습니다. 단, 두 번째 파라미터에 다수의 프로퍼티와 속성을 작성할 수 있으므로 한 번에 설정할 수 있습니다.

[소스 20-9]

```
var obj = Object.defineProperties({}, {
    soccer: {value: '축구', enumerable: true},
    basketball: {value: '농구'}
});
for (var name in obj){
    js.log(name + ': ' + obj[name]);
}
```

[실행결과 20-9]

1. soccer: 축구

```
var obj = Object.defineProperties({}, {
    soccer: {value: '축구', enumerable: true},
    basketball: {value: '농구'}
});
```

defineProperties 함수의 첫 번째 파라미터에 빈 오브젝트를 작성했습니다. 빈 오브젝트에 두 번째 파라미터에 작성한 프로퍼티와 속성을 설정하여 반환합니다. [실행결과]에 "soccer: 축구"만 출력되고 "basketball: 농구"가 출력되지 않은 것은 basketball 프로퍼티의 enumerable 속성 값이 false이므로 열거할 수 없기 때문입니다.

20.10 프로퍼티 이름 반환

getOwnPropertyNames 함수는 오브젝트의 프로퍼티 이름을 배열로 반환합니다.

[문법]

구분	타입	데이터(값)
object	Object	Object
파라미터	Object	대상 오브젝트
반환	Array	프로퍼티 이름

파라미터에 반환 대상 오브젝트를 지정합니다. 오브젝트의 모든 프로퍼티 이름을 배열로 반환합니다. 상속받은 인스턴스는 처리 대상이 아닙니다.

[소스 20-10]

```
var obj = Object.defineProperties({}, {
    soccer: {value: '축구', enumerable: false},
    book: {value: '자바스크립트'},
});
var names = Object.getOwnPropertyNames(obj);
for (var k = 0; k < names.length; k++){
    js.log(names[k]);
};
```

[실행결과 20-10]

```
1. soccer
2. book
```

```
var names = Object.getOwnPropertyNames(obj);
```

getOwnPropertyNames 함수는 파라미터에 지정한 오브젝트의 모든 프로퍼티 이름을 배열로 반환합니다. 이때 속성의 열거 가능 여부를 체크하지 않습니다. 그래서 [실행결과]에 soccer와 book이 모두 출력되었습니다.

■ own 프로퍼티

own 프로퍼티란 자신이 만든 프로퍼티를 의미합니다. obj 오브젝트에서 soccer와 book 프로퍼티는 자신이 만든 프로퍼티이므로 own 프로퍼티입니다. 모든 인스턴스는 Object 오브젝트의 prototype에 연결된 프로퍼티로 생성한 인스턴스를 상속받습니다. 이때 prototype에 연결된 프로퍼티는 자신의 만든 것이 아니므로 own 프로퍼티가 아닙니다.

왜 이런 제약을 두는 걸까요?

자신이 만들지 않은 프로퍼티의 수정, 삭제, 열거를 제한하여 데이터를 보호하기 위해서입니다. 이런 접근의 일환으로 getOwnPropertyNames 함수에서 상속받은 인스턴스의 프로퍼티를 반환하지 않은 것입니다.

20.11 열거 가능 프로퍼티 이름 반환

keys 함수는 열거 가능 프로퍼티 이름을 반환합니다.

[문법]

구분	타입	데이터(값)
object	Object	Object
파라미터	Object	대상 오브젝트
반환	Array	프로퍼티 이름

파라미터에 반환 대상 오브젝트를 작성하며 오브젝트의 프로퍼티 이름을 배열로 반환합니다. enumerable 값이 true인 프로퍼티를 반환하며 enumerable 값이 false인 프로퍼티는 반환하지 않습니다.

[소스 20-11]

```
var obj = Object.defineProperties({}, {
    book: {value: '자바스크립트', enumerable: true},
    soccer: {value: '축구'}
});
var names = Object.keys(obj);
for (var k = 0; k < names.length; k++){
    js.log(names[k]);
};
```

[실행결과 20-11]

1. book

```
var names = Object.keys(obj);
```

keys 함수의 파라미터에 작성한 obj 오브젝트에 book과 soccer 프로퍼티가 있습니다. book 프로퍼티의 enumerable 값은 true이고 soccer 프로퍼티는 enumerable을 작성하지 않았으므로 false입니다. [실행결과]에 book이 출력되고 soccer가 출력되지 않은 것은 keys 함수가 enumerable 값이 true인 것만 반환하기 때문입니다.

20.12 prototype에 연결된 프로퍼티 반환

getPrototypeOf 함수는 prototype에 연결된 프로퍼티를 반환합니다.

[문법]

구분	타입	데이터(값)
object	Object	Object
파라미터	Object	대상 오브젝트
반환	Object	프로퍼티

파라미터에 대상 오브젝트를 지정합니다. 대상 오브젝트의 prototype에 연결된 프로퍼티를 반환합니다.

[소스 20-12]

```
var book = function(){
    this.count = 123;
};
book.prototype = {
    getValue: function(){},
    getAmount: function(){}
}

var obj = new book();
var result = Object.getPrototypeOf(obj);
for (var key in result){
    js.log(key);
};
```

[실행결과 20-12]

1. getValue
2. getAmount

```
var obj = new book();
var result = Object.getPrototypeOf(obj);
```

new 연산자로 인스턴스를 생성하면 book.prototype에 연결된 프로퍼티와 count가 인스턴스 프로퍼티가 됩니다. 따라서 for-in 문으로 obj 인스턴스를 읽으면 getValue, getAmount, count가 읽혀집니다. getPrototypeOf 함수는 이중에서 book.prototype에 연결된 프로퍼티를 반환합니다. [실행결과]에 getValue, getAmount가 출력되며 count는 book.prototype에 연결된 프로퍼티가 아니므로 출력되지 않습니다.

20.13 프로퍼티 추가 금지 설정

preventExtensions 함수는 오브젝트에 프로퍼티 추가 금지를 설정합니다.

[문법]

구분	타입	데이터(값)
object	Object	Object
파라미터	Object	대상 오브젝트
반환	Object	대상 오브젝트

파라미터에 대상 오브젝트를 지정합니다. 오브젝트에 프로퍼티를 추가할 수 없지만 프로퍼티를 삭제하거나 값을 변경할 수는 있습니다. 추가 금지를 설정하면 추가 가능으로 바꿀 수 없습니다. 이 점이 장점이면서 단점입니다.

■ 프로퍼티 추가 금지

[소스 20-13-1]

```
var book = function(){};
book.prototype.getValue = function(){};

var obj = new book();
Object.preventExtensions(obj);

obj.getAmount = function(){};
js.log(obj.getAmount);
```

[실행결과 20-13-1]

1. undefined

```
var obj = new book();
Object.preventExtensions(obj);
```

preventExtensions 함수의 파라미터에 지정한 obj 인스턴스가 프로퍼티 추가 금지(불가) 상태가 됩니다. 인스턴스의 [[Extensible]]에 false를 설정하며 이 값으로 추가 금지 여부를 체크합니다. obj 인스턴스의 디폴트 값이 true이므로 preventExtensions 함수를 실행하지 않으면 프로퍼티를 추가할 수 있습니다.

```
obj.getAmount = function(){};
js.log(obj.getAmount);
```

obj 인스턴스에 getAmount를 추가하고 추가한 프로퍼티를 출력했으나 [실행결과]에 undefined가 출력되었습니다. obj 인스턴스에 getAmount가 존재하지 않는 것을 의미하며 앞에서 preventExtensions 함수로 추가 금지를 설정했기 때문입니다.

[소스 20-13-2]

```
var obj = {};
Object.defineProperty(obj, "soccer", {
    value : "11명"
});
Object.preventExtensions(obj);

try {
    Object.defineProperty(obj, "baseball", {
        value : "9명"
    });
} catch(e) {
    js.log('추가 불가');
}
```

[실행결과 20-13-2]

1. 추가 불가

```
var obj = {};
Object.defineProperty(obj, "soccer", {
    value : "11명"
});
Object.preventExtensions(obj);
```

obj 인스턴스에 soccer 프로퍼티를 추가하고 preventExtensions(obj) 함수로 프로퍼티 추가 금지를 설정합니다.

```
try {
    Object.defineProperty(obj, "baseball", {
        value : "9명"
    });
} catch(e) {
    js.log('추가 불가');
}
```

defineProperty 함수의 첫 번째 파라미터에 지정한 obj 인스턴스가 프로퍼티 추가 금지 상태일 때 프로퍼티를 추가하면 에러가 발생하여 프로그램이 종료됩니다. 앞의 Function 인스턴스는 에러가 발생하지 않으나 Object 인스턴스는 에러가 발생합니다. 그래서 try-catch 문을 사용했습니다. 에러가 발생하면 catch 블록을 수행하게 되어 [실행결과]에 "추가 불가"가 출력됩니다.

■ 프로퍼티 속성 변경은 가능

[소스 20-13-3]

```
var obj = {};
Object.defineProperty(obj, "soccer", {
    value : "11명",
    writable: true
});
Object.preventExtensions(obj);

Object.defineProperty(obj, "soccer", {
    value : "수정_축구"
});
js.log(obj.soccer);
```

[실행결과 20-13-3]

1. 수정_축구

```
Object.defineProperty(obj, "soccer", {
    value : "수정_축구"
});
```

```
js.log(obj.soccer);
```

preventExtensions 함수로 obj 인스턴스에 프로퍼티 추가 금지를 설정했지만 프로퍼티 속성은 변경할 수 있습니다. 그래서 [실행결과]에 "수정_축구"가 출력되었습니다. 프로퍼티 추가 금지는 obj 인스턴스 기준이고 속성은 프로퍼티 기준이므로 속성 값을 변경할 수 있습니다. value 속성 값을 변경하지 못하게 하려면 writable을 false로 설정해야 합니다.

20.14 프로퍼티 추가 금지 여부

isExtensible 함수는 오브젝트에 프로퍼티 추가 금지 여부를 반환합니다.

[문법]

구분	타입	데이터(값)
object	Object	Object
파라미터	Object	대상 오브젝트
반환	Boolean	true: 추가 가능, false: 추가 불가

파라미터에 대상 오브젝트를 지정합니다. 오브젝트에 프로퍼티를 추가할 수 있으면 true를, 아니면 false를 반환합니다.

[소스 20-14]
```
var obj = {};
Object.defineProperty(obj, "soccer", {
    value : "11명"
});
js.log(Object.isExtensible(obj));

Object.preventExtensions(obj);
js.log(Object.isExtensible(obj));
```

[실행결과 20-14]

1. true
2. false

```
js.log(Object.isExtensible(obj));
```

obj 인스턴스의 디폴트 값이 프로퍼티 추가 가능이므로 [실행결과] 1번에 true가 출력됩니다.

```
Object.preventExtensions(obj);
js.log(Object.isExtensible(obj));
```

preventExtensions 함수를 실행하면 프로퍼티 추가 금지 상태가 되므로 [실행결과] 2번에 false가 출력됩니다.

20.15 프로퍼티 추가, 삭제 금지 설정

seal 함수는 오브젝트에 프로퍼티의 추가, 삭제 금지를 설정합니다.

[문법]

구분	타입	데이터(값)
object	Object	Object
파라미터	Object	대상 오브젝트
반환	Object	대상 오브젝트

파라미터에 대상 오브젝트를 지정합니다. 프로퍼티 추가 금지는 인스턴스의 [[Extensible]]에 false를 설정합니다. 프로퍼티 삭제 금지는 모든 프로퍼티의 configurable을 false로 설정합니다. 즉 속성의 [[Configurable]]을 false로 설정합니다.

[소스 20-15-1]

```
var obj = Object.defineProperties({}, {
    swim: {value: '수영', writable: true, enumerable: true, configurable: true},
    soccer: {value: '축구'}
});

Object.seal(obj);
try {
    Object.defineProperty(obj, "baseball", {
        value : "야구"
    });
} catch(e) {
```

```
        js.log('추가 불가: baseball');
    }
```

[실행결과 20-15-1]

1. 추가 불가: baseball

```
Object.seal(obj);
```

seal(obj) 함수가 실행되면 파라미터에 지정한 obj 인스턴스의 [[Extensible]]에 false를 설정합니다. 단위가 인스턴스이므로 인스턴스에 프로퍼티를 추가할 수 없게 됩니다.

```
try {
    Object.defineProperty(obj, "baseball", {
        value : "야구"
    });
} catch(e) {
    js.log('추가 불가: baseball');
}
```

seal(obj)로 인스턴스에 프로퍼티를 추가할 수 없는 상태에서 프로퍼티를 추가하면 에러가 발생합니다. 그래서 try-catch 문을 사용했으며 에러가 발생하여 catch 블록을 실행하게 되므로 [실행결과]에 "추가 불가: baseball"이 출력됩니다.

■ 삭제 불가

[소스 20-15-2]

```
var obj = Object.defineProperties({}, {
    swim: {value: '수영', writable: true, enumerable: true, configurable: true},
    soccer: {value: '축구'}
});
Object.seal(obj);

delete obj.swim;
js.log(obj.swim);

Object.defineProperty(obj, "swim", {
    writable: false
});
```

```
var desc = Object.getOwnPropertyDescriptor(obj, 'swim');
for (var key in desc){
    js.log(key + ', ' + desc[key]);
};
```

[실행결과 20-15-2]

```
1. 수영
2. value: 수영
3. writable: false
4. enumerable: true
5. configurable: false
```

seal(obj) 함수에서 프로퍼티 삭제 금지를 설정할 때 obj 인스턴스에 설정하지 않고 모든 속성의 configurable 값을 false로 설정합니다. 즉 속성의 [[Configurable]]를 false로 설정합니다. 프로퍼티 추가는 인스턴스 단위로 제어하고 삭제는 속성 단위로 한다는 것을 의미합니다.

```
delete obj.swim;
js.log(obj.swim);
```

seal(obj) 함수가 모든 프로퍼티에 삭제 금지를 설정하므로 delete 연산자로 swim 프로퍼티를 삭제할 수 없습니다. 그래서 [실행결과] 1번에 "수영"이 출력되었습니다. 프로퍼티를 삭제할 수 없는 상태에서 delete 연산자를 사용하더라도 에러가 발생하지 않습니다.

```
Object.defineProperty(obj, "swim", {
    writable: false
});
```

swim 프로퍼티의 writable을 false로 변경합니다. seal(obj) 함수가 프로퍼티의 추가, 삭제 금지를 설정하지만 속성은 변경할 수 있습니다.

```
var desc = Object.getOwnPropertyDescriptor(obj, 'swim');
for (var key in desc){
    js.log(key + ', ' + desc[key]);
};
```

getOwnPropertyDescriptor(obj, 'swim') 함수는 swim 프로퍼티의 디스크립터를 반환합니다. [실행결과] 2번부터 5번까지 디스크립터의 필드 이름과 값이 출력되었습니다. [실행결과] 5번에 configurable: false가 출력된 것은 obj 인스턴스를 생성할 때 디폴트 값인 true가 설정되지만 seal(obj) 함수로 인해 false로 변경되었기 때문입니다.

20.16 프로퍼티 추가, 삭제 금지 여부

isSealed 함수는 프로퍼티의 추가, 삭제 금지 여부를 반환합니다.

[문법]

구분	타입	데이터(값)
object	Object	Object
파라미터	Object	대상 오브젝트
반환	Boolean	true: 금지, false: 가능

파라미터에 대상 오브젝트를 지정합니다. 오브젝트에 프로퍼티를 추가, 삭제할 수 있으면 false를, 아니면 true를 반환합니다. 금지 기준으로 값을 반환하므로 가능이면 false가 반환됩니다.

[소스 20-16]

```
var obj = Object.defineProperty({}, "swim", {
    swim: {value : '수영', writable: true}
});
js.log(Object.isSealed(obj));

Object.seal(obj);
js.log(Object.isSealed(obj));
```

[실행결과 20-16]

```
1. false
2. true
```

```
js.log(Object.isSealed(obj));
```

obj 인스턴스에 프로퍼티 추가, 삭제 금지를 설정하지 않았으므로 디폴트 값은 true입니다. 그런데 [실행결과] 1번에 false가 출력된 것은 isSealed 함수가 추가, 삭제 금지이면 true를 반환하고 가능이면 false를 반환하기 때문입니다.

```
Object.seal(obj);
js.log(Object.isSealed(obj));
```

seal 함수로 프로퍼티 추가, 삭제 금지를 설정하므로 [실행결과] 2번에 true가 출력됩니다.

20.17 프로퍼티 추가, 삭제, 변경 금지 설정

freeze 함수는 프로퍼티를 추가, 삭제, 변경 금지를 설정합니다.

[문법]

구분	타입	데이터(값)
object	Object	Object
파라미터	Object	대상 오브젝트
반환	Object	대상 오브젝트

파라미터에 대상 오브젝트를 지정합니다. 프로퍼티 추가 금지는 인스턴스의 [[Extensible]]에 false를 설정합니다. 프로퍼티 삭제 금지는 모든 프로퍼티의 configurable을 false로 설정합니다. 프로퍼티 변경 금지는 모든 프로퍼티의 writable을 false로 설정합니다. 즉, 속성의 [[Writable]]을 false로 설정합니다.

[소스 20-17]

```
var obj = Object.defineProperty({}, "swim", {
    swim: {value : '수영', writable: true}
});
Object.freeze(obj);

try {
    Object.defineProperty(obj, "swim", {
        value : "값 변경"
    });
} catch(e) {
    js.log('value 변경 불가');
}
```

1. value 변경 불가

freeze 함수를 실행하면 value 속성 값을 변경할 수 없게 됩니다. defineProperty 함수로 value 속성 값을 변경하면 에러가 발생하므로 try-catch 문을 사용했으며 catch 블록을 수행하게 되어 [실행결과]에 "value 변경 불가"가 출력됩니다.

20.18 프로퍼티 추가, 삭제, 변경 금지 여부

isFrozen 함수는 프로퍼티의 추가, 삭제, 변경 금지 여부를 반환합니다.

[문법]

구분	타입	데이터(값)
object	Object	Object
파라미터	Object	대상 오브젝트
반환	Boolean	true: 불가, false: 가능

파라미터에 대상 오브젝트를 지정합니다. 프로퍼티를 추가, 삭제, 변경할 수 없으면 true를, 아니면 false를 반환합니다.

[소스 20-18]

```
var obj = Object.defineProperty({}, "swim", {
    swim: {value : '수영', writable: true}
});
js.log(Object.isFrozen(obj));
Object.freeze(obj);
js.log(Object.isFrozen(obj));
```

[실행결과 20-18]

1. false
2. true

```
js.log(Object.isFrozen(obj));
```

defineProperty 함수에서 swim 프로퍼티의 writable을 true로 설정했으므로 value 속성 값

을 변경할 수 있습니다. 그런데 [실행결과] 1번에 false가 출력된 것은 isFrozen 함수가 금지를 기준으로 반환하기 때문입니다. 금지이면 true를 반환하고 허용이면 false를 반환하기 때문입니다.

```
Object.freeze(obj);
js.log(Object.isFrozen(obj));
```

freeze 함수는 프로퍼티의 추가, 삭제, 변경 금지를 설정하므로 [실행결과] 2번에 true가 출력됩니다.

제 4 부

자바스크립트 아키텍처와 메커니즘

4 부에서는 자바스크립트 아키텍처와 메커니즘을 다룹니다.

21

Function 오브젝트 구조, 구성

Function 오브젝트 구조와 구성을 다루며 아키텍처, 메커니즘 개요를 다룹니다.

21.1 생각의 전환

[소스 21-1]

```
var sports = function(){ };
sports();
```

자바스크립트 엔진이 var sports = function( ){ }; 문장을 만나면 할당 연산자(=)를 기준으로 오른쪽 표현식의 평가 결과를 sports 변수에 할당합니다. 오른쪽 표현식을 평가할 때 function 키워드가 있으므로 빌트인 Function 오브젝트로 새로운 Function 오브젝트를 생성하여 반환합니다. 따라서 sports 변수는 Function 오브젝트가 되며 Function 오브젝트이므로 sports( ); 형태로 호출할 수 있습니다.

function 키워드를 보면 Function 오브젝트로 생각해야 합니다. 왜냐하면 자바스크립트 엔진이 function 키워드를 만나면 Function 오브젝트를 생성하기 때문입니다. Function 오브젝트를 독립된 객체로 인식해야 합니다. 왜냐하면 자바스크립트는 객체 지향 언어이기 때문입니다.

■ {name: value}

자바스크립트 엔진이 [소스 21-1]의 var sports = function( ){ }; 문장을 해석하면 {sports: Function 오브젝트} 형태로 글로벌 오브젝트에 설정합니다. 엔진이 sports( ); 코드를 만나면 글로벌 오브젝트에서 name의 sports를 검색하여 value를 구합니다. value 타입이 Function 오브젝트이므로 함수로 호출합니다.

{sports: Function 오브젝트} 형태에서 sports 값이 Function 오브젝트이므로 함수로 호출되는 것입니다. Function 오브젝트가 아니라 123이면 123을 반환합니다. Function 오브젝트는 오브젝트이므로 {name: value} 형태로 구성되며 value에 오브젝트를 작성할 수 있으므로 {sports: {name: {name: value}}} 형태가 됩니다. 자바스크립트 엔진은 오브젝트의 프로퍼티 값 타입에 따라 함수를 호출하고 문자열 값을 반환합니다.

지금부터 이 개념으로 접근해야 합니다. 자바스크립트 엔진이 {name: value} 형태, 구조로 처리하므로 이에 맞추어 생각해야 박자가 맞습니다. function( ){ } 코드를 보면 {name: value} 형태의 오브젝트가 연상되어야 합니다.

■ Object와 object

필자에게 자바스크립트 핵심이 무엇이냐고 물으면 주저하지 않고 "Object와 object"라고 대답합니다.

Function 오브젝트, Number 오브젝트, Object 오브젝트와 같은 자바스크립트 네이티브 오브젝트가 대문자 Object에 속합니다. Object에서 제공하는 함수, 메소드, 프로퍼티를 사용하여 자바스크립트 코드를 작성합니다. 이 책에서 지금까지 다루었던 내용입니다.

new sports( )와 같이 new 연산자로 생성한 인스턴스가 소문자 object에 속합니다. new 연산자와 Function 오브젝트로 인스턴스를 생성하고 생성한 인스턴스에 프로퍼티를 추가하거나 삭제합니다. 이 책에서 지금부터 다룰 내용입니다.

21.2 아키텍처와 메커니즘 개요

아키텍처(Architecture)의 사전적 의미는 구조입니다. 아파트는 사람이 살기 위한 구조로, 극장은 영화를 보기 위한 구조로 되어 있습니다. 자바스크립트 또한 자바스크립트 엔진을 실행하기 위한 구조로 되어 있습니다. 소프트웨어에서 아키텍처가 구조를 의미하지만 여기에 "목적"을 추가해야 합니다. 목적 없는 구조는 아키텍처가 아닙니다.

사람이 살기 불편한 아파트 구조는 목적을 완전하게 달성하지 못한 것이므로 아키텍처가 잘못된 것입니다. 그렇다고 아파트를 부수고 다시 지으려면 그만큼 대가를 치러야 하듯이 소프트웨어 아키텍처도 마찬가지입니다. 아키텍처는 부분이 아닌 전체에 영향을 미치므로 매우 중요합니다.

아키텍처만으로 목적을 달성할 수 없으므로 방법이 필요하며 이를 메커니즘(Mechanism)이라고 합니다. 7층에 간다고 할 때 7층에 가는 것이 목적이며 걸어갈 수도 있고 엘리베이터를 타고 갈 수도 있습니다. 목적을 달성하기 위한 메커니즘에 따라 방법, 방향, 기준이 달라집니다. 아키텍처와 메커니즘에 따라 프로그램 개발 방법, 기준, 방향이 달라집니다.

아키텍처와 메커니즘을 이해하지 못하고 프로그램을 개발하는 것은 엘리베이터가 있는 것도 모르고 걸어 가는 모습과 같습니다. 목적지를 직선으로 가고 있는지 알지 못한 채 마냥 걸어가는 모습입니다.

■ 자바스크립트 프로그램의 목적

자바스크립트는 프로그래밍 언어(Language)입니다. 언어의 목적은 상대방과 소통하는 것으로 프로그램을 통해 자바스크립트와 소통하는 것이 자바스크립트 프로그램의 목적입니다.

한국말로 말하면 미국 사람이 알아듣지 못하니 미국 사람이 알아듣는 영어로 말을 해야 합니다. 마찬가지로 자바스크립트가 알아들을 수 있도록 자바스크립트 문법에 맞추어 프로그램을 작성해야 합니다. 하지만 이것은 수단이지 목적은 아닙니다.

이 마인드(mind)는 매우 중요합니다. 필자가 만났던 많은 개발자들이 프로그램 언어를 문법 중심으로 접근하고 있었습니다. 문법을 지키는 것은 자바스크립트가 프로그램을 해석하기 위한 기본입니다. 기본을 준수한 것만으로 목적을 달성했다고 할 수 없습니다.

상대방과 소통하려면 상대방의 상태를 파악해야 합니다. 걸어갈 수 없는 사람에게 걸어가자고 할 수는 없습니다. 자바스크립트의 근간을 이루는 아키텍처와 메커니즘을 이해해야 자바스크립트 상태를 파악할 수 있으며 나아가 소통할 수 있습니다. 자바스크립트 상태에 맞도록 프로그램을 작성해야 빠르고 정확하게 소통할 수 있습니다.

21.3 아키텍처와 메커니즘 키워드 리스트

아래는 ES3 스펙의 10장 목차로 아키텍처/메커니즘과 관련된 키워드(Keyword)가 많이 포함되어 있습니다. 목차를 게재한 것은 아키텍처/메커니즘과 관련된 키워드 제시를 통해 개념적으로 범위를 나타내기 위해서입니다.

ES3 스펙 10장 목차

10	Execution Contexts
10.1	Definitions
10.1.1	Function Objects
10.1.2	Types of Executable Code
10.1.3	Variable Instantiation
10.1.4	Scope Chain and Identifier Resolution
10.1.5	Global Object
10.1.6	Activation Object
10.1.7	This

아래는 ES5 스펙의 10장 목차입니다. ES3에 비해 아키텍처와 메커니즘이 크게 바뀌었습니다. Lexical Environments 개념으로 아키텍처가 바뀐 것은 큰 변화이며 이에 따라 메커니즘도 바뀌었습니다.

10장 목차 항목을 이 책에서 하나도 빠짐없이 다룹니다. 필자의 자긍심이며 자랑입니다. 나아가서 대한민국 자바스크립트 개발자의 자긍심이 되길 바랍니다.

ES5 스펙을 보고 자바스크립트의 아키텍처와 메커니즘을 이해하는 것은 어렵습니다. 단어하나에 깊은 내용이 담겨 있으며 문장에 사상이 담겨 있기 때문입니다. 내용도 어렵지만 스펙 자체도 자세하지 않습니다. 하지만 근거를 갖고 논리적으로 접근하기 위해서는 어쩔수 없습니다. 특히 중·고급 개발자에게는 반드시 넘어야 할 산입니다.

필자가 ES3, ES5 스펙 목차를 게재한 것은 자바스크립트를 문법 중심이 아닌 사상으로 접근하기 위해서입니다. 많은 개발자가 자바스크립트를 문법 위주로 배웠으며 이 테두리에서 사용하고 있습니다. 자바스크립트의 아키텍처, 메커니즘, 사상을 이해하려는 마음으로 접근하면 다른 세상이 보입니다.

21.4 Function 오브젝트와 Function 인스턴스

Function은 오브젝트와 인스턴스로 구분되며 오브젝트와 인스턴스는 목적, 형태가 다르므로 확연하게 구분해야 합니다. 앞으로 나가기에 앞서 Function 기준을 정의할 필요가 있습니다. 이 책에서는 아래 기준으로 Function 오브젝트와 Function 인스턴스를 구분하여 표기합니다.

■ Function 오브젝트

자바스크립트 엔진이 function sports( ){ } 문장을 만나 function 키워드를 인식하게 되면 빌트인 Function 오브젝트의 prototype에 연결된 프로퍼티로 새로운 오브젝트를 생성하여 반환합니다. 생성한 오브젝트를 Function 오브젝트, sports 오브젝트, sports Function 오브젝트로 표기합니다. 일반적으로 함수로 부르는 점을 고려하여 sports 함수로도 표기합니다. 하지만 함수를 Function 오브젝트로 생각해야 합니다.

빌트인 Function 오브젝트로 다수의 Function 오브젝트를 생성하므로 Function 인스턴스가 더 적절합니다. 그런데 new sports( )로 생성한 것도 Function 인스턴스이므로 지금부터 이를 구분하기 위해 Function 오브젝트로 표기합니다.

■ Function 인스턴스

new sports( ); 문장을 수행하려면 우선 sports가 Function 오브젝트 상태이어야 합니다. new 연산자와 sports Function 오브젝트로 새로운 오브젝트를 생성하여 반환하며 반환된 것이 인스턴스입니다. sports 이름을 사용하여 sports 인스턴스로 표기합니다. Function 인스턴스로 표기해야 의미가 명확할 때에는 sports Function 인스턴스로 표기합니다. var spring = new sports( ); 형태와 같이 생성한 인스턴스를 변수에 할당할 때에는 spring 인스턴스와 같이 할당된 변수 이름을 사용합니다.

var one = new Number(1), var elements = new Array(12, 34) 형태에서 new 연산자를 사용했으므로 오브젝트가 아닌 인스턴스이지만 일반적으로 인스턴스라고 하지 않고 오브젝트라고 부릅니다. 하지만 구분이 필요할 때에는 one 인스턴스, elements 인스턴스로 표기합니다. new Number(1)와 new sports( )가 다른 점은, Number는 빌트인 Number 오브젝트이지만 sports는 빌트인 Function 오브젝트의 prototype에 연결된 프로퍼티로 생성한 Function 오브젝트입니다. 단계가 하나 더 있습니다.

빌트인 Function 오브젝트, Function 오브젝트, Function 인스턴스는 목적과 용도가 다릅니다. 목적과 용도에 맞게 사용하고 표기해야 합니다.

21.5 Function 오브젝트 생성

자바스크립트 엔진이 function sports( ){ } 문장을 만나 function 키워드를 인식하게 되면 빌트인 Function 오브젝트로 새로운 Function 오브젝트를 생성하여 반환합니다. 이 절에서는 자바스크립트 엔진이 Function 오브젝트를 생성하는 과정을 살펴봅니다. 생성 과정에서 나오는 용어와 개념은 계속해서 다루므로 전체적인 흐름 중심으로 다룹니다.

[소스 21-5]

```
var sports = function(){ }
debugger;
```

[그림 21-5]

```
▼ sports: function sports(){
    arguments: null
    caller: null
    length: 0
    name: "sports"
  ▼ prototype: sports
    ▶ constructor: function sports(){
    ▶   proto  : Object
  ▶ __proto__: function Empty() {}
  ▶ <function scope>
```

[그림 21-5]는 debugger로 인해 멈춘 시점의 sports 오브젝트의 모습입니다. 자바스크립트 엔진이 function( ){ }을 만나면 Function 오브젝트를 생성하여 반환하며 이를 sports 변수에 할당하므로 sports는 Function 오브젝트가 됩니다. 생성된 Function 오브젝트에 [그림 21-5]의 프로퍼티가 설정됩니다.

자바스크립트 엔진은 아래와 같은 순서와 방법으로 sports 오브젝트를 생성합니다.

1. 빈 오브젝트를 생성합니다.

   {코드} function sports( ){ }

   {설명} 생성한 오브젝트 이름이 sports입니다.

   {설명} 현재는 Function 오브젝트가 아니며 오브젝트 타입이 "function"인 빈 오브젝트입니다.

   {설명} 아래 처리를 통해 빈 오브젝트를 채우게 되며 Function 오브젝트 모습이 됩니다.

2. sports 오브젝트에 prototype 오브젝트를 첨부합니다.

   {설명} sports = {prototype: { }} 형태가 됩니다.

3. prototype에 constructor 프로퍼티를 설정합니다.

   {설명} sports = {prototype: {constructor: 값}} 형태가 됩니다.

4. prototype.constructor에 sports 오브젝트의 참조(Reference) 값을 설정합니다.

   {설명} constructor가 sports 오브젝트의 메모리 주소를 참조합니다.

   {설명} 따라서 브라우저 개발자 도구에 sports 오브젝트의 프로퍼티를 표시할 수 있습니다.

5. prototype에 __proto__ 오브젝트를 첨부합니다.

   {설명} sports = {prototype: {constructor: 값, __proto__: { }}} 형태가 됩니다.

6. 빌트인 Object 오브젝트의 prototype에 연결된 프로퍼티로 Object 인스턴스를 생성합니다.

7. 생성한 Object 인스턴스를 prototype.__proto__에 첨부합니다.

   {설명} 이를 상속이라고 합니다.

8. sports 오브젝트에 __proto__ 오브젝트를 첨부합니다.

   {설명} sports = {prototype: { }, __proto__: { }} 형태가 됩니다.

9. 빌트인 Function 오브젝트의 prototype에 연결된 프로퍼티로 Function 인스턴스를 생성합니다.

10. 생성한 Function 인스턴스를 sports.__proto__에 첨부합니다.

    {설명} 빌트인 Function 오브젝트의 메소드를 사용할 수 있게 됩니다.

11. sports 오브젝트 프로퍼티로 프로퍼티 이름과 초깃값을 설정합니다.

    {설명} arguments, caller, length, name 프로퍼티를 설정합니다.

    {설명} sports = {arguments: null, name: "sports", prototype: { }, __proto__: { }} 형태가
    됩니다.

21.6 Function 오브젝트 프로퍼티

자바스크립트 엔진이 function 키워드를 인식했을 때 생성하는 Function 오브젝트의 프로
퍼티를 살펴봅니다.

```
function sports( ) { }
debugger;
js.log(typeof sports);
```

[실행결과 21-6]

1. function

[그림 21-6-1]

```
▼ sports: function sports(){
    arguments: null
    caller: null
    length: 0
    name: "sports"
  ▼ prototype: sports
    ▶ constructor: function sports(){
    ▶   proto  : Object
  ▶   proto  : function Empty() {}
```

[그림 21-6-1]은 debugger로 인해 멈춘 시점의 모습입니다. 첫 번째 줄의 "sports: function sports( ){"는 이름이 sports인 Function 오브젝트를 의미합니다. 그 아래에 arguments, caller, length, name이 있으며 이를 오브젝트 프로퍼티라고 부릅니다.

아래에 prototype이 있으며 안에 constructor와 __proto__가 있으며 sports 오브젝트의 prototype에 연결된 프로퍼티라고 부릅니다. " proto "와 같이 언더바(_)가 표시되지 않은 것은 "__proto__"로 표시되어야 하나 표시가 안 된 것으로 간주해도 됩니다. "__proto__"에 다른 오브젝트의 prototype에 연결된 프로퍼티로 생성한 인스턴스의 프로퍼티가 첨부됩니다.

`arguments: null`

arguments 타입은 오브젝트로 sports( ) 형태로 호출한 함수에서 넘겨 준 파라미터 값이 설정됩니다. 현재는 Function 오브젝트를 생성하는 시점이므로 초깃값으로 null이 설정됩니다. sports(12, 34) 형태로 함수를 호출하면 자바스크립트 엔진이 호출받은 함수를 해석하면서 넘겨준 파라미터 값(12, 34)를 arguments 오브젝트에 설정합니다. 함수가 종료되면 다시 null로 설정됩니다. arguments 대해서는 "22장 아규먼트 오브젝트"에서 다루고 있습니다.

`caller: null`

ES3에서 함수가 호출되어 실행될 때 호출한 함수 오브젝트를 설정합니다. sports(12, 34)

형태로 호출하면 sports 오브젝트가 호출한 함수이므로 결국 호출된 함수 자신이 설정됩니다. sports 오브젝트를 생성할 때의 초깃값은 null입니다. strict 모드에서 사용하면 에러가 나며 이는 앞으로 사용하지 말라는 의미입니다. ES5 일반 모드일 때 Function 오브젝트가 설정되지만 ES3 환경에서 개발된 코드의 호환성을 위한 것입니다.

length: 0

호출받은 함수의 파라미터에 작성한 파라미터 수가 설정됩니다. 호출한 함수의 파라미터에 작성한 파라미터 수가 아닌 호출된 함수의 파라미터 수 입니다. function sports(one, two)와 같이 파라미터를 작성하면 2가 설정됩니다. Function 오브젝트를 생성하는 시점에 파라미터 수를 알 수 있으므로 이때 설정됩니다.

length 프로퍼티 값은 생성한 Function 오브젝트마다 다를 수 있으므로 생성하는 Function 오브젝트에 값을 설정합니다. 빌트인 Function 오브젝트에도 length 프로퍼티가 있지만 이는 생성하는 Function 오브젝트에 프로퍼티를 설정하기 위한 기준으로 값은 0입니다. 빌트인 Function 오브젝트와 Function 오브젝트가 다른 점입니다. ES5에서 length 프로퍼티 값을 읽을 수는 있으나 for-in 문으로 열거하거나 변경, 삭제할 수 없습니다.

name: "sports"

Function 오브젝트를 생성하는 시점에 함수 이름이 설정됩니다. var sports = function(){} 형태의 함수 표현식은 빈 문자열이 설정되고 function sports(){} 형태의 함수 선언문은 "sports"가 설정됩니다. 프로퍼티 값을 읽을 수는 있으나 열거, 변경, 삭제할 수 없습니다. IE11 버전은 undefined를 반환하며, 즉 지원하지 않으며 4대 브라우저는 name 프로퍼티 값을 반환합니다.

prototype: sports

prototype은 오브젝트로 모든 Function 오브젝트에 존재합니다. 단, ES5 스펙에서 글로벌 오브젝트에 prototype의 존재 여부를 자바스크립트 엔진 개발자에게 일임하고 있으므로 브라우저마다 다를 수 있습니다.

sports( )로 sports 오브젝트를 호출하면 prototype을 사용하지 않으므로 sports 오브젝트에 prototype이 없어도 됩니다. 그런데도 모든 Function 오브젝트에 작성하는 이유는 prototype에 프로퍼티를 연결하기 위해서입니다. 이는 자바스크립트의 기본 메커니즘입니다.

prototype이 오브젝트이므로 프로퍼티를 연결할 수 있습니다. 이 메커니즘을 사용하여 Function 오브젝트를 확장할 수 있습니다. new 연산자로 인스턴스를 생성할 때 prototype에 연결된 프로퍼티로 인스턴스를 생성합니다. 다른 Function 인스턴스를 상속받아 prototype에 연결하여 하나의 인스턴스로 묶어 사용할 수 있습니다. 이 형태를 프로토타입 체인(prototype chain)이라고 합니다. prototype에 null을 설정하여 연결, 상속을 금지시킬 수도 있습니다.

```
constructor: function sprots(){}
```

[그림 21-6-2]

```
▼ prototype: sports
  ▼ constructor: function sports(){
      arguments: null
      caller: null
      length: 0
      name: "sports"
  ▶ prototype: sports
  ▶   proto  : function Empty() {}
  ▶ <function scope>
```

[그림 21-6-2]는 constructor 프로퍼티를 펼친 모습입니다. constructor 프로퍼티는 Function 오브젝트를 생성하는 시점에 설정되며 생성하는 Function 오브젝트를 참조합니다. 그래서 [그림 21-6-2]에서 constructor를 구성하는 프로퍼티와 [그림 21-6-1]의 Function 오브젝트의 프로퍼티가 같게 표시되었습니다.

같다는 것을 직관적으로 표시하기 위해 constructor에 Function 오브젝트를 설정한다고 했지만 이것은 사람이 보는 관점입니다. 자바스크립트 엔진은 constructor에서 sports 오브젝트가 위치한 메모리 주소를 참조합니다. 따라서 참조로 표기해야 정확한 표기입니다. 한편 참조보다 설정이 더 직관적이므로 이 책에서 참조를 설정으로 표기한 곳이 많습니다.

```
__proto__: function Empty(){}
```

다음 절에서 다루고 있습니다.

```
js.log(typeof sports);
```

typeof 연산자로 sports 오브젝트 타입을 [실행결과] 1번에 출력하였더니 function이 출력되었습니다. 즉, 생성한 Function 오브젝트의 타입은 function입니다.

21.7 __proto__ 오브젝트

__proto__는 프로퍼티를 감싸기 위한 오브젝트로 자체로 기능을 갖고 있지 않습니다. 만약 __proto__ 안에 프로퍼티를 작성하지 않고 풀어서 작성하면 한 단계 위에 놓이게 되므로 오브젝트 프로퍼티와 같은 단계에 놓이게 됩니다. 이때 오브젝트 프로퍼티와 이름이 같으면 중복되는 문제가 발생하게 됩니다. 이를 방지하기 위해 하나로 묶어 계층 역할을 하는 것이 __proto__입니다.

계층 구조이지만 __proto__ 안의 프로퍼티에 접근할 때 __proto__를 작성하지 않아도 됩니다. 즉 "오브젝트.__proto__.propertyName" 형태가 아닌 "오브젝트.propertyName" 형태로 작성해도 됩니다. 물론 의도적으로 __proto__를 작성할 수도 있습니다.

[소스 21-7-1]

```
function sports(value){ }
js.log(sports.__proto__ === Function.prototype);
js.log(sports.length);
debugger;
```

[실행결과 21-7-1]

```
1. true
2. 1
```

[그림 21-7-1]

```
▼ sports: function sports(value){
    arguments: null
    caller: null
    length: 1
    name: "sports"
  ▶ prototype: sports
  ▼  proto  : function Empty() {}
    ▶ apply: function apply() { [native code] }
      arguments: null
    ▶ bind: function bind() { [native code] }
    ▶ call: function call() { [native code] }
      caller: null
    ▶ constructor: function Function() { [native code] }
      length: 0
      name: "Empty"
    ▶ toString: function toString() { [native code] }
    ▶   proto  : Object
    ▶ <function scope>
  ▶ <function scope>
```

[그림 21-7-1]은 debugger로 인해 멈춘 시점의 sports 오브젝트 모습입니다. 가운데 __proto__를 펼치지 않은 모습은 앞 절에서 다루었으므로 여기서는 __proto__ 안의 프로퍼티를 살펴봅니다.

```
js.log(sports.__proto__ === Function.prototype);
```

자바스크립트 엔진이 function sports(value); 문장을 만나면 빌트인 Function 오브젝트의 prototype에 연결된 프로퍼티로 새로운 Function 오브젝트를 생성합니다. 이때 생성한 Function 오브젝트의 프로퍼티를 구분하여 sports Function 오브젝트에 첨부해야 하는데 할 곳이 없으므로 __proto__를 만들어 첨부하고 __proto__에 생성한 Function 오브젝트의 프로퍼티를 첨부합니다.

직관적으로 설명하기 위해 첨부한다고 했지만 빌트인 Function 오브젝트의 prototype에 연결된 프로퍼티를 참조합니다. 따라서 sports.__proto__와 Function.prototype이 같으므로 [실행결과] 1번에 true가 출력되었습니다.

__proto__에 표시된 arguments, caller, name 프로퍼티는 빌트인 Function 오브젝트 프로퍼티가 아니며 length 프로퍼티는 빌트인 Function 오브젝트 프로퍼티입니다. 그런데도 __proto__에 표시된 것은 Function 오브젝트를 만들 때 디폴트로 설정하기 때문입니다.

빌트인 Function 오브젝트의 prototype에 연결된 프로퍼티로 Function 오브젝트를 생성하여 __proto__에 첨부하는 것은, 빌트인 Function 오브젝트에서 제공하는 메소드를 사용하기 위해서 입니다. 첨부하지 않으면 apply, bind, call 메소드를 호출할 수 없습니다. 자바스크립트 엔진이 __proto__를 무시하고 메소드를 검색하므로 __proto__에 첨부해야 합니다. 만약 다른 오브젝트를 만들어 첨부한 후 여기에 빌트인 Function 오브젝트의 prototype에 연결된 메소드를 첨부하면 메소드가 있는 경로를 지정하여 호출해야 합니다.

__proto__는 ES5 스펙에서 규정한 이름이 아닙니다. 그런데 __proto__를 사용할 수 있는 것은 작명을 자바스크립트 엔진 개발사에 일임했기 때문입니다. 따라서 브라우저마다 다를 수 있지만 대부분의 브라우저에서 이 이름을 사용합니다. ES6 스펙에서 __proto__를 사용하고 있는 것으로 보아 정식 이름이 될 것 같습니다.

```
js.log(sports.length);
```

[그림 21-7-1]에 length 프로퍼티가 두 개 있습니다. 하나는 sports 오브젝트에 연결되어 있으며 값이 1입니다. 또 하나는 __proto__에 연결되어 있으며 값이 0입니다.

length 프로퍼티는 빌트인 Function 오브젝트의 prototype에 연결되어 있지 않고 빌트인 Function 오브젝트에 연결되어 있습니다. 따라서 __proto__에 length 프로퍼티가 설정되지 않아야 하는데 설정된 것은, 인스턴스 프로퍼티이기 때문입니다. 인스턴스 프로퍼티는 빌트인 Function 오브젝트에 연결된 프로퍼티이지만 생성하는 인스턴스에 설정되는 프로퍼티를 의미합니다.

[그림 21-7-1]에서 위에 있는 length 프로퍼티 값인 1이 [실행결과] 2번에 출력되었습니다. 자바스크립트 엔진은 우선 sports 오브젝트에 연결된 length 프로퍼티를 검색합니다. 즉 오브젝트 프로퍼티에서 length 프로퍼티를 검색합니다. 프로퍼티가 존재하면 검색된 값을 사용하고 프로퍼티가 존재하지 않으면 __proto__에서 검색합니다. 자신 오브젝트에서 먼저 프로퍼티를 검색하고 존재하지 않으면 상속받은 인스턴스에서 프로퍼티를 검색합니다.

[그림 21-7-1]에서 __proto__ 안에 __proto__가 있습니다. 이에 대해 살펴보겠습니다.

[소스 21-7-2]

```
function sports(){}
js.log(sports.__proto__.__proto__ === Object.prototype);
js.log(sports.isPrototypeOf);
debugger;
```

[실행결과 21-7-2]

```
1. true
2. function isPrototypeOf() { [native code] }
```

[그림 21-7-2]

```
▼ sports: function sports(){
    arguments: null
    caller: null
    length: 0
    name: "sports"
  ▶ prototype: sports
  ▼ __proto__: function Empty() {}
    ▶ apply: function apply() { [native code] }
      arguments: null
    ▶ bind: function bind() { [native code] }
    ▶ call: function call() { [native code] }
      caller: null
    ▶ constructor: function Function() { [native code] }
      length: 0
      name: "Empty"
    ▶ toString: function toString() { [native code] }
```

```
▼ proto  : Object
  ▶  defineGetter  : function  defineGetter  () { [native code] }
  ▶  detineSetter  : function  detineSetter  () { [native code] }
  ▶ __lookupGetter__: function __lookupGetter__() { [native code] }
  ▶  lookupSetter  : function  lookupSetter  () { [native code] }
  ▶ constructor: function Object() { [native code] }
  ▶ hasOwnProperty: function hasOwnProperty() { [native code] }
  ▶ isPrototypeOf: function isPrototypeOf() { [native code] }
```

[그림 21-7-2]는 debugger로 인해 멈춘 시점에서 sports.__proto__.__proto__를 펼친 모습입니다. 그림 크기가 커서 설명에 영향을 주지 않는 아랫부분은 삭제했습니다.

sports.__proto__.__proto__의 hasOwnProperty 메소드는 빌트인 Object 오브젝트의 메소드입니다. 빌트인 Object 오브젝트의 prototype에 연결된 프로퍼티로 생성한 인스턴스의 프로퍼티가 sports.__proto__.__proto__에 연결되어 있습니다.

```
js.log(sports.__proto__.__proto__ === Object.prototype);
```

sports.__proto__.__proto__가 빌트인 Object 오브젝트의 prototype으로 생성한 인스턴스인 것을 체크하는 코드입니다. [실행결과] 1번에 true가 출력되었으며 이는 맞다는 의미입니다.

자바스크립트 엔진이 렌더링될 때 빌트인 Function 오브젝트의 __proto__에 빌트인 Object 오브젝트의 prototype에 연결된 프로퍼티로 인스턴스를 생성하여 설정합니다. 따라서 Function 오브젝트를 생성하면 __proto__도 같이 첨부됩니다. 이처럼 자바스크립트의 모든 네이티브 오브젝트에 빌트인 Object 오브젝트의 prototype으로 생성한 Object 인스턴스가 첨부됩니다.

```
js.log(sports.hasOwnProperty);
```

[실행결과] 2번에 hasOwnProperty 메소드를 나타내는 코드가 출력된 것은 sports 오브젝트에 hasOwnProperty 메소드가 있다는 것을 의미합니다. [그림 21-7-2]에서 hasOwnProperty 메소드가 있는 곳은 sports.__proto__.__proto__입니다.

자바스크립트 엔진은 우선 sports 오브젝트에 연결된 프로퍼티에서 hasOwnProperty를 검색합니다. 검색되면 더 이상 검색하지 않고 hasOwnProperty 값인 Function 오브젝트를 반환합니다. 검색되지 않으면 sports.__proto__에서 검색하며 검색되지 않으면 sports.__proto__.__proto__에서 검색합니다. 이처럼 단계적으로 __proto__를 따라 내려가면서 프로퍼티를 검색합니다.

21.8 공통 내부 프로퍼티

자바스크립트 엔진이 Function 오브젝트를 생성하는 목적은 Function 오브젝트이어야 호출할 수 있으며 실행할 수 있기 때문입니다. 실행하기 위해서는 Function 오브젝트를 생성할 때의 환경을 인식할 수 있어야 합니다. 예를 들어 함수를 호출하는 시점은 이미 Function 오브젝트를 생성한 상태이므로 함수 안에 작성한 코드를 알 수 없습니다. 그런데 함수 안의 코드를 인식할 수 있어야 코드를 실행할 수 있으므로 Function 오브젝트를 생성할 때 실행 환경을 어딘가에 저장해야 합니다.

어디에 저장할까요?

생성하는 Function 오브젝트에 저장합니다. 만약 Function 오브젝트에 저장하지 않고 다른 곳에 저장하면 저장한 곳에서 가져와서 실행해야 하므로 비효율적입니다. Function 오브젝트가 {name: value} 형태의 오브젝트이므로 실행 환경을 저장하는 데 문제가 없습니다.

자바스크립트 엔진이 인식할 수 있는 프로퍼티를 내부 프로퍼티라고 합니다. 즉, 내부 프로퍼티는 자바스크립트 엔진이 내부 처리를 할 때 사용합니다. 내부 프로퍼티는 스펙상의 사양이므로 외부에서 접근할 수 없으며 어떻게 내부 처리하는지 알 수 없습니다. 스펙은 프로퍼티의 목적, 결과를 제시하고 구현은 자바스크립트 엔진 개발자에게 일임하고 있기 때문입니다.

외부에서 접근할 수 없는데도 내부 프로퍼티를 살펴보는 것은 자바스크립트를 근본적으로 접근하기 위해서입니다. 독자가 ES5 스펙을 볼 때 이해를 돕기 위해서입니다. ES5 스펙에서 내부 프로퍼티를 [[Scope]]와 같이 대괄호[ ] 두 개로 표기하고 있습니다.

내부 프로퍼티는 모든 오브젝트에 설정되는 공통 프로퍼티와 오브젝트에 따라 선택적으로 설정되는 선택적 프로퍼티로 나눕니다. 이 절에서는 오브젝트에 공통으로 설정되는 내부 프로퍼티를 살펴보고 다음 절에서 오브젝트에 선택적으로 설정되는 내부 프로퍼티를 살펴봅니다.

프로퍼티 기능이 간단한 것은 개요로 알 수 있지만 복잡한 것은 사전 이해와 상세한 설명이 필요합니다. 이 절에서 개요만 다루고 상세 설명은 프로퍼티와 관련된 장/절에서 다룹니다.

[표 21-8] 오브젝트 공통 내부 프로퍼티

프로퍼티 이름	값 형태	개요
[[Prototype]]	Object 또는 Null	오브젝트의 prototype
[[Class]]	String	오브젝트 유형 구분
[[Extensible]]	Boolean	오브젝트에 프로퍼티 추가 가능 여부
[[Get]]	any, **참조1	이름을 가진 프로퍼티 값을 반환
[[GetOwnProperty]]	프로퍼티 디스크립터 또는 Undefined	오브젝트 소유의 프로퍼티 디스크립터 속성 반환
[[GetProperty]]	프로퍼티 디스크립터 또는 Undefined	오브젝트의 프로퍼티 디스크립터 속성 반환
[[Put]]		프로퍼티 이름에 값 설정
[[CanPut]]	Boolean	값의 설정 가능 여부 반환
[[HasProperty]]	Boolean	프로퍼티의 존재 여부 반환
[[Delete]]	Boolean	오브젝트에서 프로퍼티 이름 삭제
[[DefaultValue]]	프리미티브 값	오브젝트의 프리미티브 값 반환
[[DefinedOwnProperty]]	Boolean	오브젝트에 프로퍼티 추가, 속성 변경

** 참조1: any는 자바스크립트 값(데이터) 타입을 포괄적으로 나타낼 때 사용합니다.

내부 프로퍼티는 Function 오브젝트를 생성할 때 설정됩니다. Function 오브젝트를 호출할 때, Function 오브젝트의 메소드를 호출할 때, 프로퍼티를 제어할 때, 내부 프로퍼티 값을 사용하여 처리합니다.

이 장의 주제가 Function 오브젝트이므로 아래에 Function 오브젝트 중심으로 기술하였지만, Function 오브젝트뿐만 아니라 자바스크립트의 모든 오브젝트가 대상입니다.

▶ [[Prototype]]

[[Prototype]] 프로퍼티가 공통 프로퍼티라는 것은 모든 오브젝트에 prototype이 존재한다는 것을 의미합니다. Function 오브젝트를 생성할 때는 prototype이 빈 오브젝트이므로 빈 오브젝트가 [[Prototype]]에 설정됩니다. Function 오브젝트의 prototype에 프로퍼티를 추가하면 연동됩니다. sports 오브젝트의 prototype에 연결된 프로퍼티는 사람이 사용하고 [[Prototype]]은 자바스크립트 엔진이 사용합니다. 따라서 prototype과 [[Prototype]]이 같아야 합니다.

sports Function 오브젝트의 prototype에 연결된 프로퍼티를 new 연산자와 sports 오브젝트로 생성한 모든 인스턴스에서 공유합니다. 따라서 sports Function 오브젝트의 prototype에 연결된 프로퍼티를 변경(추가, 삭제, 값 변경)하면, [[Prototype]]에 반영되며 모든 인스턴스에서 변경된 값을 사용합니다.

▶ [[Class]]

[[Class]] 프로퍼티는 오브젝트 타입을 구분합니다. 엔진이 function 키워드를 만나 Function 오브젝트를 생성하는 것이 아니라 {name: value} 형태의 오브젝트를 생성합니다. Function 오브젝트 형태가 별도로 있는 것이 아니라 {name: value} 형태의 오브젝트입니다. 그리고 [[Class]] 프로퍼티에 "Function"을 설정하여 Function 오브젝트를 구분합니다. [[Class]] 프로퍼티 값이 "Function"이므로 Function 오브젝트인 것입니다. [[Class]] 프로퍼티에 문자열로 Arguments, Array, Boolean, Date, Error, Function, JSON, Math, Number, Object, RegExp, String을 설정하여 오브젝트 타입을 구분합니다.

▶ [[Prototype]]과 [[Class]] 이외 내부 프로퍼티

[[Prototype]]과 [[Class]] 이외의 다른 내부 프로퍼티는 "20장 Object 5th 오브젝트"에서 내부 프로퍼티 이름을 사용하지 않았지만 메소드로 기능을 다루었습니다. 즉, Object 오브젝트와 관련된 프로퍼티입니다. 모든 오브젝트에서 Object 오브젝트를 상속받으므로 Object 오브젝트 관련 프로퍼티가 필요하며 Function 오브젝트 형태가 오브젝트{name: value}이므로 오브젝트를 제어하기 위한 프로퍼티가 필요합니다. 이런 이유, 목적으로 인해 Object 오브젝트 관련 프로퍼티를 공통 내부 프로퍼티로 둔 것입니다.

오브젝트에 따라 내부 프로퍼티 이름이 같지만 처리 기능이 다를 때는 해당하는 오브젝트에 대체 처리 방법을 기술하고 있습니다. 예를 들어 Function 오브젝트의 [[Get]] 프로퍼티 처리 방법은 다른 오브젝트의 [[Get]] 프로퍼티 처리 방법과 다르므로 Function 오브젝트 스펙에 [[Get]] 처리 방법이 작성되어 있습니다.

21.9 선택적 내부 프로퍼티

선택적 내부 프로퍼티는 오브젝트에 따라 선택적으로 사용되는 프로퍼티를 의미합니다. 예를 들어 [[PrimitiveValue]] 프로퍼티는 Boolean, Date, Number, String 오브젝트에서 사용하며 다른 오브젝트에서는 사용하지 않습니다. 아래 [표 21-9]는 오브젝트에 따라 선택적으로 사용되는 내부 프로퍼티입니다.

[표 21-9] 오브젝트 선택적 내부 프로퍼티

내부 프로퍼티	값 형태	개요
[[PrimitiveValue]]	프리미티브 값	Boolean, Date, Number, String 오브젝트에서 사용
[[Construct]]	Object	Function 오브젝트의 메모리 주소 참조
[[Call]]	any	함수 호출
[[HasInstance]]	Boolean	오브젝트에 의해 생성한 인스턴스 여부 반환
[[Scope]]	렉시컬 환경	Function 오브젝트의 렉시컬 환경
[[FormalParameters]]	문자열 리스트	호출된 함수의 파라미터 이름 리스트
[[Code]]	자바스크립트 코드	함수에 작성된 자바스크립트 코드가 설정되며 함수가 호출되었을 때 사용
[[TargetFunction]]	Object	bind 메소드로 생성된 타깃 Function 오브젝트
[[BoundThis]]	any	bind 메소드로 생성된 Function 오브젝트에 바인딩된 this
[[BoundArguments]]	리스트	bind 메소드로 생성된 Function 오브젝트에 바인딩된 파라미터 리스트
[[Match]]	매치 결과	정규 표현식 매치 결과
[[ParameterMap]]	Object	아규먼트 오브젝트와 호출된 함수 파라미터 매핑

▶ [[PrimitiveValue]]

Boolean, Date, Number, String 인스턴스를 생성할 때 설정합니다. var obj = new Date( ) 로 생성한 obj를 지정하면 인스턴스를 생성한 시점의 일자가 반환됩니다. 인스턴스를 지정 했는데 값이 반환되는 것은, 인스턴스를 생성하는 시점의 일자를 [[PrimitiveValue]]에 설정 하고 obj를 지정하면 [[PrimitiveValue]] 값을 반환하기 때문입니다.

▶ [[Construct]]

생성하는 오브젝트의 참조(메모리 주소) 값이 설정됩니다. 따라서 [[Construct]]와 생성하는 오브젝트가 같습니다.

▶ [[Call]]

Function 오브젝트에만 설정되며 생성하는 Function 오브젝트 정보가 설정됩니다. Function 오브젝트에 [[Call]]이 있으므로 함수로 호출할 수 있습니다. [[Call]] 프로퍼티가 없 는 오브젝트는 호출할 수 없습니다. 함수가 호출되면 자바스크립트 엔진은 Function 오브 젝트의 [[Call]]에 설정된 정보를 사용하여 함수를 실행시킵니다.

▶ [[HasInstance]]

오브젝트로 생성한 인스턴스 여부를 Boolean 값으로 반환하는 데 사용합니다. [[HasInstance]] 프로퍼티는 Function 인스턴스에만 설정됩니다. var obj = new sports( );에서 obj가 sports 오브젝트로 생성한 인스턴스 여부를 반환받으려면 (obj instanceof sports)와 같이 작성하며 이때 [[HasInstance]] 프로퍼티를 사용합니다.

▶ [[FormalParameters]]

호출받는 함수의 파라미터에 작성한 이름이 설정됩니다. function sports(one, two){} 형태에서 one과 two가 설정됩니다. sports(10, 20)으로 호출하면 [[FormalParameters]]에 설정된 파라미터 이름을 사용하여 값을 할당합니다.

▶ [[Code]]

함수에 작성한 자바스크립트 코드가 설정됩니다. 함수를 호출하였을 때 함수에 작성된 코드를 엔진이 인식할 수 있어야 실행할 수 있습니다. 이때 [[Code]]에 설정된 코드를 사용하여 실행합니다.

▶ [[TargetFunction]], [[BoundThis]], [[BoundArguments]]

Function 오브젝트의 bind 메소드에서 설정합니다. 메소드를 호출하면 바로 실행되지만 bind 메소드는 바로 실행되지 않습니다. 엔진이 var bindObj = sports( ).bind( ) 형태의 문장을 만나면 sports 메소드를 호출하지 않고 sports 메소드를 바인딩한 오브젝트를 생성하여 반환합니다. bindObj의 [[TargetFunction]], [[BoundThis]], [[BoundArguments]]에 sports 오브젝트 실행 환경을 설정합니다. 이 시점에서 처리가 종료되어 흐름이 끊어집니다. bindObj( )를 호출하면 내부 프로퍼티 값을 사용하여 sports 오브젝트를 실행합니다. bind 메소드는 "27.12절 bind( )와 this"에서 다루고 있습니다.

▶ [[Match]]

ES5 스펙에 정규 표현식이 포함되어 있으므로 정규 표현식은 자바스크립트의 부분입니다. 정규 표현식은 문자열을 대상으로 하며 문자열에 정규 표현식을 적용하여 조건에 맞는 값을 걸러내는 처리를 매치(match)라고 합니다. 이때 매치 결과를 [[Match]]에 설정합니다. String 오브젝트의 match( ), split( ), search( ), replace( )에서 정규 표현식을 사용할 수 있습니다.

▶ [[ParameterMap]]

파라미터 값을 할당할 때 내부 처리용으로 사용합니다. function sports(one, two){} 형태를 sports(10, 20)으로 호출하면 one에 10이 two에 20이 할당됩니다. [[FormalParameters]]에 설정된 one, two를 사용하여 10과 20을 할당할 때 [[ParameterMap]]을 사용하여 내부 처리를 합니다.

21.10 함수 선언문과 함수 표현식

함수는 함수 선언문(Function Declaration)과 함수 표현식(Function Expression)으로 구분됩니다. 어떤 형태이든 Function 오브젝트를 생성하여 반환하므로 함수를 호출하는 형태는 같습니다. 형태가 하나이면 쉬운데 복잡하게 형태를 나누었을까요? 우선 함수 선언문과 함수 표현식의 문법부터 살펴보겠습니다.

■ 함수 선언문

[문법]

구분	타입	데이터(값)
function		키워드
식별자	String	함수 이름
파라미터	Any	파라미터 리스트_{옵션}
함수 블록	Object	{실행 가능 코드_{옵션}}
반환	Function	Function Object

함수 선언문은 function sports( ){}와 같이 function 키워드를 작성하고 이어서 함수 이름을 작성합니다. 이때 함수 이름을 반드시 작성해야 하며 함수 이름이 없으면 함수 선언문이 되지 않습니다. 자바스크립트 엔진이 function sports( ){}를 만나면 오브젝트 이름이 sports 인 Function 오브젝트를 생성합니다.

■ 함수 표현식

[문법]

구분	타입	데이터(값)
function		키워드
식별자	String	함수 이름_{옵션}
파라미터	Any	파라미터 리스트_{옵션}
함수 블록	Object	{실행 가능 코드_{옵션}}
반환	Function	Function Object

함수 표현식은 var sports = function( ){};과 같이 할당받을 변수, 할당 연산자(=), function 키워드를 작성합니다. 함수 이름은 옵션이므로 작성하지 않아도 되며 일반적으로 작성하지 않습니다. 함수 이름을 작성하면 var sports = function swim( ){}; 형태가 됩니다.

var sports = function( ){ }; 형태에서 sports는 생성한 Function 오브젝트를 할당할 변수 이름이지 Function 오브젝트 이름이 아닙니다. 왜냐하면 아래와 같이 할당할 변수 이름과 함수 이름을 작성할 수 있기 때문입니다. 함수 이름을 작성하더라도 생성한 Function 오브젝트를 swim 오브젝트로 부르지 않고 sports 오브젝트로 부릅니다.

```
var sports = function swim( ){ };
```

이 형태에서 var sports를 작성하지 않으면 함수 선언문과 같습니다. 생성한 Function 오브젝트를 할당받을 변수를 작성하면 함수 표현식이 되고 변수를 작성하지 않으면 함수 선언문이 됩니다. 함수 선언문은 반드시 함수 이름을 작성해야 하므로 함수 이름을 작성하지 않으면 함수 표현식이 됩니다.

정리하면, 할당받을 변수를 작성하거나 함수 이름을 작성하지 않으면 함수 표현식이고 할당받을 변수를 작성하지 않고 함수 이름을 작성하면 함수 선언문입니다.

21.11 자바스크립트 엔진 해석

자바스크립트가 스크립팅 언어이므로 작성된 자바스크립트 코드를 위에서 아래로 한 줄씩 해석한다고 생각할 수 있습니다. 하지만 이는 스크립팅 언어의 일반적인 개념으로 자바스크립트는 함수 형태에 따라 순서를 바꾸어 해석합니다. 중간에 있는 코드를 먼저 해석할 수도 있습니다.

```
function sports( ){ };
var sports = function( ){ };
```

두 형태가 모습은 다르지만 Function 오브젝트를 생성합니다. 그런데 Function 오브젝트를 생성하는 순서가 다릅니다.

■ Function 오브젝트 생성 순서가 다름

자바스크립트는 함수 안의 코드에서 함수 선언문(function sports( ){ })을 먼저 해석하고 다음에 함수 표현식(var sports = function( ){ })을 해석합니다. 소스 텍스트에 작성된 순서가 아니라 함수 형태에 따라 Function 오브젝트를 생성하는 순서가 결정됩니다.

[소스 21-11]

```
function sports( ){
    debugger;
```

```
    var player = 11;
    function soccer(){
        return player;
    }
    var swim = function(){ }
    soccer();
}
sports();
```

sports 함수에 아래 순서로 자바스크립트 코드가 작성되어 있습니다.

1) player 변수 선언

   {코드} var player = 11;

2) 다음에 함수 선언문 작성

   {코드} function soccer( ){return player;}

3) 다음에 함수 표현식 작성

   {코드} var swim = function( ){ }

4) 마지막 줄에서 soccer 함수 호출

   {코드} soccer( )

마지막 줄에서 sports 함수를 호출하면 두 번째 줄의 debugger에서 실행이 멈추게 되며 아래 [그림 21-11-1]은 멈춘 상태의 모습입니다.

[그림 21-11-1]

```
▼ Local
    player: undefined
  ▶ soccer: function soccer(){
    swim: undefined
  ▶ this: Window
```

[그림 21-11-1]에서 player와 swim 값은 undefined이고 soccer는 function soccer( ){ }입니다. 첫 번째 줄에서 멈추었는데 soccer에 Function 오브젝트가 설정된 것은 function soccer( ){ } 문장을 수행한 것을 의미합니다. 또한 player와 swim에 설정된 undefined도 값이며 수행한 것을 의미합니다. 수행하지 않았다면 player와 swim 자체가 표시되지 않습니다.

sports 함수가 호출되면 자바스크립트 엔진은 아래 순서로 자바스크립트 코드를 실행합니다.

1) 함수 선언문 해석
2) 변수 초기화
3) 자바스크립트 코드 실행

■ 함수 선언문 먼저 해석

자바스크립트 엔진은 함수의 첫 번째 줄부터 마지막 줄까지 차례로 읽어가면서 함수 선언문을 Function 오브젝트로 생성합니다. 함수 안을 한 바퀴 도는 모습입니다. [그림 21-11-1]에 soccer가 Function 오브젝트로 표시된 것은 이 때문입니다.

■ 변수 초기화

함수 선언문을 모두 처리한 후 다시 함수의 첫 번째 줄로 올라가 함수 안에 작성된 순서로 변수에 undefined를 할당합니다. 함수 안에 글로벌 변수를 작성할 수 있지만 구분하지 않습니다. 이런 처리로 인해 [그림 21-11-1]에 player: undefined 형태로 표시되었습니다.

var player = 11; 형태인데 player 변숫값이 undefined인 것은 함수의 마지막 줄까지 초기화를 수행한 후 다음 단계인 자바스크립트 코드 실행 단계에서 11을 할당하기 때문입니다. 초기화란 변수에 undefined 값을 설정하는 것을 의미합니다.

var swim = function( ){} 문장에 function 키워드가 있지만 Function 오브젝트를 생성하지 않고 swim 변수만 선언하고 undefined를 설정합니다. 그래서 [그림 21-11-1]에 swim: undefined 형태로 표시되었습니다. Function 오브젝트를 생성하여 swim 변수에 할당하는 것은 다음 단계인 자바스크립트 코드 실행 단계에서 합니다.

지금까지 처리를 정리하면:
우선 함수 선언문 전체를 Function 오브젝트로 생성합니다. 그리고 변수를 모두 선언하고 undefined를 설정합니다. 함수 안을 두 번 돌았으며 함수 안의 모든 함수와 변수는 값을 갖게 됩니다. 여기까지가 초기화 단계입니다.

■ 자바스크립트 코드 실행

초기화 단계가 끝나면 다시 함수의 첫 번째 줄로 올라가 함수 안의 자바스크립트 코드를 실행합니다. 그러면 debugger를 만나게 되어 실행이 멈춥니다. debugger 위치는 함수 안을 세 번째 도는 시작점입니다.

멈춘 상태에서 F11을 누르면 아래로 이동하여 var player = 11; 문장을 만나게 됩니다. 문장 앞에서 실행이 멈춘 상태이므로 player 변숫값은 undefined입니다. 다시 F11을 누르면 var player = 11;을 실행하게 되며 player 변수에 11이 할당됩니다.

다시 F11을 누르면 var swim = function( ){ }; 문장 앞으로 이동합니다. function soccer( ){ }; 문장을 수행하지 않은 것은 초기화 단계에서 soccer 오브젝트를 생성했기 때문입니다. 이 점이 함수 선언문과 함수 표현식의 차이입니다. 함수 선언문은 Function 오브젝트 상태이고 함수 표현식은 아직 undefined입니다.

다시 F11을 누르면 Function 오브젝트를 생성하여 swim 변수에 할당합니다. 이제부터 swim 변숫값이 undefined가 아닌 Function 오브젝트입니다. 아래 [그림 21-11-2]는 이 시점의 모습입니다.

[그림 21-11-2]

```
▼ Local
    player: 11
  ▶ soccer: function soccer(){
  ▶ swim: function (){
  ▶ this: Window
```

player 변수에 11이 할당되어 있으며 swim 변수에 Function 오브젝트가 할당되어 있습니다. 이제부터 함수 안에서 player를 사용하면 11이 반환되며 swim 함수를 호출할 수 있습니다. 여기서 다시 F11을 누르면 soccer 함수가 호출되어 soccer 함수 안으로 자바스크립트 엔진이 이동합니다.

이처럼 자바스크립트는 초기화와 실행을 나누어서 처리합니다. [소스 21-11]의 코드를 초기화하고 실행하는 과정을 정리하면 아래와 같습니다. 자바스크립트 처리 순서에 맞추어 함수 선언문 초기화, 변수 초기화, 자바스크립트 코드 실행으로 나누었습니다.

함수 선언문 초기화

1. 자바스크립트 엔진이 마지막 줄에서 sports 함수를 호출합니다.
   {코드} sports( );
2. 자바스크립트 엔진이 sports 함수의 첫 번째 줄로 이동합니다.
3. 함수 안에서 함수 선언문을 찾습니다.
4. function soccer( ){ }가 함수 선언문이므로 soccer Function 오브젝트를 생성합니다.
   {코드} function soccer( ){return player;}
   {설명} soccer가 Function 오브젝트이므로 soccer 함수를 호출할 수 있습니다.
5. 더 이상 함수 선언문이 없으므로 다시 함수의 첫 번째 줄로 이동합니다.

6. var player 변수에 undefined를 설정합니다.

   {코드} var player = 11;

   {설명} 값 11은 할당하지 않고 undefined를 설정합니다.

7. var swim 변수에 undefined를 설정합니다.

   {코드} var swim = function( ){ }

   {설명} 함수 표현식이므로 Function 오브젝트를 생성하지 않습니다.

8. 여기까지가 초기화 단계이며 다시 함수의 첫 번째 줄로 이동합니다.

9. 자바스크립트 코드 실행을 위한 준비가 되었으며 코드를 실행하게 됩니다.

10. player 변수에 11을 할당합니다.

    {코드} var player = 11;

11. function soccer( ){ }은 실행이 아닌 선언이므로 다음 줄로 이동합니다.

12. Function 오브젝트를 생성하여 swim 변수에 할당합니다.

    {코드} var swim = function( ){ };

    {설명} swim이 Function 오브젝트가 되므로 swim 함수를 호출할 수 있습니다.

13. soccer( ); 문장을 만나 soccer 함수를 호출합니다.

    {코드} soccer( );

14. soccer 함수가 실행되고 soccer 함수 안의 첫 번째 줄로 자바스크립트 엔진이 이동합니다.

15. soccer 함수 안의 함수 선언문과 변수를 초기화하고 자바스크립트 코드를 실행합니다.

    {코드} return player;

지금쯤 독자는 함수 선언문과 함수 표현식을 이해했을 것이며 어떤 형태가 좋은가를 생각할 것입니다. 필자의 생각을 적어보면 너무 깊게 생각하지 말기 바랍니다. 함수의 목적과 기능에 따라 사용하는 함수 형태가 달라지기 때문입니다. 아직 이를 판단할 수 있는 근거와 장단점을 제시하지 않았습니다. 이 책을 계속해서 읽게 되면 논리가 생길 것이므로 그때 생각해도 됩니다.

함수 중간에서 조건으로 인해 함수를 빠져나가면, 함수 선언문은 초기화 단계에서 Function 오브젝트를 생성하므로 호출도 하지 않을 오브젝트를 생성하게 됩니다. 이런 모습은 효율성이 떨어집니다. 그렇다고 함수 표현식을 써야 하는 것은 아닙니다. 실행 단계에서 Function 오브젝트를 생성하므로 생성하는 코드 아래에서 호출하도록 해야 합니다. 개발자가 이 점을 고려해서 순서대로 코드를 작성해야 합니다. 이외에도 두 형태의 특징과 고려사항이 있으며 사전 설명이 필요하므로 관련된 곳에서 다룹니다.

독자가 어떤 함수 형태가 좋은가를 생각하는 계기가 되었다면 필자의 임무를 완수한 것이며 필자의 바람이기도 합니다.

개발 팁

> 자바스크립트 엔진이 변수의 초깃값 설정과 실행을 나누어서 한다는 것은 코딩 아이디어를 제공합니다. 함수 앞부분에 변수를 전부 선언합니다. 변수가 많으면 콤마(,) 연산자를 사용하여 변수를 선언합니다. 줄을 분리하여 변수에 값을 설정하는 코드를 작성하더라도 엔진은 초기화를 전부 한 후 값을 설정하므로 그다지 의미가 없기 때문입니다.
>
> 이렇게 앞에 변수를 작성하면 함수 안에서 사용하는 변수를 한눈에 볼 수 있으며 글로벌 변수로 선언되는 것을 예방할 수 있습니다. 함수 중간에 var 키워드가 없으므로 코드 전체가 깨끗하며 코드 분석에 도움이 됩니다.

21.12 함수 앞에서 호출

초기화 단계에서 함수 선언문이면 Function 오브젝트를 생성하므로 함수를 호출하는 위치에 영향을 받지 않습니다. Function 오브젝트를 생성하는 코드 앞에서 함수를 호출해도 함수가 호출됩니다.

[소스 21-12]

```
function sports(){
    soccer();
    function soccer(){
        js.log('축구')
    }
}
sports();
```

[실행결과 21-12]

1. 축구

sports 함수 안의 첫 번째 줄에서 soccer 함수를 호출하므로 soccer 오브젝트가 존재해야 합니다. 바로 아래에 function soccer( ){…} 문장이 있으므로 아직 Function 오브젝트가 생성되지 않았다고 생각할 수 있습니다. 하지만 에러가 발생하지 않고 [실행결과]에 "축구"가 출력되었습니다. 함수 호출이 가능한 것은 초기화 단계에서 soccer 오브젝트를 생성하기 때문입니다.

■ 호이스팅

위와 같이 함수를 호출하는 문장이 Function 오브젝트를 생성하는 문장보다 앞에 있는데 함수가 호출되는 모습을 호이스팅(hoisting)이라고도 합니다. 하지만 이는 ES5 스펙 용어가 아닙니다.

호이스팅은 다른 언어에서도 사용하며 자바스크립트와 개념이 같을 수도 있고 다를 수도 있습니다. 처리 메커니즘도 마찬가지입니다. 다른 언어를 면밀하게 살펴보아야 정확하게 알 수 있으며 이는 쉬운 일이 아닙니다. 따라서 용어보다는 개념에 중심을 두고 접근할 필요가 있습니다. 결과도 중요하지만, 과정이 중요하며 논리가 중요합니다. 그래야 정확하게 결론을 낼 수 있습니다. 용어 중심으로 접근하면 외우는 모습이 됩니다.

21.13 함수 오버라이딩

오버라이딩(Overriding)은 객체 지향 프로그래밍 용어로 함수(메소드) 이름이 같을 때 함수 코드가 대체(Replace)되는 것을 의미합니다. 함수 코드가 대체되므로 대체하기 전의 함수 실행 결과와 대체한 후의 함수 실행 결과가 다를 수 있습니다. 물론 다르게 하려는 것이 목적입니다.

초기화 단계에서 함수 선언문을 Function 오브젝트로 만드는 메커니즘을 활용하여 함수 오버라이딩을 구현할 수 있습니다. 아래 [소스 21-13]은 오버라이딩 개념과 함수 선언문이 초기화 단계에서 Function 오브젝트를 생성한다는 것에 초점을 맞추고 있습니다.

[소스 21-13]

```
function sports(){
    function soccer(){
        js.log('축구1');
    }
    soccer();
    function soccer(){
        js.log('축구2');
    }
}
sports();
```

[실행결과 21-13]

1. 축구2

[소스 21-13]의 sports 함수 안에 function soccer( ){ }; 문장이 두 개 있습니다. 두 개 문장 사이에서 soccer 함수를 호출하였더니 [실행결과]에 "축구2"가 출력되었습니다. 앞에 있는 soccer 함수 처리 결과인 "축구1"이 출력되지 않고 아래의 soccer 함수 처리 결과인 "축구2"가 출력된 것은, 초기화 단계에서 함수 선언문을 Function 오브젝트로 생성하기 때문입니다. 자바스크립트 엔진이 처리하는 과정과 논리를 살펴보겠습니다.

함수 선언문 초기화

1. 마지막 줄에서 sports 함수를 호출합니다.
   {코드} sports( );
2. soccer 오브젝트를 생성합니다.
   {코드} function soccer( ){js.log('축구1')};
3. soccer( ) 함수를 호출하지 않고 아래로 내려갑니다.
   {코드} soccer( );
   {설명} 초기화 단계에서 함수를 생성하고 실행 단계에서 함수를 호출합니다.
4. soccer 오브젝트를 생성합니다.
   {코드} function soccer( ){js.log('축구2')};
   {설명} 2번에서 생성한 soccer 오브젝트가 4번에서 생성한 오브젝트로 대체됩니다.
   {설명} 이를 오버라이딩이라고 합니다.
   {설명} {name: value} 형태에서 이름이 같으므로 값이 변경됩니다.
5. 함수의 첫 번째 줄로 이동합니다.

함수 표현식, 변수 초기화

6. 함수 표현식과 변수에 초깃값을 설정합니다.
7. 함수 표현식과 변수가 없으므로 다시 함수의 첫 번째 줄로 이동합니다.

자바스크립트 코드 실행

8. 함수 선언문이므로 아래로 내려갑니다.
   {코드} function soccer( ){js.log('축구1')};
9. soccer 함수를 호출합니다.
   {코드} soccer( );
   {설명} 4번에서 오브젝트를 대체했으므로 대체된 soccer 함수가 호출됩니다.
10. soccer 함수가 실행되며 "축구2"를 [실행결과]에 출력합니다.
    {코드} function soccer( ){js.log('축구2')};
11. 호출한 함수로 돌아와 다음 문장을 수행합니다.
12. soccer 함수 선언문이므로 처리하지 않습니다.
    {코드} function soccer( ){js.log('축구2')};

생성한 soccer 오브젝트를 호출하기 위해서는 어딘가에 soccer 오브젝트를 저장해야 하며 저장하는 곳을 렉시컬 환경(Lexical Environment)이라고 합니다. 렉시컬 환경은 "24장 렉시컬 환경"에서 다루고 있습니다.

생성한 soccer 오브젝트를 저장하기 전에 생성한 오브젝트 이름으로 저장하는 곳(렉시컬 환경)에 바인딩 여부를 체크합니다. 이름이 존재하지 않으면 저장하는 곳에 {soccer: Function 오브젝트} 형태로 저장하고, 존재하면 값을 대체합니다. 즉 함수 코드가 대체됩니다.

[소스 21-13]의 sports 함수 안에 같은 이름의 함수 선언문이 두 개 있으며 아래의 soccer 오브젝트가 첫 번째 줄의 soccer 오브젝트를 대체하게 되어 아래의 soccer 오브젝트가 저장하는 곳에 남습니다. 한편 함수 표현식 오버라이딩은 함수 선언문 오버라이딩과 차이가 있습니다.

21.14 함수 표현식 오버라이딩

함수 표현식은 초기화 단계에서 변수일 뿐 Function 오브젝트가 아니라는 메커니즘은 오묘한 맛을 느끼게 합니다. 함수 표현식은 초기화 단계에서 오버라이드가 발생하지 않고 Function 오브젝트를 생성하는 시점에 오버라이드가 발생합니다. 아래 [소스 21-14]는 함수 표현식의 오버라이딩에 초점을 맞추고 있습니다.

[소스 21-14]

```
function sports(){
    var soccer = function(){
        js.log('축구1');
    }
    soccer();
    var soccer = function(){
        js.log('축구2');
    }
}
sports();
```

[실행결과 21-14]

1. 축구1

[소스 21-14]에 var soccer = function( ){ }; 문장이 두 개 있습니다. 두 개 문장 사이에서 soccer 함수를 호출하였더니 [실행결과]에 "축구1"이 출력되었습니다. 앞에 있는 soccer 함수 처리 결과인 "축구1"이 출력되었다는 것은 아래에서 soccer 오브젝트를 생성하지 않았다는 의미입니다. 이름이 같은 함수가 위, 아래에 있는 데 위 함수가 실행된 것은 오버라이드가 되지 않은 것을 나타냅니다.

함수 표현식은 초기화 단계가 아닌 실행 단계에서 Function 오브젝트를 생성하기 때문입니다. 자바스크립트 엔진이 처리하는 과정과 논리를 살펴보겠습니다.

함수 선언문 초기화

1. 마지막 줄에서 sports 함수를 호출합니다.
   {코드} sports( );
2. sports 함수 안에서 함수 선언문을 찾습니다.
   {설명} 함수 안에 함수 선언문이 없습니다.
3. sports 함수의 첫 번째 줄로 이동합니다.

함수 표현식, 변수 초기화

4. soccer 변수에 undefined를 설정합니다.
   {코드} var soccer = function( ){js.log('축구1');};
   {설명} 함수 표현식은 초기화 단계에서 Function 오브젝트를 생성하지 않습니다.
   {설명} 저장하는 곳에 {soccer: undefined} 형태로 저장됩니다.
5. soccer( ) 함수를 호출하지 않고 아래로 내려갑니다.
   {코드} soccer( );
   {설명} 초기화 단계에서는 함수를 호출하지 않습니다.
6. var soccer = function( ){js.log('축구2')}; 문장을 만납니다.
   {설명} ▶ 6번 추가 설명을 참조하세요.
7. sports 함수의 첫 번째 줄로 이동합니다.

▶ 6번 추가 설명: var soccer = function( ){js.log('축구2')}; 문장을 만납니다.
변수에 초깃값을 설정하기 전에 저장하는 곳(렉시컬 환경)에 변수 이름으로 바인딩 여부를 체크합니다. 이름이 존재하지 않으면 이름을 바인딩하고 초깃값(undefined)을 설정합니다. 이름이 존재하면 초깃값을 설정하지 않습니다. 한편 [소스 21–14]의 코드가 모두 함수 표현식이고 초깃값이 undefined이므로 바인딩 체크는 의미가 없지만 변수를 바인딩하는 기준입니다.

8. soccer 오브젝트를 생성합니다.

{코드} var soccer = function( ){js.log('축구1'); };

{설명} 함수 표현식은 실행 단계에서 Function 오브젝트를 생성합니다.

{설명} 생성한 오브젝트를 {soccer: Function 오브젝트} 형태로 저장하는 곳에 저장합니다.

9. soccer 함수를 호출합니다.

{코드} soccer( );

{설명} 첫째 줄의 soccer 오브젝트가 저장하는 곳에 있으므로 함수가 호출되어 [실행결과]에 "축구1"이 출력됩니다.

10. 호출된 함수가 종료되면 다음 문장으로 이동합니다.

11. soccer 오브젝트를 생성합니다.

{코드} var soccer = function( ){js.log('축구2');}

{설명} 생성한 Function 오브젝트를 할당하므로 오버라이드가 발생합니다.

{설명} 실행 단계에서는 이름 바인딩을 체크하지 않고 생성한 오브젝트를 저장하는 곳에 설정합니다.

함수 표현식과 함수 표현식을 작성하고 오버라이드가 발생하는 모습, 논리를 살펴보았습니다. 함수 선언문과 함수 표현식을 혼합하면 어떻게 될까요? 계속 가겠습니다.^^

21.15 함수 선언문, 함수 표현식 오버라이딩

함수 선언문, 함수 표현식 순서로 작성하면 오버라이드가 발생하지 않고 함수 선언문이 호출됩니다. 아래 [소스 21-15]는 함수 선언문, 함수 표현식 순서로 작성한 형태입니다.

[소스 21-15]

```
function sports(){
    function soccer(){
        js.log('축구1');
    }
    soccer();
    var soccer = function(){
        js.log('축구2');
    }
    soccer();
}
sports();
```

1. 축구1
2. 축구2

sports 함수에 함수 선언문, 함수 표현식 순서로 작성되어 있습니다. soccer 함수를 두 번 호출하며 호출할 때마다 [실행결과]에 출력되는 값이 다릅니다. 자바스크립트 엔진이 처리하는 과정과 논리를 살펴보겠습니다.

함수 선언문 초기화

1. 마지막 줄에서 sports 함수를 호출합니다.
   {코드} sports( );
2. sports 함수 안에서 함수 선언문을 찾습니다.
   {설명} 모든 함수 선언문을 Function 오브젝트로 생성한 후 변수를 초기화합니다.
3. soccer 오브젝트를 생성합니다.
   {코드} function soccer( ){js.log('축구1');}
   {설명} 저장하는 곳에 {soccer: Function 오브젝트} 형태로 저장됩니다.
4. 함수 선언문이 없으므로 sports 함수의 첫 번째 줄로 이동합니다.

함수 표현식, 변수 초기화

5. 첫 번째 줄이 함수 선언문이므로 다음 문장으로 이동합니다.
   {코드} function soccer( ){js.log('축구1');}
6. soccer 함수를 호출하지 않고 아래로 내려갑니다.
   {코드} soccer( );
   {설명} 초기화 단계에서는 함수를 호출하지 않습니다.
7. var soccer = function( ){js.log('축구2')}; 문장을 만납니다.
   {설명} ▶ 7번 추가 설명을 참조하세요.
8. 다음 줄의 soccer 함수를 호출하지 않습니다.
9. sports 함수의 첫 번째 줄로 이동합니다.

▶ 7번 추가 설명: var soccer = function( ){js.log('축구2')}; 문장을 만납니다.
변수에 초깃값을 설정하기 전에 저장하는 곳(렉시컬 환경)에 이름으로 바인딩 여부를 체크합니다. 이름이 존재하지 않으면 이름을 바인딩하고 초깃값(undefined)을 설정합니다. 이름이 존재하면 초깃값을 설정하지 않습니다. 한편 함수 선언문의 초기화는 이름이 존재하더라도 생성한 Function 오브젝트를 값에 설정하므로 함수 코드가 오버라이드 됩니다. 변수의 초기화만 이름이 존재하면 값(undefined)을 설정하지 않습니다.

첫 번째 줄의 함수 선언문으로 생성한 soccer 오브젝트가 저장되는 곳에 {soccer: Function

오브젝트) 형태로 저장되어 있으며 즉, soccer 이름이 있으므로 값에 undefined를 설정하지 않습니다. 따라서 함수 선언문으로 생성한 soccer 오브젝트가 지워지지 않고 유지됩니다.

10. 함수 선언문이므로 실행하지 않고 다음 문장으로 이동합니다.
  {코드} function soccer( ){js.log('축구1'); };
11. soccer 함수를 호출합니다.
  {코드} soccer( );
  {설명} 함수 선언문의 soccer 오브젝트가 저장하는 곳에 있으므로 함수가 호출되어 [실행결과] 1번에 "축구1"이 출력됩니다.
12. 호출된 함수가 종료되면 다음 문장으로 이동합니다.
13. soccer 오브젝트를 생성합니다.
  {코드} var soccer = function( ){js.log('축구2');}
  {설명} 생성한 Function 오브젝트를 할당하므로 오버라이드가 발생합니다.
  {설명} 실행 단계에서는 이름 바인딩을 체크하지 않고 생성한 오브젝트를 저장하는 곳에 설정합니다.
14. soccer 함수를 호출합니다.
  {코드} soccer( );
  {설명} soccer 오브젝트가 오버라이드 되었으므로 13번에서 생성한 함수가 호출되어 [실행결과] 2번에 "축구2"가 출력됩니다.

함수 선언문, 함수 표현식 순서로 작성하고 오버라이드가 발생하는 모습, 논리를 살펴보았습니다. 반대로 함수 표현식, 함수 선언문 순서로 작성하면 어떻게 될까요? 잠깐! 들어가기에 앞서 결과를 생각해 보는 것도 좋을 것 같습니다.

21.16 함수 표현식, 함수 선언문 오버라이딩

함수 표현식, 함수 선언문 순서로 작성하면 오버라이드가 발생하여 함수 표현식이 호출됩니다. 함수 선언문으로 생성한 Function 오브젝트를 함수 표현식으로 생성한 Function 오브젝트로 대체되므로 오버라이드가 발생하게 됩니다. 아래 [소스 21-16]은 함수 표현식, 함수 선언문 순서로 작성한 형태입니다.

[소스 21-16]

```
function sports(){
    var soccer = function(){
```

```
        js.log('축구1');
    }
    soccer();
    function soccer(){
        js.log('축구2');
    }
    soccer();
}
sports();
```

[실행결과 21-16]

1. 축구1
2. 축구1

sports 함수에 함수 표현식, 함수 선언문 순서로 작성되어 있습니다. soccer 함수를 두 번 호출하며 [실행결과]에 출력되는 값이 같습니다. 자바스크립트 엔진이 처리하는 과정과 논리를 살펴보겠습니다.

함수 선언문 초기화

1. 마지막 줄에서 sports 함수를 호출합니다.
   {코드} sports( );
2. sports 함수 안에서 함수 선언문을 찾습니다.
   {설명} 모든 함수 선언문을 Function 오브젝트로 생성한 후 변수를 초기화합니다.
3. soccer 오브젝트를 생성합니다.
   {코드} function soccer( ){js.log('축구2');}
   {설명} 저장하는 곳에 {soccer: Function 오브젝트} 형태로 저장됩니다.
4. sports 함수의 첫 번째 줄로 이동합니다.

함수 표현식, 변수 초기화

5. 첫 번째 줄이 함수 표현식입니다.
   {코드} var soccer = function( ){js.log('축구1')};
   {설명} 함수 선언문으로 생성한 soccer 오브젝트가 저장하는 곳에 있으므로 undefined를 설정하지 않습니다.
6. soccer( ) 함수를 호출하지 않고 아래로 내려갑니다.
   {코드} soccer( );
   {설명} 초기화 단계에서는 함수를 호출하지 않습니다.
7. 함수 선언문이므로 다음 문장으로 이동합니다.

{코드} function soccer( ){js.log('축구2');}

8. soccer 함수를 호출하지 않습니다.

{코드} soccer( );

{설명} 초기화 단계에서는 함수를 호출하지 않습니다.

9. sports 함수의 첫 번째 줄로 이동합니다.

자바스크립트 코드 실행

10. 함수 표현식이므로 soccer 오브젝트를 생성합니다.

{코드} var soccer = function( ){js.log('축구1')};

{설명} 생성한 Function 오브젝트를 할당하므로 함수 선언문으로 생성한 함수 코드가 오버라이드됩니다.

11. soccer 함수를 호출합니다

{코드} soccer( );

{설명} soccer 오브젝트가 오버라이드 되었으므로 함수 표현식 함수가 호출되어 [실행결과] 1번에 "축구1"이 출력됩니다.

12. 함수 선언문이므로 다음 문장으로 이동합니다.

{코드} function soccer( ){js.log('축구2');}

13. soccer 함수를 호출합니다

{코드} soccer( );

{설명} 함수 표현식으로 오버라이드된 함수가 호출되어 [실행결과] 2번에 "축구1"이 출력됩니다.

함수 표현식과 함수 선언문을 작성하는 위치, 순서에 따라 호출되는 함수가 달라질 수 있습니다.

22

아규먼트 오브젝트

파라미터와 관련된 아규먼트(Argument) 오브젝트를 다룹니다.

22.1 파라미터 처리 시나리오

호출받는 함수의 파라미터에 이름을 작성합니다. 호출하는 함수의 파라미터에 값을 지정하여 함수를 호출합니다. 그러면 호출받는 함수의 파라미터에 작성한 이름 순서에 맞추어 호출한 함수에서 보낸 파라미터 값을 설정합니다. 호출된 함수의 첫 번째 파라미터 이름에 호출한 함수의 첫 번째 파라미터 값을 설정하며 두 번째, 세 번째도 같은 순서와 방법으로 값을 설정합니다. 호출받는 함수에 파라미터 이름을 작성하는 목적은 함수 안에서 파라미터 이름으로 값을 사용하기 위해서입니다.

[소스 22-1]

```
function get(one, two){
    js.log('one: ' + one);
    js.log('two: ' + two);
    return one + two;
};
var result = get(123, 456);
```

[실행결과 22-1]

1. one: 123
2. two: 456

자바스크립트 엔진이 마지막 줄의 get(123, 456) 함수를 만나면 아래 처리를 합니다.

함수 호출

1. get 함수를 호출합니다.
   {설명} 이때 123과 456을 파라미터 값으로 넘겨 줍니다.

함수 실행

2. 파라미터로 받은 값을 함수의 파라미터 순서에 해당하는 이름에 설정합니다.
   {코드} function get(one, two){···}
   {설명} one에 123이, two에 456이 설정됩니다.
3. get 함수 안에 작성한 자바스크립트 코드를 실행합니다.
4. 파라미터 one에 설정된 값인 123을 [실행결과] 1번에 출력합니다.
5. 파라미터 two에 설정된 값인 456을 [실행결과] 2번에 출력합니다.
6. one 값과 two 값을 더해 반환합니다.

호출받은 함수 안에 작성된 코드를 실행하기 전에 넘겨받은 값을 파라미터 이름에 설정하므로 함수의 첫 번째 줄부터 파라미터 이름으로 값을 사용할 수 있습니다. 한편 주고받는 함수의 파라미터 수가 다르면 어떻게 될까요?

22.2 파라미터 값 할당

호출하는 함수의 파라미터 수와 호출받는 함수의 파라미터 수가 같으면 순서에 맞추어 값이 할당되므로 파라미터 처리에 문제가 없습니다.

호출하는 함수의 파라미터에 get(12, 34)와 같이 2개의 파라미터를 작성했으나 호출받는 함수에 get(one)과 같이 이름을 하나만 작성할 수 있으며 get(one, two, three)와 같이 3개를 작성할 수도 있습니다. 또한 get( )과 같이 하나도 작성하지 않을 수도 있습니다. 자바스크립트는 모든 형태를 허용합니다.

아래와 같이 금액을 계산하는 시나리오가 있다고 할 때:

1) 수량을 입력합니다.

　{설명} 금액 계산 함수를 호출하면서 수량을 파라미터로 넘겨줍니다.

2) 단가를 입력합니다.

　{설명} 금액 계산 함수를 호출하면서 수량, 단가 순서로 파라미터를 넘겨줍니다.

3) 금액 계산 함수는 파라미터로 받은 수량에 단가를 곱한 금액을 웹 페이지에 표시합니다.

금액 계산 함수는 수량과 단가를 받아야 하므로 getTotal(qty, price)와 같이 2개의 파라미터를 작성해야 합니다.

[소스 22-2]

```
var getTotal = function(qty, price){
    if (qty !== undefined && !isNaN(Number(qty)) &&
            price !== undefined && !isNaN(Number(price))){
        return qty * price;
    }
    return undefined;
};
js.log(getTotal(100));
js.log(getTotal(100, 77));
js.log(getTotal(100, 60, 500));
```

1. undefined
2. 7700
3. 6000

```
var getTotal = function(qty, price){중략 return undefined;};
```

getTotal 함수는 파라미터로 받은 qty와 price가 모두 숫자이면 qty에 price를 곱해 값을 반환하고 하나라도 지정하지 않거나 숫자가 아니면 undefined를 반환합니다. (qty !== undefined)는 파라미터 값 지정 여부를 체크하며 !isNaN(Number(qty))는 qty가 undefined가 아닐 때만 실행되며 파라미터 값의 숫자 여부를 체크합니다.

```
js.log(getTotal(100));
```

두 번째 파라미터를 지정하지 않았으므로 호출받는 getTotal 함수에서 undefined 체크에 걸리게 되어 [실행결과] 1번에 undefined가 출력됩니다. 이처럼 파라미터 수가 같지 않아도 함수가 호출되므로 이에 대비한 코드를 호출받는 함수에 작성해야 합니다.

```
js.log(getTotal(100, 77));
```

파라미터에 숫자 값을 지정했으며 호출받는 getTotal 함수에서 수량에 단가를 곱해 값을 반환하므로 [실행결과] 2번에 7700이 출력되었습니다.

```
js.log(getTotal(100, 60, 500));
```

호출한 함수에서 넘겨준 파라미터 수가 호출받는 함수의 파라미터 수보다 많으면 왼쪽부터 할당하므로 qty에 100을, price에 60을 할당합니다. 이런 기준으로 계산된 값인 6000이 [실행결과] 3번에 출력되었습니다.

호출한 함수의 세 번째 파라미터 값 500은 어떻게 되나요? 호출받는 함수의 파라미터에 이름을 작성하지 않고도 세 번째 파라미터 값을 사용할 수 있습니다. 계속해서 이에 대해 살펴봅니다.

22.3 arguments 오브젝트

호출하는 함수의 파라미터에 get(12, 34, 56)과 같이 세 개의 파라미터를 작성하고 호출받는 함수에 파라미터 이름을 작성하지 않아도 세 개의 파라미터 값을 사용할 수 있습니다.

호출한 함수의 파라미터 값을 어딘가에 저장해두고 호출받은 함수에서 저장해 둔 값을 사용하면 호출받는 함수의 파라미터에 이름을 작성하지 않아도 될 것입니다. 호출한 함수의 파라미터 값을 저장해두는 곳이 아규먼트(Argument) 오브젝트입니다. 이 메커니즘으로 인해 호출한 함수와 호출받은 함수의 파라미터가 수가 같지 않아도 모든 파라미터를 제어할 수 있습니다.

호출하는 함수의 파라미터에 작성한 값과 순서가 중요하므로 아규먼트 오브젝트에 순서와 값을 저장할 수 있어야 합니다. 순서라고 하면 배열이 생각나지만 자바스크립트는 기본적으로 {name: value} 형태로 저장한다는 점을 고려해야 합니다.

호출받은 함수에서 아규먼트 오브젝트에 접근하기 위해서는 오브젝트 이름이 필요하며 arguments가 이름입니다. 즉 arguments 오브젝트에 호출한 함수의 파라미터 값이 순서에 맞추어 저장됩니다. 호출하는 함수에서 파라미터를 지정하지 않더라도 arguments 오브젝트가 생성됩니다. 파라미터가 없으면 빈 값이 저장되지만 값이 없는 것 자체가 값입니다.

[소스 22-3]

```
function get(){
    if (arguments[0] !== undefined && arguments[1] !== undefined){
        return arguments[0] * arguments[1];
    }
    return undefined;
};
js.log(get(100, 77));
```

[실행결과 22-3]

```
1. 7700
```

자바스크립트 엔진이 마지막 줄의 get(100, 77)을 만나면 아래의 순서와 방법으로 처리합니다.

함수 호출

1. get(100, 77) 함수를 호출합니다.
{설명} 100과 77을 파라미터 값으로 넘겨 줍니다.

2. 호출받은 함수에 파라미터를 작성하지 않았으므로 호출한 함수의 파라미터 값을 할당할 수 없습니다.

{설명} 할당할 수 없다고 하여 파라미터 값이 없어지는 것은 아닙니다.

3. 호출받은 함수 안에 arguments 오브젝트를 생성합니다.

4. 파라미터로 받은 값을 arguments 오브젝트에 설정합니다.

{설명} ▶ 4번 추가 설명을 참조하세요.

5. 함수 선언문과 변수에 초깃값을 설정합니다.

{설명} 초깃값을 설정할 함수 선언문과 변수가 없습니다.

6. get 함수 안에 작성한 코드를 실행합니다.

7. arguments 오브젝트에 설정된 값을 파라미터 값으로 사용하여 처리합니다.

8. arguments 오브젝트에 null을 설정합니다.

{설명} 오브젝트에 null 설정은 삭제와 같습니다.

9. get 함수를 종료합니다.

10. 함수에서 처리한 결과를 호출한 함수에 반환합니다.

▶ 4번 추가 설명: 파라미터로 받은 값을 arguments 오브젝트에 설정합니다.

함수가 호출되어 호출된 함수로 자바스크립트 엔진이 이동하면 arguments 오브젝트를 생성하고 파라미터로 받은 값을 설정합니다. 그리고 함수 선언문을 생성하고 변수를 초기화한 후 자바스크립트 코드를 실행합니다. 따라서 함수 안의 첫 번째 코드부터 arguments 오브젝트를 사용할 수 있습니다.

```
function get(){ };
```

get 함수에 파라미터 이름을 작성하지 않았는데 [실행결과] 1번에 7700이 출력된 것은 호출한 함수에서 파라미터로 넘겨준 값을 사용한 것을 의미합니다.

```
if (arguments[0] !== undefined && arguments[1] !== undefined){
    return arguments[0] * arguments[1];
}
```

호출하는 함수의 파라미터 값을 왼쪽에서 오른쪽으로 arguments 오브젝트에 설정하므로 첫 번째 파라미터 값이 arguments[0]에 설정되고 두 번째 파라미터 값이 arguments[1]에 설정됩니다. get(100, 77) 형태로 함수를 호출하게 되면 arguments[0]은 100이고 arguments[1]은 77입니다. arguments[2]로 값을 구하면 arguments[2]가 존재하지 않으므로 undefined가 반환됩니다.

```
js.log(get(100, 77));
```

호출받은 함수에서 (return arguments[0] * arguments[1]); 문장을 수행하여 7700을 반환하므로 [실행결과]에 7700이 출력됩니다.

파라미터에 이름을 작성하지 않고도 호출한 함수에서 넘겨 준 파라미터 값을 사용할 수 있지만 좋은 것만은 아닙니다. 장단점이 있습니다.

22.4 arguments 오브젝트 사용 장단점

호출받는 함수의 파라미터에 이름을 작성하면 좋은 점이 있습니다. 수량(qty)과 단가(price)는 항상 값이 있고 할인 금액은 넘겨 준 경우에만 사용한다고 할 때, 파라미터 이름을 작성하지 않으면 첫 번째가 수량이라는 것을 쉽게 알 수 없습니다. 반면 get(qty, price)와 같이 파라미터 이름을 작성하면 쉽게 알 수 있으며 함수 안에서 arguments[0]이 아닌 qty를 사용하므로 코드의 가독성도 높습니다.

[소스 22-4]

```
var get = function(qty, price){
    var amount;
    if (qty !== undefined && price !== undefined){
        amount = qty * price;
        if (arguments[2] !== undefined){
            amount = amount - arguments[2];
        }
    }
    return amount;
};
js.log(get(100, 20, 500));
```

[실행결과 22-4]

1. 1500

[소스 22-4]는 호출하는 함수에서 세 개의 파라미터 값을 넘겨줍니다. 첫 번째와 두 번째 파라미터 값은 호출받는 함수에 작성한 파라미터 이름을 사용하고 세 번째는 arguments 오브젝트를 사용하여 값을 계산합니다. 계산한 값을 반환하는 흐름입니다.

```
var get = function(qty, price){ };
```

get 함수의 파라미터에 qty와 price를 작성했으며 get(100, 20, 500)과 같이 호출하므로 qty
에 100이 할당되고 price에 20이 할당됩니다. 그리고 500이 남게 됩니다.

```
amount = qty * price;
if (arguments[2] !== undefined){
    amount = amount - arguments[2];
}
```

get(100, 20, 500) 형태로 함수를 호출하면 100이 arguments[0]에, 20이 arguments[1]에, 500
이 arguments[2]에 설정됩니다. arguments[0]과 arguments[1]은 파라미터에 이름을 작성했으
므로 이름을 사용하고 500은 파라미터에 이름을 작성하지 않았으므로 arguments[2]를 사용
한 코드입니다. 이처럼 파라미터 이름과 arguments 오브젝트를 같이 사용할 수 있습니다.

22.5 length 프로퍼티

대부분의 자바스크립트 오브젝트는 length 프로퍼티를 갖고 있으며 오브젝트에 따라
length 프로퍼티 용도가 다릅니다. Function 오브젝트의 length 프로퍼티 값은 호출받는 함
수의 파라미터 이름 수를 나타냅니다. arguments 오브젝트에도 length 프로퍼티가 있으며
호출한 함수에서 넘겨준 파라미터 수를 나타냅니다.

넘겨받는 파라미터 수가 유동적이거나 많으면 호출받는 함수에 파라미터 이름을 작성하는
것이 어렵습니다. 이때 arguments 오브젝트의 length 프로퍼티를 사용합니다. ES5 스펙에
서 length 프로퍼티를 지칭할 때는 "length 프로퍼티"라고 하고 값을 포함하여 지칭할 때는
"length 데이터 프로퍼티"로 표기하고 있지만, 이 책에서는 구분하지 않고 length 프로퍼티
로 표기합니다.

[소스 22-5]

```
var get = function(one){
    js.log('arguments: ' + arguments.length);
};
js.log('get 파라미터 수: ' + get.length);
get(1, 2, 3);
get([4, 5], 6);
```

```
1. get 파라미터 수: 1
2. arguments: 3
3. arguments: 2
```

```
js.log('get 파라미터 수: ' + get.length);
```

get.length는 get 함수의 파라미터에 작성한 이름 수를 반환합니다. function(one){}과 같이 파라미터에 이름을 하나 작성했으므로 [실행결과] 1번에 1이 출력되었습니다.

```
get(1, 2, 3);
```

호출하는 함수의 파라미터에 값을 세 개 지정했으므로 arguments.length 값이 3이 되어 [실행결과] 2번에 3이 출력되었습니다. arguments.length는 호출받는 함수 기준이 아니라 호출하는 함수 기준입니다.

```
get([4, 5], 6);
```

[4, 5]가 하나의 파라미터이고 6이 하나의 파라미터이므로 두 개의 파라미터를 지정한 것이 되어 [실행결과] 3번에 2가 출력되었습니다.

22.6 arguments 오브젝트 구조

arguments[0]은 호출하는 함수에서 첫 번째 파라미터에 지정한 값을 반환합니다. 이처럼 arguments 오브젝트 값을 인덱스로 추출할 수 있으므로 arguments 오브젝트를 배열로 생각할 수 있습니다. 하지만 for-in 문으로 arguments 오브젝트를 읽을 수 있습니다. 이것은 {name: value} 형태의 오브젝트를 의미합니다. arguments 오브젝트를 구성하는 프로퍼티를 살펴보겠습니다.

[소스 22-6]

```
function get(one){
    var args = arguments;
    debugger;
};
get(100, 77);
```

[그림 22-6]

```
▼ arguments: Arguments[2]
    0: 100
    1: //
  ▶ callee: function get(one){
    length: 2
  ▶   proto  : Object
  one: 100
```

[그림 22-6]은 [소스 22-6]에서 debugger로 인해 멈춘 시점의 arguments 오브젝트 모습입니다. get 함수 안의 (var args = arguments;) 문장은 arguments 오브젝트의 프로퍼티를 보기 위해 의도적으로 작성하였습니다.

```
arguments: Arguments[2]
```

Arguments[2]에서 Arguments는 아규먼트 오브젝트를 나타내며 [2]는 호출한 함수의 파라미터 수를 나타냅니다. 값을 반환하는 인덱스가 아닙니다. get(100, 77) 형태로 호출하므로 2개의 파라미터 값이 arguments 오브젝트에 설정됩니다.

```
0: 100
1: 77
```

0: 100과 1: 77은 {0: 100, 1: 77} 형태로 arguments 오브젝트에 저장된 형태입니다. 여기서 눈 여겨 볼 것은 프로퍼티 이름으로 0과 1을 사용한 점입니다. 자바스크립트는 배열/리스트 형태의 값을 {name: value} 형태로 저장할 때 내부에서 일련번호를 부여하여 프로퍼티 이름으로 사용합니다. 그래서 0과 1이 표시되었습니다. 이에 대해서는 뒤에서 다시 다룹니다.

```
callee: function get(one){}
```

callee는 현재 실행중인 함수를 나타냅니다. 함수 선언문은 "function get(one)"과 같이 함수 이름이 표시되지만 함수 표현식은 "function (one)"과 같이 함수 이름이 표시되지 않습니다. "use strict"를 선언하면 callee: (…) 형태로 표시되며 이는 사용할 수 없다는 의미입니다.

이름이 있는 함수는 이름으로 함수를 호출할 수 있으므로 의미가 없지만 이름이 없는 함수는 호출할 수 없으므로 callee 프로퍼티를 사용하여 함수를 호출할 수 있습니다. callee 프로퍼티가 현재 실행 중인 함수를 참조하므로 함수 안에서 callee 프로퍼티를 사용해서 자신을 호출할 수 있습니다. 함수 안에서 자신을 호출하는 것을 재귀 형태, 재귀 함수라고 합니다. 재귀 함수는 "29.1절 재귀 함수"에서 다루고 있습니다.

[그림 22-6]에 표시되지 않았지만 caller 프로퍼티가 있으며 호출한 함수를 반환합니다. strict 모드에서 사용하면 에러가 발생합니다. 필요 없는 프로퍼티인데 아직 지원하는 것은 과거 버전 호환성을 위한 것으로 에러가 발생하지 않도록 하기 위한 최소의 조치입니다.

```
length: 2
```

호출한 함수에서 지정한 파라미터 수를 나타내며 arguments.length로 파라미터 수를 반환받을 수 있습니다.

```
one: 100
```

one은 호출받는 함수에 작성한 파라미터 이름으로 호출하는 함수에서 넘겨준 첫 번째 파라미터 값이 설정되었습니다. 파라미터로 넘겨준 값이 one 프로퍼티와 arguments 오브젝트에 같이 설정됩니다.

22.7 arguments 값 반환

호출하는 함수의 파라미터에 문자열, 숫자, 배열, 오브젝트와 같이 다양한 형태로 값을 지정할 수 있으며 파라미터 값은 arguments 오브젝트에 설정됩니다. arguments 오브젝트에 설정된 값을 구하는 방법을 살펴보겠습니다.

■ 오브젝트 타입: { }

[소스 22-7-1]

```
function get(){
    js.log('length: ' + arguments.length);
    for (var key in arguments){
        js.log('index: ' + key);
        var obj = arguments[key];
        for (var name in obj){
            js.log(name + ': ' + obj[name]);
        }
    }
};
```

```
get({soccer: 11}, {book: 20});
```

[실행결과 22-7-1]

1. length: 2
2. index: 0
3. soccer: 11
4. index: 1
5. book: 20

```
get({soccer: 11}, {book: 20});
```

호출하는 함수의 파라미터에 작성한 값은 순서가 중요합니다. 첫 번째와 두 번째를 바꿔서 arguments 오브젝트에 저장하거나 순서를 정확하게 인식하지 못하면 문제가 생깁니다. 자바스크립트 엔진은 순서를 보장하기 위해 get 함수의 파라미터 값을 {0: {soccer: 11}, 1: {book: 20}}과 같이 일련번호를 부여하여 저장합니다. 오브젝트 형태이므로 for-in 문으로 arguments 오브젝트를 열거할 수 있습니다.

```
js.log('length: ' + arguments.length);
```

[소스 22-7-1]의 마지막 줄에서 get({soccer: 11}, {book: 20}); 형태로 함수를 호출하므로 [실행결과] 1번에 2가 출력됩니다.

```
for (var key in arguments){
    js.log('index: ' + key);
    //중략
}
```

arguments 오브젝트가 {0: {soccer: 11}, 1: {book: 20}} 형태이므로 for-in 문으로 읽으면 "0", "1" 순서로 key에 설정되어 [실행결과] 2번에 0이, 4번에 1이 출력됩니다. IE7, IE8도 arguments 오브젝트를 for-in 문으로 읽을 수 있습니다.

```
var obj = arguments[key];
for (var name in obj){
    js.log(name + ' : ' + obj[name]);
}
```

key 값이 "0"이면 {soccer: 11}가 obj에 설정되고 "1"이면 {book: 20}이 설정됩니다. 일련번호를 부여하여 arguments 오브젝트에 저장하므로 for-in 문으로 파라미터를 읽을 수 있습니다. 각 파라미터 값이 오브젝트 형태이므로 다시 for-in 문을 반복하면 프로퍼티 이름과 값을 출력할 수 있습니다.

계속해서 배열로 처리하는 방법을 살펴보겠습니다.

■ 배열 타입: [ ]

[소스 22-7-2]

```
function get(){
    var total = 0, args = arguments[0];
    for (var k = 0; k < args.length; k++){
        total += args[k];
    }
    return total;
};
js.log(get([1, 2, 3, 4, 5]));
```

[실행결과 22-7-2]

1. 15

```
get([1, 2, 3, 4, 5])
```

파라미터에 배열로 값을 지정했으며 배열이 하나이므로 파라미터 수는 하나입니다. arguments 오브젝트에 {0: [1, 2, 3, 4, 5]} 형태로 저장되며 arguments.length 값은 1입니다.

```
args = arguments[0];
```

arguments 오브젝트가 {0: [1, 2, 3, 4, 5]} 형태이므로 arguments[0]은 [1, 2, 3, 4, 5]를 반환하며 args 변수에 할당됩니다.

```
for (var k = 0; k < args.length; k++){
    total += args[k];
}
```

for 문으로 args 배열의 엘리먼트 값을 누적하고 누적한 값을 반환하므로 [실행결과]에 15가 출력됩니다.

엔진이 {0: {soccer: 11}, 1: {book: 20}}과 같이 일련번호를 부여하는 것은 파라미터 순서를 보장하기 위해서입니다. 그런데 이 형태를 for-in 문으로 읽으면 0, 1 순서로 읽혀진다는 것을 보장할 수 없습니다. 왜냐하면 {name: value} 형태의 오브젝트는 순서를 보장하지 않기 때문입니다.

배열은 순서가 중요하며 인덱스 값으로 순서를 인식할 수 있습니다. 따라서 {0: {soccer: 11}, 1: {book: 20}} 형태를 for-in 문이 아닌 for 문으로 인덱스를 증가하면서 읽어야 순서대로 값을 구할 수 있습니다. 아래 [소스 22-7-3]은 호출한 함수에서 파라미터 값을 오브젝트, 배열, 숫자로 지정했을 때 인덱스를 사용한 형태입니다.

[소스 22-7-3]

```
function get(){
    var k, key, param, total = 0;
    for (k = 0; k < arguments.length; k++){
        param = arguments[k];
        if (Array.isArray(param)){
            param.forEach(function(value){
                total += value;
            });
            js.log('total: ', total);
        } else if (typeof param === 'object'){
            for (key in param){
                js.log(key, ": ", param[key]);
            }
        } else {
            js.log(param);
        }
    }
};
get({soccer: 11}, [1, 2, 3], 789);
```

[실행결과 22-7-3]

1. soccer: 11
2. total: 6
3. 789

```
get({soccer: 11}, [1, 2, 3], 789);
```

첫 번째 파라미터는 오브젝트이고 두 번째 파라미터는 배열이며 세 번째 파라미터는 숫자입니다. 호출받는 get 함수에서 {0: {soccer: 11}, 1: [1, 2, 3], 2: 789} 형태로 arguments 오브젝트에 설정합니다.

```
for (var k = 0; k < arguments.length; k++){
    param = arguments[k];
}
```

arguments 오브젝트가 {0: {soccer: 11}, 1: [1, 2, 3], 2: 789} 형태이므로 for 문에서 증가되는 k 변숫값인 0, 1, 2를 사용하여 arguments[k] 형태로 값을 구할 수 있습니다. arguments 오브젝트가 오브젝트이지만 k 변숫값을 인덱스로 사용하여 파라미터 순서로 값을 구할 수 있습니다. k 변숫값이 0이면 {soccer: 11}이 반환되고 1이면 [1, 2, 3]이 반환되며 2이면 789가 반환됩니다.

■ for 문 사용

arguments 오브젝트는 for-in 문이 아닌 for 문을 사용해야 호출한 함수의 파라미터에 작성한 순서로 값을 구할 수 있습니다. for 문을 사용해야 하는 또 하나의 이유는, 파라미터가 배열일 때 for-in 문으로 읽으면 length 프로퍼티를 제외시키는 코드를 작성해야 하지만 for 문은 코드를 작성할 필요가 없습니다.

22.8 자바스크립트 엔진 처리

지금까지 살펴본 내용의 정리를 위해 arguments 오브젝트 중심으로 자바스크립트 엔진이 처리하는 과정을 살펴봅니다.

[소스 22-8]

```
function get(one){
    return one + 1;
};
get(100, 77);
```

엔진 처리 과정을 함수 호출 → 파라미터 값 할당 → arguments 오브젝트 생성 → 함수 코드 실행으로 나누어 살펴봅니다.

1. get 함수를 호출합니다.
   {코드} get(100, 77);
   {설명} 100과 77을 파라미터 값으로 넘겨 줍니다.

파라미터 값 할당

2. 호출된 함수의 파라미터 이름 수만큼 반복합니다.
   {코드} function get(one){…}
   {설명} 넘겨받은 파라미터가 아닌 호출된 함수의 파라미터 이름 수가 반복 기준입니다.
   {설명} 넘겨받은 파라미터 값을 이름에 할당합니다. one에 100이 할당됩니다.
3. 호출된 함수의 두 번째 파라미터에 이름이 없으므로 77을 할당하지 못합니다.
4. 호출된 함수에 파라미터 이름이 있으면서 넘겨받은 값이 없으면 undefined를 할당합니다.

arguments 오브젝트 생성

5. arguments 오브젝트를 생성합니다.
6. 넘겨받은 파라미터 수를 arguments 오브젝트의 length 프로퍼티에 설정합니다.
7. 파라미터로 받은 값을 저장하기 위한 임시 오브젝트를 생성합니다.
   {설명} 이를 map 오브젝트라고 하겠습니다.
8. 인덱스에 초깃값으로 0을 설정합니다.
9. 넘겨받은 파라미터 수만큼 반복합니다.
   {설명} map 오브젝트의 프로퍼티 이름에 인덱스를 문자열로 변환하여 설정합니다.
   {설명} 인덱스의 프로퍼티 값에 호출한 함수에서 넘겨준 인덱스 번째의 값을 설정합니다.
   {설명} 인덱스 값을 1 증가시킵니다.
10. map 오브젝트는 {0: 100}, {1: 77} 형태가 됩니다.
11. arguments 오브젝트에 map 오브젝트를 설정합니다.

함수 코드 실행

12. 함수의 첫 번째 코드부터 실행합니다.

22.9 자바스크립트와 오버로딩

오버로딩(Overloading)은 객체 지향 용어로 하나의 오브젝트에 이름이 같은 메소드가 다수 존재하는 형태를 의미합니다. 함수 이름은 같지만 파라미터 수와 파라미터의 데이터(값) 타입이 다릅니다. 한편 자바스크립트는 오버로딩이 성립하지 않습니다. 오버로딩과 관련된 자바스크립트를 살펴보겠습니다.

■ 함수 이름

{get: function(one){ }, get: function(one, two){ }}와 같이 함수 이름이 같으면 뒤(아래)에 작성한 함수가 호출됩니다. 이름이 같은 함수를 작성할 수는 있어도 하나만 인식하므로 오버로딩이 성립되지 않습니다. strict 모드에서 프로퍼티 이름이 같으며 에러가 발생합니다. 자바스크립트 구조의 기본은 {name: value} 형태의 오브젝트입니다.

■ 파라미터 수

호출받는 함수에 파라미터를 작성하지 않아도 되고 작성해도 됩니다. 호출하는 함수의 파라미터 수와 호출받는 함수의 파라미터 수가 같지 않아도 함수가 호출됩니다. 호출한 함수에서 넘겨준 파라미터 값이 arguments 오브젝트에 설정되므로 넘겨 준 파라미터 값을 처리할 수 있습니다. 따라서 파라미터 수에 따른 오버로딩이 성립되지 않습니다.

■ 데이터 타입

호출받는 함수의 파라미터에 데이터 타입을 작성하지 않으며 데이터 타입을 구분하지 않습니다. 호출한 함수에서 넘겨준 파라미터 값의 타입을 구분하지 않고 파라미터 이름에 설정하고 arguments 오브젝트에 설정합니다. 함수 안에서 파라미터 값을 처리할 때 데이터 타입을 구분하여 처리합니다. 데이터 타입에 제약이 없으므로 오버로딩이 성립되지 않습니다.

23

스코프

스코프(Scope)를 다룹니다.

23.1 스코프 개요

String 오브젝트의 split 메소드를 호출하려면 "String 오브젝트.split( )"와 같이 split 앞에 String 오브젝트를 작성해야 합니다. String 오브젝트는 split 메소드가 속하는 범위입니다. Number 오브젝트를 작성하면 Number 오브젝트에 split 메소드가 없으므로 split 메소드가 실행되지 않고 에러가 발생합니다. 자바스크립트에서 이와 같은 범위 개념을 스코프 (Scope)라고 합니다.

ES5 스펙 첫머리에 아래와 같이 작성되어 있습니다.

1 Scope

This Standard defines the ECMAScript scripting language(이 표준은 ECMAScript 스크립팅 언어를 정의한다).

Scope 정의를 통해 많은 프로그램 언어 중에서 자바스크립트로 범위를 한정시켰습니다. ES5 스펙의 범위가 명확해졌으며 자바스크립트에 최적화할 수 있게 되었습니다.

한국에서 필자의 이름을 검색하면 다수가 검색되므로 필자를 찾은 것이 아닙니다. 때에 따라서는 시간도 걸릴 수 있습니다. 서울로 범위를 좁혀 검색하면 보다 적게 검색되지만 필자를 찾은 것은 아닙니다. 다시 범위를 좁혀 필자의 집에서 필자를 찾으면 정확하고 빠르게 찾을 수 있습니다. 이는 밖에서 안으로 범위로 좁혀가며 검색하는 모습입니다.

반대로 필자가 집 근처 공원에 있는데 필자의 집에서 필자를 부르면 대답하지 않습니다. 그러면 집 밖으로 나가 필자를 찾아야 하며 가까운 곳에 없으면 계속 범위를 넓혀 가면서 찾아야 합니다. 필자가 있는 공원이 범위에 들어왔을 때 필자를 찾게 되지만 동명이인이 범위에 있을 수도 있습니다. 이는 안에서 밖으로 범위를 넓혀가며 검색하는 모습입니다.

■ 스코프 구조

스코프는 계층적 구조로 형성됩니다. 스코프 안에 스코프가 있고 또 그 안에 스코프가 있는 구조 입니다. 함수가 호출되었을 때 함수 안에 프로퍼티가 있으면 바로 찾을 수 있습니다. 함수 안에서 프로퍼티를 찾지 못하면 밖으로 나가 찾게 되며 밖으로 나갈수록 단계를 거쳐야 하고 검색 범위가 넓어집니다.

여기서 중요한 점은 함수 안에서 검색이 발생한다는 점입니다. 함수 안에 찾는 프로퍼티가 없으면 밖으로 나와 검색해야 하는데 밖의 구조를 알 수 없다면 나갈 수가 없습니다. 따라서 함수 안으로 들어가기 전에 스코프 구조를 만들어야 근접한 밖을 인식할 수 있어 나갈

수 있습니다.

■ 스코프 설정 기준

자바스크립트 엔진이 function sales( ){ }를 만나 Function 오브젝트를 생성할 때 스코프를 설정합니다. 함수를 실행할 때 스코프를 설정하지 않습니다.

[소스 23-1]

```
function sales(){
    function get(){
        function discount (){
        }
        discount();
    };
    get();
}
sales();
```

자바스크립트 엔진은 아래와 같은 순서로 함수를 해석하고 실행합니다. 스코프 중심입니다.

함수 해석 및 실행

1. 자바스크립트 엔진이 첫 번째 줄의 function sales( ){ }를 만납니다.
2. sales Function 오브젝트를 생성하고 스코프를 설정합니다.
   {설명} Function 오브젝트의 내부 프로퍼티인 [[Scope]]에 스코프를 설정합니다.
   {설명} 함수 코드를 Function 오브젝트의 [[Code]]에 설정합니다. 해석은 하지 않습니다.
   {설명} 이 개념은 자바스크립트의 중요한 메커니즘입니다.
3. sales 함수 안으로 들어가지 않고 아래 문장으로 내려갑니다.
4. 마지막 줄의 sales( )를 만나 sales 함수를 호출합니다.

5. 자바스크립트 엔진이 sales 함수 안으로 이동합니다.
6. sales 함수 안의 첫 번째 줄부터 아래로 내려가면서 해석합니다.
7. function get( ){ }을 만납니다.
8. get Function 오브젝트를 생성하고 스코프를 [[Scope]]에 설정합니다.
9. get 함수 안으로 들어가지 않고 아래 문장으로 내려갑니다.
10. get( ) 문장을 만나 get 함수를 호출합니다.
11. 자바스크립트 엔진이 get 함수 안으로 이동합니다.
12. get 함수 안의 첫 번째 줄부터 해석하며 function discount( ){ }를 만납니다.
13. discount Function 오브젝트를 생성하고 스코프를 [[Scope]]에 설정합니다.
14. discount 함수 안으로 들어가지 않고 아래 문장으로 내려갑니다.
15. discount( ) 문장을 만나 discount 함수를 호출합니다.

자바스크립트 엔진이 function 키워드를 만나면 Function 오브젝트를 생성하고 생성한 Function 오브젝트의 [[Scope]]에 스코프를 설정합니다. 즉 Function 오브젝트를 생성하는 시점에 스코프가 결정됩니다.

한편 function sales( ){ }, function get( ){ }, function discount( ){ } 형태에서 함수 이름 앞에 오브젝트를 작성하지 않았습니다. 이처럼 오브젝트를 작성하지 않으면 글로벌 오브젝트가 스코프가 되어 [[Scope]]에 설정됩니다.

23.2 글로벌 오브젝트

해외여행을 하기 위해 비행기를 타려면 공항으로 가야 합니다. 자바스크립트에서 공항 역할을 하는 오브젝트가 글로벌 오브젝트(Global Object)입니다. 해외여행의 시작점입니다. 글로벌 오브젝트에 들어가야 개발자가 작성한 자바스크립트 프로그램이 시작되며 프로그램 코드에 따라 여행하게 됩니다. 글로벌 오브젝트가 자바스크립트 프로그램의 시작점입니다.

■ 전체를 통해 하나만 존재

자바스크립트에는 String 오브젝트, Number 오브젝트와 같이 여러 유형의 빌트인 오브젝트가 있으며 글로벌 오브젝트는 이러한 빌트인 오브젝트 중에 하나입니다. String 오브젝트가 문자열을 처리하는 특징을 갖고 있듯이 글로벌 오브젝트도 특징을 갖고 있으며 전체를 통해 하나만 존재한다는 것입니다.

하나만 존재함에 따라 함수를 호출할 때 오브젝트를 작성하지 않습니다. "오브젝트.함수( )" 형태로 작성해야 오브젝트에 속한 함수가 호출됩니다. 오브젝트를 작성하지 않고 "함수( )" 형태로 작성하면 글로벌 오브젝트에 있는 함수가 호출됩니다. 글로벌 오브젝트가 전체에서 하나만 있으므로 오브젝트를 지정하지 않았을 때 글로벌 오브젝트로 간주할 수 있습니다. 자바스크립트의 아키텍처이며 메커니즘입니다.

■ 글로벌 오브젝트 생성

html 파일 구조를 보면 가장 위에 〈!DOCTYPE html〉이 있고 그 아래에 〈html〉, 〈head〉, 〈body〉가 있습니다. 〈head〉, 〈body〉를 엘리먼트(Element)라고 합니다. 브라우저는 html 파일의 첫 번째 줄부터 하나씩 아래로 내려가면서 엘리먼트를 해석하여 실행 환경을 만듭니다. 이를 렌더링(Rendering)이라고 합니다.

아래로 내려가면서 렌더링 하다가 〈script〉를 만나면 자바스크립트의 실행 환경을 만듭니다. 즉 자바스크립트 엔진을 렌더링합니다. 이때 글로벌 오브젝트를 비롯하여 빌트인 오브젝트, 빌트인 타입을 생성합니다. 〈script〉를 만날 때마다 렌더링하지 않고 첫 번째 〈script〉를 만났을 때 한 번만 렌더링합니다. 한 번만 렌더링하므로 html 파일의 〈script〉에 작성된 전체 프로그램을 망라하여 글로벌 오브젝트는 하나만 존재하게 됩니다.

String 오브젝트, Number 오브젝트도 하나만 존재합니다. 하지만 이와 같은 오브젝트는 new 연산자로 다수의 인스턴스를 생성할 수 있으므로 하나만 존재한다고 할 수 없습니다. 글로벌 오브젝트는 인스턴스를 생성할 수 없으므로 렌더링할 때 생성한 오브젝트 하나만 존재합니다.

〈script src="book.js"〉에서 book.js 파일에 작성된 자바스크립트 프로그램을 해석하게 되며 이를 컴파일(Compile)이라고 합니다. 컴파일할 때 프로그램에서 글로벌 오브젝트를 사용할 수 있으므로 컴파일하기 전에 생성합니다.

23.3 글로벌 스코프

글로벌 오브젝트는 전체를 통해 하나만 존재하므로 book( )과 같이 함수를 호출할 때 함수 앞에 오브젝트를 작성하지 않습니다. 오브젝트를 작성하지 않으면 글로벌 오브젝트로 인식되며 글로벌 오브젝트가 스코프가 됩니다. 이를 글로벌 스코프라고 합니다.

[소스 23-3]

```
var value = 123;
function book(){
    return value;
}
book();
```

```
var value = 123;
```

value 변수에 123을 할당하는 것은 value로 검색하여 값을 사용하기 위한 것이므로 검색 가능한 오브젝트 안에 있어야 합니다. 함수 안에 변수를 선언하면 변수가 함수에 속하게 되지만 value 변수를 함수 안에 작성하지 않았으므로 속하게 되는 함수가 없습니다. 즉 value 변수가 속하는 오브젝트가 없습니다. 소속된 오브젝트가 없으면 글로벌 오브젝트에 설정됩니다. 이런 메커니즘을 실현할 수 있는 것은 글로벌 오브젝트가 전체를 통해 하나만 있기 때문입니다.

글로벌 오브젝트의 value 변수는 모든 자바스크립트 프로그램에서 사용할 수 있습니다. 이 것이 글로벌 오브젝트의 목적이며 특징이고 범위입니다.

```
function book(){}
```

book 함수를 포함하고 있는 오브젝트가 없으며 book 앞에 오브젝트를 작성하지 않았으므로 book Function 오브젝트는 글로벌 오브젝트에 설정됩니다. 글로벌 오브젝트에 설정된다는 것은 사람의 관점입니다. 자바스크립트 엔진 관점은 Function 오브젝트의 [[Scope]] 값이 글로벌 오브젝트입니다.

```
book();
```

book 함수를 호출하려면 "오브젝트.book( )" 형태로 작성해야 하는데 오브젝트를 작성하지 않고 함수만 작성하였습니다. 오브젝트를 작성하지 않으면 글로벌 오브젝트를 오브젝트로 간주하여 글로벌 오브젝트의 book 함수를 호출합니다.

```
function book(){
    return value;
}
```

book 함수가 실행되면 (return value;) 문장을 수행하게 됩니다. return 다음의 표현식을 먼저 평가하므로 value 변수를 찾게 됩니다. 우선 book 함수 안에서 value 변수를 찾습니다. 함수 안에 value 변수가 없으므로 함수 밖으로 나갑니다. 밖으로 나간 곳이 글로벌 스코프이며 여기서 value 변수를 찾습니다. value 변수가 있으므로 value 변수에 할당된 값을 갖고 함수로 돌아와서 값을 반환합니다.

■ 최상위 스코프

글로벌 스코프에 value 변수가 없으면 다시 밖으로 나가게 됩니다. 그런데 글로벌 오브젝트가 최상위 오브젝트이므로 즉, 최상위 스코프이므로 밖으로 나갈 스코프가 없습니다. 더이상 사용할 수 있는 스코프가 없으므로 어쩔 수 없이 함수로 돌아오게 되며 이때 반환 값은 undefined입니다.

스코프 안에 있는 모든 것이 검색 대상입니다. 스코프 안의 앞(위)에 있든 뒤(아래)에 있든 위치에 영향을 받지 않으며 값도 영향을 받지 않습니다. 오직 이름으로 찾습니다. 이름으로 찾은 값(함수, 문자열, 오브젝트 등)에 대한 처리는 스코프의 역할이 아닙니다.

23.4 글로벌 변수

변수는 글로벌 변수와 지역(Local) 변수로 나누며 이를 구분하는 기준은 글로벌 오브젝트입니다. 변수가 글로벌 오브젝트에 존재하면 글로벌 변수이고 존재하지 않으면 지역 변수입니다. 함수 안에 작성하더라도 글로벌 변수가 될 수 있습니다. 글로벌 변수를 전역 변수라고 부르기도 하지만 뉘앙스에 차이가 있어 이 책에서는 글로벌 변수로 표기합니다.

[소스 23-4]

```
soccer = '축구';
var sports = '스포츠';
```

[소스 23-4]에 작성된 변수는 모두 글로벌 변수입니다.

```
soccer = '축구';
```

변수는 [소스 23-4]와 같이 두 가지 형태로 선언할 수 있습니다. soccer와 같이 var 키워드를 사용하지 않고 변수를 선언하면 작성한 위치에 관계없이 글로벌 오브젝트에 설정되며 글로벌 변수가 됩니다. 함수 안에서 var 키워드를 사용하지 않고 변수를 선언하면 글로벌 오브젝트에 설정되며 글로벌 변수가 됩니다.

```
var sports = '스포츠';
```

var 키워드를 사용해서 변수를 선언하면 지역 변수가 됩니다. 그런데 글로벌 오브젝트에서 선언했으므로 글로벌 변수가 됩니다. var 키워드를 사용하더라도 글로벌 오브젝트에서 선언하면 글로벌 변수가 되고 글로벌 오브젝트가 아닌 즉, 함수에서 선언하면 지역 변수가 됩니다.

■ 글로벌 변수의 장점, 단점

글로벌 오브젝트가 프로그램 전체를 통해 하나만 존재하므로 글로벌 오브젝트의 변수도 전체 프로그램에서 하나만 존재합니다.

```
<head>
    <script src="book.js">
    <script src="sports.js">
</head>

value = 'book';   // book.js
value = 'sports';  // sports.js
```

html 파일에 위와 같은 순서로 〈script〉가 작성되어 있으며, 각 js 파일에 value 변수가 작성되어 있다고 가정하겠습니다. 자바스크립트 엔진의 아래 순서와 방법으로 처리합니다.

글로벌 오브젝트가 전체를 통해 하나만 존재하므로 공용으로 사용할 수 있다는 장점도 있지만 위와 같이 값이 대체될 수도 있습니다. 의도적이 아니면 글로벌 변수를 사용하지 않는 것이 좋은 코딩입니다.

23.5 글로벌 함수

함수는 글로벌 함수와 지역 함수로 나누며 이를 구분하는 기준은 글로벌 오브젝트입니다. 함수가 글로벌 오브젝트에 존재하면 글로벌 함수이고 존재하지 않으면 지역 함수입니다. 글로벌 함수를 전역 함수라고 부르기도 하지만 뉘앙스에 차이가 있어 이 책에서는 글로벌 함수로 표기합니다.

[소스 23-5]

```
function soccer(){
    return '축구';
```

```
}
var book = function(){
    return 'book';
}
```

[소스 23-5]에 작성된 함수는 함수 밖에 함수가 없으므로 모두 글로벌 오브젝트에 설정되며 글로벌 함수가 됩니다. 글로벌 오브젝트에 속하는 함수는 모든 함수에서 호출할 수 있습니다.

```
function soccer(){
    return '축구';
}
```

함수 밖에 함수가 없으므로 글로벌 오브젝트에 설정되며 글로벌 함수가 됩니다.

```
var sports = function(){
    return '수영';
}
```

var 키워드를 사용했지만 sports 변수 밖에 오브젝트가 없으므로 글로벌 오브젝트에 설정되며 글로벌 함수가 됩니다.

23.6 지역 변수

함수 안에 var 키워드를 사용하여 변수를 선언하면 지역 변수가 됩니다. 함수 안에서 선언했더라도 var 키워드를 사용하지 않으면 글로벌 오브젝트에 설정되며 글로벌 변수가 됩니다.

[소스 23-6-1]

```
var side = 'global';
var getValue = function(){
    var side = 'local';
    return side;
}
js.log(side);
js.log(getValue());
```

```
1. global
2. local
```

[소스 23-6-1]에 side 변수가 두 개 있습니다. 첫 번째 줄에 있는 (var side = 'global') 문장의 side 변수는 글로벌 오브젝트에 설정되고 getValue 함수 안에 있는 (var side = 'local') 문장의 side 변수는 getValue 오브젝트에 설정됩니다.

```
var side = 'global';
js.log(side);
```

js.log(side)는 side 변숫값을 출력하는 코드로 글로벌 오브젝트에 작성되어 있습니다. 따라서 글로벌 스코프에서 side 변수를 찾게 되며 side 변수가 존재하므로 "global"을 반환하게 됩니다. 그래서 [실행결과] 1번에 "global"이 출력되었습니다. getValue 함수 안에 side 변수가 있지만 스코프가 맞지 않아 검색하지 않습니다. 정확하게 표현하면 자바스크립트 엔진이 getValue 함수 안으로 들어가서 해석하지 않았으므로 side 변수가 있는 것을 인식하지 못합니다.

```
js.log(getValue());
```

getValue 함수가 실행되면 함수 안의 (var side = 'local') 문장에 의해 side 변수에 "local"이 할당됩니다. 이때 side 변수는 지역 변수입니다. 다음의 (return side) 문장을 만나면 우선 함수 안에서 side를 찾으며 함수 안에 side가 있으므로 "local"이 반환됩니다. 이런 과정을 거쳐 [실행결과] 2번에 "local"이 출력되었습니다. 함수 안에 var 키워드로 변수를 선언하면 함수 밖에 작성한 변수보다 먼저 검색됩니다.

지역 변수로 선언하는 목적은 검색 범위를 좁혀 최소한의 처리로 변수를 찾기 위해서입니다. 서울에서 필자를 찾는 것보다 필자 집에서 찾는 것이 빠르듯이 함수 안에 변수를 선언하면 빠르게 찾을 수 있습니다.

함수 안에 (var side = 'local')을 작성하지 않으면 함수 밖에 선언한 side 변숫값인 "global"이 반환됩니다. 함수 안에 없으므로 함수 밖으로 나가 찾는 것으로 이때 스코프를 사용합니다.

■ 글로벌 변수 사용

[소스 23-6-2]

```
var side = 'global';
var getValue = function(){
    side = 'local';
    return side;
}
js.log(getValue());
js.log(side);
```

[실행결과 23-6-2]

```
1. local
2. local
```

```
var getValue = function(){
    side = 'local';
    return side;
}
js.log(getValue());
```

[소스 23-6-1]과 [소스 23-6-2]의 다른 점은 getValue 함수 안에 var 키워드를 사용하지 않고 (side = 'local')과 같이 변수를 선언한 점입니다.

(side = 'local')과 같이 함수 안에서 var 키워드를 사용하지 않고 변수를 선언하면 글로벌 오브젝트에 설정됩니다. 그런데 글로벌 오브젝트에 side 변수가 있으므로 값을 "global"에서 "local"로 바꾸게 됩니다. 글로벌 오브젝트의 side 변수를 사용하므로 getValue 함수 안에 side 변수가 선언되지 않습니다. (return side) 문장에서 side는 글로벌 오브젝트의 side 값을 반환하므로 [실행결과] 1번에 "local"이 출력되었습니다.

```
js.log(side);
```

글로벌 오브젝트에서 side 변숫값을 출력하면 "global"이 출력되어야 하나 [실행결과] 2번에 "local"이 출력된 것은, 바로 앞의 getValue 함수에서 글로벌 오브젝트의 side 변숫값을 "local"로 바꾸었기 때문입니다.

함수 안에서 글로벌 변수를 선언하는 것은 좋은 코딩이 아닙니다. ES5는 지역 변수가 글로벌 변수로 선언되는 것을 방지하기 위한 방법을 제공합니다.

■ Strict 모드

[소스 23-6-3]

```
'use strict';
var outside = 'global';
var getValue = function(){
    inside = 'local';
    return inside;
}
```

첫 번째 줄에 "use strict"를 작성했으며 getValue 함수 안에 (inside = 'local')과 같이 var 키워드를 사용하지 않고 변수를 선언했습니다. [소스 23-6-3]을 최신 브라우저에서 실행하면 에러가 발생합니다. 에러가 발생하는 이유는 함수 안에서 var 키워드를 사용하지 않고 변수를 선언했기 때문입니다. IE10 이상에서 지원하며 IE9 이하에서는 에러가 발생하지 않고 inside 값이 반환됩니다. "use strict" 끝에 세미콜론(;)을 작성하지 않아도 되지만 이어지는 처리를 위해 작성할 것을 권합니다.

■ 같은 변수 이름 사용

[소스 23-6-4]

```
'use strict';
var side = 'global';
var getValue = function(){
    side = 'local';
    return side;
}
js.log(getValue());
js.log(side);
```

[실행결과 23-6-4]

```
1. local
2. local
```

```
js.log(getValue());
```

첫 번째 줄에 "use strict"를 작성했으므로 getValue 함수 안에서 var을 사용하지 않고 side 변수를 선언하면 에러가 발생해야 하나 [실행결과] 1번에 함수에서 설정한 값인 "local"이 출력되었습니다. 에러가 발생하지 않은 이유는 side 변수가 글로벌 오브젝트에 있으므로 값을 바꾸기 때문입니다.

엔진이 함수의 초기화 단계에서 side 변수에 초깃값을 설정할 때 var 키워드가 없으므로 글로벌 오브젝트에서 side 변수를 찾습니다. 글로벌 변수에 side 변수가 있으며 값이 "global"이므로 undefined를 설정하지 않습니다.

실행 단계에서 side 변수에 "local"을 할당할 때 함수 안에 side 변수가 없으므로 함수 밖으로 나가 side 변수를 찾습니다. 글로벌 오브젝트에서 찾는 것이 아니라 스코프를 사용해서 밖으로 나갑니다. 1단계 밖의 오브젝트에 side 변수가 있으므로 "local"을 설정합니다. (return side;)도 같은 방법으로 side 변수를 찾아 값을 반환합니다. 따라서 글로벌 오브젝트에 변수를 선언하는 것은 좋은 모습이 아닙니다.

```
js.log(side);
```

두 번째 줄에 (var side = 'global') 문장을 작성했으므로 [실행결과] 2번에 "global"이 출력되어야 하나 "local"이 출력된 것은 바로 앞에서 getValue 함수를 호출하여 side 변숫값을 "local"로 바꾸기 때문입니다. "use strict"를 선언하더라도 함수 안에서 var 키워드 없이 변수를 작성하면 상태에 따라 낭패를 볼 수 있으므로 var 키워드를 사용해서 변수를 선언해야 합니다.

23.7 지역 함수

함수 안에 작성한 함수를 지역 함수라고 합니다. 지역 함수도 지역 변수와 마찬가지로 함수 안에 작성하더라도 글로벌 함수가 될 수 있습니다. var 키워드를 사용한 형태와 사용하지 않은 형태를 통해 지역 함수를 살펴보겠습니다.

[소스 23-7]

```
var sports = function(){
    var swim = function(){};
    function soccer(){};
    baseball = function(){};
    debugger;
}
sports();
```

[그림 23-7]

```
▼ Local
  ▶ soccer: function soccer(){}
  ▶ swim: function (){}
  ▶ this: Window
```

```
var swim = function(){ };
function soccer(){ };
```

function soccer(){ }; 형태의 함수 선언문은 작성한 곳의 함수가 됩니다. 함수 안에 작성하면 지역 함수이고 글로벌 오브젝트에 작성하면 글로벌 함수입니다. var swim = function(){ }; 형태의 함수 표현식은 var 키워드 사용 여부에 따라 지역 함수가 되고 글로벌 함수가 됩니다. swim 함수는 var 키워드를 사용했으므로 지역 함수입니다.

[소스 23-7]에 debugger가 sports 함수 안에 작성되어 있으므로 debugger로 인해 멈춘 상태의 [그림 23-7]은 글로벌 오브젝트가 아닌 sports 함수 안의 모습입니다. 따라서 [그림 23-7]에 표시된 함수는 지역 함수입니다.

```
baseball = function(){ };
```

var 키워드를 사용하지 않은 함수 표현식은 글로벌 오브젝트에 설정되며 글로벌 함수가 됩니다. 그래서 [그림 23-7]에 baseball 함수가 표시되지 않았습니다. var 키워드 사용 여부에 따른 글로벌 함수와 지역 함수 분류 기준은 글로벌 변수와 지역 변수 분류 기준과 같습니다.

■ 일반적 관례와 스코프

ES5 스펙에 "지역 함수" 용어가 없습니다. 그런데 지역 함수를 사용한 것은 일반적으로 사용하기 때문입니다. 지역 함수를 내부(Inner) 함수라고 부르기도 하지만 이 또한 ES5 스펙 용어는 아닙니다. 함수의 작성 위치와 기능으로 보면 "함수 안에 작성한 함수"라는 표현이 더 적절하며 이 책에서 지역 함수는 이 의미를 나타냅니다.

글로벌 함수와 지역 함수 모두 Function 오브젝트이므로 함수 기능이 같습니다. 그런데 함수를 구분하는 것은 스코프가 다르기 때문입니다. 글로벌 함수는 어디에서도 호출할 수 있지만 지역 함수는 함수가 있는 곳으로 들어가야 호출할 수 있습니다.

23.8 함수, 변수, 스코프 처리 과정

지금까지 다룬 함수, 변수, 스코프를 정리하기 위해 자바스크립트 엔진이 [소스 23-8]을 처리하는 과정을 살펴보겠습니다.

[소스 23-8]

```
qty = 20;
var sales = function(){
    var price = 30;
    function get(){
        var price = 40;
        return qty * price;
    };
    return get();
}
js.log(sales());
```

[실행결과 23-8]

```
1. 800
```

우선 [실행결과]를 보면 800이 출력되었으며 800이 반환되기 위해서는 (20 * 40)을 해야 합니다. 20은 qty 변숫값이며 글로벌 오브젝트에 있습니다. 값이 40인 price 변수는 get 함수 안에 있으며 sales 함수 안에 있는 price 값은 30입니다.

준비 단계

1. 첫 번째 줄에서 글로벌 오브젝트에 qty 변수를 선언하고 20을 할당합니다.
   {코드} qty = 20;
2. 다음 줄에서 sales 변수에 Function 오브젝트를 생성하여 할당합니다.
   {코드} var sales = function( ){…}
   {설명} 현재 위치가 글로벌 오브젝트이므로 sales 함수는 글로벌 오브젝트에 설정됩니다.
3. 마지막 줄에서 sales 함수를 호출합니다.
   {코드} js.log(sales( ));
   {설명} sales 앞에 오브젝트를 작성하지 않았으므로 글로벌 오브젝트의 sales 함수가 호출됩니다.

4. get Function 오브젝트를 생성합니다.

{코드} function get( ){…}

{설명} sales 함수의 지역 함수가 됩니다.

{설명} get Function 오브젝트의 [[Scope]]에 sales Function 오브젝트가 설정됩니다.

5. sales 함수의 지역 변수로 price를 선언하고 30을 할당합니다.

{코드} var price = 30;

6. get 함수를 호출합니다.

{코드} return get( );

7. get 함수의 지역 변수로 price를 선언하고 40을 할당합니다.

{코드} var price = 40;

8. qty와 price 변수를 찾아 값을 곱해 반환합니다.

{코드} return qty * price;

8번에서 왼쪽에 오른쪽을 곱하므로 먼저 qty를 get 함수에서 찾습니다. get 함수에 qty가 없으므로 1단계 밖인 sales 스코프에서 qty를 찾습니다. sales 스코프에도 qty가 없으므로 다시 밖으로 나가며 나간 곳이 글로벌 오브젝트입니다. 여기에 qty가 있으며 값이 20이므로 20을 갖고 return 문으로 돌아옵니다. 글로벌 스코프에도 이름이 없으면 undefined 값을 갖게 됩니다.

다음에 price를 곱해야 하므로 price를 get 함수에서 찾습니다. get 함수에 price가 있으며 값이 40이므로 20에 40을 곱해 반환합니다. 이런 과정을 통해 [실행결과] 1번에 800이 출력되었습니다. 설명을 위해 의도적으로 작성했지만 sales 함수의 (var price = 30)은 필요 없는 코드입니다.

23.9 바인딩

"스코프에서 변수를 찾는다"는 것은 개념으로 찾는 방법에 대한 논리가 필요합니다. 함수 안에 작성된 (return qty * price) 문장을 만나게 되면 함수 안에서 qty와 price를 찾습니다. 이때 함수와 qty, price가 구조적으로 연결되어 있어야 논리적으로 접근하여 찾을 수 있습니다. 구조적으로 오브젝트와 이름이 결속된 상태로 만드는 것을 바인딩(Binding)이라고 합니다. 이를 형상화하면 아래 형태가 됩니다.

```
get 오브젝트: {
    qty: 값;
    price: 값;
}
```

오브젝트에 qty와 price를 구조적으로 연결하면 오브젝트[이름] 형태로 이름의 존재 여부를 식별할 수 있습니다. 오브젝트에 이름이 없을 때 1단계 밖으로 나가게 되며 거기에도 오브젝트에 이름이 바인딩된 상태이므로 오브젝트[이름] 형태로 이름의 존재 여부를 식별할 수 있습니다. 이와 같은 구조적 연결을 통해 스코프 목적 중의 하나인 이름의 존재 여부를 식별할 수 있습니다.

■ 스코프 체인(Scope Chain)

스코프가 상하 구조로 연결된 개념을 스코프 체인(Scope Chain)이라고 합니다. 현재 스코프에서 찾으려는 이름을 식별하고 이름이 없으면 근접한 스코프로 이동합니다. 이때 스코프 체인을 사용해서 근접한 스코프를 인식합니다. 이동한 스코프에 이름이 존재하지 않으면 다시 스코프 체인을 사용하여 근접한 스코프를 인식합니다. 스코프 체인은 스코프를 구조적으로 연결하여 근접한 스코프를 식별하는 것이 목적입니다.

스코프 체인은 ES3에 적용된 기술입니다. 1999년 12월에 ES3, 2009년 12월에 ES5가 발표되었습니다. ES5를 기준으로 10년 전의 기술입니다. ES3 스펙에서 "Scope Chain"을 찾으면 검색되지만 ES5 스펙에서는 검색되지 않습니다. ES5에서 스코프 체인을 사용하지 않으며 훨씬 괜찮은 개념을 사용합니다. ES5를 지원하는 브라우저를 사용해야 하는 이유이기도 합니다.

혹자들은 ES5 스펙에 유용한 변화가 그다지 없다고 말하기도 합니다. 하지만 필자는 ES5 스펙을 괜찮다고 평가하고 있으며 그 이유 중의 하나가 스코프 체인을 버리고 다른 개념을 적용했다는 점입니다. 이는 자바스크립트의 아키텍처와 메커니즘 개선에 영향을 미쳤으며 자바스크립트 처리 속도를 보다 빠르게 향상시키는 기반이 되었습니다. 또한 향후 발전의 토대를 구축했습니다. "24장 렉시컬 환경"에서 자세하게 다루고 있습니다.

■ 바인딩 구분

바인딩은 바인딩 시점을 기준으로 정적(Lexical, Static) 바인딩과 동적(Dynamic) 바인딩으로 나눕니다. 나누는 이유는 자바스크립트의 처리 속도, 처리 방법, 스코프와 관련이 있기 때문입니다.

자바스크립트 엔진이 function 키워드를 만나면 Function 오브젝트를 생성하면서 함수가 속한 스코프를 바인딩합니다. 이를 정적 바인딩이라고 하며 대부분의 함수가 정적 바인딩을 합니다. 함수가 호출되어 실행할 때 스코프를 바인딩하는 것을 동적 바인딩이라고 하며 eval 함수와 with 문이 동적 바인딩을 합니다.

23.10 정적 바인딩

엔진이 function 키워드를 만나 Function 오브젝트를 생성하면서 스코프를 Function 오브젝트의 [[Scope]]에 설정합니다. 따라서 Function 오브젝트를 생성하는 시점에 스코프가 결정됩니다. 스코프의 프로퍼티가 변경될 수는 있으나 스코프는 변경되지 않습니다.

함수 안에 함수가 10개 있다고 할 때 함수 안의 함수를 Function 오브젝트로 생성하면서 현재 실행 중인 오브젝트를 [[Scope]]에 설정하므로 10개 함수의 스코프가 같습니다. 스코프가 같으므로 10개 함수에서 스코프의 프로퍼티를 공유할 수 있습니다. 직관적으로 설명하기 위해 스코프를 [[Scope]]에 설정한다고 했지만 엔진은 현재 실행중인 오브젝트의 참조 값을 [[Scope]]에 설정합니다.

함수가 호출되어 실행되면 Function 오브젝트의 [[Scope]]에서 스코프 오브젝트를 참조하므로 추가 처리를 하지 않고 함수와 변수 이름을 식별할 수 있습니다. Function 오브젝트를 생성한 후 스코프의 프로퍼티가 변경되더라도 함수를 실행할 때 참조하므로 변경된 스코프의 함수와 변수를 사용할 수 있습니다.

[소스 23-10]

```
function sports(){
    var value = 123;
    function soccer(){
        js.log(value);
    };
    var baseball = function(){
        js.log(value);
    };
    debugger;
    baseball();
}
sports();
```

[실행결과 23-10]

```
1. 123
```

[소스 23-10]의 코드를 스코프 바인딩 중심으로 보면 아래와 같이 실행됩니다.

스코프 바인딩 중심

1. sports Function 오브젝트를 생성합니다.

   {코드} function sports( ){⋯}

   {설명} sports 오브젝트의 [[Scope]]에 글로벌 스코프를 설정합니다.

2. sports( ) 함수를 호출합니다.

   {코드} sports( );

3. soccer 함수와 baseball 함수의 Function 오브젝트를 생성합니다.

   {코드} function soccer( ){⋯}; var baseball = function( ){⋯}

   {설명} sports 오브젝트를 각 Function 오브젝트의 [[Scope]]에 설정합니다.

4. baseball( ) 함수를 호출합니다.

   {코드} baseball( );

5. [[Scope]]가 참조하는 sports 오브젝트의 value 변숫값을 출력합니다.

   {코드} js.log(value);

아래 [그림 23-10]은 debugger로 인해 멈춘 시점의 sports 오브젝트의 모습입니다.

[그림 23-10]

```
▼ Local
  ▶ baseball: function (){
  ▶ soccer: function soccer(){
  ▶ this: Window
    value: 123
```

[그림 23-10]에 표시된 프로퍼티를 baseball 오브젝트와 soccer 오브젝트의 [[Scope]]에서 참조합니다. baseball 함수가 실행되어 js.log(value); 문장을 만나면 value 변수를 찾습니다. value 변수가 baseball 함수에 없으므로 1단계 밖의 스코프에서 찾게 됩니다. baseball 오브젝트의 [[Scope]]에서 1단계 밖의 스코프를 참조하므로 함수 밖으로 나가지 않고 sports 오브젝트에서 value 변수를 찾을 수 있습니다. sports 오브젝트에 value 변수가 있으므로 [실행결과]에 123이 출력되었습니다.

23.11 동적 바인딩

with 문과 eval 함수가 동적 바인딩을 합니다. with 문을 실행할 때마다 바인딩을 하므로 100번 실행하면 100번 바인딩합니다. 정적 바인딩이 한 번만 바인딩하는 것과는 차이가 있습니다.

ES5 지원 브라우저에서 "use strict"를 선언하고 with 문, eval 함수를 실행하면 에러가 발생합니다. 에러가 발생한다고 하여 단점만 있는 것은 아니며 부분적으로 장점도 있지만 전체에서 보면 단점이 더 큽니다. with 문을 중심으로 동적 바인딩에 대해 살펴보겠습니다.

[소스 23-11]

```
var soccer = {player: '11명'};
function sports(){
    with(soccer){
        debugger;
        js.log(player);
    }
}
sports();
```

[실행 결과 23-11]

1. 11명

var soccer = {player: '11명'}에서 soccer.player, soccer['player'] 형태로 작성하면 "11명"이 반환됩니다. with 문은 with(soccer){js.log(player)}와 같이 파라미터에 soccer 오브젝트를 작성하고 with 문 안에 player만 작성합니다.

엔진이 with 문을 만나면 파라미터의 soccer 오브젝트로 실행 환경을 만듭니다. 그리고 soccer 오브젝트의 프로퍼티를 실행 환경에 설정합니다. with 문 블록에 작성한 자바스크립트 코드는 실행 환경 안에서 실행합니다. with 문 블록 안에서 js.log(player)가 실행되면 실행 환경에 player가 있으므로 player로 값을 구할 수 있으며 [실행결과]에 "11명"이 출력됩니다.

아래 [그림 23-11]은 debugger로 인해 멈춘 시점의 모습입니다.

[그림 23-11]

```
▼ With Block                                                        Object
   ▶    defineGetter   : function    defineGetter  () { [native code] }
   ▶    defineSetter   : function    defineSetter  () { [native code] }
   ▶    lookupGetter   : function    lookupGetter  () { [native code] }
   ▶    lookupSetter   : function    lookupSetter  () { [native code] }
   ▶ constructor: function Object() { [native code] }
   ▶ hasOwnProperty: function hasOwnProperty() { [native code] }
   ▶ isPrototypeOf: function isPrototypeOf() { [native code] }
     player: "11명"
   ▶ propertyIsEnumerable: function propertyIsEnumerable() { [native code] }
   ▶ toLocaleString: function toLocaleString() { [native code] }
   ▶ toString: function toString() { [native code] }
   ▶ valueOf: function valueOf() { [native code] }
▼ Local
   ▶ arguments: Arguments[0]
   ▶ this: Window
```

[그림 23-11]에 With Block과 Local로 구분되어 있습니다. With Block의 프로퍼티는 빌트인 Object 오브젝트의 prototype에 연결된 프로퍼티로 생성한 인스턴스 프로퍼티입니다. 가운데에 player: "11명"이 표시된 것은 soccer 오브젝트의 프로퍼티를 실행 환경에 설정하기 때문입니다.

with 문을 반복할 때마다 with 문의 파라미터에 설정되는 오브젝트 타입의 빌트인 오브젝트로 인스턴스를 생성하여 환경을 만듭니다. 그리고 파라미터에 작성한 오브젝트의 프로퍼티를 실행 환경에 설정합니다. with 문 나름대로 특징이 있지만 반복할 때마다 실행 환경을 만드는 것은 엔진 처리에 부하를 줍니다. 또한 strict 모드에서 에러가 발생하는 것은 사용하지 말라는 권고이며 더 이상 발전시키지 않겠다는 의도입니다.

■ 다른 방법

그럼, 다른 방법은 없을까요? 있습니다. 아래와 같이 for-in 문을 사용하면 됩니다. 실행 환경을 만들지도 않으며 strict 모드에도 영향을 받지 않습니다.

```
for (var name in soccer){
    js.log(soccer[name]);
}
```

24

렉시컬 환경

렉시컬 환경(Lexical Environment)을 다룹니다.

24.1 아키텍처, 메커니즘 접근

지금까지 자바스크립트의 아키텍처와 메커니즘을 살펴보았으며 아래 항목을 다루었습니다.

- Function 오브젝트 생성, Function 오브젝트 프로퍼티
- 함수 표현식, 함수 선언문
- Argument 오브젝트
- 글로벌 함수/변수, 지역 함수/변수
- 스코프, 정적 바인딩, 동적 바인딩

각 항목의 시나리오가 구체적으로 연상되어야 하며 뚜렷하게 보여야 합니다. 안개처럼 어렴풋이 보인다면 되도록 진도를 나가지 말고 앞으로 돌아가기 바랍니다. 왜냐하면 이제부터 자바스크립트 엔진 내부 처리를 다루므로 이에 대한 이해가 필요하기 때문입니다. 투자 시간에 비해 얻는 것이 미약하기 때문입니다.

지금까지 자바스크립트 엔진이 이렇게 처리한다는 것을 다루었지 어떻게 처리하는지에 대해서는 다루지 않았습니다. 이제부터 자바스크립트 엔진이 처리하는 How를 다룹니다. 용어도 생소하고 내용도 어렵지만 자바스크립트 근본을 이해하기 위해 필요합니다. 자바스크립트 원리가 이 안에 있다고 해도 지나치지 않습니다.

함수가 호출되면 호출된 함수 안으로 자바스크립트 엔진이 이동합니다. 이때 자바스크립트 엔진은 준비 단계, 초기화 단계, 실행 단계로 나누어 처리합니다. 이 장의 "렉시컬 환경"이 준비 단계이고 다음 장의 "실행 콘텍스트"가 초기화 단계와 실행 단계입니다. 앞장에서 초기화 단계와 실행 단계를 다루었지만 전부 다룬 것은 아닙니다.

■ 아키텍처와 메커니즘

아키텍처의 사전적 의미는 구조, 구성으로 이를 포괄적으로 표현하면 모습입니다. 하지만 구조, 구성으로 접근하면 모습만 볼 수 있고 자바스크립트의 근본 처리를 볼 수 없습니다. 자바스크립트 엔진이 어떤 바탕에서 처리하는지 바탕을 중심으로 접근해야 근본을 파악할 수 있습니다. 구조, 구성 중심으로 접근하는 것은 수면 위만 보는 모습입니다. 바탕의 이해로 접근해야 수면 아래를 볼 수 있으며 이 위에서 전개되는 모습을 이해할 수 있습니다.

메커니즘의 사전적 의미는 수단, 방법으로 이를 자바스크립트 엔진 중심으로 접근하기 위해서는 개념과 구현으로 나눌 필요가 있습니다. 왜냐하면 엔진 처리이므로 외부에 드러나

지 않는 부분과 드러나는 부분이 있기 때문입니다. 이 장의 "렉시컬 환경"이 개념 중심의 메커니즘이고 다음 장의 "실행 콘텍스트"가 구현 중심의 메커니즘입니다.

24.2 실행 콘텍스트 개요

함수가 호출되면 자바스크립트 엔진은 호출된 함수 안으로 들어가 자바스크립트 코드를 해석하고 실행합니다. 이때 해석한 결과를 저장하고 함수 코드를 실행할 영역이 필요합니다. 이를 실행 콘텍스트(Execution Contexts)라고 합니다. 함수가 호출되면 우선 실행 콘텍스트를 생성하고 이 안에서 함수 안의 코드를 해석하고 실행합니다.

실행 콘텍스트는 ES5 스펙상의 사양이므로 외부 프로그램에서 접근할 수 없습니다. 하지만 부분적으로 실행 콘텍스트 상태를 제공하므로 브라우저 개발자 도구를 사용하여 상태를 파악할 수 있습니다. 실행 콘텍스트에 대한 이해가 깊으면 깊을수록 보다 완전하게 프로그램을 개발할 수 있습니다.

[소스 24-2]

```
function music(title){
    var musicTitle = title;
}
music('음악');
```

music('음악'); 형태로 함수를 호출하면 엔진은 실행 콘텍스트를 생성하고 실행 콘텍스트 안으로 이동합니다. 그리고 실행 콘텍스트에서 함수 코드를 해석하고 실행합니다. 개념적으로 실행 콘텍스트에서 아래 처리를 합니다. 전체 개념을 제시하기 위한 것으로 이 장을 포함하여 몇 장으로 나누어 다룹니다. 번호는 순서가 아닌 나열을 위한 것입니다.

실행 콘텍스트 처리

1. 함수를 호출합니다.
   {코드} music('음악');
2. 실행 콘텍스트를 생성합니다.
3. 렉시컬 환경 컴포넌트를 생성합니다.
4. 변수 환경 컴포넌트를 생성합니다.
5. this 바인딩 컴포넌트를 생성합니다.
6. 호출한 함수 앞에 작성한 오브젝트를 this 바인딩 컴포넌트에 설정합니다.
   {설명} music 함수 앞에 오브젝트를 작성하지 않았으므로 글로벌 오브젝트가 설정됩니다.

{설명} this.value 형태로 프로퍼티를 처리할 수 있게 됩니다

7. 렉시컬 환경을 생성합니다.
8. 환경 레코드를 생성하여 렉시컬 환경에 첨부합니다.
   {설명} 여기에 함수 안에 작성한 함수, 변수를 바인딩합니다.
9. 외부 렉시컬 환경 참조를 생성하여 렉시컬 환경에 첨부합니다.
10. Function 오브젝트의 [[Scope]]를 외부 렉시컬 환경 참조에 설정합니다.
11. 렉시컬 환경을 렉시컬 환경 컴포넌트와 변수 환경 컴포넌트에 설정합니다.
12. 호출한 함수의 파라미터 값을 호출된 함수의 파라미터 이름에 매핑합니다.
    {코드} function music(title){…}
13. 함수 선언문을 Function 오브젝트로 생성합니다.
    {설명} 13번, 14번, 15번 실행 결과가 환경 레코드에 설정됩니다.
14. 함수 표현식과 변수에 초깃값을 설정합니다.
15. 함수 안의 자바스크립트 코드를 실행합니다.
    {코드} var musicTitle = title;

어려운가요? 당연합니다. 필자가 처음 이를 접했을 때 앞이 깜깜했습니다. 그래도 자바스크립트를 좀 한다고 했는데요… 그냥 지나칠 수 없다는 생각이 들었고 분석을 시작했습니다. 참고할 자료도 그다지 없고, 스펙의 설명도 미약하고, 스펙을 봐도 잘 이해가 안되고, 어렵고 힘든 여정이었습니다. 하지만 독자는 힘든 여정을 하지 않아도 됩니다. 이 책이 있으니까요.^^

3번에서 11번까지가 준비 단계이고 12번, 13번, 14번이 초기화 단계입니다. 함수 안의 코드가 실행되는 것은 15번의 실행 단계입니다. 15번 이외의 모든 처리는 자바스크립트 엔진 내부 처리입니다. 따라서 실행 콘텍스트와 렉시컬 환경을 이해하지 못하고 함수에 작성한 코드를 논하는 것은 근거 없는 논쟁이 될 수 있습니다. 실행 콘텍스트와 렉시컬 환경을 정확하게 이해하게 되면 실행 결과에 대한 처리 과정을 증명할 수 있습니다.

24.3 렉시컬 환경

함수 안에 함수, 변수가 있을 수 있으며 함수 밖에도 함수, 변수가 있을 수 있습니다. 함수는 함수 안에서 모든 처리를 하며 때로는 밖의 함수와 변수를 사용합니다. 안과 밖의 함수는 서로 구조적 관계를 갖습니다. 함수는 구조적 환경에서 독립적으로 실행되며 다른 함수와 변수를 참조합니다. 이것이 자바스크립트 코드의 실행 환경이며 실행 범위입니다.

렉시컬 환경(Lexical Environment)은 자바스크립트 코드의 실행 환경, 범위를 구조적으로 엮으면서 독립적으로 실행하기 위한 메커니즘으로 ES5 스펙상의 사양입니다. 스펙 사양이므로 이해하지 못해도 프로그램을 개발할 수 있지만, 보다 완전하게 프로그램을 개발할 수 없으며 자바스크립트 엔진과 소통할 수 없습니다.

Lexical의 사전적 의미는 (한 언어의) "어휘"입니다. 어휘는 단어적 접근으로 ES5 개념으로 접근하기 위해 이 책에서는 "렉시컬"로 표기합니다. Environment의 사전적 의미는 환경이며 이 책에서도 환경으로 표기합니다. Lexical Environment를 "렉시컬 환경" 또는 "렉시컬 환경(LE)"로 표기합니다. 이 책에서 렉시컬 환경은 단어 의미가 아닌 개념을 나타내는 용어입니다.

렉시컬 환경은 ES3 스펙에 없던 것으로 부분적으로 ES3를 발전시킨 점도 있지만 사상과 메커니즘이 바뀌었습니다. 훨씬 합리적이고 논리적이며 자바스크립트 실행 속도를 향상시키는 기반이 되었습니다. 이런 점을 고려하여 이 책은 ES5 중심으로 아키텍처와 메커니즘을 다룹니다. 이런 변화는 최신 브라우저를 사용해야 한다는 의미이기도 합니다.

■ {name: value} 형태

{name: value} 형태는 이름과 값을 갖는 구조로 name으로 오브젝트에 접근하여 value를 얻을 수 있습니다. 이 형태의 목적은 name과 value를 하나의 묶음으로 만들려는데 있으며 name으로 접근하여 value를 얻으려는데 있습니다. value는 바뀔 수 있지만 name은 바뀌지 않습니다. value가 오브젝트 타입이면 또 하나의 {name: value} 구조가 형성되어 {name: {name: value}} 형태가 됩니다. 이 형태 또한 name으로 접근하여 오브젝트를 식별할 수 있으며 value를 얻을 수 있습니다.

자바스크립트 엔진은 함수의 초기화 단계에서 해석한 함수와 변수를 식별할 수 있도록 {name: value} 형태로 기록하며 그곳이 렉시컬 환경입니다. function sports( ){ }에서 함수 이름인 sports가 name이 되고 Function 오브젝트가 value가 됩니다. var swim = 123에서 변수 이름인 swim이 name이 되고 123이 value가 되는 형태로 기록합니다.

이름이 없으면 기록할 수 없으므로 이름이 없는 함수는 바로 실행되도록 해야 하며 자바스크립트는 이를 위한 메커니즘을 제공합니다. 또한 이에 맞도록 자바스크립트 코드를 작성해야 합니다.

■ 렉시컬 환경 구성

렉시컬 환경(LE)은 환경 레코드(Environment Record)와 외부 렉시컬 환경 참조(Outer Lexical Environment Reference)로 구성됩니다. 구성을 형상화하면 아래 모습이 됩니다.

```
렉시컬 환경(LE) = {
    환경 레코드(ER) : 값,
    외부 렉시컬 환경 참조(OLER) : 값
}
```

렉시컬 환경(LE)은 function, with 문, try-catch의 catch 문에서 생성됩니다. 함수 안의 함수, 변수가 환경 레코드(ER)에 기록되며 가장 근접한 스코프가 외부 렉시컬 환경 참조에 설정됩니다. 환경 레코드에 {name: value} 형태로 기록하므로 name으로 검색합니다. 검색되지 않으면 가장 근접한 스코프가 외부 렉시컬 환경 참조에 설정되어 있으므로 여기서 검색하게 됩니다.

이와 같은 구조로 인해 렉시컬 환경을 벗어나지 않고 바로 검색할 수 있으므로 처리 속도가 빠릅니다. 근접한 스코프가 별도로 구성되어 있다면 근접한 스코프를 인식하기 위한 처리를 해야 하므로 그만큼 처리가 늘어납니다.

그럼, 개발자 프로그램은 어떤 형태로 작성해야 할까요?

렉시컬 환경의 모습에 답이 있습니다. 함수에서 사용할 함수, 변수를 함수 안에 작성합니다. 어렵다면 1단계 밖의 스코프에 작성합니다. 그러면 자바스크립트 엔진이 렉시컬 환경에서 검색할 수 있으므로 다른 부가 처리를 하지 않아도 됩니다. 몇 단계 밖의 변수를 사용하는 것은 바람직한 모습이 아니라는 것을 알 수 있습니다. 논리가 성립되지 않나요?

지금부터 다루는 내용은 렉시컬 환경 개념을 기반으로 합니다. 직접 언급하지 않더라도 렉시컬 환경 개념이 바탕에 깔려 있습니다. 이 바탕 없이 자바스크립트의 아키텍처, 메커니즘, 오브젝트, 함수를 다루는 것은 암기식 접근이며 이 책의 방향이 아닙니다.

24.4 외부 렉시컬 환경 참조

현재 실행 중인 렉시컬 환경(LE)에 가장 근접한 렉시컬 환경(LE)이 외부 렉시컬 환경 참조에 설정됩니다. 현재의 렉시컬 환경이 독립적인 객체를 유지하면서 근접한 렉시컬 환경이 논리적으로 연결되는 모습입니다.

[소스 24-4]

```
var value = 123;
var sports = function(){
    var value = 456;
```

```
    var getMember = function(){
        return value;
    }
}
sports();
```

[소스 24-4]의 마지막 줄에서 sports 함수가 호출되면 렉시컬 환경(LE)을 생성합니다. 이를
형상화하면 아래 모습이 됩니다.

```
sports 렉시컬 환경(LE) = {
    환경 레코드(ER): { },
    외부 렉시컬 환경 참조(OLER): 글로벌 렉시컬 환경
}
```

sports 함수가 호출되면 렉시컬 환경을 생성하고 환경 레코드와 외부 렉시컬 환경 참조
(OLER)을 생성하여 렉시컬 환경에 첨부합니다. 그리고 외부 렉시컬 환경 참조에 sports 오브
젝트를 생성할 때의 스코프를 설정합니다. 아래는 렉시컬 환경을 만들어 가는 과정입니다.

렉시컬 환경 형성 과정

1. sports 함수를 호출합니다.
   {코드} sports( );
2. 실행 콘텍스트를 생성합니다.
3. 렉시컬 환경(LE)을 생성합니다.
4. 환경 레코드를 생성하여 렉시컬 환경에 첨부합니다.
   {설명} 아래 형태가 됩니다.
   렉시컬 환경(LE) = {
        환경 레코드(ER): { }
   }
5. 외부 렉시컬 환경 참조를 생성하여 렉시컬 환경에 첨부합니다.
   {설명} 아래 형태가 됩니다.
   렉시컬 환경(LE) = {
        환경 레코드(ER): { },
        외부 렉시컬 환경 참조(OLER): null
   }
6. 외부 렉시컬 환경 참조를 설정합니다.
   {설명} 아래 형태가 됩니다.
   렉시컬 환경(LE) = {
        환경 레코드(ER): { },
        외부 렉시컬 환경 참조(OLER): 글로벌 렉시컬 환경
   }

sports 함수가 호출되면 우선 실행 콘텍스트를 생성합니다. 그리고 렉시컬 환경을 생성하여 첨부합니다. 이 시점은 자바스크립트 엔진이 함수 안의 코드를 실행하기 위한 환경을 만드는 준비 단계입니다. 아직 함수 안의 코드를 해석하지 않았으므로 엔진은 함수 안에 어떤 코드가 있는지 알 수 없습니다. 하지만 외부 렉시컬 환경 참조에는 값을 설정할 수 있습니다.

sports 함수를 실행하고 있으므로 sports 오브젝트의 내부 프로퍼티를 알 수 있습니다. sports 오브젝트를 생성할 때 스코프를 sports 오브젝트의 [[Scope]]에 설정하였으며 [[Scope]]에 글로벌 오브젝트가 설정되어 있습니다. 함수 안에서 변수, 함수가 검색되지 않으면 밖으로 나가게 되며 그곳이 [[Scope]]에 설정되어 있습니다.

[[Scope]]를 외부 렉시컬 환경 참조(OLER)에 설정합니다. 즉, sports 오브젝트의 스코프인 글로벌 오브젝트를 외부 렉시컬 환경 참조에 설정합니다. 실행 콘텍스트 안에 글로벌 오브젝트의 변수와 함수를 갖고 있으므로 1단계 밖의 변수, 함수를 찾기 위해 실행 콘텍스트를 벗어나지 않습니다. sports 함수가 다른 오브젝트에 영향을 주거나 받지 않고 독립적으로 수행할 수 있습니다. 함수의 상하 관계를 구조적으로 엮는 별도의 처리를 하지 않아도 됩니다.

■ 스코프 체인과 렉시컬 환경

ES3는 함수 안에서 변수, 함수 이름을 찾지 못하면 스코프 체인으로 근접한 스코프를 인식해야 하므로 별도 처리가 필요합니다. 반면 렉시컬 환경은 자체에 근접한 스코프의 렉시컬 환경을 갖고 있으므로 별도 처리를 하지 않고 스코프의 함수, 변수를 사용할 수 있습니다.

ES5에서 스코프 체인을 사용하지 않게 된 것은 렉시컬 환경이 외부 렉시컬 환경 참조를 갖고 있으므로 스코프 체인 개념이 필요하지 않기 때문입니다. 스코프 체인의 구조적 개념을 렉시컬 환경의 객체 형태와 참조 형태로 바꾼 것으로 매우 큰 변화입니다.

이 책을 집필하는 시점은 ES6 스펙의 검토 단계로 확정된 상태가 아닙니다. 한편 ES6 스펙에서 스코프 개념을 사용하지 않고 환경(Environment) 개념을 사용합니다. scope 단어를 사용하고 있지만 지칭을 위한 단어로 사용하고 있습니다. 스코프 개념으로 사용한 것은 아니며 대신 환경을 사용하고 있습니다. 필자가 아직 확정되지 않은 ES6 스펙을 거론한 것은 스코프와 환경이 다르다는 것을 나타내기 위해서입니다.

24.5 스코프와 외부 렉시컬 환경 참조

아래 [소스 24-5]와 같이 sports 함수 안에 soccer, swim 함수가 있는 상태에서 soccer, swim 함수에 설정되는 외부 렉시컬 환경 참조를 살펴봅니다.

[소스 24-5]

```
var sports = function(){
    var value = 123;
    function soccer(){
        js.log(value);
    };
    function swim(){
        js.log(value);
    };
    soccer();
    swim();
}
sports();
```

[실행결과 24-5]

```
1. 123
2. 123
```

마지막 줄에서 sports 함수를 호출하면 실행 콘텍스트를 생성하고 렉시컬 환경을 설정합니다. 아래는 렉시컬 환경을 설정하고 함수 안의 코드를 실행하는 과정입니다.

준비 단계

1. sports 함수를 호출합니다.
   {코드} sports( );
2. sports 실행 콘텍스트를 생성합니다.
3. 렉시컬 환경(LE)을 생성합니다
4. 환경 레코드를 생성하여 렉시컬 환경에 첨부합니다.
5. 외부 렉시컬 환경 참조를 생성하여 렉시컬 환경에 첨부합니다.
6. 외부 렉시컬 환경 참조에 값을 설정합니다.
   {설명} sports 오브젝트의 [[Scope]]를 외부 렉시컬 환경 참조에 설정합니다.

7. 함수 선언문을 Function 오브젝트로 생성하여 환경 레코드에 설정합니다.

{코드} function soccer( ){…}; function swim( ){…};

{설명} 생성한 Function 오브젝트의 [[Scope]]에 sports 오브젝트를 설정합니다.

8. value 변수를 환경 레코드에 바인딩합니다.

{코드} var value = 123;

{설명} 환경 레코드의 value 프로퍼티 값은 123이 아니라 undefined입니다.

9. value 변수에 123을 할당합니다.

{코드} var value = 123;

{설명} 환경 레코드의 value 프로퍼티 값이 123으로 변경됩니다.

10. soccer 함수를 호출합니다.

{코드} soccer( );

11. swim 함수를 호출합니다.

{코드} swim( );

soccer 함수에서 js.log(value); 문장을 실행하게 되면 함수 안에 value 변수가 없으므로 외부 환경 렉시컬 참조(OLER)에서 검색합니다. value 변수가 있으므로 값을 사용합니다. swim 함수도 마찬가지입니다.

soccer 오브젝트를 생성할 때 sports 오브젝트를 [[Scope]]에 설정합니다. 그리고 soccer 함수를 실행할 때 [[Scope]]를 외부 렉시컬 환경 참조에 설정합니다. 하나의 통 속에 soccer 오브젝트의 변수, 함수와 sports 오브젝트의 변수, 함수를 넣어 두고 사용하는 모습입니다.

24.6 환경 레코드

함수 안에 작성한 함수와 변수를 사용하기 위해서는 자바스크립트 엔진이 인식할 수 있는 영역에 기록해야 합니다. 함수와 변수를 기록하는 곳이 렉시컬 환경의 환경 레코드 (Environment Record)입니다.

환경 레코드는 ES5 스펙상의 사양으로 중간 처리 과정을 외부에 제공하지 않아도 된다고 ES5 스펙에 기술되어 있으며 브라우저 개발자 도구에서 볼 수도 없습니다. 알고리즘을 엔진 개발자에게 일임한 것으로 브라우저마다 처리 속도에 차이가 날 수 있다는 것을 암시합니다.

■ 식별자(Identifier)

함수, 변수 이름을 식별자라고 하며 환경 레코드에 식별자를 기록하는 것을 바인딩(Binding)이라고 합니다. 환경 레코드에서 식별자의 존재 여부를 식별하는 것을 식별자 해결(Resolution)이라고 하며 식별자 해결을 위한 전반적인 기준을 규칙(Rules)이라고 합니다. 즉 함수 이름과 변수 이름을 환경 레코드에 바인딩하고 식별자 해결 규칙에 따라 이름의 존재 여부를 식별합니다. 이름과 동반된 값도 환경 레코드에 기록하지만 값은 식별 대상이 아니며 이름이 식별 대상입니다.

■ 환경 레코드 구성

환경 레코드는 두 가지 형태의 레코드로 구성됩니다.

- 선언적 환경 레코드(Declarative Environment Record)
- 오브젝트 환경 레코드(Object Environment Record)

렉시컬 환경과 함께 환경 레코드를 형상화하면 아래 모습이 됩니다.

```
렉시컬 환경 = {
    환경 레코드: {
        선언적 환경 레코드: { },
        오브젝트 환경 레코드: { }
    },
    외부 렉시컬 환경 참조: { }
}
```

환경 레코드를 선언적 환경 레코드와 오브젝트 환경 레코드로 구분한 것은 기록 대상에 따라 처리 방법이 다르기 때문입니다. 선언적 환경 레코드는 function, 변수, catch 문에 사용하며 오브젝트 환경 레코드는 글로벌 오브젝트의 함수와 변수, with 문에 사용합니다. 함수는 한 번 설정하면 바뀌지 않지만 with 문은 반복할 때마다 바뀌므로 처리 방법이 다릅니다. 엔진 처리 효율을 위해 구분한 것입니다.

24.7 선언적 환경 레코드

선언적 환경 레코드(Declarative Environment Record)는 함수, 변수, catch 문이 대상입니다. 함수 안의 코드를 해석하기 전에 먼저 선언적 환경 레코드를 생성합니다. 함수 코드를 실행하기 위한 준비입니다.

```
var value = 123;
var sports = function(){
    var value = 456;
    function getMember(){
        js.log(value);
    }
    getMember();
}
sports();
```

[실행결과 24-7]

1. 456

[소스 24-7]의 마지막 줄에서 sports 함수를 호출하면 엔진은 우선, 실행 콘텍스트를 생성합니다. 그리고 렉시컬 환경을 생성하며 환경 레코드, 선언적 환경 레코드, 오브젝트 환경 레코드, 외부 렉시컬 환경 참조를 생성하여 첨부합니다. 아래는 [소스 24-7]을 기준으로 렉시컬 환경을 형상화한 모습입니다.

[렉시컬 환경 모습]
```
렉시컬 환경 = {
    환경 레코드: {
        선언적 환경 레코드:
            value: undefined,
            getMember: undefined
        },
        오브젝트 환경 레코드: { }
    },
    외부 렉시컬 환경 참조: { }
}
```

sports 오브젝트가 함수이므로 함수 안의 value 변수와 getMember 함수가 선언적 환경 레코드에 기록됩니다. 현시점은 함수 안의 코드를 해석하지 않았으므로 value와 getMember를 기록할 수 없습니다. 또한 value와 getMember의 값을 undefined로 표시한 것은 설명을 위해 의도적으로 표시한 것입니다. 어떤 과정을 거쳐 위와 같은 모습이 되는지 [소스 24-7]을 기준으로 살펴보겠습니다.

1. sports 함수를 호출합니다.

   {코드} sports( );

2. 실행 콘텍스트를 생성합니다.

3. 렉시컬 환경(LE)을 생성합니다.

4. 환경 레코드를 생성하여 렉시컬 환경에 첨부합니다.

   {설명} 환경 레코드는 선언적 환경 레코드와 오브젝트 환경 레코드를 감싸기 위한 것으로 다
   른 기능은 없습니다.

   렉시컬 환경(LE) = {

   　　환경 레코드(ER): { }

   }

5. 선언적 환경 레코드를 생성하여 환경 레코드에 첨부합니다.

   {설명} ▶ 5번 추가 설명을 참조하세요.

   렉시컬 환경(LE) = {

   　　환경 레코드(ER): {

   　　　　선언적 환경 레코드: { }

   　　}

   }

6. 오브젝트 환경 레코드를 생성하여 환경 레코드에 첨부합니다.

   {설명} ▶ 6번 추가 설명을 참조하세요.

   렉시컬 환경(LE) = {

   　　환경 레코드(ER): {

   　　　　선언적 환경 레코드: { },

   　　　　오브젝트 환경 레코드: { }

   　　}

   }

7. 외부 렉시컬 환경 참조를 생성하여 렉시컬 환경에 첨부합니다.

8. 외부 렉시컬 환경 참조에 값을 설정합니다.

   {설명} sports 오브젝트의 [[Scope]]를 설정합니다.

▶ 5번 추가 설명: 선언적 환경 레코드를 생성하여 환경 레코드에 첨부합니다.

이 시점은 함수 안의 코드를 해석, 실행하기 위한 환경을 설정하는 단계입니다. 선언적 환경 레코드를
생성하는 것은 함수와 변수를 기록하기 위한 환경 설정입니다. 아직 함수 안의 코드를 해석하지 않았으
므로 선언적 환경 레코드에 함수와 변수를 기록할 수 없습니다.

▶ 6번 추가 설명: 오브젝트 환경 레코드를 생성하여 환경 레코드에 첨부합니다.

환경 레코드에 선언적 환경 레코드와 오브젝트 환경 레코드를 작성했지만, 함수는 선언적 환경 레코드
에 기록하므로 오브젝트 환경 레코드를 생성하지 않습니다. 따라서 "오브젝트 환경 레코드를 생성하여

환경 레코드에 첨부합니다."라는 문장은 작성하지 않아야 합니다. 다만 전체를 나타내기 위해 작성한 것입니다.

24.8 오브젝트 환경 레코드

글로벌 오브젝트와 with 문이 오브젝트 환경 레코드(Object Environment Record)의 대상이며 오브젝트를 바인딩합니다. 글로벌 오브젝트와 with 문은 성격이 다르므로 분리하여 다룹니다. 이 절에서 with 문을 다루고 이 장 끝에서 글로벌 오브젝트를 다룹니다. with 문의 렉시컬 환경을 형상화하면 아래 모습이 됩니다.

```
렉시컬 환경(LE) = {
    환경 레코드: {
        오브젝트 환경 레코드: 오브젝트
    },
    외부 렉시컬 환경 참조: 처음 실행할 때의 렉시컬 환경
}
```

with 문이 실행되면 렉시컬 환경(LE)을 생성합니다. 처음 실행할 때의 렉시컬 환경을 생성한 렉시컬 환경의 외부 렉시컬 환경 참조(OLER)에 설정합니다. 따라서 여러 번 with 문을 수행하더라도 항상 같은 렉시컬 환경이 외부 렉시컬 환경 참조에 설정됩니다.

with(표현식)에서 표현식 결과인 오브젝트를 오브젝트 환경 레코드에 바인딩합니다. 식별자(함수, 변수 이름)가 있으면 식별자로 바인딩합니다. 식별자가 없으면 오브젝트의 프로퍼티 이름을 식별자로 사용하여 바인딩합니다. 표현식 결과인 오브젝트의 프로퍼티 이름과 값이 오브젝트 환경 레코드에 바인딩되므로 오브젝트를 지정하지 않고 프로퍼티 이름으로 값을 구할 수 있습니다.

[소스 24-8]

```
function execWith(){
    var amount = 123,
        soccer = {player: '11명', time: '90분'},
        basketball = {player: '5명', time: '48분'};

    [soccer, basketball].forEach(function(obj){
        with(obj){
            js.log('player: ' + player + ', time: ' + time + ', ticket: ' + amount);
        }
```

```
    }, this);
  }
execWith();
```

1. player: 11명, time: 90분, ticket: 123
2. player: 5명, time: 48분, ticket: 123

```
[soccer, basketball].forEach(function(obj){
    with(obj){
    }
}, this);
```

처음 forEach 메소드를 실행하면 아래 순서와 방법으로 처리합니다.

with 문 수행

1. soccer 오브젝트를 파라미터 obj에 설정합니다.
   {코드} [soccer, basketball].forEach(function(obj){…}
2. with 문을 수행합니다.
   {코드} with(obj){…}
3. 실행 콘텍스트를 생성합니다.
4. 렉시컬 환경(LE)을 생성합니다.
5. 환경 레코드를 생성하여 렉시컬 환경에 첨부합니다.
6. 외부 렉시컬 환경 참조를 생성하여 렉시컬 환경에 첨부합니다.
7. 외부 렉시컬 환경 참조에 execWith 렉시컬 환경을 설정합니다.
8. 오브젝트 환경 레코드를 생성하여 환경 레코드에 첨부합니다.
9. soccer 오브젝트의 모든 프로퍼티를 오브젝트 환경 레코드에 바인딩합니다.
   {설명} 오브젝트를 바인딩하면 계층이 생기므로 프로퍼티로 풀어서 바인딩합니다.

렉시컬 환경을 형상화하면 아래 모습이 됩니다.

```
렉시컬 환경 = {
    환경 레코드: {
        오브젝트 환경 레코드: {
            player: '11명',
            time: '90분'
        }
```

        },
        외부 렉시컬 환경 참조: 처음 실행할 때의 렉시컬 환경
}

forEach 메소드를 두 번째 실행하면 basketball 오브젝트가 파라미터 obj에 설정됩니다. with 문을 수행하는 방법은 앞의 첫 번째 실행과 같습니다. 오브젝트 환경 레코드의 프로퍼티는 forEach 메소드가 읽는 오브젝트에 따라 바뀌지만 외부 렉시컬 환경 참조는 바뀌지 않습니다.

with 문을 실행할 때마다 실행 콘텍스트, 렉시컬 환경을 생성하는 것은 ES5가 추구하는 방향, 목적에 맞지 않습니다. 이런 이유로 ES5의 strict 모드에서 with 문을 사용하면 에러가 발생하게 한 것으로 생각합니다.

```
js.log('player: ' + player + ', time: ' + time + ', ticket: ' + amount);
```

[실행결과] 1번에 출력된 "player: 11명, time: 90분, ticket: 123"에서 11명과 90분은 soccer 오브젝트의 값이며 123은 with 문 밖의 amount 변숫값입니다.

soccer 오브젝트에서 player로 "11명"을 구하려면 obj.player 형태로 작성해야 하는데 player만 작성하였으며 "11명"이 출력되었습니다. 프로퍼티 이름만으로 값이 반환된 것은 soccer 오브젝트의 프로퍼티가 오브젝트 환경 레코드(OER)에 바인딩되어 있기 때문입니다. 외부 렉시컬 환경 참조에 execWith 렉시컬 환경이 설정되어 있으며 amount 변수가 여기에 존재하므로 외부 렉시컬 환경 참조에서 amount 변숫값을 구할 수 있습니다.

24.9 글로벌 환경

글로벌 환경(Global Environment)은 글로벌 오브젝트를 위한 렉시컬 환경입니다. 프로그램 전체를 통해 하나만 존재하며 함수로 생성하는 렉시컬 환경과 형태가 같습니다. 글로벌 환경을 형상화하면 아래 모습이 됩니다.

```
글로벌 환경 = {
    환경 레코드: {
        오브젝트 환경 레코드: 글로벌 오브젝트 바인딩
    },
    외부 렉시컬 환경 참조: null
}
```

자바스크립트가 렌더링을 시작하면 자바스크립트 실행 환경(빌트인 오브젝트, 빌트인 타입 등)을 설정한 후 글로벌 환경을 생성합니다. 그리고 글로벌 오브젝트를 생성하고 글로벌 오브젝트의 함수와 변수를 오브젝트 환경 레코드에 바인딩합니다. 글로벌 오브젝트 외부에 렉시컬 환경이 없으므로 외부 렉시컬 환경 참조에 null이 설정됩니다.

[소스 24-9]

```
var value = 123;
var sports = function(){
}
sports();
```

[소스 24-9]에서 오브젝트 안에 코드를 작성하지 않았으므로 글로벌 함수와 변수입니다. 아래는 [소스 24-9]를 기준으로 글로벌 환경을 만들어 가는 과정입니다.

글로벌 환경 형성 과정

1. 글로벌 환경을 생성합니다.
   {설명} 글로벌 환경(LE) = { } 형태입니다.
2. 환경 레코드를 생성하여 글로벌 환경에 첨부합니다.
   {설명} 아래 형태가 됩니다.
   글로벌 환경(LE) = {
       환경 레코드(ER): { }
   }
3. 오브젝트 환경 레코드를 생성하여 환경 레코드에 첨부합니다
   {설명} 아래 형태가 됩니다.
   글로벌 환경(LE) = {
       환경 레코드(ER): {
           오브젝트 환경 레코드: { }
       }
   }
4. 외부 렉시컬 환경 참조를 생성하여 글로벌 환경에 첨부합니다.
   {설명} 아래 형태가 됩니다. 참조할 외부 렉시컬 환경이 없으므로 null이 설정됩니다.
   글로벌 환경(LE) = {
       환경 레코드(ER): {
           오브젝트 환경 레코드: { }
       },
       외부 렉시컬 환경 참조: null
   }

5. 글로벌 오브젝트를 생성합니다.

6. 글로벌 오브젝트의 함수와 변수를 오브젝트 환경 레코드에 바인딩합니다.

{설명} 아래 형태가 됩니다.

```
글로벌 환경(LE) = {
    환경 레코드(ER): {
        오브젝트 환경 레코드: {
            value: 123,
            sports: function( ){ }
        }
    },
    외부 렉시컬 환경 참조: null
}
```

외부 렉시컬 환경 참조에 null을 설정함에 따라 실행 중인 함수에서 현재 위치가 글로벌 환경인 것을 인식할 수 있습니다. 글로벌 환경에서 변수, 함수가 검색되지 않으면 undefined를 반환합니다.

글로벌 환경은 동적으로 함수와 변수를 바인딩합니다. 함수에서 var 키워드를 사용하지 않고 변수, 함수를 선언하면 글로벌 오브젝트에 설정됩니다. 함수와 변수의 추가, 변경이 수시로 발생할 수 있으므로 오브젝트 환경 레코드를 사용합니다.

25

실행 콘텍스트

실행 콘텍스트를 다룹니다.

25.1 실행 콘텍스트 생성 기준

실행 콘텍스트(Execution Contexts)는 실행 가능 코드(Executable Code)를 만났을 때 생성합니다.

실행 가능 코드는 세 가지 유형이 있습니다.

- 함수 코드(function code)
- 글로벌 코드(global code)
- eval 코드(eval code)

함수 코드는 함수를 의미하고 글로벌 코드는 글로벌 오브젝트의 함수를 의미합니다. eval 코드는 eval 함수를 의미합니다.

실행 가능 코드를 만나면 우선 실행 콘텍스트를 생성하고 이 안에서 코드를 실행합니다. 실행 가능 코드를 열 번 만나면 실행 콘텍스트를 열 번 생성합니다. 실행 콘텍스트에서 처리하다가 실행 가능 코드를 만나게 되면 또다시 실행 콘텍스트를 생성합니다.

세 가지 유형으로 분리한 것은 실행 콘텍스트에서 처리하는 환경과 방법이 다르기 때문입니다. 우선 렉시컬 환경(LE)이 다릅니다. 함수 코드는 렉시컬 환경(LE)에서 수행되며 글로벌 코드는 글로벌 환경에서 수행됩니다. eval 코드는 렉시컬 환경이 아닌 동적 환경에서 실행되며 별도의 영역입니다. 환경이 다르므로 방법도 다릅니다.

함수 코드 실행이 끝나면 호출한 함수로 돌아갑니다. 이때 실행 콘텍스트도 종료되며 실행 영역(Stack)에서 지워집니다. 다시 같은 함수를 호출하더라도 생성했던 실행 콘텍스트를 사용(존재하지 않으므로 사용할 수 없음)하는 것이 아니라 새로운 실행 콘텍스트를 생성하여 함수 코드를 실행합니다.

25.2 실행 콘텍스트와 상태 컴포넌트

실행 콘텍스트가 생성되면 아래의 세 가지 유형의 상태 컴포넌트를 생성합니다. 유형 분류는 ES5 스펙 기준이며 ES3 스펙은 다릅니다.

- 렉시컬 환경 컴포넌트(LEC: Lexical Environment Component)
- 변수 환경 컴포넌트(VEC: Variable Environment Component)
- this 바인딩 컴포넌트(TBC: This Binding Component)

ES5 스펙에서 렉시컬 환경 컴포넌트를 "LexicalEnvironment"와 같이 단어로 표기하고 있으나 이 책에서는 한글로 "렉시컬 환경 컴포넌트" 형태로 표기합니다. 이렇게 하는 이유는 ES5 스펙은 정의(Define)가 목적이고 책은 설명이 목적이기 때문입니다. 변수 환경 컴포넌트, this 바인딩 컴포넌트도 마찬가지입니다.

```
function music(){}
music();
```

music 함수가 실행되었을 때 실행 콘텍스트의 상태 컴포넌트를 형상화하면 아래 모습이 됩니다. 컴포넌트 구조는 {name: value} 형태입니다. 글로벌 코드와 eval 코드도 모습은 같습니다.

```
music 실행 콘텍스트(EC) = {
    렉시컬 환경 컴포넌트(LEC): {},
    변수 환경 컴포넌트(VEC): {},
    this 바인딩 컴포넌트(TBC): {}
}
```

■ 렉시컬 환경 컴포넌트와 변수 환경 컴포넌트

실행 콘텍스트가 생성되면 렉시컬 환경 컴포넌트(LEC)와 변수 환경 컴포넌트(VEC)를 생성합니다. 그리고 렉시컬 환경(LE)을 생성하여 렉시컬 환경 컴포넌트(LEC)와 변수 환경 컴포넌트(VEC)에 첨부합니다. 아직 함수 안의 코드를 해석하지 않았으므로 렉시컬 환경의 환경 레코드는 빈 상태이며 외부 렉시컬 환경 참조에 실행 중인 함수 오브젝트의 [[Scope]]를 설정합니다.

함수의 초기화 단계에서 변수 이름, 함수 선언문, arguments 오브젝트, 호출한 함수에서 넘겨준 파라미터 값을 호출받은 함수의 파라미터 이름에 매핑(Mapping)한 값을 렉시컬 환경 컴포넌트와 변수 환경 컴포넌트에 설정하므로 두 컴포넌트의 프로퍼티가 같습니다.

두 가지 유형으로 구분하는 것은 실행 단계에서 렉시컬 환경 컴포넌트를 사용하고 변수 환경 컴포넌트는 사용하지 않기 때문입니다. 따라서 실행 단계에서는 두 컴포넌트의 프로퍼티 값이 다릅니다. 실행 단계에서 렉시컬 환경 컴포넌트만 사용하는 것은 초깃값으로 환원할 때 변수 환경 컴포넌트를 사용해서 초기화하기 위해서입니다.

■ this 바인딩 컴포넌트

호출한 함수가 속한 오브젝트 즉, obj.sports()에서 obj가 this 바인딩 컴포넌트(TBC)에 설정됩니다.

[소스 25-2]

```
var obj = {value: 123};
obj.getValue = function(){
    var amount = this.value;
    debugger;
}
obj.getValue();
```

[그림 25-2]

```
▼ Local
    amount: 123
  ▼ this: Object
    ▶ getValue: function (){
      value: 123
    ▶   proto  : Object
```

[그림 25-2]는 debugger로 인해 멈춘 시점의 모습입니다. "Local" 아래 첫 번째에 있는 amount는 getValue 함수 안에 작성한 변수입니다. "this: Object" 안의 프로퍼티를 보면 obj.getValue( ) 형태로 함수를 호출할 때 obj에 속해 있는 프로퍼티입니다. 따라서 "this: Object"는 obj.getValue( )에서 obj와 같습니다. "this: Object"는 this 바인딩 컴포넌트를 의미합니다.

[소스 25-2]의 목적은 getValue 함수 안의 amount 변숫값이 123이 되는 원리를 알아보는 것입니다. 123이 amount 변수에 할당되는 과정을 살펴봅니다.

123을 amount 변수에 할당하는 과정

1. 마지막 줄의 obj.getValue( ) 함수를 호출합니다.
2. 실행 콘텍스트를 생성합니다.
3. 3개의 컴포넌트를 생성합니다.
   {설명} 컴포넌트: 렉시컬 환경 컴포넌트, 변수 환경 컴포넌트, this 바인딩 컴포넌트
4. this 바인딩 컴포넌트에 obj.getValue( )에서 obj의 모든 프로퍼티를 설정합니다.
   {설명} this 바인딩 컴포넌트는 아래 형태가 됩니다.
   this 바인딩 컴포넌트 = {
       value: 123,
       getValue: function( ){···}
   }

5. 렉시컬 환경을 생성합니다.
6. 환경 레코드를 생성하여 렉시컬 환경에 첨부합니다.
7. 선언적 환경 레코드를 생성하여 환경 레코드에 첨부합니다.
   {설명} 함수이므로 오브젝트 환경 레코드를 생성하지 않습니다.
8. 외부 렉시컬 환경 참조를 생성하여 렉시컬 환경에 첨부합니다.
   {설명} 여기까지가 준비 단계이며 이제부터 초기화하고 실행합니다.

9. var amount에서 amount를 선언적 환경 레코드에 바인딩합니다.
   {설명} 값은 설정하지 않고 이름(amount)만 바인딩합니다.
10. var amount = this.value; 문장을 실행합니다.
11. this 바인딩 컴포넌트에서 value 프로퍼티를 검색합니다.
    {설명} 4번에서 호출한 함수가 속한 오브젝트의 프로퍼티를 this 바인딩 컴포넌트에 설정하
           였습니다.
12. this 바인딩 컴포넌트에 value 프로퍼티가 있으므로 123을 반환합니다.
13. 반환받은 123을 amount 변수에 할당합니다.

이와 같은 과정을 거쳐 amount 변수에 123이 할당됩니다. [소스 25-2]의 핵심은 마지막 줄에서 obj.getValue( ) 형태로 함수를 호출했을 때 obj를 실행 콘텍스트에서 this로 접근할 수 있다는 점입니다. this가 this 바인딩 컴포넌트입니다.

위의 내용을 정리하면:

함수를 호출하면 호출한 함수 앞에 작성한 오브젝트 즉, obj.getValue( )에서 obj의 모든 프로퍼티를 실행 콘텍스트의 this 바인딩 컴포넌트에 설정합니다. 따라서 this 바인딩 컴포넌트는 아래 모습이 됩니다.

```
this = {
    value: 123,
    getValue: function( ){…}
}
```

위 형태의 오브젝트에서 this.value 문장을 수행하면 123이 반환됩니다. 호출한 함수가 속한 오브젝트의 프로퍼티가 this 바인딩 컴포넌트에 설정되므로 this.value 형태로 값을 반환받을 수 있습니다. 이것이 this 바인딩 컴포넌트의 목적이요, 기능입니다.

렉시컬 환경 컴포넌트와 변수 환경 컴포넌트가 정적인 반면 this 바인딩 컴포넌트는 동적입니다. 여기서 동적이란 호출한 함수가 속한 오브젝트 프로퍼티를 this 바인딩 컴포넌트에 설정한 후에 호출한 함수가 속한 오브젝트의 프로퍼티 값을 변경하면 별도의 처리를 하지

않아도 this 바인딩 컴포넌트에 반영되는 것을 의미합니다.

이것은 호출한 함수가 속한 오브젝트를 this 바인딩 컴포넌트가 참조하고 있기 때문입니다. 호출한 함수가 속한 오브젝트의 모든 프로퍼티를 this 바인딩 컴포넌트에 설정한다고 한 것은 직관적으로 설명하기 위한 것으로 엔진은 this 바인딩 컴포넌트에서 호출한 함수가 속한 오브젝트를 참조합니다. 따라서 실행 콘텍스트에서 변동(추가, 삭제, 변경)된 결과를 동적으로 사용할 수 있습니다.

25.3 스택

스택(Stack)은 실행 콘텍스트의 논리적 구조입니다. 함수가 호출되어 실행 콘텍스트를 생성하게 되면 스택의 가장 위에 놓이게 됩니다. 스택의 가장 위에 있는 실행 콘텍스트가 현재 실행 중인 실행 콘텍스트를 나타냅니다.

실행 콘텍스트가 생성되면 실행 가능 코드(함수 코드, 글로벌 코드, eval 코드) 안에 작성한 자바스크립트 코드를 실행하게 되므로 스택은 함수 안에 작성한 자바스크립트 코드가 실행되는 곳입니다. 실행 콘텍스트가 종료되면 스택에서 지워지며 호출한 곳으로 돌아옵니다. 그러면 스택에서 바로 아래에 있는 실행 콘텍스트가 실행되는 논리적 구조입니다.

[소스 25-3]

```
var set = function(){
    var set111 = function(){set222();}
    var set222 = function(){set333();}
    var set333 = function(){
        debugger;
    }
    set111();
}
set();
```

스택 상태를 브라우저 개발자 도구에서 볼 수 있습니다. 아래 [그림 25-3]은 debugger로 인해 멈춘 시점의 스택 모습입니다. 크롬 브라우저 버전 37입니다. 오른쪽에 스택이 접힌 상태이면 오른쪽 위의 "Call Stack"를 클릭하면 펼쳐집니다.

[그림 25-3]

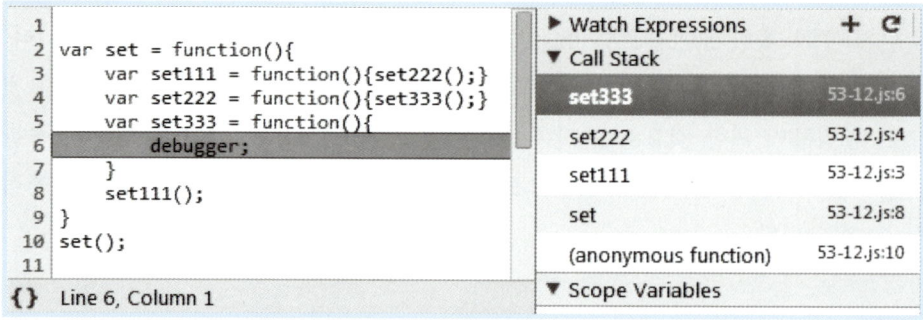

[소스 25-3]에서 마지막 줄의 set 함수가 호출되면 set( ) → set111( ) → set222( ) → set333( ) 순서로 함수가 호출됩니다.

set 함수가 호출되면 실행 콘텍스트를 생성하여 스택의 가장 위에 위치시킵니다. 그리고 set 함수 안에서 set111 함수를 호출하면 실행 콘텍스트를 생성하여 set 함수 위에 위치시킵니다. 이와 같은 순서로 set222 함수와 set333 함수를 호출하면 스택의 가장 위에 set333 실행 콘텍스트가 놓이게 됩니다.

반대로 set333 함수가 종료되면 스택에서 실행 콘텍스트가 지워지고 바로 아래의 set222 실행 콘텍스트가 가장 위에 위치하게 되며 현재 실행 중인 실행 콘텍스트가 됩니다. 이와 같은 순서로 set111 함수까지 종료되면 set 함수의 실행 콘텍스트가 남게 됩니다.

25.4 글로벌 코드 실행 콘텍스트

글로벌 코드란 글로벌 환경에 작성된 자바스크립트 코드를 의미합니다. 필자가 글로벌 오브젝트라고 하지 않고 글로벌 환경이라고 한 것은 뉘앙스에 차이가 있기 때문입니다. 글로벌 오브젝트라고 해도 됩니다만, 아래에서 전개되는 내용을 이해한 후 판단하기 바랍니다.

글로벌 코드도 함수 코드와 마찬가지로 실행 콘텍스트에서 실행합니다. 함수 코드는 함수 코드를 실행하기 위한 주변 환경이 만들어져 있으므로 바로 실행할 수 있지만 글로벌 코드는 실행을 위한 환경을 먼저 만들어야 합니다.

자바스크립트 렌더링이 끝나면 엔진은 아래와 같이 처리하여 글로벌 코드를 실행하기 위한 준비를 합니다. 엔진이 처리하는 것이고 ES5 스펙에 구체적으로 흐름이 작성되어 있지 않으므로 "이것입니다"라고 확언할 수 없지만 엔진 처리를 이해할 수 있을 것으로 생각합니다.

1. 글로벌 환경을 생성합니다.
2. 환경 레코드를 생성하여 글로벌 환경에 첨부합니다.
3. 오브젝트 환경 레코드를 생성하여 환경 레코드에 첨부합니다.
   {설명} ▶ 3번 추가 설명을 참조하세요.
4. 외부 렉시컬 환경 참조를 생성하여 글로벌 환경에 첨부합니다.
   {설명} 외부에 렉시컬 환경이 없으므로 외부 렉시컬 환경 참조에 null이 설정됩니다.
   {설명} 값이 null인데 생성하는 것은 공통 형태이기 때문입니다.
5. 글로벌 오브젝트를 생성합니다.
   {설명} 글로벌 코드가 글로벌 오브젝트에 설정됩니다.
   {설명} 글로벌 환경과 글로벌 오브젝트 생성 순서가 ES5 스펙에 작성되어 있지 않으므로 순
        서가 바뀔 수 있지만 순서를 바꾸더라도 처리에 영향을 주지 않습니다.

6. 실행 콘텍스트를 생성하고 엔진이 실행 콘텍스트 안으로 이동합니다.
   {설명} 글로벌 코드를 파라미터 값으로 실행 콘텍스트에 넘겨 줍니다.
7. 렉시컬 환경 컴포넌트를 생성합니다.
8. 1번에서 생성한 글로벌 환경을 렉시컬 환경 컴포넌트에 설정합니다.
9. 변수 환경 컴포넌트를 생성합니다.
10. 1번에서 생성한 글로벌 환경을 변수 환경 컴포넌트에 설정합니다.
11. this 바인딩 컴포넌트를 생성합니다.
12. 5번에서 생성한 글로벌 오브젝트를 this 바인딩 컴포넌트에 설정합니다.
    {설명} ▶ 12번 추가 설명을 참조하세요.

▶ 3번 추가 설명: 오브젝트 환경 레코드를 생성하여 환경 레코드에 첨부합니다.

빌트인 글로벌 오브젝트를 오브젝트 환경 레코드에 바인딩합니다. 따라서 빌트인 글로벌 오브젝트의 값 프로퍼티(NaN, undefined, Infinity)와 함수 프로퍼티(eval, parseInt, isNaN 등의 함수)가 오브젝트 환경 레코드에 존재하게 됩니다.

필자 생각

> 외부 렉시컬 환경 참조에 null이 설정되므로 isNaN 함수를 실행하려면 실행 콘텍스트를 빠져나가 빌트인 글로벌 오브젝트에서 찾아야 합니다. 빌트인 글로벌 오브젝트에서 찾지 않으면 실행 콘텍스트에 isNaN 프로퍼티가 없으므로 에러가 발생하게 됩니다. 그런데 실행 콘텍스트를 빠져나가면 실행 콘텍스트가 종료됩니다. 실행 콘텍스트 안에서 빌트인 글로벌 오브젝트의 프로퍼티를 사용하기 위해 오브젝트 환경 레코드에 바인딩하는 것으로 생각합니다.

▶ 12번 추가 설명: 5번에서 생성한 글로벌 오브젝트를 this 바인딩 컴포넌트에 설정합니다.

글로벌 오브젝트를 this 바인딩 컴포넌트에 설정하므로 실행 콘텍스트에서 this.propertyName 형태로 글로벌 오브젝트의 변수와 함수를 사용할 수 있습니다.

어려운가요?! 독자 나름대로 모습을 그려가면서 정리해보면 자바스크립트의 다른 면을 느낄 수 있습니다. 어쩌면 희열을 느낄 수도 있습니다. 이제 글로벌 코드의 해석 결과를 바인딩할 준비가 되었습니다. 실행 콘텍스트 안으로 들어가 글로벌 코드를 실행하겠습니다. 필자가 마치 엔진이 된 것 같습니다.^^ 독자도 필자와 함께 엔진이 되어 보세요. 지금 우리는 자바스크립트 엔진과 대화하기 위해 엔진을 이해하고 있는 중입니다.

25.5 글로벌 코드 실행

글로벌 코드가 실행되면 스택에 실행 콘텍스트가 하나도 없습니다. 글로벌 코드에서 함수를 호출하면 스택의 가장 위에 실행 콘텍스트가 놓이게 되므로 글로벌 실행 콘텍스트는 스택의 가장 아래에 위치합니다.

엔진이 글로벌 코드를 만나 실행 콘텍스트 안으로 들어갈 때 글로벌 코드를 파라미터로 넘겨줍니다. 함수 코드가 Function 오브젝트의 [[Code]]를 파라미터로 넘겨주는 것과 모습은 같지만 기준이 다릅니다.

[소스 25-5]

```
debugger;
var aValue = 123;
function aSports(){
};
var aMusic = function(){};
aSports();
```

위 코드를 브라우저에서 실행시키면 첫 번째 줄에서 debugger로 인해 멈추게 됩니다. 만약 멈추지 않으면 재실행(F5)을 누르면 멈춥니다. 이 상태에서 오른쪽의 "Global"을 클릭하면 펼쳐지고 아래로 스크롤하면 aMusic이 보입니다. 아래 [그림 25-5]는 aSports를 펼친 모습입니다.

[그림 25-5]

```
  aMusic: undefined
▼ aSports: function aSports(){
    arguments: null
    caller: null
    length: 0
    name: "aSports"
  ▶ prototype: aSports
  ▶  proto  : function Empty() {}
  ▶ <function scope>
    aValue: undefined
```

aSports가 함수 선언문이므로 Function 오브젝트로 표시되었으며 aMusic은 함수 표현식이므로 변수에 초깃값인 undefined가 할당되었습니다.

글로벌 코드는 오브젝트 환경 레코드에 글로벌 코드를 해석하고 실행한 결과를 바인딩합니다. [그림 25-5]는 오브젝트 환경 레코드의 프로퍼티를 표시한 것입니다. 실행 콘텍스트는 자바스크립트 코드를 실행하는 박스/영역/덩어리로 스택에 올라가는 단위입니다.

설정/할당이라고 하지 않고 바인딩이라고 한 것은 설정/할당은 이름이 있더라도 무시하고 새로운 값을 설정하지만, 바인딩은 식별자 해결 규칙에 따라 처리하는 것을 의미합니다. 바인딩은 식별자 해결 규칙에 어긋나면 이름과 값이 설정되지 않습니다. 이 책에서는 이를 기준으로 설정/할당과 바인딩을 구분합니다.

자바스크립트 엔진이 실행 콘텍스트에 들어가면:

1) 앞 절에서 다루었던 준비 단계를 수행하여 실행 환경을 만듭니다.

2) 글로벌 코드를 한 줄씩 순서대로 읽어가면서 함수 선언문을 Function 오브젝트로 생성하고 오브젝트 환경 레코드에 설정합니다.

3) 글로벌 코드의 첫 번째 줄로 이동하여 작성한 순서대로 변수에 undefined를 할당하고 오브젝트 환경 레코드에 바인딩합니다. 식별자 이름이 존재하면 설정하지 않습니다.

4) 글로벌 코드의 첫 번째 줄로 이동하여 작성한 순서대로 하나씩 코드를 실행하며 실행 결과를 오브젝트 환경 레코드에 설정합니다. 결과를 설정하므로 존재하는 값이 대체됩니다.

1)번의 준비 단계는 앞 절에서 살펴보았으므로 2)번부터 살펴봅니다.

1. 자바스크립트 엔진이 글로벌 코드의 첫 번째 줄에 위치하게 됩니다.
2. 글로벌 코드를 첫 번째 줄부터 하나씩 작성한 순서대로 읽어가면서 함수 선언문을 찾습니다.
3. function aSports( ){ }가 함수 선언문이므로 Function 오브젝트를 생성합니다.
4. Function 오브젝트의 [[Scope]]에 글로벌 환경을 설정합니다.
   {설명} 글로벌 코드에서 함수를 호출했을 때 호출된 함수의 외부 렉시컬 환경 참조에 설정하게 됩니다.
5. Function 오브젝트의 [[Code]]에 함수 코드를 설정합니다.
   {설명} 글로벌 코드에서 함수를 호출했을 때 실행 콘텍스트에 파라미터로 넘겨줍니다.
6. 오브젝트 환경 레코드에 aSports Function 오브젝트를 설정합니다.
   {설명} 글로벌 코드의 실행 단계에서 sports( )와 같이 함수를 호출하는 코드를 만나면, 오브젝트 환경 레코드에서 aSports로 식별자를 해결하고 값 타입이 Function 오브젝트이면 aSports( )를 호출합니다.
7. 글로벌 코드에 함수 선언문 형태가 없으므로 글로벌 코드의 첫 번째 줄로 이동합니다.

8. 글로벌 코드를 첫 번째 줄부터 하나씩 작성한 순서대로 읽어가면서 변수를 찾습니다
9. aValue를 오브젝트 환경 레코드에 바인딩합니다.
   {설명} aValue가 오브젝트 환경 레코드에 존재하면 설정하지 않습니다. 따라서 아래 10번은 aValue가 오브젝트 환경 레코드에 존재하지 않을 때만 실행합니다.
10. aValue 변수의 초깃값을 undefined로 설정합니다.
    {설명} var aValue = 123 문장에서 123을 할당하는 것은 실행 단계에서 합니다.
11. aMusic을 오브젝트 환경 레코드에 바인딩하고 undefined를 초깃값으로 설정합니다.
    {설명} aMusic이 오브젝트 환경 레코드에 존재하면 설정하지 않습니다.
    {설명} var aMusic = function( ){ };에서 Function 오브젝트를 생성하고 할당하는 것은 실행 단계에서 합니다.
12. 글로벌 코드에 변수가 없으므로 글로벌 코드의 첫 번째로 줄로 이동합니다.

13. 글로벌 코드를 실행하기 위한 준비가 되었으며 첫 번째 줄부터 하나씩 작성한 순서대로 읽어가면서 실행합니다.
    {설명} debugger로 인해 멈춘 것이 여기이며 [그림 25-5]는 이때의 모습입니다. 여기서 F11을 누르면 다음 문장으로 이동합니다.
14. var aValue = 123; 문장을 만나 aValue에 123을 할당합니다.
    {설명} 오브젝트 환경 레코드의 aValue에 123을 할당하면 아래 모습이 됩니다.
    렉시컬 환경 컴포넌트: {

```
글로벌 환경(LE): {
    환경 레코드(ER): {
        오브젝트 환경 레코드: {
            aValue: 123
        }
    },
    외부 렉시컬 환경 참조: null,
  }
}
```

15. F11을 누르면 function aSports( ){ } 문장을 건너뛰어 var aMusic = function( ){ } 문장 앞으로 이동합니다.

{설명} aSports는 이미 Function 오브젝트로 생성하였으며 실행 문장이 아니기 때문입니다.

16. F11을 누르면 var aMusic = function( ){ } 문장을 수행합니다.

17. Function 오브젝트를 생성하여 aMusic에 할당합니다.

{설명} 오브젝트 환경 레코드의 aMusic에 Function 오브젝트가 할당됩니다. 이제부터 aMusic( )으로 함수를 호출할 수 있습니다.

18. F11을 누르면 aSports( )를 만나 함수를 호출합니다.

지금까지 글로벌 코드를 실행하기 위한 준비 단계, 함수 선언문 초기화, 함수 표현식/변수 초기화, 글로벌 코드 실행 단계로 나누어 각 단계에서 행하는 것들을 살펴보았습니다. 이 제부터 마지막 줄에서 aSports( )로 함수를 호출했을 때 함수 코드에 대한 4단계 과정을 살펴보겠습니다.

글로벌 코드와 함수 코드는 연결되어 실행됩니다. 그런데 연결된 코드와 설명을 보려면 페이지를 넘겨 왔다 갔다 해야 하므로 불편합니다. 다소 중복이 되더라도 앞에 작성한 설명을 다시 작성합니다.

25.6 함수 코드 실행 콘텍스트

함수 코드를 실행하기 위한 준비 단계, 함수 선언문 초기화, 함수 표현식/변수 초기화, 함수 코드 실행 단계로 나누어 각 단계에서 처리하는 것을 살펴봅니다.

글로벌 코드와 함수 코드의 차이점은:

- 글로벌 코드는 글로벌 환경이고 함수 코드는 렉시컬 환경입니다.
- 함수 코드는 외부 렉시컬 환경 참조 값이 있습니다. 즉, 스코프가 있습니다.
- 함수 코드는 선언적 환경 레코드에 함수 코드의 해석 및 실행 결과를 바인딩합니다.
- 함수 코드는 주고 받는 파라미터가 있습니다.

[소스 25-6]

```
var obj = {}
obj.music = function(one, two){
    return one + two;
}
obj.music(10, 20);
```

[소스 25-6]의 마지막 줄에서 obj.music 함수를 호출하는 시점에 아래 항목이 준비되어 있으며 자바스크립트 엔진이 실행 콘텍스트로 들어갈 때 파라미터 값으로 갖고 가는 항목입니다. 각 항목을 작성하지 않을 수 있지만 작성하지 않은 것 자체가 값입니다.

- 호출한 함수가 속한 오브젝트
- 호출된 함수 코드
- 호출한 함수의 파라미터 값

obj.music(10, 20)에서 obj는 music 함수가 속한 오브젝트입니다. 호출된 함수 코드는 music 함수 안에 작성된 코드를 의미하며 Function 오브젝트의 [[Code]]에 설정된 값을 호출된 함수 코드로 사용합니다. 함수 코드가 없더라도 실행 콘텍스트를 생성합니다. obj.music(10, 20)에서 10, 20은 호출한 함수의 파라미터 값입니다. 값을 지정하지 않더라도 없다는 것 그 자체가 값입니다.

25.7 실행 콘텍스트와 환경 설정

함수가 호출되면 실행 콘텍스트를 생성하고 함수 코드를 실행하기 위한 환경을 설정합니다. 이 절에서는 함수 코드를 실행하기 위한 환경 설정과 관련된 준비 단계를 살펴봅니다.

함수 코드 실행 환경 설정

1. 실행 콘텍스트를 생성합니다.
2. 세 개의 파라미터 값을 갖고 실행 콘텍스트 안으로 들어갑니다.
   {설명} 파라미터 값: 호출한 함수가 속한 오브젝트, 함수 코드, 호출한 함수의 파라미터 값

3. 렉시컬 환경 컴포넌트(LEC)를 생성합니다.
4. 변수 환경 컴포넌트(VEC)를 생성합니다.
5. this 바인딩 컴포넌트를 생성합니다.
6. 호출한 함수가 속한 오브젝트의 프로퍼티를 this 바인딩 컴포넌트에 설정합니다.
   {설명} 파라미터 값으로 받았습니다.

7. 새로운 렉시컬 환경(LE)을 생성합니다.
   {설명} ▶ 7번 추가 설명을 참조하세요.
8. 환경 레코드를 생성하여 생성한 렉시컬 환경에 첨부합니다.
9. 선언적 환경 레코드를 생성하여 환경 레코드에 첨부합니다.
   {설명} 아직 함수 코드를 해석하지 않았으므로 빈 상태입니다.
10. 외부 렉시컬 환경 참조를 생성하여 렉시컬 환경에 첨부합니다
11. 호출한 함수 오브젝트의 [[Scope]]를 외부 렉시컬 환경 참조에 설정합니다.
12. 렉시컬 환경(LE)을 렉시컬 환경 컴포넌트에 설정합니다.
13. 렉시컬 환경(LE)을 변수 환경 컴포넌트에 설정합니다.
    {설명} 렉시컬 환경 컴포넌트와 변수 환경 컴포넌트의 초깃값이 같습니다.

▶ 7번 추가 설명: 새로운 렉시컬 환경(LE)을 생성합니다.
빌트인 형태의 렉시컬 환경을 인스턴스로 생성합니다. 오브젝트를 인스턴스로 생성하면 프로퍼티를 공유하게 되지만 공유 개념이 아닌 빌트인 형태의 렉시컬 환경을 사용하여 생성합니다.

함수 코드를 실행하기 위한 준비 단계를 살펴보았습니다. 이제부터 호출한 함수에서 넘겨준 값을 호출받은 함수의 파라미터 이름에 매핑하고, 함수 코드를 읽어 초기화하고, 함수 코드를 실행하게 됩니다. 파라미터 값 매핑, 초기화 단계, 실행 단계 순서로 살펴봅니다.

25.8 파라미터 값 매핑

sports.get(12, 34)와 같이 get 함수를 호출하면 파라미터 값을 실행 콘텍스트의 파라미터로 넘겨 줍니다. 한편 sports 오브젝트의 [[FormalParameters]]에 호출된 함수의 파라미터 이름이 작성되어 있습니다.

파라미터 값 매핑이란 호출한 함수에서 넘겨준 파라미터 값을 호출받은 함수의 파라미터에 작성한 이름 순서에 맞추어 값을 설정하는 것을 의미합니다. 엔진 처리에서 보면 실행 콘텍스트의 파라미터로 넘겨준 값과 함수 오브젝트의 [[FormalParameters]]에 작성된 이름을 사용하여 이름과 값을 매핑하고 결과를 선언적 환경 레코드에 설정합니다.

함수 코드의 첫 번째 줄을 해석하기 전에 파라미터 값을 매핑하고 결과를 선언적 환경 레코드에 설정하므로 변수 초기화 단계에서 같은 이름의 변수를 사용하더라도 식별자 해결 규칙에 따라 파라미터 값이 변경되지 않습니다.

[소스 25-8-1]

```
var obj = { }
obj.sports = function(one, two){
    js.log(one + two);
}
obj.sports(11, 22, 55);
```

[실행결과 25-8-1]

1. 33

[소스 25-8-1]의 마지막 줄에서 obj.sports(11, 22, 55) 형태로 호출하면 파라미터 값을 실행 콘텍스트에 파라미터로 넘겨줍니다. obj.sports = function(one, two){…} 형태에서 one과 two가 sports 오브젝트의 [[FormalParameters]]에 작성되어 있으므로 이름에 값을 매핑할 수 있습니다. 아래 방법으로 이름에 값을 매핑합니다.

파라미터 이름에 값 매핑

1. 호출한 함수에서 실행 콘텍스트에 넘겨준 파라미터 값을 values라고 하겠습니다.
   {코드} obj.sports(11, 22, 55);
2. sports 오브젝트의 [[FormalParameters]]에서 호출된 함수의 파라미터 이름을 구합니다.
   {설명} 설명의 편의를 위해 names라고 하겠습니다.
   {설명} names는 ['one', 'two'] 형태로 저장되어 있습니다.
3. 인덱스(index)로 values의 값을 구하기 위해 index에 0을 설정합니다.
4. names 배열을 하나씩 읽어 가면서 처리합니다.
   {설명} 호출한 함수의 파라미터 값이 아닌 호출된 함수의 파라미터 이름이 반복 기준입니다.
5. values에서 index 번째의 값을 구합니다.
   {설명} index 번째의 값이 없으면 undefined가 반환됩니다.
6. 읽은 names의 파라미터 이름과 5번에서 구한 값을 선언적 환경 레코드에 설정합니다
   {설명} {one: 11, two: 22} 형태로 선언적 환경 레코드에 설정됩니다.
7. index 값을 1 증가시킵니다.
8. names를 전부 읽을 때까지 4번에서 7번까지 반복합니다.

호출받은 함수의 파라미터 이름(names) 기준으로 호출한 함수에서 넘겨준 파라미터 값을 매핑합니다. 호출받은 함수의 파라미터 이름 수보다 호출한 함수에서 넘겨준 파라미터 수

가 많으면 남는 파라미터 값이 매핑되지 않습니다. 호출한 함수의 파라미터 값이 모두 arguments에 설정되므로 남는 값을 처리할 수 있습니다. 호출받은 함수의 파라미터 이름이 호출한 함수에서 넘겨준 파라미터 수보다 많으면 남는 파라미터 이름에 undefined가 설정됩니다.

[소스 25-8-1]의 마지막 줄에서 obj.sports(11, 22, 55)와 같이 파라미터 값을 세 개 보냈지만 호출받은 함수에 function(one, two)와 같이 이름을 두 개 작성했습니다. 작성한 순서대로 매핑하므로 마지막 55는 반영되지 않습니다. [실행결과]에 출력된 값 33은 11과 22를 더한 값입니다.

■ 선언적 환경 레코드에 설정

파라미터 이름과 값을 먼저 선언적 환경 레코드에 설정하므로 초기화 단계에서 파라미터 이름과 같은 변수 이름을 사용하더라도 값이 변경되지는 않습니다.

[소스 25-8-2]

```
"use strict"
var obj = {}
obj.sports = function(one, two){
    var one;
    js.log(one + two);
    two = 77;
    js.log('two: ' + two);
}
obj.sports(11, 22);
```

[실행결과 25-8-2]

```
1. 33
2. two: 77
```

호출받은 함수의 파라미터에 one, two를 작성했으며 함수 코드의 첫 번째 줄에 var one으로 변수를 선언했습니다. 또한 가운데에 two = 77을 작성했습니다. 파라미터 이름과 변수 이름이 같을 때 값의 변화를 살펴보는 것이 [소스 25-8-2]의 목적입니다.

```
obj.sports = function(one, two){}
```

[소스 25-8-2]의 마지막 줄에서 obj.sports(11, 22); 형태로 호출하므로 one에 11이, two에 22가 매핑되어 선언적 환경 레코드에 설정됩니다. 즉 {one: 11, two: 22} 형태로 선언적 환

경 레코드에 설정됩니다.

```
var one;
js.log(one + two);
two = 77;
```

변수 초기화 단계에서 var one; 문장을 만나면 선언적 환경 레코드에 one을 바인딩하고 undefined 값을 설정하게 됩니다. 따라서 다음 문장인 js.log(one + two)를 수행하면 [실행 결과] 1번에 NaN이 출력되어야 하는데 33이 출력되었습니다. 이는 선언적 환경 레코드의 one 프로퍼티 값 11이 변경되지 않은 것을 의미합니다. 어떻게 11이 설정되고 유지되었는 지 살펴보겠습니다.

변수 초기화 단계

1. 함수를 호출하면 파라미터 값을 실행 콘텍스트에 파라미터로 넘겨줍니다.
   {코드} obj.sports(11, 22);
2. 파라미터 이름에 값을 매핑하여 선언적 환경 레코드에 설정합니다.
   {설명} {one: 11, two: 22} 형태가 됩니다.
3. 함수 코드의 첫 번째 문장부터 순서대로 하나씩 변수를 초기화합니다.
4. var one; 문장을 만납니다.
5. 식별자 해결 규칙으로 선언적 환경 레코드에서 one의 존재 여부를 체크합니다.
6. 이름이 존재하므로 초깃값인 undefined를 설정하지 않습니다.
7. 다음 문장으로 이동합니다.
   {설명} js.log(one + two) 문장을 만나게 되지만 실행 코드이므로 다음 문장으로 이동합니다.
8. two = 77; 문장을 만납니다.
9. 식별자 해결 규칙으로 선언적 환경 레코드에서 two의 존재 여부를 체크합니다
10. 이름이 존재하므로 초깃값인 undefined를 설정하지 않습니다.
11. 다음 문장으로 이동합니다.
    {설명} js.log('two: ' + two) 문장을 만나게 되지만 실행 코드이므로 다음 문장으로 이동합니다.
12. 함수 코드에 더 이상 문장이 없습니다.
    {설명} 변수 초기화를 끝내고 첫 번째 줄로 이동하여 함수 코드를 실행합니다.

함수 코드를 초기화하기 전에 호출된 함수의 파라미터 이름에 넘겨받은 파라미터 값을 매 핑하여 선언적 환경 레코드에 설정합니다. 변수 초기화 단계에서 선언적 환경 레코드에 이 름이 존재하면 undefined를 설정하지 않습니다. 따라서 선언적 환경 레코드에 {one: 11, two: 22} 형태가 유지됩니다.

two = 77; 문장에서 var 키워드를 사용하지 않았으므로 글로벌 변수가 됩니다. 하지만 글

로벌 오브젝트에 설정하기 전에 선언적 환경 레코드에 이름을 바인딩합니다. two가 선언적 환경 레코드에 존재하므로 글로벌 변수가 되지 않습니다.

선언적 환경 레코드에서 식별자 해결을 하지 않고 먼저 글로벌 변수로 설정하면 strict 모드이므로 에러가 발생합니다. 선언적 환경 레코드에 존재하지 않을 때 var 키워드 작성 여부에 따라 글로벌 변수, 지역 변수가 결정됩니다.

실행 단계

1. 함수 코드의 첫 번째 줄부터 한 줄씩 읽어 가면서 함수 코드를 실행합니다.
   {설명} 현재 선언적 환경 레코드는 {one: 11, two: 22} 상태입니다.
2. var one; 문장을 만납니다.
   {설명} 실행 단계에서는 변수 선언을 처리하지 않습니다.
   {설명} 파라미터와 같은 이름을 사용한 것을 설명하기 위한 문장입니다.
3. 다음 문장으로 이동하며 js.log(one + two); 문장을 만납니다.
4. 선언적 환경 레코드에서 one과 two를 이름으로 식별하고 값을 반환받습니다.
   {설명} {one: 11, two: 22}가 선언적 환경 레코드에 설정되어 있습니다.
5. 11 + 22의 결과인 33이 [실행결과] 1번에 출력됩니다.
6. 다음 문장으로 이동하며 two = 77; 문장을 만납니다.
   {설명} 값 할당은 식별자를 바인딩하지 않고 값을 대체합니다.
   {설명} 선언적 환경 레코드의 {two: 22}가 {two: 77}로 변경됩니다.
7. 다음 문장으로 이동하며 js.log 'two: ' + two); 문장을 만납니다
8. 선언적 환경 레코드에서 two 이름으로 값을 반환받습니다.
9. two 값이 77이므로 [실행결과] 2번에 two: 77이 출력됩니다.

변수를 초기화할 때에는 이름으로 선언적 환경 레코드에서 식별자 해결을 하지만, 실행 단계에서는 값을 할당하므로 기존 값이 대체됩니다. 초기화 단계와 실행 단계의 차이입니다.

■ 파라미터에 같은 이름 사용

아래 [소스 25-8-3]과 같이 파라미터에 같은 이름(two)을 작성하면 어떻게 될까요?

[소스 25-8-3]

```
var obj = {}
obj.sports = function(one, two, two){
    js.log(one + two);
}
obj.sports(11, 22, 55);
```

1. 66

```
obj.sports = function(one, two, two){···}
```

함수의 파라미터에 같은 이름으로 two를 두 개 작성했습니다. 같은 이름을 작성하면 strict 모드에서는 에러가 발생하며 strict 모드가 아니면 에러가 발생하지 않습니다. 에러가 발생하지 않지만 값이 정확하게 처리되지 않습니다.

```
obj.sports(11, 22, 55);
```

호출받은 함수의 파라미터 이름 수에 맞추어 세 개의 파라미터 값을 넘겨줍니다.

```
js.log(one + two);
```

one과 two 값을 더해 66이 [실행결과]에 출력되었습니다. 66이 출력된 과정을 살펴보겠습니다.

선언적 환경 레코드에 이름, 값 설정

1. 호출한 함수에서 실행 콘텍스트에 넘겨준 파라미터 값을 values라고 하겠습니다.
   {코드} obj.sports(11, 22, 55);
2. sports 오브젝트의 [[FormalParameters]]에서 호출된 함수의 파라미터 이름을 구합니다.
   {설명} 설명의 편의를 위해 names라고 하겠으며 names는 ['one', 'two', 'two'] 형태입니다.
3. 인덱스(index)로 values의 값을 구하기 위해 index에 0을 설정합니다.
4. names 배열을 하나씩 읽어 가면서 처리합니다
5. values에서 index 번째의 값을 구합니다
6. 읽은 names의 파라미터 이름과 5번에 구한 값을 선언적 환경 레코드에 설정합니다,
   {설명} 선언적 환경 레코드에 이름이 존재하면 값이 대체됩니다.
   {설명} {one: 11, two: 22, two: 55} 형태가 되지만 two 이름이 같습니다.
7. index 값을 1 증가시킵니다.
8. names를 전부 읽을 때까지 4번에서 7번까지 반복합니다.

6번에서 선언적 환경 레코드에 이름이 존재하더라도 값을 설정하므로 두 번째의 two로 설정된 값인 22가 세 번째에서 55로 대체되어 {one: 11, two: 55} 형태가 됩니다. 따라서 two로 값을 구하면 55가 반환됩니다.

25.9 함수, 변수 바인딩

호출한 함수의 파라미터 값을 호출받은 함수의 파라미터 이름에 매핑한 후 아래 순서로 처리합니다. 순서가 중요합니다. 같은 이름을 사용했을 때 선언적 환경 레코드의 프로퍼티 값이 변경되기 때문입니다.

1) 모든 함수 선언문을 Function 오브젝트로 생성하여 선언적 환경 레코드에 설정합니다.
2) arguments 오브젝트를 선언적 환경 레코드에 바인딩합니다.
3) 모든 변수와 함수 표현식을 선언적 환경 레코드에 바인딩합니다.

단계별로 선언적 환경 레코드에 바인딩하는 방법, 형태를 살펴봅니다.

함수 선언문 설정

1. 함수 코드의 첫 번째 줄부터 한 줄씩 아래로 내려가면서 함수 선언문을 처리합니다.
2. 함수 선언문으로 Function 오브젝트를 생성합니다.
3. 함수 이름과 Function 오브젝트를 선언적 환경 레코드에 설정합니다.

함수 선언문을 설정하기에 앞서 파라미터 이름에 값을 매핑하여 선언적 환경 레코드에 설정합니다. 함수 이름이 선언적 환경 레코드에 존재하더라도 Function 오브젝트를 설정하므로 파라미터 값이 대체됩니다. 따라서 파라미터 이름과 함수 이름이 같아서는 안 됩니다.

함수 선언문 설정을 완료하면 arguments 오브젝트를 생성하고 호출한 함수에서 넘겨준 파라미터 값을 arguments에 설정합니다.

arguments 오브젝트 바인딩

1. 선언적 환경 레코드에서 "arguments"로 식별자 바인딩을 합니다.
2. 존재하면 아래 처리를 하지 않습니다.
   {설명} ▶ 2번 추가 설명을 참조하세요.
3. arguments 오브젝트를 생성합니다.
4. 생성한 arguments 오브젝트를 "arguments"로 선언적 환경 레코드에 설정합니다.
5. 파라미터로 받은 값을 arguments에 설정합니다.

▶ 2번 추가 설명: 존재하면 아래 처리를 하지 않습니다.
선언적 환경 레코드에 "arguments"가 존재하면 arguments 오브젝트를 설정하지 않습니다. 조금 더 자세하게 표현하면 arguments 오브젝트를 생성조차 하지 않습니다. 함수의 파라미터 이름으로 arguments를 사용하면 선언적 환경 레코드에 존재하므로 arguments 오브젝트를 설정하지 않습니다.

따라서 의도적이지 않으면 "arguments"를 파라미터 이름 또는 함수 선언문의 함수 이름으로 사용하지 말아야 합니다. strict 모드에서 파라미터 이름 또는 함수 선언문의 함수 이름이 arguments이면 에러가 발생합니다.

이제 남은 것은 변수와 함수 표현식의 바인딩입니다. 함수 표현식은 Function 오브젝트를 생성하여 변수에 할당하는 것을 실행 단계에서 하므로 이 시점에서는 변수 이름만 사용합니다. for (var name in obj) 형태에서 name도 변수이므로 name을 바인딩합니다.

변수 이름 바인딩

1. 함수 코드의 첫 번째 줄부터 한 줄씩 아래로 내려가면서 변수를 바인딩합니다.
2. 선언적 환경 레코드에서 변수 이름을 바인딩합니다.
3. 변수 이름이 존재하면 설정하지 않습니다.
   {설명} 변수 이름과 함수 선언문의 함수 이름 또는 파라미터 이름이 같더라도 값이 대체되지 않고 유지됩니다.
4. 변수 이름이 존재하지 않으면 이름과 값을 설정합니다.
   {설명} 변수의 초깃값으로 undefined를 설정합니다.

함수 코드를 실행하기 위한 환경을 만들었습니다. 함수 코드의 첫 번째 줄로 이동하여 함수 코드를 실행하게 됩니다. 따라서 함수 코드를 세 번 돌게 됩니다.

지금까지 실행 가능 코드 중에서 글로벌 코드와 함수 코드를 살펴보았습니다. 이제 남은 것은 eval 코드로 계속해서 eval 코드를 살펴보겠습니다.

25.10 eval 코드와 실행 콘텍스트

eval 코드는 eval 함수를 의미합니다. eval 함수의 파라미터에 자바스크립트 코드를 문자열로 작성합니다. 문자열이지만 자바스크립트 코드로 해석하고 실행합니다. eval 함수는 빌트인 글로벌 오브젝트 함수이므로 함수를 호출할 때 함수 앞에 오브젝트를 작성하지 않습니다.

함수는 Function 오브젝트를 생성한 후, 다른 문장에서 생성한 Function 오브젝트를 호출합니다. 함수 생성과 호출이 구분되어 있습니다. Function 오브젝트를 생성할 때 실행 콘텍스트에서 사용할 [[Scope]], [[Code]]를 준비합니다. 반면 eval 코드는 엔진이 eval 함수를 만나면 바로 실행합니다. 실행 콘텍스트에서 사용할 값을 사전에 준비할 수 없으므로 실행 시점에 준비합니다.

eval 함수는 문자열로 작성한 파라미터 값을 인터프리터 방식으로 해석하고 실행하므로 처리 속도가 느리며 보안에 문제가 있다는 것은 알려진 사실입니다.

[소스 25-10-1]

```
var one = 11;
function sports(){
    var two, code, result;
    two = 22;
    code = "function soccer(){return this.one + two};soccer()";
    result = eval(code);
    js.log(result);
}
window.sports();
```

[실행결과 25-10-1]

1. 33

[소스 25-10-1]의 마지막 줄에서 sports( ) 함수를 호출하면 code 변수에 eval 함수에서 실행할 자바스크립트 코드를 할당합니다. eval 함수를 실행하면 33이 반환되며 [실행결과]에 출력됩니다.

[소스 25-10-1] 기준으로 eval 코드를 해석하고 실행하는 과정, 방법을 살펴봅니다. eval 함수는 자신을 호출한 즉, sports 함수의 실행 콘텍스트를 사용하여 실행 콘텍스트에 환경을 설정합니다. 함수와 다릅니다. sports 함수와 eval 함수가 연결되므로 우선 sports 함수의 실행 과정을 eval 코드와 관련된 부분 중심으로 살펴봅니다.

sports 함수 실행 환경 설정

1. 함수가 호출되어 실행 콘텍스트를 생성합니다.
   {코드} window.sports( );
2. 세 개의 컴포넌트를 생성합니다.
   {설명} 렉시컬 환경 컴포넌트, 변수 환경 컴포넌트, this 바인딩 컴포넌트
3. this 바인딩 컴포넌트에 호출한 함수가 속한 오브젝트를 설정합니다.
   {설명} sports 함수 앞에 window를 작성했으므로 글로벌 오브젝트가 this 바인딩 컴포넌트에 설정됩니다.
4. 새로운 렉시컬 환경(LE)을 생성합니다.
5. 환경 레코드와 외부 렉시컬 환경 참조를 생성하여 렉시컬 환경에 첨부합니다.
6. 선언적 환경 레코드를 생성하여 환경 레코드에 첨부합니다
7. 호출한 함수 오브젝트의 [[Scope]]를 외부 렉시컬 환경 참조에 설정합니다.
   {설명} 글로벌 환경이 설정됩니다.
8. 생성한 렉시컬 환경(LE)을 렉시컬 환경 컴포넌트와 변수 환경 컴포넌트에 설정합니다.

9. 초기화 단계에서 선언적 환경 레코드에 바인딩하고 초깃값을 설정합니다.

   {코드} var two, code, result;

10. 실행 단계에서 선언적 환경 레코드에 값을 할당합니다.

    {코드} two = 22;

    {코드} code = "function soccer( ){return this.one + two};soccer( )";

11. eval 코드를 실행합니다.

    {코드} result = eval(code);

11번에서 eval 함수가 실행되기 전까지 sports 실행 콘텍스트에 아래와 같이 설정되어 있습니다.

1. 렉시컬 환경 컴포넌트의 선언적 환경 레코드

   {설명} 위의 9번에서 result 프로퍼티에 undefined를 설정합니다.

   {설명} 위의 10번에서 code에 eval 함수의 파라미터로 사용할 문자열, two에 22를 설정합니다.

2. 렉시컬 환경 컴포넌트와 변수 환경 컴포넌트의 외부 렉시컬 환경 참조

   {설명} 위의 7번에서 글로벌 환경을 외부 렉시컬 환경 참조에 설정합니다.

3. 변수 환경 컴포넌트의 선언적 환경 레코드

   {설명} code, two, result 값은 모두 undefined입니다. 위의 9번에서 설정합니다.

4. this 바인딩 컴포넌트

   {설명} 위의 3번에서 글로벌 오브젝트를 설정합니다.

eval 함수의 파라미터에 코드를 작성하지 않으면 undefined를 반환합니다. eval 함수의 파라미터에 문자열을 작성했을 때 아래 처리를 합니다. 함수 코드와 환경 설정에 차이가 있습니다.

1. 파라미터의 문자열을 자바스크립트 코드로 간주하여 해석합니다.

   {설명} 문법 에러가 있으면 더 이상 처리하지 않습니다.

2. 실행 콘텍스트를 생성합니다.

3. 실행 콘텍스트 안으로 이동합니다.

   {설명} eval 함수를 호출할 때의 실행 콘텍스트가 오브젝트 파라미터 값이 됩니다.

   {설명} 아래 문장에서 구분하기 쉽도록 오브젝트를 오브젝트(obj)로 표기했습니다.

   {설명} eval 함수의 파라미터에 작성한 문자열이 코드 파라미터 값이 됩니다.

4. 렉시컬 환경 컴포넌트를 생성합니다.

5. 파라미터로 받은 오브젝트(obj)의 렉시컬 환경 컴포넌트를 렉시컬 환경 컴포넌트에 설정합니다.

{설명} ▶ 5번 추가 설명을 참조하세요.

6. 변수 환경 컴포넌트를 생성합니다.

7. 파라미터로 받은 오브젝트(obj)의 변수 환경 컴포넌트를 변수 환경 컴포넌트에 설정합니다.

{설명} ▶ 7번 추가 설명을 참조하세요.

8. this 바인딩 컴포넌트를 생성합니다.

9. 파라미터로 받은 오브젝트(obj)의 this 바인딩 컴포넌트를 this 바인딩 컴포넌트에 설정합니다.

{설명} ▶ 9번 추가 설명을 참조하세요.

▶ 5번 추가 설명: 파라미터로 받은 오브젝트(obj)의 렉시컬 환경 컴포넌트를 렉시컬 환경 컴포넌트에 설정합니다.

sports 실행 콘텍스트가 파라미터로 받은 오브젝트입니다. sports 실행 콘텍스트의 렉시컬 환경 컴포넌트에 code, two, result가 설정되어 있으며 이를 생성한 렉시컬 환경 컴포넌트에 설정합니다. 따라서 eval 함수에서 렉시컬 환경 컴포넌트의 선언적 환경 레코드에 설정된 변수 이름을 식별할 수 있으며 값을 사용할 수 있습니다. sports 실행 콘텍스트의 외부 렉시컬 환경 참조에 글로벌 환경이 설정되어 있으므로 글로벌 환경이 생성한 외부 렉시컬 환경 참조에 설정됩니다.

▶ 7번 추가 설명: 파라미터로 받은 오브젝트(obj)의 변수 환경 컴포넌트를 변수 환경 컴포넌트에 설정합니다.

sports 실행 콘텍스트의 변수 환경 컴포넌트에 code, two, result가 설정되어 있으며 이를 생성한 변수 환경 컴포넌트에 설정합니다. sports 실행 콘텍스트의 외부 렉시컬 환경 참조에 글로벌 환경이 설정되어 있으므로 글로벌 환경이 생성한 외부 렉시컬 환경 참조에 설정됩니다.

▶ 9번 추가 설명: 파라미터로 받은 오브젝트(obj)의 this 바인딩 컴포넌트를 this 바인딩 컴포넌트에 설정합니다.

sports 실행 콘텍스트의 this 바인딩 컴포넌트에 글로벌 오브젝트가 설정되어 있으므로 생성한 this 바인딩 컴포넌트에 글로벌 오브젝트가 설정됩니다. 따라서 eval 함수에서 this. propertyName 형태로 글로벌 오브젝트를 참조할 수 있으며 글로벌 오브젝트의 변수, 함수를 사용할 수 있습니다.

```
code = "function soccer(){return this.one + two};soccer()";
```

code 변수에 할당된 문자열을 자바스크립트 코드로 분리하면 아래 형태가 됩니다.

```
function soccer(){return this.one + two};
soccer()
```

this.one 값은 9번 추가 설명에서 글로벌 오브젝트가 this 바인딩 오브젝트에 설정되며 {one: 11} 형태이므로 11이 반환됩니다. two 값은 5번 추가 설명에서 sports 실행 콘텍스트의 렉시컬 환경 컴포넌트를 렉시컬 환경 컴포넌트에 설정하므로 선언적 환경 레코드에서 22가 반환됩니다. 11과 22를 더해 33을 반환합니다.

■ eval 함수의 파라미터에 문자열이 아닌 다른 타입을 지정한 경우

eval 함수의 파라미터가 문자열이 아니면 실행하지 않고 해석 결과만 반환합니다.

[소스 25-10-2]

```
function sports(){
    var fnObj = eval(new Function('book', 'return book;'));
    debugger;
    var result = fnObj('책');
    js.log(result);
}
window.sports();
```

[실행결과 25-10-2]

1. 책

아래 [그림 25-10-2]는 debugger로 인해 멈춘 시점에서 fnObj를 펼친 모습입니다.

[그림 25-10-2]

```
▼ Local
  ▶ arguments: Arguments|0|
  ▼ fnObj: function anonymous(book
       arguments: null
       caller: null
       length: 1
       name: ""
    ▶ prototype: Object
    ▶   proto  : function Empty() {}
    ▶ <function scope>
       result: undefined
  ▶ this: Window
```

```
var fnObj = eval(new Function('book', 'return book;'));
```

fnObj 안에 표시된 프로퍼티는 Function 오브젝트를 구성하는 프로퍼티입니다. eval 함수의 파라미터에 문자열 타입이 아닌 다른 타입을 작성하면 파라미터를 실행하지 않고 해석만 하여 반환합니다.

new Function( ){}으로 Function 오브젝트를 생성하고 실행까지 한다면, 첫 번째 파라미터 "book"이 함수의 파라미터 이름이고 return book을 하므로 undefined가 반환됩니다. 하지만 [그림 25-10-2]에서 볼 수 있듯이 fnObj는 Function 오브젝트입니다.

그럼, 이 형태에서 eval 함수는 의미가 없나요? 아니요, 영향을 미칩니다.

```
var result = fnObj('책');
```

eval 함수의 파라미터로 생성한 fnObj를 fnObj('책') 형태로 호출하면 인터프리터 방식으로 실행합니다. new Function('book', 'return book;')에서 첫 번째 파라미터가 파라미터 이름 이므로 book에 "책"이 매핑됩니다. "return book"이 함수 코드로 실행되므로 book에 매핑 된 "책"을 반환하여 [실행결과]에 출력됩니다.

실행 가능 코드의 세 가지 유형인 함수 코드, 글로벌 코드, eval 코드를 모두 살펴보았습니 다. 여기서 길었던 여정이 끝나게 되나요! 필자도 여기서 마무리를 짓고 싶지만 하나 더 남 았습니다. 세 가지 유형에서 약간 벗어난 형태가 있는데 try-catch 문의 catch입니다. catch 블록은 try 블록에서 에러가 발생했을 때 실행되며 실행 환경이 함수 코드와 조금 다릅니 다. 계속해서 이에 대해 살펴보겠습니다. 이 장의 마지막 try입니다. catch 해보세요.^^

25.11 try-catch와 실행 콘텍스트

try-catch 문은 try 블록 문장에서 에러가 발생하면 catch 블록을 실행하고 에러가 발생하지 않으면 실행하지 않습니다. throw 문을 사용해서 의도적으로 catch 블록을 수행하도록 할 수 있습니다. 실행 콘텍스트에서 catch 블록 실행을 살펴봅니다.

[소스 25-11]

```
function sports(){
    try {
        var check = member;
    } catch (e){
        debugger;
        js.log(e.message);
        return 'catch 수행';
    }
}
var result = window.sports();
js.log(result);
```

```
1. member is not defined
2. catch 수행
```

try 블록의 (var check = member;) 문장에서 member가 존재하지 않으므로 에러가 발생하여 catch(e) 블록을 수행하게 됩니다. catch(e)의 e에 빌트인 ReferenceError 오브젝트가 설정되며 ReferenceError 오브젝트는 에러 처리를 위한 빌트인 오브젝트입니다.

아래 [그림 25-11]은 debugger로 인해 멈춘 시점의 모습입니다.

[그림 25-11]

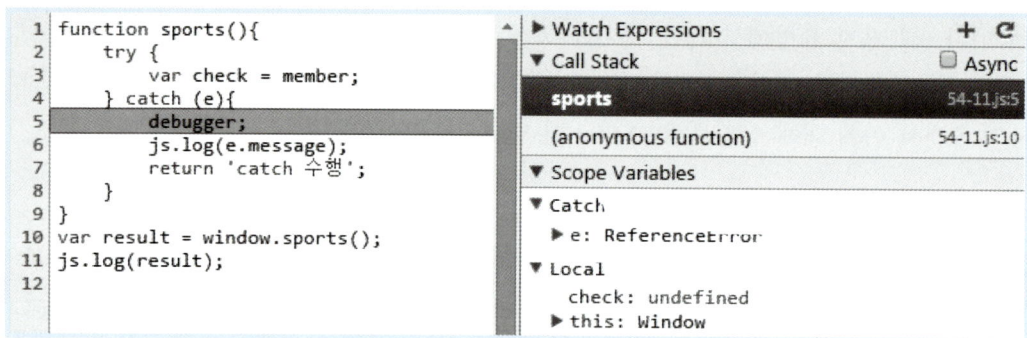

[그림 25-11]에서 특징은 sports 실행 콘텍스트가 스택의 가장 위에 있다는 점입니다. 이는 catch 블록이 별도의 실행 콘텍스트를 생성하지 않고 sports 실행 콘텍스트에서 실행된다는 것을 의미합니다. 즉 sports 실행 콘텍스트에 설정된 렉시컬 환경 컴포넌트, 변수 환경 컴포넌트, this 바인딩 컴포넌트를 사용한다는 의미합니다. 이 점을 생각하면서 catch 블록의 처리 과정, 방법을 살펴봅니다.

catch 블록에서 코드 처리

1. 새로운 실행 콘텍스트를 생성하지 않습니다.
   {설명} 현재 sports 실행 콘텍스트가 스택의 가장 위에 있습니다.
2. sports 실행 콘텍스트의 렉시컬 환경 컴포넌트 사본을 저장합니다.
   {설명} catch 문을 완료했을 때 원래 상태로 복원하기 위해서입니다.
   {설명} 아래에서 생성하는 렉시컬 환경 컴포넌트(LEC)와 구분하기 위해 copyLEC로 지칭합니다.
3. 새로운 렉시컬 환경 컴포넌트를 생성합니다.
4. 렉시컬 환경을 생성하여 렉시컬 환경 컴포넌트에 첨부합니다.
5. 환경 레코드를 생성하여 렉시컬 환경에 첨부합니다.

6. 선언적 환경 레코드를 생성하여 환경 레코드에 첨부합니다.

{설명} catch 블록의 코드를 바인딩하지 않습니다. 따라서 빈 오브젝트입니다.

7. 외부 렉시컬 환경 참조를 생성하여 렉시컬 환경에 첨부합니다.

8. sports 실행 콘텍스트의 렉시컬 환경 컴포넌트를 외부 렉시컬 환경 참조에 설정합니다.

{설명} sports 오브젝트와 catch 블록이 구조적으로 연결된 모습이 됩니다.

9. 파라미터 이름으로 Error 오브젝트를 선언적 환경 레코드에 설정합니다.

{코드} catch (e){…}

{설명} ▶ 9번 추가 설명을 참조하세요.

10. 복사(copyLEC)해둔 sports 렉시컬 환경 컴포넌트를 렉시컬 환경 컴포넌트에 설정합니다.

{설명} ▶ 10번 추가 설명을 참조하세요.

11. catch 블록의 코드를 실행합니다.

{코드} js.log(e.message);

{설명} ▶ 11번 추가 설명을 참조하세요.

12. catch 블록에서 반환한 값을 임시 영역에 저장합니다.

{코드} return ‘catch 수행’;

13. 복사해둔 sports 렉시컬 환경 컴포넌트(copyLEC)를 sports 렉시컬 환경 컴포넌트에 설정합니다.

{설명} catch 블록에서 사용했던 값이 지워지고 원래 상태로 복원됩니다.

14. 임시로 저장해 둔 반환 값을 반환합니다.

{설명} 12번에서 저장했으며 catch 블록에서 반환한 값입니다.

{설명} 반환한 값인 “catch 수행”이 [실행결과] 2번에 출력됩니다.

▶ 9번 추가 설명: 파라미터 이름으로 Error 오브젝트를 선언적 환경 레코드에 설정합니다.

catch (e){ }에서 파라미터의 e가 이름이며 문자열입니다. 브라우저 개발자 도구 창에 오브젝트로 표시되지만 엔진은 문자열로 처리합니다. Error 오브젝트를 내부용 파라미터로 넘겨 줍니다. 이렇게 받은 이름과 오브젝트를 선언적 환경 레코드에 {e: Error 오브젝트} 형태로 설정합니다. Error 오브젝트는 try 블록에서 넘겨주는 에러와 관련된 오브젝트를 총칭합니다. 즉, 다수의 빌트인 Error 관련 오브젝트를 포함합니다.

▶ 10번 추가 설명: 복사(copyLEC)해둔 sports 렉시컬 환경 컴포넌트를 렉시컬 환경 컴포넌트에 설정합니다.

아래는 10번을 수행한 후의 모습입니다. catch 블록을 벗어나지 않고 sports 오브젝트의 변수/함수, try 블록의 변수/함수, catch 블록의 변수/함수를 식별할 수 있습니다. 외부 렉시컬 환경 참조에 sports 실행 콘텍스트의 렉시컬 환경 컴포넌트가 설정되므로 sports 실행 콘텍스트의 외부 렉시컬 환경 참조를 사용하면 1단계 밖의 프로퍼티를 참조할 수 있습니다.

```
렉시컬 환경 컴포넌트: {
    렉시컬 환경: {
        선언적 환경 레코드: {
            check: undefined
        }
    },
    외부 렉시컬 환경 참조: sports 실행 콘텍스트의 렉시컬 환경 컴포넌트
}
```

▶ 11번 추가 설명: catch 블록의 코드를 실행합니다.
js.log(e.message) 문장을 실행하면 [실행결과] 1번에 "member is not defined"가 출력됩니다. 선언적 환경 레코드에 {e: Error 오브젝트} 형태로 설정되어 있으며 Error 오브젝트가 {message: "member is not defined", ,,,,} 형태이므로 e.message로 메시지 텍스트를 반환받을 수 있습니다.

실행 콘텍스트(Execution Contexts). EC, 김C, 이씨, 박씨…???!!!

제 **5** 부

자바스크립트 객체 지향 프로그래밍

5 부에서는 자바스크립트 객체 지향 프로그래밍을 다룹니다.

26

Function 인스턴스

Function 인스턴스의 생성과 제어를 다룹니다.

26.1 Function 인스턴스 생성

Function은 Function 오브젝트와 Function 인스턴스로 나눌 수 있습니다. 자바스크립트 엔진이 function 키워드를 만나 생성한 것이 Function 오브젝트이고 new 연산자로 생성한 것이 Function 인스턴스입니다. Function 인스턴스를 줄여서 인스턴스로 부릅니다. 인스턴스를 이해하는 것은 객체 지향 프로그램을 구현하기 위한 첫걸음이며 바탕입니다.

이 절에서는 인스턴스를 생성하는 방법과 생성된 인스턴스 형태를 살펴봅니다. 인스턴스 모습을 살펴보기 위한 것으로 거론되는 내용은 계속해서 다룹니다.

[소스 26-1]

```
function sports(value){
    this.value = value;
}
sports.prototype.amount = 456;
var sportsObj = new sports(123);
```

[소스 26-1]은 인스턴스를 생성하는 전형적인 형태입니다. function sports( ){} 안에 코드를 작성하고 prototype에 프로퍼티를 연결합니다. 코드 작성이 옵션이므로 작성하지 않아도 됩니다. [소스 26-1]은 아래 순서와 방법으로 실행됩니다.

인스턴스 생성 순서와 방법

1. sports Function 오브젝트를 생성합니다.
   {코드} function sports(value){this.value = value;}
   {설명} 생성한 오브젝트에 prototype이 첨부되어 있습니다.
2. sports.prototype에 amount를 연결하고 값(456)을 설정합니다.
   {코드} sports.prototype.amount = 456;
   {설명} sports.prototype이 오브젝트이므로 프로퍼티를 추가할 수 있습니다.
3. sports 오브젝트로 인스턴스를 생성하여 sportsObj에 할당합니다.
   {코드} var sportsObj = new sports(123);

```
function sports(value){this.value = value;}
```

sports가 Function 오브젝트여야 new 연산자로 인스턴스를 생성할 수 있으며 함수로 호출할 수 있으며 prototype에 프로퍼티를 연결할 수 있습니다.

```
sports.prototype.amount = 456;
```

sports.prototype 오브젝트에 amount를 연결하고 할당 연산자(=)를 사용하여 값(456)을 할당합니다. 다수의 프로퍼티를 연결할 수도 있습니다. prototype에 프로퍼티를 연결하여 인스턴스를 생성하면 인스턴스 프로퍼티가 됩니다. 즉, prototype을 사용하지 않고 sportsObj.amount 형태로 값을 구할 수 있습니다. prototype에 대해서는 이 장 중간부터 다룹니다.

```
var sportsObj = new sports(123);
```

인스턴스를 생성하려면 new 연산자에 이어서 Function 오브젝트 이름을 작성합니다. 자바스크립트 엔진이 new sports(123); 문장을 만나면 sports 오브젝트로 인스턴스를 생성하여 반환합니다. 원본(Function 오브젝트)을 복사기로 복사한 것이 인스턴스입니다. 인스턴스에 프로퍼티를 추가할 수 있습니다.

생성한 인스턴스가 sportsObj에 할당되며 아래 [그림 26-1]은 인스턴스 모습입니다.

[그림 26-1]

```
▼ sportsObj: sports
    value: 123
  ▼ __proto__: sports
      amount: 456
    ▼ constructor: function sports(value){
        arguments: null
        caller: null
        length: 1
        name: "sports"
      ▶ prototype: sports
      ▶  proto  : function Empty() {}
      ▶ <function scope>
    ▶ __proto__: Object
```

[그림 26-1]은 sportsObj를 펼친 것으로 전형적인 인스턴스 모습입니다. 인스턴스에 value 프로퍼티와 __proto__가 있으며 __proto__ 안에 amount, constructor, __proto__가 있는 구조적 형태입니다.

▶ sportsObj: sports
첫 줄의 sportsObj는 (var sportsObj = new sports(123);) 문장으로 생성한 인스턴스를 나타냅니다.

▶ value: 123

123은 파라미터로 받은 값을 (this.value = value;) 문장으로 설정한 값입니다. 이때 this는 생성하는 인스턴스를 참조합니다. 따라서 인스턴스의 value 프로퍼티에 파라미터로 받은 값을 설정합니다. this.value와 같이 "this.프로퍼티 이름" 형태로 작성하면 인스턴스에 값을 설정하거나 구할 수 있습니다. 인스턴스 단위로 값을 다르게 유지할 수 있습니다. this는 "27장 this 바인딩 오브젝트"에서 다루고 있습니다.

▶ __proto__: sports

(var sportsObj = new sports(123);) 문장을 실행하면 sports 오브젝트의 prototype에 연결된 프로퍼티로 인스턴스를 생성하여 sportsObj의 __proto__에 첨부합니다. __proto__에 첨부된 프로퍼티는 인스턴스 프로퍼티입니다.

▶ amount: 456

(sports.prototype.amount = 456) 문장에서 prototype에 amount를 연결하였습니다. 인스턴스를 생성하면 prototype에 연결된 모든 프로퍼티가 __proto__에 첨부되므로 amount가 __proto__ 안에 표시되었습니다.

▶ sports.prototype은 어디로?!

sports 오브젝트 구조를 보면, prototype이 있고 그 안에 constructor가 있습니다. 그런데 [그림 26-1]을 보면 "__proto__: sports" 안에 prototype이 없고 constructor만 있습니다. 이는 sports.prototype에 연결된 프로퍼티로 인스턴스를 생성하기 때문입니다. 즉, prototype에 연결된 프로퍼티가 인스턴스 프로퍼티가 되기 때문입니다.

프로퍼티를 확장하려면 prototype이 있어야 하는데 인스턴스에는 prototype이 없습니다. 따라서 인스턴스는 prototype을 사용해서 프로퍼티를 연결할 수 없습니다. 이점이 Function 오브젝트와 Function 인스턴스의 차이입니다.

▶ constructor

엔진이 function 키워드를 인식하여 sports Function 오브젝트를 생성할 때 sports Function 오브젝트의 참조(메모리 주소) 값을 constructor에 설정합니다. 따라서 sports 오브젝트와 constructor가 같습니다. 다음 절에서 constructor를 다루고 있습니다.

▶ __proto__: Object

빌트인 Function 오브젝트로 sports 오브젝트를 생성할 때 생성한 Object 인스턴스입니다. sports 오브젝트로 인스턴스를 생성하므로 자동으로 인스턴스에 포함됩니다.

26.2 생성자 함수

new Baseball( )에서 Baseball( )은 생성자(constructor)로 new 연산자와 함께 인스턴스를 생성합니다. 생성자가 함수 형태이므로 생성자 함수라고 부릅니다. 일반 함수와 목적, 기능이 다르므로 구분할 필요가 있습니다.

[소스 26-2]

```
function Baseball(point){
    this.point = point;
}
Baseball.prototype.player = 9;
var baseballObj = new Baseball(7);
```

function Baseball( ){…}은 생성자 함수입니다. 그런데 함수를 선언한 후에 인스턴스를 생성하므로 new 연산자를 보기 전까지는 function Baseball( ){…}이 생성자 함수인지 일반 함수인지 구분할 수 없습니다. 함수 이름의 첫 문자가 대문자이면 생성자 함수를 나타내고 소문자이면 일반 함수를 나타냅니다. 따라서 Baseball( )은 생성자 함수로 인스턴스를 생성한다는 것을 암시합니다. 표준이 아닌 코딩 관례입니다.

var baseball = function( ){ }과 같이 함수 표현식을 사용할 때는 소문자를 사용하기도 하며 아래와 같이 네임스페이스를 사용할 때에는 대문자를 사용합니다. 네임스페이스는 소문자를 사용합니다.

```
var summer = { };
summer.Baseball = function(){ };
```

■ new 연산자와 생성자 함수

new 연산자와 생성자 함수의 목적은 인스턴스를 생성하여 반환하는 것입니다. 이를 위해 new 연산자와 생성자 함수는 각각의 기능을 수행합니다. new 연산자가 인스턴스 생성을 제어하고 생성자 함수인 Baseball( )이 인스턴스를 생성하여 반환합니다. 아래와 같이 new 연산자와 생성자 함수가 실행됩니다.

new 연산자와 생성자 함수 실행 과정

1. 자바스크립트 엔진이 new 연산자를 만납니다.
   {설명} 생성자 함수를 표현식으로 인식합니다.

2. 표현식(생성자 함수)을 평가하고 결과를 반환합니다.
3. 평가 결과 값이 오브젝트가 아니면 더 이상 처리하지 않습니다.

    {설명} 오브젝트가 아니면 프로퍼티를 설정할 수 없으므로 오브젝트 여부를 체크한 것입니다.

    {설명} new Baseball( ) 문장을 만나기 전에 Baseball은 Function 오브젝트 상태입니다.
4. 평가한 오브젝트의 [[Construct]]를 호출합니다.

    {설명} Function 오브젝트를 생성할 때 Baseball 함수를 [[Construct]]에 설정합니다.

    {설명} Baseball(7)에서 7을 파라미터 값으로 사용합니다.
5. [[Construct]]에서 인스턴스를 생성하여 반환합니다.

    {설명} 아래 단락에서 인스턴스 생성 과정을 다룹니다.
6. 5번에서 반환한 인스턴스를 반환합니다.

new라는 단어의 선입견으로 인해 new 연산자가 인스턴스를 생성하는 것으로 생각할 수 있습니다. 하지만 위에서 볼 수 있듯이 Baseball Function 오브젝트의 [[Construct]]를 실행하여 인스턴스를 생성합니다.

계속해서 [[Construct]]에서 인스턴스를 생성하는 과정을 살펴봅니다. Baseball( )의 파라미터 값을 [[Construct]]를 호출할 때 파라미터로 넘겨줍니다.

[[Construct]] 내부 함수의 인스턴스 생성 과정

1. 새로운 Object를 생성합니다.
2. 생성한 오브젝트에 자바스크립트 내부 처리용 함수(메소드)를 설정합니다.
3. 생성한 오브젝트의 [[Class]]에 "Object"를 설정합니다.

    {설명} (typeof 생성한 오브젝트)를 수행하면 object가 반환됩니다.
4. Baseball 오브젝트 [[Prototype]]의 프로퍼티를 생성한 오브젝트의 [[Prototype]]에 설정합니다.

    {설명} Baseball.prototype에 연결된 프로퍼티가 생성한 오브젝트의 prototype에 설정됩니다.

    {설명} prototype에 constructor가 연결되어 있으므로 constructor도 설정됩니다.
5. 생성한 오브젝트와 [[Construct]]를 호출할 때 넘겨준 파라미터로 Baseball 오브젝트의 [[Call]]을 호출합니다.

[[Call]] 메소드가 호출된 후의 내부 처리는 복잡하고 많은 처리를 합니다. 엔진 내부 처리이므로 깊게 들어갈 필요가 없다고 생각하여 개념만 다룹니다. 상세 내용이 필요한 독자는 ES5 스펙의 13.2.1, 13.2.2, 10.4.3, 10.5절을 참조하기 바랍니다.

Baseball 오브젝트에는 [[Call]] 이외에도 [[Code]], [[Scope]] 등이 설정되어 있습니다. 실행 콘텍스트를 생성하면서 Baseball 오브젝트와 내부 프로퍼티, [[Construct]]를 호출할 때 넘겨준 파라미터 값을 파라미터로 넘겨줍니다. [[Construct]]에서 생성한 오브젝트에 실행 결과를 설정합니다. 실행 콘텍스트가 종료되면 생성한 오브젝트를 반환하며 baseballObj에 할당합니다.

26.3 constructor 프로퍼티

constructor 프로퍼티는 prototype에 연결되어 있으며 생성하는 Function 오브젝트를 참조합니다. 사람 중심에서 참조는 Function 오브젝트의 모든 프로퍼티가 constructor에 존재하는 것과 같습니다. 엔진 중심에서 참조는 Function 오브젝트의 메모리 주소를 constructor에서 공유합니다. 따라서 Function 오브젝트와 constructor는 같습니다.

[소스 26-3]

```
var sports = function(){ };
js.log(sports === sports.prototype.constructor);

var sportsObj = new sports();
js.log(sportsObj.constructor === sports);

js.log(typeof sports);
js.log(typeof sportsObj);
```

[실행결과 26-3]

1. true
2. true
3. function
4. object

```
var sports = function(){ };
js.log(sports === sports.prototype.constructor);
```

[실행결과] 1번에 true가 출력된 것은 sports 오브젝트와 sports.prototype.constructor가 데이터 타입까지 같다는 의미입니다. sports 오브젝트를 생성할 때 sports.prototype.constructor가 생성하는 sports 오브젝트를 참조하므로 같습니다.

```
var sportsObj = new sports();
js.log(sportsObj.constructor === sports);
```

new sports()로 인스턴스를 생성하고 인스턴스의 constructor와 sports 오브젝트를 비교하는 코드입니다. sports 오브젝트의 constructor가 sports 오브젝트를 참조하며 sports 오브젝트로 인스턴스를 생성하여 sportsObj에 할당합니다. 따라서 sportsObj.constructor가 sports 오브젝트를 참조하게 되므로 [실행결과] 2번에 true가 출력됩니다.

```
js.log(typeof sports);
```

sports 오브젝트 타입은 [실행결과] 3번에 출력된 function입니다. 빌트인 Function 오브젝트로 오브젝트를 생성하므로 object라고 생각할 수 있지만 function입니다. sports Function 오브젝트라고 표기하는 근거입니다.

```
js.log(typeof sportsObj);
```

new sports( )로 생성한 인스턴스가 할당된 sportsObj 타입은 [실행결과] 4번에 출력된 object입니다. new 연산자와 Function 오브젝트로 인스턴스를 생성하면 function에서 object로 오브젝트 타입이 변경됩니다. [[Construct]]가 실행될 때 새로운 오브젝트를 생성하면서 [[Class]]에 "Object"를 설정하기 때문입니다.

오브젝트 타입이 바뀐다는 것은 오브젝트 성격과 목적이 바뀐다는 것을 의미합니다. 오브젝트 타입이 달라짐에 따라 생각해 볼 것이 있습니다. 계속해서 이에 대해 살펴보겠습니다.

26.4 constructor로 인스턴스 생성

new Sports( )로 생성한 인스턴스에 constructor가 설정되므로 constructor를 사용하여 인스턴스를 생성할 수 있습니다. 하지만 좋은 코드는 아닙니다.

[소스 26-4]

```
function Sports(){ };
var sportsObj = new Sports();

try {
    new sportsObj();
} catch(e){
    js.log('인스턴스 생성 불가');
}

var consObj = new sportsObj.constructor();
js.log(typeof consObj);
```

1. 인스턴스 생성 불가
2. object

```
try {
    new sportsObj();
} catch(e){
    js.log('인스턴스 생성 불가');
}
```

try 문의 new sportsObj( )는 앞 줄에서 생성한 sportsObj 인스턴스를 사용해서 인스턴스를 생성하는 코드입니다. 에러가 발생하므로 catch(e) 문을 사용하였으며 [실행결과] 1번에 "인스턴스 생성 불가"가 출력됩니다.

new sportsObj( )로 인스턴스를 생성할 수 없는 것은 sportsObj가 생성자 함수가 아니기 때문입니다. sportsObj가 Function 오브젝트이어야 하는데 sportsObj 타입은 object입니다. 따라서 new 연산자와 생성한 인스턴스로 새로운 인스턴스를 생성할 수 없습니다.

```
var consObj = new sportsObj.constructor();
js.log(typeof consObj);
```

Sports 오브젝트의 constructor에서 Sports 오브젝트를 참조하며 sportsObj의 constructor에서 Sports 오브젝트를 참조하므로 new sportsObj.constructor( ) 형태로 인스턴스를 생성할 수 있습니다. [실행결과] 2번에 object가 출력되었으며 인스턴스가 생성된 것을 의미합니다.

한편, 프로그램 개발 현장에서는 위 형태로 코드를 작성하지 않습니다. var sportsObj = new Sports( )와 같이 생성자 함수를 사용해서 인스턴스를 생성합니다. 인스턴스의 constructor를 호출하여 인스턴스를 생성하는 것은 좋은 코드가 아닙니다.

new 연산자와 생성자 함수로 생성한 인스턴스가 object 타입이라는 것은 Function 오브젝트와 다른 관점의 접근을 암시합니다. 도대체 어떤 암시인가요?! 여러 가지가 있으며 지금부터 이 장 끝까지 이와 관련된 것을 살펴봅니다.

26.5 인스턴스 프로퍼티 존재 체크

택배가 왔는데 집에 사람이 있을 때와 없을 때 처리가 다르듯이 인스턴스에 프로퍼티의 존재 여부에 따라 처리하는 코드가 다릅니다. 프로퍼티의 존재 여부를 체크하는 형태를 살펴봅니다.

[소스 26-5]

```
var sports = function(){};
var sportsObj = new sports();


js.log(sports.call);
js.log(sportsObj.call);
debugger;
```

[실행결과 26-5]

1. function call() { [native code] }
2. undefined

[그림 26-5]

```
▼ sportsObj: sports
  ▼   proto  : Object
    ▶ constructor: function (){
    ▼   proto  : Object
      ▶   defineGetter  : function  defineGetter  () { [native code] }
      ▶   defineSetter  : function  defineSetter  () { [native code] }
      ▶   lookupGetter  : function  lookupGetter  () { [native code] }
      ▶ __lookupSetter__: function __lookupSetter__() { [native code] }
    ▶ constructor: function Object() { [native code] }
    ▶ hasOwnProperty: function hasOwnProperty() { [native code] }
    ▶ isPrototypeOf: function isPrototypeOf() { [native code] }
    ▶ propertyIsEnumerable: function propertyIsEnumerable() { [native code] }
```

[그림 26-5]는 debugger로 인해 멈춘 시점에서 new sports( )로 생성한 sportsObj 인스턴스를 펼친 모습입니다. 그림이 크므로 설명에 영향을 미치지 않는 아랫부분은 삭제했습니다.

```
js.log(sports.call);
```

if (sports.call){} 형태는 오브젝트에 프로퍼티의 존재 여부를 체크하는 전형적인 코드입니다. 존재하면 값이 반환되어 true가 되고 존재하지 않으면 undefined가 반환되어 false가 됩니다.

[실행결과] 1번에 call 메소드를 나타내는 코드가 출력되었으며 sports 오브젝트에 call 메소드가 존재한다는 의미입니다. call 메소드는 빌트인 Function 오브젝트에 있습니다. sports 오브젝트를 생성할 때 빌트인 Function 오브젝트의 prototype에 연결된 메소드를 sports 오브젝트의 __proto__에 설정합니다. __proto__는 내부 제어를 위한 것으로 __proto__에

연결된 프로퍼티는 오브젝트 프로퍼티이며 __proto__를 무시하고 검색합니다. 이런 기준으로 검색하여 call 메소드를 나타내는 코드가 출력되었습니다.

```
js.log(sportsObj.call);
```

[실행결과] 2번에 undefined가 출력된 것은 sportsObj 인스턴스에 call 메소드가 존재하지 않는 것을 의미합니다. [그림 26-5]에서 sportsObj, __proto__, __proto__.__proto__ 계층에 call 메소드가 없다는 것을 의미합니다. constructor를 펼치면 그 안에 있지만 sportsObj.constructor.call 형태로 검색해야 합니다.

sportsObj 인스턴스에서 Function 오브젝트의 call 메소드를 직접 호출할 수 없습니다. 하지만 [그림 26-5]에 있는 Object 오브젝트 메소드는 sportsObj.hasOwnProperty( ) 형태로 직접 호출할 수 있습니다. sports Function 오브젝트로 sportsObj를 생성했는데 Function 오브젝트의 메소드를 호출할 수 없는 것은 [[Constructor]]가 실행될 때 생성하는 인스턴스 타입 즉, [[Class]]에 "Object"를 설정하기 때문입니다. sportsObj 타입이 object이므로 Object 오브젝트의 메소드가 설정되고 Function 오브젝트의 메소드는 설정되지 않습니다.

그럼, new 연산자와 생성자 함수로 인스턴스를 생성하는 목적은 무엇일까요?! Function 오브젝트의 프로퍼티와 메소드를 사용(공유)하기 위해서입니다. [소스 26-5]는 프로퍼티 체크를 설명하기 위해 간단하게 작성한 것으로 Function 오브젝트로 인스턴스를 생성하는 목적에 부족한 형태입니다. 왜냐하면 Function 오브젝트에 프로퍼티를 작성하지 않았기 때문입니다.

sports 오브젝트의 prototype에 프로퍼티를 연결하면 sportsObj 인스턴스의 메소드가 되므로 인스턴스를 생성하는 목적을 일부 달성할 수 있습니다. sportsObj.methodName( ) 형태로 호출할 수 있습니다. 계속해서 이에 대해 살펴보겠습니다.

26.6 prototype 오브젝트

prototype 오브젝트는 아래와 같이 크게 세 가지 목적으로 사용합니다. 이 절에서는 각 목적의 개념을 살펴보고 각 목적의 구현은 다음 절에서 다룹니다.

- 프로퍼티를 연결하여 오브젝트 확장
- 생성한 각 인스턴스에서 prototype에 연결된 프로퍼티 공유(share)
- 다른 Function 인스턴스를 상속받아 오브젝트 통합

■ 오브젝트 확장

prototype이 오브젝트이므로 프로퍼티를 연결할 수 있습니다. prototype.name 형태로 작성하고 할당 연산자(=)로 값을 할당합니다. 값에 function, 배열, {soccer: {play: 11, time: 90}}과 같이 오브젝트를 작성할 수 있습니다. HTML의 NodeList와 같이 자바스크립트가 인식할 수 있는 데이터 타입을 지정할 수 있습니다.

일반적으로 function( ){ }을 연결합니다. 배열과 {sports: "soccer"} 형태의 오브젝트 연결은 고려할 점이 있으며 "26.9절 prototype에 오브젝트 연결 및 고려사항"에서 다루고 있습니다.

■ 프로퍼티 공유

new Sports( ) 형태로 인스턴스를 생성하면 Sports 오브젝트의 prototype에 연결된 프로퍼티가 인스턴스 프로퍼티가 됩니다. 이때 프로퍼티를 복사하는 것이 아니라 인스턴스에서 Sports 오브젝트의 prototype에 연결된 프로퍼티를 공유합니다. 따라서 prototype의 프로퍼티 값이 변경되면 모든 인스턴스에서 변경된 값을 사용하게 됩니다.

공유에 따른 문제도 있으나 문제를 피하기 위해 각 인스턴스에 프로퍼티를 복사하면 또 다른 문제가 발생합니다. 자바스크립트의 기본 메커니즘이므로 공유에 따른 문제를 피해야 합니다.

■ 오브젝트 통합

prototype에 인스턴스를 연결할 수 있으며 이는 객체 지향의 상속 개념입니다. 자바스크립트는 prototype에 인스턴스를 연결하여 상속을 구현합니다. 상속을 받으면 두 개의 오브젝트가 하나의 오브젝트가 됩니다. 상속받은 상태에서 인스턴스로 생성하면 자신의 프로퍼티와 상속받은 인스턴스의 프로퍼티를 하나로 인식하여 접근할 수 있습니다. 상속받은 인스턴스의 프로퍼티에 접근하기 위해 경로를 지정하지 않습니다.

prototype에 인스턴스를 하나만 연결할 수 있습니다. prototype에 인스턴스로 연결되는 Function 오브젝트에 prototype이 있으며 여기에 인스턴스를 연결할 수 있으므로 계층 구조로 상속을 구현할 수 있습니다. prototype으로 상속이 연결된 형태를 프로토타입 체인(Prototype Chain)이라고 합니다.

■ 참조와 공유 차이

ES5 스펙에서 오브젝트는 참조(Reference)로 표현하며 prototype에 연결된 프로퍼티는 공유(Share)로 표현합니다. 참조는 오브젝트를 참조하는 것을 의미하며, 공유는 프로퍼티 값의 공유를 의미합니다. 참조와 공유는 기준이 다르며 이에 따른 구현의 차이가 있습니다.

26.7 Function 오브젝트 확장과 인스턴스

Function 오브젝트를 확장하는 방법과 이를 사용하여 생성한 인스턴스 형태를 살펴봅니다.

[소스 26-7]

```
var sports = function(){ };
sports.prototype.getMember = function(member){
    js.log('파라미터: ', member);
};
var sportsObj = new sports();
sportsObj.getMember(123);
debugger;
```

[실행결과 26-7]

1. 파라미터: 123

[소스 26-7]의 소스 코드는 아래와 같은 순서와 방법으로 실행됩니다.

Function 오브젝트 확장

1. sports 오브젝트를 생성합니다.
   {코드} var sports = function( ){ };
2. sports 오브젝트의 prototype에 getMember 메소드를 연결합니다.
   {코드} sports.prototype.getMember = function(member){...}
   {설명} sports 오브젝트에 prototype이 오브젝트이므로 메소드를 연결할 수 있습니다.
3. sports 오브젝트로 인스턴스를 생성하여 sportsObj에 할당합니다.
   {코드} var sportsObj = new sports( );
4. sportsObj 인스턴스에 있는 getMember 메소드를 호출합니다.
   {코드} sportsObj.getMember(123);
   {설명} 3번에서 prototype에 연결된 메소드가 인스턴스 메소드가 되므로 경로를 지정하지 않고 호출할 수 있습니다.
5. 호출된 getMember 메소드에서 파라미터로 받은 값을 출력합니다.
   {코드} js.log('파라미터: ', member);

```
sports.prototype.getMember = function(member){
    js.log('파라미터: ', member);
};
```

prototype에 {name: value} 형태로 오브젝트를 연결할 수 있으며 null을 설정할 수도 있습니다. 오브젝트이면 프로퍼티를 연결할 수 있지만 null이면 더 이상 프로퍼티를 연결할 수 없습니다. prototype의 기본 타입이 오브젝트이므로 null을 설정한다는 것은 더 이상 프로퍼티를 연결하지 않겠다는 의도입니다.

sports 오브젝트의 prototype에 getMember 프로퍼티를 연결하고 function(member){…}을 값으로 설정합니다. sports.prototype.getMember = function(member){…} 문장은 함수 표현식으로 Function 오브젝트가 getMember에 할당되며 Function 오브젝트이므로 sports.prototype.getMember( ) 형태로 호출할 수 있습니다. sports 오브젝트 안에 Function 오브젝트를 연결하여 오브젝트를 확장한 모습입니다.

아래 [그림 26-7-1]은 prototype을 펼친 것으로 prototype에 getMember가 연결된 것을 볼 수 있습니다. 이처럼 prototype에 메소드를 연결하여 오브젝트를 확장할 수 있습니다.

[그림 26-7-1]

```
▼ sports: function sports(){
    arguments: null
    caller: null
    length: 0
    name: "sports"
  ▼ prototype: sports
    ▶ constructor: function sports(){
    ▶ getMember: function (member){
    ▶ __proto__: Object
  ▶   proto : function Empty() {}
  ▶ <function scope>
```

```
var sportsObj = new sports();
```

인스턴스를 생성하면 sports.prototype에 연결된 프로퍼티가 바로 인스턴스에 첨부되지 않고 [그림 26-7-2]와 같이 __proto__에 첨부됩니다.

[그림 26-7-2]

```
▼ sportsObj: sports
  ▼   proto  : sports
    ▶ constructor: function sports(){
    ▶ getMember: function (member){
    ▶    proto  : Object
```

필자 생각

> ES5 스펙에 __proto__에 인스턴스를 첨부한다고 쓰여있지는 않습니다. 하지만 크롬 36버전에서 실행하면 [그림 26-7-2] 형태로 표시되므로 디버깅 편리와 직관적인 이해를 돕기 위해 이 형태를 기준으로 필자가 설명한 것입니다. 앞으로도 이 형태를 기준으로 설명합니다. __proto__ 형태, 방법이 ES6 스펙에서 정식 표준이 될 것으로 예상하며 크롬 36버전에 반영된 것으로 생각합니다. 아래 [표 26-7]은 브라우저에서 __proto__ 사용 여부를 나타낸 것으로 최신 버전의 브라우저에서 사용하는 것을 볼 수 있습니다.

[표 26-7] 브라우저별 __proto__ 사용 여부

브라우저	버전	사용 여부
크롬	36	사용
파이어폭스	31	사용
사파리	5.1.7	사용
IE	9, 10	사용(이름 다름)
IE	11	사용
오페라	12.17	사용(이름 다름)

다음 [그림 26-7-3]은 IE 9와 IE 10의 형태로 __proto__ 대신에 [prototype]를 사용하고 있으며 이름은 다르지만 구조는 같습니다. 한편 IE 11은 __proto__를 사용합니다.

"다음 페이지에서 계속"

[그림 26-7-3]

```
◢ ● sportsObj                          [object (sports)]
    ◢ ● [prototype]                     [object (sports)]
        ◢ [Methods]
            ▷ ⊗ constructor             function(){ }
            ▷ ⊗ getMember               function(member){ js.log('파라미터: ', member); }
        ◢ ● [prototype]                 [object]
            ◢ [Methods]
                ▷ ⊗ constructor         function Object() { [native code] }
                ▷ ⊗ hasOwnProperty      function hasOwnProperty() { [native code] }
                ▷ ⊗ isPrototypeOf       function isPrototypeOf() { [native code] }
                ▷ ⊗ propertyIsEnumerable function propertyIsEnumerable() { [native code] }
                ▷ ⊗ toLocaleString      function toLocaleString() { [native code] }
                ▷ ⊗ toString            function toString() { [native code] }
                ▷ ⊗ valueOf             function valueOf() { [native code] }
```

아래 [그림 26-7-4]는 오페라 12.17 버전의 모습으로 __proto__ 위치에 object를 사용하고 있습니다. 이름이 다르지만 구조는 같습니다.

[그림 26-7-4]

```
□ sportsObj Object
    □ Object
    + constructor Function
    + getMember Function
    + Object
```

```
sportsObj.getMember(123);
```

sportsObj 안에 __proto__가 있고 그 안에 getMember가 있지만 __proto__를 작성하지 않고 sportsObj.getMember(123) 형태로 메소드를 호출할 수 있습니다. 물론 __proto__를 지정할 수도 있습니다.

26.8 prototype에 프로퍼티 연결 방법, 목적

prototype 오브젝트에 프로퍼티를 연결하는 방법과 목적을 살펴봅니다. prototype에 아래와 같은 방법으로 프로퍼티를 연결할 수 있으며 결과는 모두 같습니다.

```
1) sports.prototype['get'] = function(){ };
2) sports.prototype.get = function(){ };
3) sports.prototype[get] = function(){ };
4) sports.prototype = {
       get: function(){ }
   }
```

2번의 get은 문자열로 지정한 것과 같습니다. 3번은 get 이름을 가진 변수가 존재해야 하며 값이 문자열로 "get"이어야 합니다. 즉, 이름으로 찾고 값을 사용합니다. get 프로퍼티에 Function 오브젝트를 할당하므로 연결된 get의 값이 대체됩니다.

4번 형태는 다수의 프로퍼티를 할당할 때 사용합니다. 블록으로 prototype에 할당하므로 prototype에 연결된 프로퍼티와 constructor가 지워집니다.

[소스 26-8]

```
var sports = function(){ };
sports.prototype.set = function(){ };
sports.prototype.get = function(){
    return this.value
};
sports.prototype.value = 12345;

var sportsObj = new sports();
js.log(sportsObj.value);
js.log(sportsObj.get());
debugger;
```

[실행결과 26-8]

1. 12345
2. 12345

[그림 26-8-1]

```
▼ sports: function (){
    arguments: null
    caller: null
    length: 0
    name: ""
  ▼ prototype: Object
    ▶ constructor: function (){
    ▶ get: function (){return this.value}
```

```
   ▶ set: function (){}
     value: 12345
   ▶   proto  : Object
▶  proto  : function Empty() {}
▶ <function scope>
```

[그림 26-8-1]은 debugger로 인해 멈춘 시점의 sports 오브젝트의 모습입니다. prototype에 constructor와 __proto__가 연결되어 있으며 get, set 메소드와 value 프로퍼티가 연결되어 있습니다. 그럼, 이렇게 prototype에 메소드와 프로퍼티를 연결한 목적은 무엇일까요?

[그림 26-8-2]

```
▼ sportsObj: sports
   ▼   proto  : Object
      ▶ constructor: function (){
      ▶ get: function (){return this.value}
      ▶ set: function (){}
        value: 12345
      ▼   proto  : Object
         ▶   defineGetter  : function   defineGetter  () { [native code] }
         ▶ __defineSetter__: function __defineSetter__() { [native code] }
         ▶   lookupGetter  : function   lookupGetter  () { [native code] }
         ▶   lookupSetter  : function   lookupSetter  () { [native code] }
         ▶ constructor: function Object() { [native code] }
         ▶ hasOwnProperty: function hasOwnProperty() { [native code] }
```

[그림 26-8-2]는 debugger로 인해 멈춘 시점의 sportsObj 인스턴스 모습입니다. sports.prototype에 연결된 프로퍼티가 인스턴스 프로퍼티가 되므로 sportsObj.get( ) 형태로 메소드를 호출할 수 있습니다. sports.prototype.get( ) 형태로 호출할 수 있지만 이 형태로 메소드를 호출하려고 prototype에 연결한 것은 아닙니다.

■ **prototype에 프로퍼티 연결 목적**

prototype에 메소드를 연결하는 것은 인스턴스를 만들어 사용하겠다는 의도입니다. 복사기로 원본을 복사해서 사용하겠다는 것과 같습니다. 복사해서 그냥 사용하는 것이 아니라 사본에 무엇인가 다른 것을 추가하겠다는 의도가 담겨 있습니다. prototype에 연결된 프로퍼티가 원본입니다.

모든 인스턴스에서 prototype의 메소드를 공유하므로 같은 방법으로 결과를 얻을 수 있습니다. 수량과 단가를 파라미터로 받아 수량에 단가를 곱한 값을 반환하는 메소드가 있다고 할 때, 모든 인스턴스에서 메소드를 호출하면 같은 방법으로 계산하여 반환합니다. 다만 파라미터 값이 다르며 이는 인스턴스에서 결정합니다.

인스턴스마다 값을 다르게 유지하기 위해 인스턴스를 만듭니다. sports 오브젝트에 member 프로퍼티가 있을 때, sports 오브젝트로 생성한 sportsA 인스턴스의 member 값은 123이고 sportsB 인스턴스의 member 값은 456과 같이 다른 값을 가질 수 있습니다.

prototype에 메소드를 연결하면 오브젝트에 속하는 메소드를 쉽게 파악할 수 있습니다. 다른 오브젝트에서 같은 메소드 이름을 사용할 수 있습니다. sports.prototype.get, swim.prototype.get과 같이 get 메소드를 sports와 swim 오브젝트에서 사용할 수 있습니다.

prototype에 연결된 모든 메소드의 스코프가 같으므로 각 메소드에서 스코프의 프로퍼티 값을 공유할 수 있습니다. set 메소드에서 값을 설정하고 get 메소드에서 설정된 값을 사용할 수 있습니다.

아래와 같이 member 오브젝트에 prototype를 사용하지 않고 인스턴스를 생성하여 사용하는 것은 목적이 약한 모습입니다. 때로는 이처럼 사용할 수도 있지만 흔한 모습은 아닙니다.

```
var member = function(value){
    this.value = value;
}
var obj = new member(123);
```

26.9 prototype에 오브젝트 연결 및 고려사항

prototype에 연결할 프로퍼티가 많을 때 sports.prototype.set = function(){}; 형태로 하나씩 프로퍼티를 연결하는 것은 코드의 모양도 깨끗하지 않고 prototype을 중복하여 작성하는 느낌도 듭니다. 이때 블록{}을 사용하여 프로퍼티를 설정합니다. 블록{}을 사용하면 편리하지만 고려할 사항도 있습니다.

[소스 26-9-1]

```
var sports = function(){};
sports.prototype = {
    set: function(){},
    value: 12345
}
var sportsObj = new sports();
js.log(sportsObj.constructor);
```

1. function Object() { [native code] }

[소스 26-9-1]은 블록{}을 사용하여 set 메소드와 value 프로퍼티를 prototype에 연결하는 형태입니다.

[그림 26-9-1]

```
▼ sportsObj: sports
  ▼ __proto__: Object
    ▶ set: function (){}
      value: 12345
    ▶   proto  : Object
```

[그림 26-9-1]은 new sports( )로 생성한 인스턴스 모습입니다. sportsObj 안에 __proto__가 있으며 이 안에 set, value 프로퍼티가 있습니다. 그런데 __proto__ 안에 constructor가 없습니다. sports 오브젝트는 sports.prototype.constructor 구조이며 sports.prototype에 {set: function( ){ }, value: 12345}을 설정하므로 prototype에 연결된 constructor가 지워진 것입니다.

```
js.log(sportsObj.constructor);
```

sportsObj에 constructor가 존재하지 않으므로 undefined가 [실행결과]에 출력되어야 하나 Object를 나타내는 코드가 출력되었습니다. 이는 sportsObj.__proto__.__proto__에 있는 Object 오브젝트의 constructor가 출력된 것입니다.

블록{}을 사용하여 프로퍼티를 연결할 때, constructor가 지워지는 것을 고려해야 합니다. 일반적으로 constructor를 사용하지 않으므로 지워지더라도 블록{}을 사용하지만, constructor가 필요할 때는 아래 [소스 26-9-2]와 같이 constructor를 의도적으로 설정해야 합니다.

[소스 26-9-2]

```
var book = function(){ };
book.prototype = {
    constructor: book,
    set: function(){ },
    value: 12345
}
var bookObj = new book();
js.log(bookObj.constructor);
```

1. function (){ }

```
constructor: book,
```

constructor가 book 오브젝트를 참조하므로 constructor에 book 오브젝트를 설정합니다.
아래 [그림 26-9-2]에 constructor가 표시되었으며 [실행결과]에 이를 나타내는 코드가 출력
되었습니다.

[그림 26-9-2]

```
▼ bookObj: book
  ▼   proto  : book
    ▶ constructor: function (){
    ▶ set: function (){}
      value: 12345
    ▶   proto  : Object
```

26.10 prototype과 this

인스턴스의 모든 메소드에서 인스턴스의 프로퍼티를 사용하기 위해서는 인스턴스가 스코
프로 인식되어야 합니다. 스코프를 한정하여 접근해야 정확하게 프로퍼티를 사용할 수 있
습니다. 이때 this를 사용합니다.

"27장 this 바인딩 오브젝트"에서 this를 다루고 있는데 여기서 다루는 것은 prototype 설명
에 this 개념이 필요하기 때문입니다. 이 절에서는 prototype 설명에 필요한 this 개념을 다
룹니다.

[소스 26-10]

```
function Sports(){
    js.log(this.member);
}
Sports.prototype = {
    member: 123,
    getMember: function(value){
        js.log(this.member + value);
    }
};
```

```
var sportsObj = new Sports();
sportsObj.getMember(500);
```

[실행결과 26-10]

1. 123
2. 623

this는 함수를 호출할 때 함수 앞에 작성한 오브젝트(인스턴스)를 참조합니다. [소스 26-10]
마지막 줄의 sportsObj.getMember(500); 문장에서 sportsObj가 호출하는 함수 앞에 작성한
오브젝트이므로 this는 sportsObj 인스턴스를 참조하게 됩니다.

```
var sportsObj = new Sports();
```

생성자 함수는 함수 앞에 오브젝트 작성 여부와 관계없이 생성하는 인스턴스를 this가 참조
합니다. 반면 일반 함수는 오브젝트를 작성하지 않으면 글로벌 오브젝트를 참조하는 것과
는 차이가 있습니다.

```
function Sports(){
    js.log(this.member);
}
```

생성자 함수로 Sports( )가 호출되면 this가 생성하는 인스턴스를 참조하게 됩니다.
Sports.prototype의 member가 인스턴스 프로퍼티가 되므로 this.member로 member 프로
퍼티 값을 구할 수 있습니다. 이런 논리로 [실행결과] 1번에 123이 출력되었습니다.

```
sportsObj.getMember(500);
```

getMember 앞에 작성한 sportsObj 인스턴스를 this가 참조하므로 getMember 메소드에서
sportsObj 인스턴스의 프로퍼티를 this로 접근할 수 있습니다.

```
getMember: function(value){
    js.log(this.member + value);
}
```

sportsObj.getMember(500) 형태로 메소드를 호출하므로 this.member는 sportsObj.member
와 같습니다. sportsObj의 member 프로퍼티 값이 123이고 파라미터 값이 500이므로 [실행
결과] 2번에 623이 출력되었습니다.

정리하면, this는 호출하는 함수 앞에 작성한 인스턴스(오브젝트)를 참조합니다. 따라서 인스턴스(오브젝트)에 있는 모든 프로퍼티를 this로 접근할 수 있습니다.

26.11 prototype의 프로퍼티 공유 시점

var sportsObj = new Sports( )를 실행하면 Sports 오브젝트의 prototype에 연결된 프로퍼티로 인스턴스를 생성하여 sportsObj의 __proto__에 설정한다는 것은 자바스크립트 엔진 관점에서 보면 정확한 표현이 아닙니다. 설정은 인스턴스를 생성할 때마다 Function 오브젝트의 프로퍼티를 복사하여 첨부하는 모습입니다. 복사하면 메모리를 차지하게 되어 문제가 생깁니다.

여기서 설정은 프로퍼티의 공유를 의미합니다. 사람이 인스턴스의 프로퍼티를 보고 직관적으로 프로퍼티가 있다는 것을 설명하기 위한 것입니다. 자바스크립트 엔진은 원본 오브젝트의 프로퍼티를 생성한 인스턴스에서 공유합니다. 그래야 메모리 사용을 최소화할 수 있습니다.

[소스 26-11]

```
var sports = function(){ };
sports.prototype.member = 123;
var sportsObj = new sports();

sports.prototype.getMember = function(){
    return this.member;
}
debugger;
js.log(sportsObj.getMember());
```

[실행결과 26-11]

1. 123

```
var sports = function(){ }
sports.prototype.member = 123;
var sportsObj = new sports();
```

위 코드는 앞에서 살펴보았던 것으로 prototype에 member 프로퍼티를 연결하고 인스턴스를 생성합니다. 그런데 이를 게재한 것은 아래 코드를 설명하기 위해서입니다.

```
sports.prototype.getMember = function(){
    return this.member;
}
```

sportsObj 인스턴스를 생성한 후 sports.prototype에 getMember 메소드를 추가합니다. 인스턴스에 추가하지 않고 인스턴스를 생성한 원본인 sports.prototype에 추가합니다. 따라서 생성된 인스턴스에는 반영되지 않아야 하며 생성된 인스턴스에서 getMember 메소드를 호출하면 에러가 발생해야 합니다. 지금부터 새로 생성하는 인스턴스에서 getMember 메소드가 호출되어야 합니다. 그래야 각각의 값을 갖기 위해 인스턴스를 생성한다는 논리에 맞습니다.

하지만, 인스턴스가 각각의 값을 갖는다는 것은 prototype에는 적용되지 않으며 this에 적용됩니다. 인스턴스를 생성한 후 원본의 prototype에 프로퍼티를 추가하더라도 생성된 인스턴스에서 추가한 프로퍼티를 사용할 수 있습니다. 이것이 prototype에 연결된 프로퍼티의 공유 기준이며 시점입니다.

[그림 26-11]

```
▼ sportsObj: sports
  ▼ __proto__: Object
    ▶ constructor: function (){
    ▶ getMember: function (){
      member: 123
    ▶   proto  : Object
```

[그림 26-11]은 debugger로 인해 멈춘 시점의 sportsObj 인스턴스의 모습입니다. sports.prototype에 getMember 메소드를 추가한 직후의 모습입니다. 그런데 가운데에 추가한 getMember가 있습니다. sports 오브젝트의 prototype에 프로퍼티를 추가함과 동시에 sports 오브젝트로 생성한 인스턴스에 반영된다는 것을 알 수 있습니다. 이런 메커니즘으로 인해 생성된 모든 인스턴스에서 getMember 메소드를 호출할 수 있습니다.

```
js.log(sportsObj.getMember());
```

sports.prototype에 getMember를 추가하는 시점에 생성된 인스턴스에 반영하므로 에러가 발생하지 않고 getMember 메소드가 호출됩니다. [실행결과]에 123이 출력됩니다.

26.12 prototype의 프로퍼티 값 변경

prototype의 프로퍼티 값을 변경하면 생성된 인스턴스에서 prototype의 프로퍼티 값을 공유하므로 변경된 값을 사용하게 됩니다.

[소스 26-12]

```
function Sports(){ };
Sports.prototype = {
    member: 123,
    getMember: function(){
        return this.member;
    }
};
var sportsOne = new Sports();
var sportsTwo = new Sports();

Sports.prototype.member = 456;

js.log(sportsOne.getMember());
js.log(sportsTwo.getMember());
```

[실행결과 26-12]

```
1. 456
2. 456
```

Sports 오브젝트의 prototype에 member와 getMember를 연결하고 sportsOne 인스턴스, sportsTwo 인스턴스를 생성합니다. Sports.prototype에 설정된 member 프로퍼티 값을 456으로 변경합니다. 이 상태에서 sportsOne과 sportsTwo 인스턴스의 getMember 메소드를 호출하여 member 프로퍼티 값을 출력하는 코드입니다. 중점은 변경된 member 프로퍼티 값이 출력된다는 점입니다.

```
Sports.prototype.member = 456;
```

Sports.prototype.member에 123을 설정한 후 sportsOne, sportsTwo 인스턴스를 생성합니다. 그리고 원본인 Sports.prototype.member 값을 456으로 설정합니다. member 프로퍼티 값이 123에서 456으로 변경됩니다.

```
js.log(sportsOne.getMember());
js.log(sportsTwo.getMember());
```

sportsOne 인스턴스의 getMember 메소드를 호출하면 [실행결과] 1번에 변경 후의 값인 456이 출력됩니다. sportsTwo 인스턴스의 getMember 메소드 호출도 마찬가지로 [실행결과] 2번에 456을 출력합니다. 인스턴스를 생성한 후 Sports.prototype.member 값을 변경하였는데 변경된 값이 출력되는 것은 메소드를 호출하는 시점에 Sports.prototype의 프로퍼티 값을 사용하기 때문입니다.

26.13 인스턴스에 프로퍼티 추가

인스턴스에 프로퍼티를 추가하면 prototype의 프로퍼티보다 먼저 검색됩니다. prototype의 프로퍼티 값이 유지되어 다른 인스턴스에 영향을 미치지 않습니다. 인스턴스마다 다른 값을 가질 수 있습니다. 인스턴스를 생성하는 목적입니다.

[소스 26-13]

```
var sports = function(){}
sports.prototype = {
    member: 123,
    getMember: function(){
        return this.member;
    }
};
var sportsOne = new sports();
var sportsTwo = new sports();

sportsOne.member = 456;
debugger;

js.log(sportsOne.getMember());
js.log(sportsTwo.getMember());
js.log(sports.prototype.member);
```

[실행결과 26-13]

1. 456
2. 123

3. 123

sports 오브젝트의 prototype에 member와 getMember 프로퍼티가 연결된 상태에서 sportsOne, sportsTwo 인스턴스를 생성합니다. 이어서 sportsOne 인스턴스에 member 프로퍼티를 추가합니다. 각 인스턴스에서 getMember 메소드를 호출하여 this.member 값을 출력합니다.

sportsOne 인스턴스에 member 프로퍼티를 추가했을 때 prototype에 연결된 member 프로퍼티와 sportsTwo 인스턴스에서 인식하는 this.member 값을 살펴보기 위한 코드입니다.

```
sportsOne.member = 456;
```

이 코드를 수행하기에 앞서 sports 오브젝트를 사용하여 sportsOne, sportsTwo 인스턴스를 생성했으며 prototype.member에는 123이 설정되어 있습니다. 이 상태에서 prototype에 연결한 member 프로퍼티와 같은 이름으로 sportsOne 인스턴스에 추가합니다. 아래 [그림 26-13]은 debugger로 인해 멈춘 상태이며 sportsOne.member = 456; 문장을 실행한 후의 sportsOne 인스턴스 모습입니다.

[그림 26-13]

```
▼ sportsOne: sports
    member: 456
  ▼   proto   : Object
    ▶ getMember: function (){
      member: 123
    ▶    proto   : Object
```

[그림 26-13]에 member 프로퍼티가 두 개 있습니다. 하나는 sportsOne 인스턴스에 연결되어 있으며 값이 456입니다. 또 하나는 sportsOne.__proto__에 연결되어 있으며 값이 123입니다. 123은 sports.prototype에 연결한 member 프로퍼티 값입니다.

[그림 26-13]에서 볼 수 있듯이 인스턴스에 프로퍼티를 추가하면 __proto__ 위에 표시됩니다. 이를 통해 인스턴스에서 직접 지정한 것과 prototype으로 공유하는 프로퍼티를 구분할 수 있습니다. 사람은 물론이고 자바스크립트 엔진도 마찬가지입니다.

```
getMember: function(){
    return this.member;
}
js.log(sportsOne.getMember());
```

sportsOne.getMember 메소드를 호출하면 sportsOne 인스턴스에서 this.member를 검색합니다. sportsOne 인스턴스에 member 프로퍼티가 있으며 두 개의 member 프로퍼티 중에서 위에 있는 즉, 인스턴스 프로퍼티로 정의한 member 값을 사용합니다. 따라서 [실행결과] 1번에 456이 출력됩니다.

sports.prototype에 member 프로퍼티가 있지만 인스턴스 프로퍼티를 우선 사용하므로 prototype의 member 값이 바뀌지 않으면서 대체하는 효과를 볼 수 있습니다.

두 가지 방법으로 값을 대체(오버라이드)할 수 있습니다. 하나는 값 자체를 바꾸는 것으로 값이 없어지므로 다시 사용할 수 없습니다. 또 하나는 [소스 26-13]과 같이 우선하여 검색되게 하는 방법입니다. 값이 바뀌지 않으므로 경로를 지정하여 검색되지 않은 프로퍼티 값을 구할 수 있습니다. 장단점이 있으므로 상황에 따라 선택해야 합니다.

```
js.log(sportsTwo.getMember());
```

sportsOne 인스턴스에 인스턴스 프로퍼티로 추가했으므로 sportsTwo 인스턴스에 프로퍼티가 연동되지 않습니다. 복사한 사본에 메모한 것과 같으므로 원본 및 다른 사본에 영향을 미치지 않습니다. 이런 논리로 [실행결과] 2번에 123이 출력됩니다.

```
js.log(sports.prototype.member);
```

sports.prototype의 member 프로퍼티 값은 123으로 [실행결과] 3번에 123이 출력되었습니다. 인스턴스에 프로퍼티를 추가하면 prototype에 연결된 프로퍼티에 영향을 미치지 않습니다. prototype에 프로퍼티를 추가하면 생성된 모든 인스턴스에 반영되는 것과는 다릅니다.

26.14 인스턴스 프로퍼티 추가 고려사항

인스턴스에 인스턴스 프로퍼티로 추가하더라도 prototype의 프로퍼티에 반영될 수 있으므로 정확한 방법으로 추가해야 합니다.

[소스 26-14-1]

```
var sports = function(){ }
sports.prototype.soccer = {member: 123};
```

```
var sportsObj = new sports();
sportsObj.soccer.member = 456;

js.log(sportsObj.soccer.member);
js.log(sports.prototype.soccer.member);
```

[실행결과 26-14-1]

1. 456
2. 456

```
sports.prototype.soccer = {member: 123};
```

sports.prototype에 soccer를 연결하고 값에 {member: 123}과 같이 오브젝트를 설정합니다. member에 접근하려면 sports.prototype.soccer.member와 같이 작성해야 합니다. 생성한 인스턴스에서 접근하려면 sportsObj.soccer.member와 같이 작성해야 합니다.

```
var sportsObj = new sports();
sportsObj.soccer.member = 456;
```

인스턴스 프로퍼티로 soccer.member를 추가하고 456을 설정합니다. sportsObj 인스턴스에 프로퍼티를 추가하려는 것이 필자의 의도입니다. 하지만 이 코드는 필자가 원하지 않는 형태로 전개됩니다.

```
js.log(sportsObj.soccer.member);
```

바로 앞에서 인스턴스 프로퍼티로 프로퍼티를 추가했으므로 [실행결과] 1번에 456이 출력되는 것은 당연합니다. 하지만 이는 착시 효과입니다.

```
js.log(sports.prototype.soccer.member);
```

[실행결과] 2번에 456이 출력되었으며 sports.prototype.soccer.member 값이 123에서 456으로 변경된 것입니다. 이것은 sportsObj.soccer.member = 456이 sportsObj 인스턴스의 프로퍼티로 추가된 것이 아니라 sports.prototype.soccer의 member 프로퍼티 값에 반영된 것을 의미합니다.

아래 [그림 26-14-1]은 debugger로 인해 멈춘 시점에 sportsObj를 전개한 것입니다. 인스턴스 프로퍼티로 추가했으므로 sportsObj와 __proto__ 사이에 "member: 456"이 있어야 하는데 없습니다. __proto__.soccer 안에 member가 있으며 값이 456입니다.

[그림 26-14-1]

```
▼ sportsObj: sports
  ▼   proto  : Object
    ► constructor: function (){
    ▼ soccer: Object
        member: 456
      ► __proto__: Object
    ►  proto  : Object
```

sportsObj.soccer.member = 456 문장을 수행하면 먼저 sportsObj를 찾습니다. 그리고 sportsObj 안에서 soccer를 찾습니다. __proto__에 soccer가 있습니다. 마지막으로 soccer 안에서 member를 찾으며 member가 있으므로 456을 할당합니다. sportsObj. __proto__.soccer는 sports 오브젝트의 prototype에 연결된 soccer를 의미합니다.

sports.prototype.soccer = {member: 123}; 형태로 prototype에 soccer 프로퍼티를 연결한 상태에서 sportsObj.soccer.member = 456; 형태로 인스턴스에 프로퍼티를 추가하면 soccer 를 먼저 검색하므로 prototype.soccer.member 값이 변경됩니다.

prototype에 오브젝트 리터럴{}로 프로퍼티를 연결하고 연결한 프로퍼티 이름으로 값을 추 가하면, 인스턴스 프로퍼티로 추가되지 않고 인스턴스를 생성한 원본 오브젝트의 prototype에 연결된 프로퍼티 값이 바뀌게 됩니다.

그런데 prototype에 영향을 주지 않고 인스턴스 프로퍼티로 {member: 456} 형태를 설정할 수 있습니다. 이에 대해 살펴보겠습니다.

[소스 26-14-2]

```
var sports = function(){ }
sports.prototype.soccer = {member: 123};

var sportsObj = new sports();
sportsObj.soccer = {member: 456};
debugger;

js.log(sportsObj.soccer.member);
js.log(sports.prototype.soccer.member);
```

[실행결과 26-14-2]

1. 456
2. 123

[소스 26-14-1]은 sportsObj.soccer.member = 456 형태이고 [소스 26-14-2]는 sportsObj.soccer = {member: 456} 형태입니다. 이외에 코드가 다른 것은 없습니다. member = 456 형태는 프로퍼티 이름에 값을 설정하며 sports.prototype.soccer.member에 설정됩니다. {member: 456} 형태는 오브젝트 전체를 설정하며 sportsObj의 인스턴스 프로퍼티로 설정됩니다. [그림 26-14-2]는 debugger로 인해 멈춘 시점에서 sportsObj 인스턴스를 펼친 모습입니다.

[그림 26-14-2]

```
▼ sportsObj: sports
  ▼ soccer: Object
      member: 456
    ▶  proto  : Object
  ▼  proto  : Object
    ▶ constructor: function (){
    ▼ soccer: Object
        member: 123
      ▶  proto  : Object
    ▶  proto  : Object
```

```
sportsObj.soccer = {member: 456};
```

[그림 26-14-2]에서 sportsObj와 __proto__ 사이에 soccer가 있으며 그 안에 "member: 456"이 있습니다. 또한 __proto__.soccer에 "member: 123"이 있으며 이는 prototype에 연결된 프로퍼티로 값이 456으로 변경되지 않았습니다.

인스턴스 프로퍼티로 설정되었으며 prototype의 프로퍼티에 반영되지 않았습니다. {member: 456} 형태로 설정하면 인스턴스 프로퍼티로 설정됩니다. 배열로 특정 인덱스 번째의 값을 변경하면 prototype에 연결된 배열에 반영되지만 배열 전체를 설정하면 인스턴스로 프로퍼티로 설정됩니다.

prototype에 연결된 프로퍼티를 인스턴스에서 공유하는 것은 장점도 있지만 단점도 있습니다. 인스턴스마다 값을 유지하기 위해 인스턴스 프로퍼티로 오브젝트, 배열을 설정하면 되지만 특정 프로퍼티의 값을 변경하면 prototype과 공유되는 문제가 있습니다. 물론 의도적으로 사용할 수 있지만 이는 예외 사항입니다.

■ this 사용

인스턴스마다 값을 다르게 유지하면서 prototype에 영향을 미치지 않으려면 this를 사용합니다. 인스턴스에 "this.프로퍼티" 형태로 작성하면 됩니다. 다음 장에서 this를 살펴보겠습니다.

27

this 바인딩 오브젝트

this 바인딩 오브젝트의 설정과 사용을 다룹니다.

27.1 this와 실행 콘텍스트

this는 키워드로 실행 중인 실행 콘텍스트의 "this 바인딩 컴포넌트"를 참조합니다. this 바인딩 컴포넌트가 {name: value} 형태의 오브젝트이므로 this.name으로 value를 반환받을 수 있습니다.

[소스 27-1]

```
var sports = {
    member: 11,
    soccer: function(){
        debugger;
        return this.member;
    }
};
sports.soccer();
```

마지막 줄에서 sports.soccer() 형태로 soccer 함수를 호출했을 때 soccer 함수 안의 this.member가 11을 반환하는 근거를 살펴보는 것이 [소스 27-1]의 목적입니다.

```
sports.soccer();
```

sports.soccer() 형태로 함수를 호출하면 실행 콘텍스트를 생성하고 soccer 함수 코드를 실행하기 위한 환경을 설정합니다. 호출한 함수 앞에 작성한 sports 오브젝트를 this 바인딩 컴포넌트에 설정합니다. 실행 콘텍스트를 형상화하면 아래 모습이 됩니다.

```
실행 콘텍스트: {
    렉시컬 환경 컴포넌트: {
        렉시컬 환경: {
            환경 레코드: {
                선언적 환경 레코드: {}
            },
            외부 렉시컬 환경 참조: 글로벌 환경
        }
    },
    변수 환경 컴포넌트: 렉시컬 환경 컴포넌트와 같습니다
    this 바인딩 컴포넌트: {
        member: 11,
        soccer: function(){return this.member}
```

```
        }
}
```

직관적으로 설명하기 위해 설정이라고 하였지만 this 바인딩 컴포넌트에서 sports 오브젝트를 참조합니다. 설정은 설정된 값을 사용하므로 정적이지만, 참조는 사용하는 시점에 값을 사용하므로 동적입니다. 설정한 후에 sports 오브젝트의 값을 바꾸면, 설정은 반영 처리를 해야 값을 얻을 수 있지만 참조는 사용 시점에 값을 구하므로 별도 처리가 필요하지 않습니다. 이 장에서 설정은 직관적인 설명을 위한 것으로 실질적인 의미는 참조입니다.

```
soccer: function(){
    debugger;
    return this.member;
}
```

아래 [그림 27-1]은 debugger로 인해 멈춘 시점의 모습입니다. 오른쪽 "this: Object" 안에 표시된 프로퍼티가 this 바인딩 컴포넌트에서 참조하는 오브젝트의 프로퍼티입니다. 소스 코드에 this.member 형태로 작성하면 this가 this 바인딩 컴포넌트를 참조합니다. 따라서 this.member에서 member는 this 바인딩 컴포넌트에서 참조하는 sports 오브젝트의 member 프로퍼티 값을 반환합니다.

[그림 27-1]

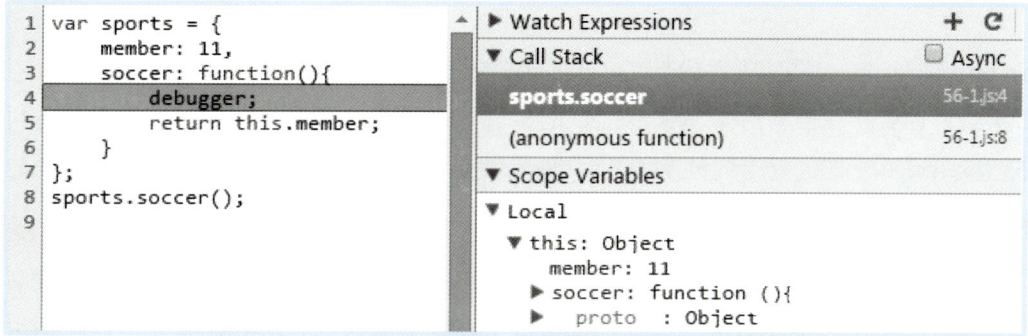

27.2 this와 글로벌 오브젝트

글로벌 오브젝트가 프로그램 전체를 통해 하나이므로 글로벌 오브젝트에서 this를 사용하면 글로벌 오브젝트를 참조하지만, 함수 오브젝트는 상황에 따라 this가 참조하는 오브젝트가 다르므로 분리해서 다룹니다.

[소스 27-2]

```
price = 200;
var globalPrice = this.price;
this.qty = 123;
js.log(this === window);
js.log(window.qty);
```

[실행결과 27-2]

```
1. true
2. 123
```

[소스 27-2]에서 코드를 오브젝트 안에 작성하지 않았으므로 글로벌 오브젝트 프로퍼티입니다. 첫 번째 줄의 코드를 실행하기 전에 글로벌 실행 콘텍스트의 this 바인딩 컴포넌트에 글로벌 오브젝트를 설정합니다. 따라서 글로벌 코드에서 this는 글로벌 오브젝트를 참조합니다.

```
price = 200;
```

글로벌 실행 콘텍스트의 오브젝트 환경 레코드에 {price: 200} 형태로 설정되므로 글로벌 오브젝트에 설정하는 것과 같습니다.

```
var globalPrice = this.price;
```

this.price에서 price를 실행 콘텍스트의 this 바인딩 오브젝트에서 찾습니다. this 바인딩 컴포넌트가 글로벌 오브젝트를 참조하므로 글로벌 오브젝트에서 price를 찾는 것과 같습니다. 앞의 price = 200; 문장에서 글로벌 오브젝트에 이름과 값을 설정했으므로 this.price는 200을 반환합니다.

var globalPrice에서 var 키워드를 사용했지만, 실행 콘텍스트의 초기화 단계에서 글로벌 실행 콘텍스트의 오브젝트 환경 레코드에 globalPrice를 설정한 후, 실행 단계에서 값을 할당하므로 글로벌 오브젝트에 설정하는 것과 같습니다. 오브젝트 환경 레코드에 이름과 값을 설정하는 논리에서 보면 글로벌 오브젝트에서 글로벌 변수를 선언할 때 var 키워드를 사용하는 것이 좋습니다.

```
this.qty = 123;
```

글로벌 실행 콘텍스트의 this 바인딩 컴포넌트에 qty와 123을 설정하는 것은 글로벌 오브젝트에 설정하는 것과 같습니다. 글로벌 오브젝트가 하나이고 this 바인딩 컴포넌트가 글로벌 오브젝트를 참조하므로 this 바인딩 컴포넌트에 값을 설정하면 연동됩니다.

```
js.log(this === window);
```

[실행결과] 1번에 (this === window) 비교 결과가 true로 출력되었으며 글로벌 오브젝트와 window 오브젝트가 같다는 의미입니다.

window 오브젝트는 자바스크립트가 생성하거나 제어할 수 있는 영역이 아니며 ES5 스펙에 window 오브젝트에 대해 기술되어 있지 않습니다. window 오브젝트와 글로벌 오브젝트를 같게 인식하는 것은 하나의 메커니즘으로 자바스크립트는 처음부터 다른 오브젝트와 통합, 연동될 수 있도록 설계되었습니다. 그렇다고 window 오브젝트가 글로벌 오브젝트의 스코프는 아닙니다. 스코프이면 글로벌 환경의 외부 렉시컬 환경 참조에 null이 아닌 window 오브젝트가 설정되어야 합니다.

```
js.log(window.qty);
```

[실행결과] 2번에 출력된 123은 window.qty에서 qty의 값입니다. 앞에서 this.qty = 123; 문장을 실행하여 글로벌 오브젝트에 123을 설정하였으며, 글로벌 오브젝트와 window 오브젝트를 같게 인식하므로 window 오브젝트를 지정해도 값이 반환됩니다.

27.3 strict 모드에서 this와 글로벌 오브젝트

music( )과 같이 함수 앞에 오브젝트를 작성하지 않고 함수를 호출하면 글로벌 오브젝트를 생략한 것으로 간주합니다. 반면 strict 모드는 글로벌 오브젝트로 간주하지 않고 undefined를 this 바인딩 컴포넌트에 설정하므로 에러가 발생합니다. this 바인딩 컴포넌트에서 참조할 오브젝트가 undefined가 되기 때문입니다. 따라서 strict 모드에서 this로 글로벌 오브젝트를 참조하려면 window 오브젝트를 지정해야 합니다.

[소스 27-3]

```
function music(){
    "use strict";
    debugger;
    return this;
}
```

```
js.log(music() === undefined);
js.log(window.music() === window);
```

[실행결과 27-3]

```
1. true
2. true
```

[그림 27-3]

```
▼ Call Stack                    ☐ Async
  music                        VM48 27-3.js:4
  (anonymous function)         VM48 27-3.js:7
▼ Scope Variables
▼ Local
     this: undefined
▶ Global                              Window
```

[그림 27-3]은 debugger로 인해 멈춘 시점의 모습으로 Local 안의 this에 undefined가 설정되어 있습니다. this 값이 undefined라는 것은 this 바인딩 컴포넌트에서 참조할 오브젝트가 undefined라는 것을 의미합니다. 이처럼 strict 모드일 때 호출한 함수 앞에 오브젝트를 작성하지 않으면 this 바인딩 컴포넌트가 undefined를 참조합니다.

```
js.log(music() === undefined);
```

함수를 호출하는 시점은 strict 모드가 아니지만 music 함수 안에 "use strict"를 선언했으므로 this 바인딩 컴포넌트가 undefined를 참조하게 됩니다. 함수의 return this; 문장에서 this가 undefined를 참조하므로 undefined가 반환되어 [실행결과] 1번에 true가 출력되었습니다.

```
js.log(window.music() === window);
```

[실행결과] 2번에 true가 출력되었습니다. [실행결과] 1번과 다른 점은 window.music( )과 같이 music 함수를 호출할 때 window 오브젝트를 작성한 점입니다. this 바인딩 컴포넌트에서 window 오브젝트를 참조하므로 return this; 문장에서 window 오브젝트를 반환하여 true가 출력되었습니다.

strict 모드일 때 호출한 함수 앞에 오브젝트를 작성하지 않고 호출된 함수에서 this 키워드를 사용하면 에러가 발생합니다. ES6 스펙에 Function 오브젝트의 내부 프로퍼티로 [[Strict]]

가 추가되었으며 true/false로 strict 모드를 구분합니다. 이런 모습을 볼 때 strict 모드에서 프로그램이 실행될 수 있도록 window.music( )과 같이 확연하게 글로벌 오브젝트를 지정하는 것이 좋습니다.

27.4 this 범위

소스 코드에서 this를 사용하면 실행 콘텍스트의 this 바인딩 컴포넌트가 참조하는 오브젝트를 사용하게 됩니다. 이 절에서는 {name: value} 형태를 통해 this의 범위를 살펴봅니다.

[소스 27-4]

```
var sports = {
    member: 123,
    get: function(){
        var member = 789;
        var result = this === sports.get;
        debugger;

        js.log(result);
        js.log(this.member === 123);
    }
};
sports.get();
```

[실행결과 27-4]

1. false
2. true

[그림 27-4]

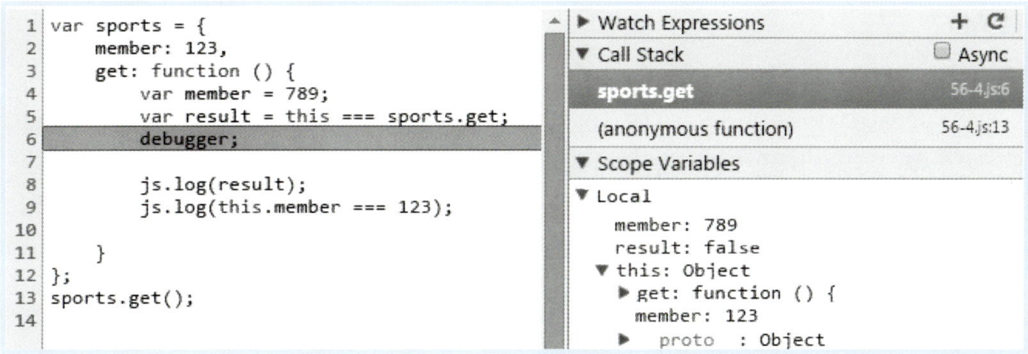

[그림 27-4]는 debugger로 인해 멈춘 시점의 모습입니다. 오른쪽 스택(Call Stack)의 sports.get은 sports 오브젝트의 get 함수를 의미하며 현재 실행 중인 실행 콘텍스트를 나타냅니다. 그 아래 Local에 "member: 789"와 "result: false"가 있으며 이는 get 함수 안에 작성한 변수입니다. Local 안에 현재 실행 중인 실행 콘텍스트의 선언적 환경 레코드에 설정된 이름과 값이 표시됩니다.

```
var result = this === sports.get;
js.log(result);
```

[소스 27-4] 마지막 줄에서 sports.get( ) 형태로 get 함수를 호출했으므로 this 바인딩 컴포넌트에서 sports 오브젝트를 참조하게 됩니다. [그림 27-4]의 "this: Object"에 get 함수와 "member: 123"이 있으며 sports 오브젝트의 프로퍼티입니다. [실행결과] 1번에 false가 출력된 것은 this를 this에 속한 get 함수와 비교했기 때문입니다. (this === sports)로 비교하면 true가 출력됩니다. 호출한 함수가 아닌 호출한 함수 앞에 작성한 오브젝트를 this가 참조합니다.

```
js.log(this.member === 123);
```

this가 sports 오브젝트를 참조하고 sports.member 값이 123이므로 [실행결과] 2번에 true가 출력되었습니다. get 함수 안의 (var member = 789;) 문장에 member 변수가 있지만 이는 get 함수에 속하는 프로퍼티이지 sports 오브젝트(this)에 속하는 프로퍼티가 아닙니다.

this.member와 같이 this에 연결하여 프로퍼티를 작성하면 오직 this 바인딩 컴포넌트가 참조하는 오브젝트에서 프로퍼티를 식별합니다. 여기에 없다면 다른 곳을 검색하지 않고 undefined를 반환합니다. this를 사용하여 값을 설정하면 this 바인딩 컴포넌트가 참조하는 오브젝트에 값이 설정됩니다. 이것이 this의 범위입니다.

개발 팁

"sports 오브젝트의 get 함수를 호출한다"와 같이 소스 코드를 읽을 때는 밖에서 안으로 들어가지만 코드 실행은 안에서 밖으로 나옵니다. 실행 콘텍스트의 선언적 환경 레코드에서 프로퍼티를 식별한 후, 프로퍼티가 없으면 외부 렉시컬 환경 참조에서 프로퍼티를 식별하므로 안에서 밖으로 나가는 모습입니다. 소스 코드를 밖에서 안으로, 안에서 밖으로 바라보는 연습을 해야 몇만 라인 이상의 소스 코드를 읽어가면서 분석할 수 있습니다.

27.5 this와 빌트인 오브젝트

'123'.calcValue( )와 같이 함수 앞에 문자열을 작성하면 타입이 String이므로 this가 String 오브젝트를 참조합니다. 문자열 이외의 숫자, 배열도 마찬가지로 함수 앞에 작성한 값이 오브젝트로 변환될 수 있어야 하며 변환된 오브젝트에 함수가 존재해야 합니다.

[소스 27-5]

```
String.prototype.calcValue = function(){
    var total = 0, values = this.split('');
    debugger;
    values.forEach(function(value){
        total += Number(value);
    }, this);
    return total;
}
var result = '123'.calcValue();
js.log(result);
```

[실행결과 27-5]

1. 6

[소스 27-5]의 마지막에서 '123'.calcValue( ); 형태로 함수를 호출하면 "123"을 문자로 분리하고 각 문자 값을 더해 반환하는 코드입니다. 따라서 [실행결과]에 6이 출력됩니다.

```
String.prototype.calcValue = function(){…}
```

String 오브젝트의 prototype에 calcValue 메소드를 연결합니다. 빌트인 오브젝트에 네이티브 이외의 메소드를 연결하는 것은 바람직하지 않습니다. 하지만 자바스크립트 상위 버전의 네이티브 메소드에 대한 fallback 메소드를 작성할 때 유용합니다.

```
var result = '123'.calcValue();
js.log(result);
```

'123'.calcValue( ); 형태로 함수를 호출하면 "123"이 문자열이므로 String 오브젝트의 calcValue 메소드가 호출됩니다. 이때 "123"을 파라미터 값으로 넘겨줍니다. 함수를 호출하면 실행 콘텍스트가 스택에 올라가므로 브라우저 개발자 도구에서 볼 수 있습니다. 그런데 "123".split( )와 같이 네이티브 메소드를 호출하면 스택에 실행 콘텍스트가 표시되지 않지만, "123".calcValue( );와 같이 네이티브가 아닌 메소드는 실행 콘텍스트가 표시됩니다.

[그림 27-5]

```
▼ Local
  ▼ this: String
      0: "1"
      1: "2"
      2: "3"
      length: 3
    ▼ __proto__ : String
      ▶ anchor: function anchor() { [native code] }
      ▶ big: function big() { [native code] }
      ▶ blink: function blink() { [native code] }
      ▶ bold: function bold() { [native code] }
      ▶ calcValue: function (){
      ▶ charAt: function charAt() { [native code] }
```

[그림 27-5]는 debugger로 인해 멈춘 시점의 모습입니다. "this: String"은 this가 String 오브젝트를 참조하는 것을 의미합니다. __proto__에 빌트인 String 오브젝트의 prototype에 연결된 프로퍼티로 인스턴스를 생성하여 첨부했습니다. String 인스턴스를 생성한 것입니다.

자바스크립트 엔진이 "123".calcValue( ); 문장을 해석하면 빌트인 String 오브젝트로 String 인스턴스를 생성하고 인스턴스의 calcValue 메소드를 호출합니다. 메소드가 호출되면 빌트인 String 오브젝트의 calcValue 메소드가 호출됩니다.

```
var values = this.split('');
values.forEach(function(value){…}
```

생성한 String 인스턴스를 this가 참조합니다. 자바스크립트 엔진이 String 인스턴스를 생성하면서 파라미터로 받은 "123"을 프리미티브 값으로 설정합니다. 생성한 인스턴스를 지정하면 프리미티브 값이 반환되듯이 this를 지정하면 생성한 String 인스턴스의 프리미티브 값인 "123"이 반환됩니다. 따라서 "123".split( ); 형태가 됩니다. 이제 빌트인 String 오브젝트의 split 메소드를 실행하게 되며 ["1", "2", "3"]을 반환합니다.

27.6 this와 호출 오브젝트

오브젝트가 구조적으로 연결된 형태에서 함수를 호출했을 때 this가 참조하는 오브젝트를 살펴봅니다.

```
var sports = {
    value: 123,
    soccer : {
        value: 456,
        get: function () {
            js.log(this === sports.soccer);
            js.log(this.value);
        }
    }
};
sports.soccer.get();
```

[실행결과 27-6-1]

```
1. true
2. 456
```

```
sports.soccer.get();
js.log(this === sports.soccer);
```

sports.soccer에 있는 get 함수를 호출합니다. sports는 네임스페이스 역할을 하며 get 함수 앞에 작성한 soccer 오브젝트를 this가 참조합니다. [실행결과] 1번에 true가 출력됩니다.

```
js.log(this.value);
```

this가 sports.soccer 오브젝트를 참조하므로 sports.soccer 오브젝트의 value 프로퍼티 값이 반환되어 [실행결과] 2번에 456이 출력됩니다. this가 sports 오브젝트를 참조하지 않습니다.

■ 함수 호출 오브젝트를 this가 참조

함수를 호출할 때 함수 앞에 작성한 오브젝트를 this가 참조합니다.

[소스 27-6-2]

```
var sports = {
    value: 123,
    get: function () {
        js.log(this === window);
        js.log(this.value);
```

```
    }
};
var comp = sports.get;
comp();
```

[실행결과 27-6-2]

```
1. true
2. undefined
```

```
var comp = sports.get;
comp();
```

sports.get을 comp 변수에 할당하면 comp는 sports.get 함수가 됩니다. comp() 형태로 함수를 호출하면 sports.get 함수가 호출됩니다. 이때 comp() 형태가 오브젝트를 지정하지 않고 함수를 호출한 것이므로 실행 콘텍스트의 this 바인딩 컴포넌트에 글로벌 오브젝트가 설정되며 this가 참조하게 됩니다. this가 sports 오브젝트를 참조하지 않습니다.

```
get: function () {
    js.log(this === window);
}
```

[실행결과] 1번에 true가 출력되었으며 this가 글로벌 오브젝트를 참조한다는 것을 의미합니다. this가 글로벌 오브젝트를 참조하는 것은 comp() 형태로 함수를 호출할 때 함수 앞에 오브젝트를 작성하지 않았기 때문입니다. 함수를 호출할 때 함수 앞에 작성한 오브젝트를 this가 참조합니다.

```
js.log(this.value);
```

this가 참조하는 글로벌 오브젝트에 value 프로퍼티가 없으므로 undefined가 [실행결과] 2번에 출력됩니다. sports.get() 형태로 get 함수를 호출하면 this.value에서 123을 반환합니다.

■ this 바인딩 컴포넌트와 렉시컬 환경 컴포넌트

함수 안에서 this로 함수를 호출할 때와 this를 작성하지 않고 함수를 호출할 때의 차이를 살펴봅니다.

[소스 27-6-3]

```
function get(){
    js.log('global');
}
var sports = function(){
    function get(){
        js.log('sports');
    };
    this.get();
    get();
}
sports();
```

[실행결과 27-6-3]

1. global
2. sports

[소스 27-6-3]의 특징은 글로벌 오브젝트에 get 함수가 있으며 sports 오브젝트에 get 함수가 있는 점입니다. sports 오브젝트 안에서 this.get( )과 get( ) 형태로 함수를 호출합니다. 호출되는 함수가 결정되는 논리를 살펴보는 것이 목적입니다.

```
var sports = function(){
    this.get();
}
```

sports Function 오브젝트에서 this.get( ) 형태로 함수를 호출하면, sports 오브젝트의 get 함수가 호출되지 않고 글로벌 오브젝트의 get 함수가 호출되어 [실행결과] 1번에 "global"이 출력됩니다.

글로벌 오브젝트의 get 함수가 호출되는 이유:

[소스 27-6-3] 마지막 줄에서 sports( ) 함수를 호출할 때 함수 앞에 오브젝트를 작성하지 않았으므로 글로벌 오브젝트로 간주됩니다. 따라서 this가 글로벌 오브젝트를 참조합니다. sports 함수 안에서 this.get 형태로 함수를 호출하면 this가 참조하는 오브젝트의 get 함수를 호출하므로 글로벌 오브젝트의 get 함수가 호출됩니다. 글로벌 오브젝트에 get 함수가 없으면 sports 오브젝트의 get 함수를 호출하지 않고 에러가 발생합니다.

```
var sports = function(){
    function get(){
        js.log('sports');
    };
    get();
}
```

sports 오브젝트 안에서 get( )과 같이 함수 앞에 오브젝트를 작성하지 않고 함수를 호출하면 sports 오브젝트 안의 get 함수가 호출되어 [실행결과] 2번에 "sports"가 출력됩니다.

sports 오브젝트 안의 get 함수가 호출되는 이유:

sports 함수를 호출하면 sports 오브젝트 안의 get 함수가 함수 선언문이므로 초기화 단계에서 선언적 환경 레코드에 설정됩니다. this를 작성하지 않고 get 함수를 호출하면 선언적 환경 레코드에서 함수 이름을 식별합니다. 함수 이름이 존재하므로 sports 오브젝트의 get 함수를 호출합니다. 함수 이름이 존재하지 않으면 외부 렉시컬 환경 참조에 글로벌 오브젝트가 설정되어 있으므로 글로벌 오브젝트의 get 함수가 호출됩니다.

27.7 this와 인스턴스

호출한 함수가 속한 오브젝트를 참조하기 위해 this를 사용하지만 또 하나의 목적은 new 연산자로 생성한 인스턴스마다 값을 유지하기 위해서입니다.

[소스 27-7]

```
var sales = {};
sales.Book = function(option){
    debugger;
    this.option = option;
}
sales.Book.prototype = {
    getValue: function(){
        debugger;
        return this.option;
    },
    getFirst: function(){
        return this.option + 200;
    }
}
```

```
var obj = new sales.Book(100);
obj.getValue();
```

[소스 27-7]은 아래와 같은 순서로 글로벌 코드를 실행합니다.

글로벌 코드 실행

1. 글로벌 오브젝트에 sales 오브젝트를 생성하여 첨부합니다.

   {코드} var sales = { }

2. sales 오브젝트의 Book 프로퍼티에 Function 오브젝트를 생성하여 할당합니다.

   {코드} sales.Book = function(option){⋯}

3. sales.Book의 prototype에 getValue 메소드와 getFirst 메소드를 연결합니다.

   {코드} getValue: function( ){⋯}, getFirst: function( ){⋯}

4. new 연산자와 생성자 함수로 인스턴스를 생성합니다.

   {코드} var obj = new sales.Book(100);

5. 생성한 인스턴스를 obj 변수에 할당합니다.

6. 생성한 인스턴스의 getValue 메소드를 호출합니다.

   {코드} obj.getValue( );

[그림 27-7-1]

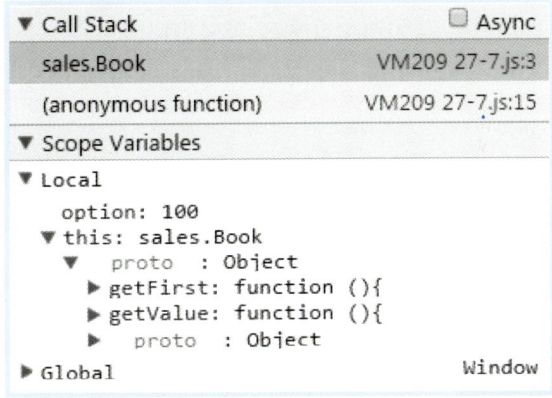

[그림 27-7-1]은 4번에서 new sales.Book(100)으로 인스턴스를 생성할 때 debugger로 인해 멈춘 시점의 모습입니다.

```
var obj = new sales.Book(100);
```

new sales.Book(100); 문장에서 Book 함수 앞에 작성한 sales가 오브젝트이고 Book이 생성자 함수가 되어 인스턴스를 생성하며 this가 sales 오브젝트를 참조할 것으로 생각할 수 있습니다. 하지만 [그림 27-7-1] Local의 "this: sales.Book"에서 볼 수 있듯이 this가

sales.Book 오브젝트를 참조하고 있습니다.

생성자 함수가 호출되면 엔진은 함수를 실행하기 전에 새로운 인스턴스를 생성하고 생성한 인스턴스를 this 바인딩 컴포넌트에 할당합니다. 즉, this가 생성한 인스턴스를 참조합니다. 생성자 함수에서 this.option = option 형태로 값을 할당하면 생성한 인스턴스에 option 프로퍼티를 추가하고 값을 할당합니다.

[그림 27-7-1]에서 "this: sales.Book" 안에 __proto__가 있으며 그 안에 prototype에 작성한 getValue와 getFirst 메소드가 있습니다. 이것은 this.getValue( ) 형태로 메소드를 호출할 수 있다는 것을 의미합니다. new 연산자로 인스턴스를 생성하면 prototype에 연결된 메소드가 인스턴스 프로퍼티가 됩니다. 따라서 prototype을 지정하지 않고 this.getValue( ) 형태로 메소드를 호출할 수 있습니다.

```
sales.Book = function(option){
    this.option = option;
}
```

new sales.Book(100);을 실행하면 Book 생성자 함수에 100을 넘겨줍니다. this.option = option; 문장에서 오른쪽 option에 파라미터 값 100이 매핑되어 있으며 this가 생성하는 인스턴스를 참조하므로 인스턴스에 option 프로퍼티를 추가하고 100을 할당합니다.

■ 인스턴스를 생성하는 또 하나의 목적

[소스 27-7]의 마지막 줄에서 obj.getValue( ); 형태로 메소드를 호출하면, getValue 메소드 안에서 debugger로 인해 멈추게 되며 아래 [그림 27-7-2]는 멈춘 상태의 모습입니다.

[그림 27-7-2]

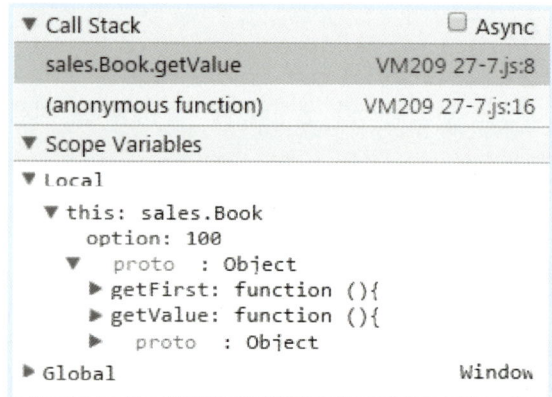

스택에 표시된 sales.Book.getValue는 현재 실행 중인 실행 콘텍스트를 나타냅니다. [그림 27-7-2]의 가운데 "this: sales.Book"은 this가 sales.Book 인스턴스를 참조하고 있다는 의미입니다. 그 안에 option: 100이 있으며 sales.Book.prototype에 연결된 메소드가 __proto__ 안에 연결되어 있습니다.

option, getFirst, getValue가 인스턴스 프로퍼티이므로 this.option, this.getFirst( ), this.getValue( ) 형태로 접근할 수 있습니다. new 연산자로 인스턴스를 생성하지 않고 getValue 메소드를 호출하려면 sales.Book.prototype.getValue( ) 형태로 작성해야 합니다.

this.getFirst( ) 형태로 메소드를 호출하면 sales.Book.prototype.getFirst( )가 실행됩니다. 이는 prototype의 프로퍼티를 인스턴스에서 공유하기 때문입니다. 한편 this.option = option은 인스턴스 프로퍼티에 설정되므로 인스턴스마다 값을 설정, 유지할 수 있습니다. 이것이 인스턴스를 생성하는 또 하나의 목적입니다. 참조, 공유가 아닌 인스턴스마다 값을 다르게 설정, 유지하기 위한 것입니다.

27.8 new 연산자와 오브젝트 반환

new title( )을 실행하면 인스턴스를 생성하여 반환합니다. 하지만 항상 그런 것은 아니며 생성자 함수에 return 문을 작성하면 표현식의 평가 결과에 따라 인스턴스가 반환되지 않을 수도 있습니다.

■ 생성자 함수에서 return 문으로 오브젝트 반환

[소스 27-8-1]

```
var title = function(){
    return {value: 123};
}
title.prototype = {
    getValue: function(){}
}
var obj = new title();
js.log(obj.value);
```

[실행결과 27-8-1]

```
1. 123
```

생성자 함수 title( )에 return {value: 123} 문장을 작성한 것이 소스 [27-8-1]의 특징입니다.

```
var title = function(){
    return {value: 123};
}
```

위 코드는 생성자 함수입니다. var obj = new title( )에서 생성자 함수가 호출되면 우선 인스턴스를 생성합니다. 그리고 생성자 함수를 실행한 후 생성한 인스턴스를 반환합니다. 그런데 생성자 함수에 return문이 있으므로 생성한 인스턴스를 반환하지 않고 {value: 123}을 반환합니다. 생성한 인스턴스를 반환하지 않으므로 인스턴스로 메소드를 호출하거나 값을 사용할 수 없습니다.

```
var obj = new title();
js.log(obj.value);
```

new title( );에서 {value: 123}을 반환하므로 [실행결과]에 123이 출력됩니다. {value: 123}을 반환하므로 생성자 함수에서 생성한 인스턴스를 사용하여 getValue 메소드를 호출할 수 없습니다. 이처럼 인스턴스가 아닌 싱글 오브젝트를 반환하려면 아래 형태가 더 적절합니다.

```
var title = {
    initValue: function(){
        return {value: 456}
    },
    getValue: function(){}
}
title.initValue().value;
```

■ 생성자 함수에서 return 문으로 오브젝트가 아닌 값 반환

생성자 함수에서 {value: 123}과 같이 오브젝트를 반환하지 않고 123과 같이 숫자, 문자열 값을 반환하면 어떻게 될까요?

[소스 27-8-2]

```
var music = function(){
    return 123;
}
music.prototype.getValue = function(){
    return 456;
```

```
    }
var obj = new music();
debugger;
js.log(obj.getValue());
```

[실행결과 27-8-2]

1. 456

```
var music = function(){
    return 123;
}
```

new music( )으로 생성자 함수가 호출되면 return 123으로 인해 인스턴스 대신 123을 반환한다는 논리는 앞에서 {value: 123}을 반환하는 것과 같습니다. 하지만 123을 반환하지 않고 생성한 인스턴스를 반환합니다. return 123과 return {value: 123}은 반환 값이 다릅니다. 아래 [그림 27-8]은 debugger로 인해 멈춘 시점에서 new music( )에서 반환된 값인 obj의 모습입니다.

[그림 27-8]

```
▼ obj: music
  ▼   proto  : Object
    ▶ getValue: function (){
    ▶ __proto__ : Object
```

123이 반환되지 않고 music.prototype에 연결한 getValue 메소드가 __proto__에 설정되었습니다. 이 형태는 return 123; 문장이 없는 것과 같습니다.

엔진은 return 123; 문장에서 우선 123을 평가합니다. 평가한 값이 오브젝트가 아니면 생성한 인스턴스를 반환합니다. 평가 결과가 숫자 또는 문자열이면 평가 결과를 반환하지 않고 생성한 인스턴스를 반환합니다. 배열이면 배열 오브젝트를, 함수이면 함수 오브젝트를 반환합니다.

27.9 this의 주된 목적

new 연산자와 생성자 함수로 인스턴스를 만드는 목적 중에서 가장 주된 목적은 생성된 인스턴스마다 다른 값을 설정, 유지하기 위해서입니다. this 키워드를 사용해서 인스턴스마다 값을 설정하고 유지합니다.

[소스 27-9]

```
var title = function(option){
    this.option = option;
}
title.prototype = {
    getValue: function(){
        return this.option;
    }
}
var one = new title(100);
var two = new title([200, 300]);
one.option = 77;
js.log(one.getValue());
js.log(two.getValue());
```

[실행결과 27-9]

1. 77
2. [200,300]

var one = new title(100); 문장을 실행하면 one.option에 100이 설정되며 one.getValue( ) 메소드를 호출하면 100이 반환됩니다. var two = new title([200, 300]); 문장을 실행하면 two.option에 [200, 300]이 설정되며 two.getValue( ) 메소드를 호출하면 [200, 300]이 반환됩니다.

```
var title = function(option){
    this.option = option;
}
var one = new title(100);
```

엔진이 new title(100); 문장을 만나면 아래와 같이 처리합니다.

new 연산자와 생성자 함수 실행 과정

1. new title(100); 문장을 평가합니다.
   {설명} title은 Function 오브젝트입니다.
2. 평가한 Function 오브젝트에 [[Construct]] 존재 여부를 체크합니다.
   {설명} 존재하지 않으면 TypeError를 발생시키고 아래 처리를 하지 않습니다.
3. 평가한 Function 오브젝트의 [[Construct]]를 메소드로 하여 호출합니다.

{설명} 생성자 함수의 파라미터 값 100을 파라미터로 넘겨줍니다.

4. 새로운 Object를 생성합니다.

{설명} 생성자 함수 실행이 완료되면 이를 반환하므로 설명 편의를 위해 인스턴스로 표기합니다.

5. title Function 오브젝트의 [[Prototype]]을 생성한 인스턴스의 __proto__에 설정합니다.

{설명} __proto__의 메소드에서 title.prototype에 연결된 메소드를 참조, 공유합니다.

6. {중략}

7. title Function 오브젝트의 [[Call]]을 호출합니다.

{설명} 함수를 호출하는 것과 같습니다.

8. 실행 콘텍스트를 생성하고 파라미터 값을 갖고 실행 콘텍스트로 이동합니다.

{설명} 파라미터 값 순서: 생성한 인스턴스, 파라미터 값 100, 함수 코드[[Code]]

9. {중략}

10. this 바인딩 컴포넌트에 파라미터로 받은 생성한 인스턴스를 설정합니다.

{설명} this가 생성한 인스턴스를 참조하게 됩니다.

11. 실행 단계에서 this.option = option; 문장을 실행합니다.

{설명} this가 생성한 인스턴스를 참조하므로 인스턴스에 option이 추가되고 100이 설정됩니다.

12. {중략}

13. 생성한 인스턴스를 반환합니다.

new title(100); 문장을 실행하면 위와 같은 처리를 통해 파라미터로 넘겨준 100이 생성한 인스턴스의 프로퍼티로 설정됩니다. 따라서 인스턴스마다 값을 각각 설정할 수 있습니다. 인스턴스 메소드에서 인스턴스에 값을 설정하면 같은 인스턴스에 속한 다른 메소드에서 this로 접근할 수 있습니다. 생성한 인스턴스에서 title.prototype에 연결된 프로퍼티를 참조, 공유합니다. 이것이 인스턴스를 생성하는 목적이요, this의 주된 목적입니다.

```
one.option = 77;
js.log(one.getValue());
```

one 인스턴스의 option 프로퍼티에 77을 할당하면 one 인스턴스에만 설정될 뿐 two 인스턴스에는 설정되지 않습니다. 인스턴스마다 option 프로퍼티 값이 다릅니다. one.getValue() 메소드를 호출하면 this.option 값을 반환합니다. this가 one 인스턴스를 참조하고 바로 앞에서 one.option에 77을 설정했으므로 [실행결과] 1번에 77이 출력됩니다.

```
var two = new title([200, 300]);
js.log(two.getValue());
```

[실행결과] 2번에 출력된 값은 [200, 300]으로 two 인스턴스를 생성할 때 파라미터에 지정한 값입니다. 이처럼 one 인스턴스의 값을 바꾸어도 two 인스턴스에는 영향을 미치지 않습니

다. 인스턴스에서 this 키워드 사용은 인스턴스마다 다른 값을 갖기 위해서입니다.

27.10 call( )과 this

call 메소드의 첫 번째 파라미터에 작성한 오브젝트를 this가 참조합니다. 따라서 this.propertyName 형태로 접근하여 값을 구할 수 있습니다. 이 점이 call 메소드의 목적이요, 특징입니다.

[문법]

구분	타입	데이터(값)
object	Function	호출할 함수
파라미터	Object	this로 참조할 오브젝트, 값
	Any	호출된 함수에 넘겨 줄 파라미터옵션
반환	Any	호출된 함수에서 반환한 값

첫 번째 파라미터에 this로 참조할 오브젝트를 작성합니다. ES3에서 첫 번째 파라미터를 작성하지 않거나 null을 작성하면 글로벌 오브젝트를 사용합니다. 반면 ES5는 파라미터 값을 그대로 사용합니다. 그런데 ES5에서도 에러가 발생하지 않고 글로벌 오브젝트를 사용하며 이는 과거 버전 코드의 호환성을 위한 것으로 생각합니다. 단, strict 모드에서는 글로벌 오브젝트를 사용하지 않고 에러가 발생합니다.

두 번째 파라미터에 호출된 함수에 넘겨줄 값을 작성합니다. 콤마로 구분하여 다수를 작성할 수 있습니다. 호출된 함수에서 반환한 값을 반환합니다.

■ 일반적인 형태

[소스 27-10-1]

```
var value = 100;
function get(one){
    return one + this.value;
}
var result = get.call(this, 50);
js.log(result);
```

1. 150

```
var result = get.call(this, 50);
```

get 함수 앞에 오브젝트를 작성하지 않았으므로 글로벌 오브젝트의 get 함수가 호출됩니다. call 메소드의 첫 번째 파라미터에 this를 지정했으며 this는 글로벌 오브젝트를 참조합니다. 따라서 get 함수가 속한 오브젝트와 this가 참조하는 오브젝트가 같습니다.

함수가 실행되면 함수의 파라미터 이름에 호출한 함수에서 넘겨준 값을 매핑합니다. get.call(this, 50) 형태로 호출하고 function get(one){…} 형태이므로 one에 this가 매핑되어야 하지만, call 메소드는 첫 번째 파라미터인 this를 매핑하지 않고 두 번째 파라미터부터 매핑합니다. 따라서 one에 50이 매핑됩니다.

```
var value = 100;
function get(one){
    return one + this.value;
}
```

this가 참조하는 오브젝트에서 value를 식별하므로 글로벌 오브젝트에서 value 프로퍼티를 검색하고 값을 구합니다. 따라서 this.value 값은 100입니다. call 메소드의 두 번째 파라미터 값 50이 one에 매핑되어 있고 this.value 값이 100이므로 [실행결과]에 150이 출력됩니다.

■ 오브젝트 지정

call 메소드의 첫 번째 파라미터에 this가 아닌 {name: value} 형태의 오브젝트를 지정할 수 있습니다. 이에 대해 살펴보겠습니다.

[소스 27-10-2]

```
var get = function(value){
    return this.base * this.rate + value;
}
var result = get.call({base: 20, rate: 30}, 50);
js.log(result);
```

[실행결과 27-10-2]

1. 650

```
var result = get.call({base: 20, rate: 30}, 50);
```

call 메소드의 첫 번째 파라미터에 {base: 20, rate: 30}을 작성했으며 실행 콘텍스트의 this
바인딩 컴포넌트에 설정됩니다. 따라서 this.base, this.rate로 프로퍼티 값을 구할 수 있습니다. 첫 번째 파라미터에 오브젝트를 지정할 수 있다는 것은 new 연산자로 만든 인스턴스, 배열 오브젝트를 지정할 수 있다는 것을 의미합니다.

```
var get = function(value){
    return this.base * this.rate + value;
}
```

this.base와 this.rate는 call 메소드의 첫 번째 파라미터에 작성한 오브젝트에서 값을 구합니다. call 메소드의 두 번째 파라미터 값이 value에 매핑되므로 (20 * 30 + 50) 결과인 650이
[실행결과]에 출력됩니다.

■ 숫자 값 지정

call 메소드의 첫 번째 파라미터에 숫자 값을 지정했을 때 처리를 살펴보겠습니다.

[소스 27-10-3]
```
var get = function(){
    debugger;
    return this.valueOf();
}
var result = get.call(123);
js.log(result);
```

[실행결과 27-10-3]

1. 123

```
var result = get.call(123);
```

call 메소드의 첫 번째 파라미터에 숫자, 문자 값을 지정하면 데이터 타입에 해당하는 오브젝트(인스턴스)로 변환합니다. 123을 지정하면 Number 오브젝트로 변환하며 this가
Number 오브젝트를 참조하게 됩니다. 123은 Number 오브젝트의 프리미티브 값이 됩니다.

아래 [그림 27-10-3]은 debugger로 인해 멈춘 시점의 this가 참조하는 오브젝트의 모습입니다. toFixed는 Number 오브젝트의 메소드로 123이 Number 오브젝트로 변환된 것을 의미

합니다. 123이 프리미티브 값으로 설정된 것을 볼 수 있습니다.

[그림 27-10-3]

```
▼this: Number
  ▼__proto__: Number
    ▶constructor: function Number() { [native code] }
    ▶toExponential: function toExponential() { [native code] }
    ▶toFixed: function toFixed() { [native code] }
    ▶toLocaleString: function toLocaleString() { [native code] }
    ▶toPrecision: function toPrecision() { [native code] }
    ▶toString: function toString() { [native code] }
    ▶valueOf: function valueOf() { [native code] }
    ▶__proto__: Object
      [[PrimitiveValue]]: 0
    [[PrimitiveValue]]: 123
```

```
var get = function(){
    return this.valueOf();
}
```

this.valueOf( )에서 this가 Number 오브젝트를 참조하므로 Number 오브젝트의 valueOf 메소드가 호출됩니다. valueOf 메소드는 프리미티브 값을 반환하므로 123이 [실행결과]에 출력됩니다.

■ 함수를 호출할 때 this가 참조하는 오브젝트 변경

call 메소드의 첫 번째 파라미터에 오브젝트를 지정할 수 있다는 것은 파라미터 값으로 this가 참조하는 오브젝트를 조정할 수 있다는 뜻이 됩니다.

[소스 27-10-4]

```
var sports = {
    value: 123,
    soccer: {
        value: 456,
        get: function () {
            return this.value;
        }
    }
};

js.log(sports.soccer.get.call(sports));
js.log(sports.soccer.get.call(sports.soccer));
```

```
1. 123
2. 456
```

[소스 27-10-4]는 sports > soccer > get 형태의 구조로 되어 있으므로 sports.soccer.get.call( ) 형태로 get 함수를 호출해야 합니다. sports와 sports.soccer가 오브젝트이므로 각 오브젝트를 call 메소드의 첫 번째 파라미터에 지정할 수 있으며 이에 따라 유동적으로 값을 구할 수 있습니다.

```
js.log(sports.soccer.get.call(sports));
```

call 메소드의 첫 번째 파라미터에 sports 오브젝트를 지정했으므로 this가 {value: 123, soccer: {···}}를 참조합니다. 호출된 get 메소드의 return this.value;에서 123을 반환하며 [실행결과] 1번에 출력됩니다.

```
js.log(sports.soccer.get.call(sports.soccer));
```

call 메소드의 첫 번째 파라미터에 sports.soccer 오브젝트를 지정했으므로 this가 {value: 456, get: function( ){···}}을 참조합니다. 호출된 get 메소드의 return this.value; 문장에서 456이 반환되며 [실행결과] 2번에 출력됩니다. 이와 같이 사용할 오브젝트를 바꿀 수 있습니다.

27.11 apply( )와 this

apply 메소드는 call 메소드와 같이 함수를 호출하며 기능도 같습니다. apply 메소드의 두 번째 파라미터를 배열로 작성하는 것이 다릅니다. 일반적으로 call 메소드는 파라미터 수가 변하지 않을 때 사용하며 apply 메소드는 파라미터가 유동적일 때 사용합니다.

[문법]

구분	타입	데이터(값)
object	Function	호출할 함수
파라미터	Object	this로 참조할 오브젝트
	Array	호출된 함수에 넘겨 줄 파라미터옵션
반환	Mixed	호출된 함수에서 반환된 값

첫 번째 파라미터에 this로 참조할 오브젝트를 작성합니다. ES3에서 첫 번째 파라미터를 작

성하지 않거나 null을 작성하면 글로벌 오브젝트를 사용합니다. 반면 ES5는 파라미터 값을 그대로 사용합니다. 그런데 ES5에서도 에러가 발생하지 않고 글로벌 오브젝트를 사용하며 이는 과거 버전 코드의 호환성을 위한 것으로 생각합니다. 단, strict 모드에서는 글로벌 오브젝트를 사용하지 않고 에러가 발생합니다.

두 번째 파라미터 값이 null 또는 undefined이면 빈 배열로 간주합니다. 두 번째 파라미터 값의 데이터 타입이 오브젝트가 아니면 에러가 발생합니다. 123과 같이 숫자를 지정할 수 없습니다. {one: 11} 형태로 지정하면 에러가 나지 않지만 arguments 오브젝트에 값이 설정되지 않습니다. 파라미터에 함수를 지정하면 먼저 함수를 실행하고 실행한 함수에서 반환한 결과를 파라미터 값으로 사용합니다.

앞 절의 call 메소드에서 첫 번째 파라미터를 다루었으므로 apply 메소드의 특징인 두 번째 파라미터에 배열을 지정하는 것을 중심으로 다룹니다.

■ 호출받는 함수에 파라미터 이름을 작성하지 않은 형태

호출받는 함수에 파라미터 이름을 작성하지 않으면 호출한 함수에서 보낸 파라미터 값이 arguments 오브젝트에 설정됩니다.

[소스 27-11-1]

```
function get(){
    var list = arguments;
    debugger;
    for (var k = 0; k < list.length; k++){
        js.log(list[k] + this[k]);
    }
}
get.apply({0: 50, 1: 60, 2: 70}, [10, 20, 30]);
```

[실행결과 27-11-1]

```
1. 60
2. 80
3. 100
```

apply 메소드의 첫 번째 파라미터에 지정한 {0: 50, 1: 60, 2: 70}을 this가 참조합니다. 두 번째 파라미터에 지정한 [10, 20, 30]은 arguments 오브젝트에 설정됩니다. 의도적으로 첫 번째와 두 번째 파라미터의 프로퍼티 수를 세 개씩 작성했습니다. for 문으로 반복하면서 인덱스(k)로 this가 참조하는 값과 arguments 오브젝트에 설정된 값을 더하여 출력합니다.

두 번째 파라미터를 배열로 지정하므로 arguments 오브젝트가 2차원 배열이 될 것으로 예상할 수 있지만 1차원으로 설정됩니다. arguments 오브젝트가 배열이 아닌 {name: value} 형태이므로 자바스크립트 엔진이 {name: value} 형태로 변환합니다.

[그림 27-11]

```
▼ Scope Variables
▼ Local
  ▶ arguments: Arguments[3]
    k: undefined
  ▼ list: Arguments[3]
      0: 10
      1: 20
      2: 30
    ▶ callee: function get(){
      length: 3
    ▶   proto  : Object
  ▼ this: Object
      0: 50
      1: 60
      2: 70
    ▶   proto  : Object
```

[그림 27-11]에서 "list: Arguments[3]"은 두 번째 파라미터에 지정한 값입니다. 두 번째 파라미터를 [10, 20, 30] 형태로 지정했지만 {0: 10, 1: 20, 2: 30} 형태로 변환하여 저장합니다. "this: Object"는 첫 번째 파라미터에 지정한 오브젝트이며 this가 참조합니다.

```
js.log(list[k] + this[k]);
```

(list[k] + this[k]); 문장에서 k가 0일 때 (list[0] + this[0]) 형태가 됩니다. list[0]의 값은 10이고 this[0]의 값은 50이므로 [실행결과] 1번에 60이 출력됩니다. 이와 같은 방법으로 인덱스를 증가시켜 가면서 값을 계산합니다.

■ 호출받는 함수에 파라미터 이름을 작성한 형태

호출한 함수의 배열 값을 호출받는 함수의 파라미터 이름 순서에 맞추어 매핑합니다.

[소스 27-11-2]

```
function get(one, two){
    js.log(one + two + arguments[2]);
}
get.apply(this, [10, 20, 50]);
```

1. 80

```
function get(one, two){
    js.log(one + two + arguments[2]);
}
```

apply 메소드의 두 번째 파라미터를 배열로 지정한다고 하여 arguments 오브젝트만 사용할 수 있는 것은 아닙니다. function get(one, two)와 같이 호출된 함수에 파라미터 이름을 작성하면, one에 호출한 함수의 두 번째 파라미터에서 0번 인덱스 값이 매핑되고 two에 1번 인덱스 값이 매핑됩니다. 호출된 함수에 파라미터 이름을 작성하여 매핑된 값과 arguments 오브젝트를 같이 사용할 수 있습니다. 파라미터 이름을 사용할 수 있으므로 가독성을 높일 수 있습니다.

호출한 함수에서 [10, 20, 50]을 넘겨주므로 one에 10이 매핑되고 two에 20이 매핑됩니다. arguments에 {0: 10, 1: 20, 2: 50} 형태로 설정되므로 [실행결과]에 80이 출력됩니다.

27.12 bind( )와 this

함수를 호출하면 바로 실행되지만 bind 메소드는 Function 오브젝트를 생성하여 반환합니다. bind 메소드는 새로운 Function 오브젝트를 생성하는 단계와 생성한 Function 오브젝트를 함수로 호출하는 단계로 나눕니다. ES5에서 지원합니다.

[문법]

구분	타입	데이터(값)
object	Function	호출할 함수
파라미터	Object	this로 참조할 오브젝트
	Any	호출된 함수에 넘겨 줄 파라미터옵션
반환	Function	Function Object

첫 번째 파라미터에 bind 메소드로 생성한 Function 오브젝트를 함수로 호출할 때 this로 참조할 오브젝트를 지정합니다. 지정하지 않으면 글로벌 오브젝트로 간주합니다.

두 번째 파라미터에 bind 메소드로 생성한 Function 오브젝트를 함수로 호출할 때 사용할 파라미터를 지정합니다. 생성한 Function 오브젝트를 함수로 호출할 때도 파라미터를 지정할 수 있습니다. bind 메소드에 지정한 파라미터와 생성한 Function 오브젝트를 함수로 호출할 때 지정한 파라미터를 병합하여 하나의 파라미터로 사용합니다.

■ Function 오브젝트 생성, 호출

[소스 27-12-1]

```
var bonus = {
    value: 123,
    get: function() {
        return this.value;
    }
};
js.log(bonus.get());


var fnObj = bonus.get.bind({value: 456});
js.log(fnObj());
```

[실행결과 27-12-1]

1. 123
2. 456

```
js.log(bonus.get());
```

bonus.get( ) 형태로 함수를 호출하면 get 함수 안의 return this.value; 문장에서 bonus 오브젝트의 value 프로퍼티 값을 반환하므로 [실행결과] 1번에 123이 출력됩니다. 당연한데 이를 작성한 것은 아래의 bind 메소드와 비교하기 위해서입니다.

```
var fnObj = bonus.get.bind({value: 456});
```

bonus.get.bind( ) 형태로 bind 메소드를 호출하면 bonus.get 함수가 호출되지 않고 bind 메소드가 호출됩니다. 호출된 bind 메소드는 새로운 Function 오브젝트를 생성하여 반환합니다.

bonus.get.bind( ) 형태에서 bind 메소드가 호출되려면 bonus.get이 오브젝트이어야 합니다. 그런데 함수입니다. 이때 자바스크립트 묘미가 발휘됩니다. "abc".charAt( )에서 "abc"가 문자열이므로 String 오브젝트의 charAt( ) 메소드가 호출되듯이 bonus.get이 함수이므로 Function 오브젝트의 bind( ) 메소드가 호출됩니다. 멋있나요!

charAt 메소드에서 "abc"를 값으로 사용하듯이 생성한 Function 오브젝트에서 bonus.get을 호출할 함수로 사용합니다. 이를 위해 Function 오브젝트를 생성하면서 bonus.get을 [[TargetFunction]]에 저장합니다.

bonus.get( ) 형태로 함수를 호출하면 this가 bonus 오브젝트를 참조하지만, bonus.get. bind({value: 456}) 형태로 bind 메소드를 호출하면 첫 번째 파라미터의 오브젝트를 this가 참조합니다. bind 메소드의 첫 번째 파라미터를 지정하지 않으면 글로벌 오브젝트로 간주 합니다.

bonus.get 함수를 연결하여 호출하지 않고 Function 오브젝트를 생성하여 반환하므로 this 가 참조하는 오브젝트를 생성한 Function 오브젝트의 [[BoundThis]]에 저장합니다. 두 번째 파라미터를 [[BoundArguments]]에 저장합니다.

```
get: function() {
    return this.value;
}
js.log(fnObj());
```

fnObj( ) 형태로 호출하면 Function 오브젝트의 [[TargetFunction]]에 저장된 bonus.get 함수 가 호출됩니다. bind( ) 메소드의 첫 번째 파라미터를 this가 참조하며 Function 오브젝트의 [[BoundThis]]에 설정되어 있습니다. this.value로 값을 반환할 때 [[BoundThis]]를 사용하며 [[BoundThis]]에서 {value: 456}을 참조하므로 456이 반환되어 [실행결과] 2번에 출력됩니다.

■ 파라미터 병합

bind 메소드의 두 번째 파라미터를 콤마로 구분하여 다수 작성할 수 있습니다. bind 메소 드로 생성한 Function 오브젝트를 호출할 때도 파라미터를 작성할 수 있습니다. 즉, 파라미 터 값을 두 곳에 작성할 수 있습니다.

[소스 27-12-2]

```
var bonus = {
    get: function() {
        return Array.prototype.slice.call(arguments);
    }
};
var fnObj = bonus.get.bind({value: 10}, 20, 30);
js.log(fnObj(40, 50));
```

1. [20, 30, 40, 50]

```
var fnObj = bonus.get.bind({value: 10}, 20, 30);
```

bind 메소드가 호출되면 두 번째 파라미터 이후에 작성한 모든 파라미터를 생성한 Function 오브젝트의 [[BoundArguments]]에 설정합니다. 설정된 파라미터는 생성한 Function 오브젝트를 함수로 호출했을 때 파라미터 값으로 사용됩니다.

```
js.log(fnObj(40, 50));
```

fnObj(40, 50) 형태로 호출하면 fnObj Function 오브젝트의 [[TargetFunction]]에 설정된 bonus.get 함수를 호출합니다. 파라미터 값을 bind 메소드에서 두 번째 이후에 작성한 파라미터 끝에 추가하여 bonus.get 함수의 파라미터로 사용합니다. 즉, [[BoundArguments]] 끝에 fnObj()의 파라미터 값을 추가합니다. 두 곳의 파라미터를 병합하면 [20, 30, 40, 50] 형태가 됩니다.

이처럼 bind 메소드의 파라미터 값과 생성한 Function 오브젝트를 호출할 때 지정한 파라미터 값을 병합하여 파라미터 값으로 사용합니다. bind 메소드의 파라미터 값을 arguments 앞에 설정한 후 fnObj 함수의 파라미터 값을 뒤에 첨부합니다.

```
return Array.prototype.slice.call(arguments);
```

이 코드는 arguments 오브젝트 값을 배열로 반환받는 전형적인 코드입니다. arguments 오브젝트에 [20, 30, 40, 50] 이외에 length 프로퍼티가 있으므로 arguments 오브젝트를 반환받으면 값을 추려내는 처리를 해야 합니다. slice 메소드는 인덱스 범위의 배열 엘리먼트를 배열로 반환하며 시작 인덱스와 끝 인덱스를 지정하지 않으면 대상 전체를 반환합니다. arguments 오브젝트가 {0: 20, 1: 30} 형태로 저장하지만 인덱스로 값을 구할 수 있습니다.

27.13 bind( ) 엔진 처리

bind 메소드를 정리하는 차원에서 자바스크립트 엔진의 bind 메소드 처리 방법을 살펴봅니다.

```
var sports = {
    get: function(one) {
        var args = arguments;
        return this.value + args[0] + args[1] + args[2];
    }
};
var fnObj = sports.get.bind({value: 123}, 'soccer', '456');
debugger;
js.log(fnObj('swim'));
```

[실행결과 27-13]

1. 123soccer456swim

[그림 27-13]

```
▼ fnObj: function () { [native code] }
    arguments: (...)
  ▶ get arguments: function ThrowTypeError() { [native code] }
  ▶ set arguments: function ThrowTypeError() { [native code] }
    caller: (...)
  ▶ get caller: function ThrowTypeError() { [native code] }
  ▶ set caller: function ThrowTypeError() { [native code] }
    length: 0
    name: ""
  ▶ __proto__: function Empty() {}
  ▶ [[TargetFunction]]: function (one) {
  ▼ [[BoundThis]]: Object
      value: 123
    ▶ __proto__: Object
  ▼ [[BoundArgs]]: Array[2]
      0: "soccer"
      1: "456"
      length: 2
    ▶ __proto__: Array[0]
```

[그림 27-13]은 debugger로 인해 멈춘 시점의 bind 메소드로 생성한 Function 오브젝트의 모습입니다. get과 set은 에러 처리를 위한 내부용 함수입니다. [[TargetFunction]]에 sports.get 함수가 설정되지만 그림이 길게 표시되어 펼치지 않았습니다. [[BoundThis]]에 bind 메소드의 첫 번째 파라미터 값이 표시되었으며 [[BoundArgs]]에 두 번째와 세 번째 파라미터 값이 표시되었습니다.

1. bind 메소드를 호출합니다.

   {코드} sports.get.bind({value: 123}, 'soccer', '456');

2. sports.get.bind( )에서 sports.get의 호출 가능 여부를 체크합니다.

   {설명} 호출할 수 없는 상태이면 TypeError를 발생시키고 아래를 처리하지 않습니다.

   {설명} bind 메소드 앞에 Function 오브젝트를 지정해야 합니다.

3. 새로운 Function 오브젝트를 생성합니다.

   {설명} 생성한 오브젝트를 fnObj에 할당하므로 설명의 편의를 위해 fnObj로 표기합니다.

4. bind 메소드 앞에 작성한 함수를 fnObj의 [[TargetFunction]]에 설정합니다.

   {설명} sports.get.bind({value: 123}, 'soccer', '456');에서 sports.get을 설정합니다.

5. bind 메소드의 첫 번째 파라미터를 fnObj의 [[BoundThis]]에 설정합니다.

   {설명} sports.get.bind({value: 123}, 'soccer', '456');에서 {value: 123}을 설정합니다.

   {설명} get 함수에서 this가 [[BoundThis]]를 참조합니다.

6. bind 메소드의 두 번째 이후의 모든 파라미터를 fnObj의 [[BoundArgs]]에 설정합니다.

   {설명} [그림 27-13]의 [[BoundArgs]]에 {0: "soccer", 1: "456"}이 설정되어 있습니다.

   {설명} ES5 스펙에는 [[BoundArguments]]로 표기되어 있으나 [그림 27-13]의
   [[BoundArgs]]로 표기되어 있습니다.

7. fnObj의 [[Call]]을 설정합니다.

   {설명} ▶ 7번 추가 설명을 참조하세요.

8. 생성한 Function 오브젝트를 반환하여 fnObj에 할당합니다.

9. fnObj를 호출합니다.

   {설명} 파라미터 값을 지정할 수 있습니다.

▶ 7번 추가 설명: fnObj의 [[Call]]을 설정합니다.

fnObj( )를 호출하면 [[Call]]에 설정된 함수를 호출합니다. [[Call]] 함수에 세 개의 target, boundThis, boundArgs 프로퍼티가 있으며 아래와 같이 설정한 후 실행합니다.

1) target에 [[TargetFunction]] 값을 설정합니다. sports.get.bind( )에서 sports.get이므로 fnObj( )를 호출하면 sports.get 함수가 호출됩니다.

2) boundThis에 [[BoundThis]] 값을 설정합니다. sports.get 실행 콘텍스트에서 this로 참조합니다.

3) boundArgs에 [[BoundArgs]] 값을 설정합니다. arguments 오브젝트 앞에 추가되고 fnObj( )의 파라미터가 뒤에 추가됩니다. sports.get 함수에서 병합된 arguments를 사용할 수 있습니다.

bind 메소드가 호출되면 Function 오브젝트를 생성하고 여기에 생성한 Function 오브젝트를 호출했을 때 실행할 수 있는 환경을 설정합니다. bind 메소드에 지정한 파라미터와 생성한 Function 오브젝트를 호출할 때 지정한 파라미터를 연결하여 하나의 파라미터로 사용합니다.

bind 메소드의 Function 오브젝트 생성과 생성한 Function 오브젝트 호출의 분리 메커니즘은, 어렵게 개발했던 것을 쉽게 개발하게 합니다. 멋있는 코드를 만들 수 있습니다.

Go~ Go~!!!

27.14 bind( )와 click 이벤트 바인딩

bind 메소드의 특징을 활용하면 효율적으로 프로그램 코드를 작성할 수 있습니다. 웹 페이지에 〈button id='clickID'〉클릭하세요〈/button〉이 있으며 버튼을 클릭할 때마다 이벤트 핸들러(Event Handler) 함수를 호출한다고 할 때, bind 메소드를 사용하면 쉽게 코드를 작성할 수 있습니다.

bind 메소드를 사용하지 않고 DOM 메소드인 addEventListener('click', show, false)로 이벤트 타입과 이벤트 핸들러를 작성하면 this를 지정하는 파라미터가 없으므로 this를 잊어버리게 됩니다. 따라서 this를 받을 수 있도록 사전 처리를 해야 합니다. 하지만 bind 메소드는 생성하는 Function 오브젝트에 this를 바인딩하므로 사전 처리를 하지 않아도 됩니다. 여기서 this는 this가 참조하는 오브젝트를 줄여서 표기한 것입니다.

아래는 [HTML 27-14]와 [소스 27-14]를 처리하는 시나리오입니다.

시나리오

1. 버튼 엘리먼트(button#clickID)에 클릭(click) 이벤트를 설정합니다.
2. 사용자가 "클릭하세요" 버튼을 클릭합니다.
3. bind 메소드로 설정한 이벤트 핸들러가 호출됩니다.

[HTML 27-14]

```
<body>
    <button id='clickID'>클릭하세요</button>
</body>
```

button#clickID 엘리먼트를 마우스로 클릭하면 이벤트가 발생하여 [소스 27-14]의 show 함수를 호출합니다.

```
window.onload = function(){
    var element = document.getElementById('clickID');
    element.onclick = show.bind(sports, element);
}
var sports = {
    value: 123
};
function show(element, event) {
    debugger;
    js.log(element.textContent);
    js.log(event.target.id);
    js.log(this.value);
}
```

[실행결과 27-14]

```
1. 클릭하세요
2. clickID
3. 123
```

[HTML 27-14]와 [소스 27-14]는 아래와 같은 순서와 방법으로 처리됩니다.

이벤트 설정, bind 메소드 실행

1. [HTML 27-14]와 [소스 27-14]가 작성되어 있습니다.
2. 브라우저가 [HTML 27-14] 렌더링을 완료하면 window.onload 이벤트가 발생합니다.
3. window.onload에 설정된 핸들러 함수가 호출됩니다.
   {코드} window.onload = function( ){···}
4. button#clickID에 이벤트를 설정하기 위해 엘리먼트 오브젝트를 생성합니다.
   {코드} var element = document.getElementById('clickID');
   {설명} 할당 연산자(=)의 오른쪽 코드를 실행하면 엘리먼트 오브젝트가 생성됩니다.
   {설명} 엘리먼트 생성 방법은 DOM 자료를 참조하세요.
5. bind 메소드로 show 함수를 바인딩합니다.
   {코드} show.bind(sports, element);
   {설명} ▶ 5번 추가 설명을 참조하세요.
6. 생성한 엘리먼트 오브젝트(element)에 이벤트 타입(onclick)과 핸들러 함수(show)를 설정합니다.
   {코드} element.onclick = show.bind(sports, element);

bind 메소드로 show 함수를 바인딩하면 onclick 이벤트가 발생했을 때 이벤트 핸들러로 호출됩니다. show.bind(sports, element);와 같이 첫 번째 파라미터에 this가 참조할 오브젝트를 작성하고 두 번째 파라미터에 생성한 엘리먼트 오브젝트를 작성합니다. 두 번째 파라미터를 작성하지 않아도 되지만 핸들러 함수에 파라미터가 연동되는 것을 설명하기 위해 작성했습니다. 호출된 핸들러 함수로 넘겨줄 파라미터를 작성할 수 있습니다.

마우스로 버튼 클릭

7. 사용자가 웹 페이지에서 "클릭하세요" 버튼을 클릭합니다.
   {코드} 〈button id='clickID'〉클릭하세요〈/button〉
8. 이벤트 핸들러인 show 함수가 호출됩니다.
   {설명} 아래 [그림 27-14]은 debugger로 인해 멈춘 시점의 모습입니다.
9. 첫 번째 파라미터에 bind 메소드의 두 번째 파라미터에 작성한 element가 설정됩니다.
   {설명} bind 메소드에 다수의 파라미터를 작성하면 순서대로 설정됩니다.
   {설명} arguments를 사용하여 파라미터 값을 얻을 수도 있습니다.
10. 두 번째 파라미터에 이벤트 오브젝트가 설정됩니다.
    {설명} 두 번째 파라미터는 엔진에서 설정하며 onclick 이벤트 발생 정보가 포함되어 있습니다.
    {설명} bind 메소드에 파라미터를 작성하지 않으면 첫 번째 파라미터에 설정됩니다.
11. show 함수에 작성한 자바스크립트 코드를 수행합니다.
12. [실행결과]에 값이 출력됩니다.

[그림 27-14]

```
▼ Local
  ▶ element: button#clickID
  ▶ event: MouseEvent
  ▼ this: Object
      value: 123
    ▶   proto  : Object
```

[그림 27-14]에서 Local은 show 함수를 의미합니다. element와 event는 show 함수의 파라미터 이름입니다. "this: Object"는 bind 메소드의 첫 번째 파라미터에 작성한 오브젝트입니다.

element에 bind 메소드의 두 번째 파라미터가 설정되며 onclick 이벤트를 설정한 엘리먼트 오브젝트입니다. element를 펼치면 엘리먼트 오브젝트를 구성하는 프로퍼티를 볼 수 있습니다. 이에 대해서는 DOM 자료를 참조하기 바랍니다. event에 이벤트 오브젝트가 설정되며 onclick 이벤트 발생 정보가 포함되어 있습니다. 이벤트 오브젝트는 DOM에서 제공합니다.

```
js.log(element.textContent);
```

element에 onclick 이벤트를 설정한 엘리먼트 오브젝트가 설정됩니다. textContent는 엘리먼트 오브젝트에서 textContent 프로퍼티 값을 반환합니다. 즉, ⟨button id='clickID'⟩클릭하세요⟨/button⟩에서 "클릭하세요"를 반환합니다.

```
js.log(event.target.id)
```

event에 onclick 이벤트가 발생한 이벤트 오브젝트가 설정됩니다. event.target에 onclick 이벤트가 발생한 엘리먼트 오브젝트가 설정되어 있으며 event.target.id는 엘리먼트의 id 속성 값입니다. element가 이벤트를 설정한 엘리먼트이고 event.target이 이벤트가 발생한 엘리먼트이지만 같은 엘리먼트입니다. 따라서 bind 메소드의 두 번째에 element를 작성할 필요가 없습니다.

모든 경우에 이벤트를 설정한 엘리먼트와 이벤트가 발생한 엘리먼트가 같다고 할 수는 없습니다. 이벤트 설정, 발생에 따라 다를 수 있습니다. 이에 대해서는 DOM의 버블(bubble)을 참조하기 바랍니다.

```
js.log(this.value);
```

this.value에서 this는 bind 메소드의 첫 번째 파라미터에 작성한 sports 오브젝트를 참조합니다. this로 오브젝트를 참조할 수 있으므로 bind 메소드가 속한 오브젝트와 핸들러 함수가 속한 오브젝트를 하나로 연결할 수 있습니다. 객체 지향 프로그램에서 매우 유용합니다.

27.15 bind( )와 비동기 통신 바인딩

클라이언트와 서버가 통신할 때 bind 메소드를 활용하여 효율적으로 제어할 수 있습니다. 클라이언트가 서버와 비동기 통신을 시작하면 다섯 번 통신 상태가 변경되며 변경될 때마다 onreadystatechange 이벤트를 발생시킵니다. 발생한 이벤트를 받아 적절한 처리를 해야 통신이 종료된 것을 인식할 수 있으며 서버에서 보낸 데이터를 받을 수 있습니다.

따라서 onreadystatechange 이벤트가 발생할 때마다 함수가 호출되도록 연결시켜야 합니다. 이 함수를 콜백 함수(callback function)라고 합니다. 콜백 함수가 호출되면 통신 종료를 체크하고 성공적으로 통신이 종료되었을 때 서버에서 보낸 데이터를 처리합니다. bind

메소드로 this가 참조하는 오브젝트와 통신 오브젝트를 바인딩할 수 있으므로 콜백 함수에서 쉽게 처리할 수 있습니다.

[소스 27-15]

```
var sports = {
    value: 123
};
function statusChange(xhr) {
    if (xhr && xhr.readyState == 4){
        if (xhr.status > 199 && xhr.status < 300) {
            debugger;
            js.log(xhr.statusText);
            js.log(this.value);
        }
    }
}
var xhr = new XMLHttpRequest();
xhr.open('get', 'http://www.temp_temp.com/temp.txt', true);

xhr.onreadystatechange = statusChange.bind(sports, xhr);
xhr.send();
```

[실행결과 27-15]

1. OK
2. 123

[소스 27-15]는 아래와 같은 순서와 방법으로 통신을 준비하고 실행합니다.

통신 준비 및 실행

1. 통신을 위한 통신 오브젝트를 생성합니다.
   {코드} var xhr = new XMLHttpRequest( );
2. 통신 오브젝트(xhr)의 open 메소드로 서버와 통신을 시작합니다.
   {코드} xhr.open('get', 'http://www.temp_temp.com/temp.txt', true);
3. bind 메소드로 콜백 함수를 바인딩합니다.
   {코드} statusChange.bind(sports, xhr);
   {설명} 첫 번째 파라미터의 오브젝트를 콜백 함수에서 this로 참조합니다.
4. 통신 오브젝트에 콜백 함수를 설정합니다.
   {코드} xhr.onreadystatechange = statusChange.bind(sports, xhr);

{설명} onreadystatechange 이벤트가 발생할 때마다 statusChange 함수가 호출됩니다.

5. 통신 오브젝트(xhr)의 send 메소드로 데이터를 서버로 전송합니다.

{코드} xhr.send( );

{설명} 파라미터에 서버로 보낼 데이터를 지정하며 지정하지 않아도 됩니다.

이제부터 클라이언트와 서버가 통신하며 통신 상태가 바뀔 때마다 onreadystatechange 이벤트가 발생합니다. statusChange 함수를 콜백 함수로 설정했으므로 이벤트가 발생할 때마다 호출됩니다.

[그림 27-15]

```
▼ Local
  ▼ this: Object
      value: 123
    ▶ __proto__: Object
  ▶ xhr: XMLHttpRequest
```

[그림 27-15]는 debugger로 인해 멈춘 시점의 모습으로 성공적으로 서버와 통신이 종료된 상태입니다. "this Object"의 {value: 123}은 bind 메소드의 첫 번째 파라미터에 지정한 sports 오브젝트의 프로퍼티입니다. xhr은 bind 메소드의 두 번째 파라미터에 지정한 통신 오브젝트입니다.

```
var xhr = new XMLHttpRequest();
```

통신 오브젝트를 생성하여 xhr에 할당합니다. 서버에서 클라이언트로 보낸 데이터가 xhr 오브젝트의 responseText 또는 responseXML 프로퍼티에 작성되어 있습니다. XMLHttpRequest에 대해서는 관련 자료를 참조하기 바랍니다.

```
xhr.open('get', 'http://www.temp_temp.com/temp.txt', true);
```

생성한 통신 오브젝트의 open 메소드로 서버와 통신을 시작합니다. 두 번째 파라미터는 예제를 위해 작성한 것으로 존재하지 않는 URL입니다.

```
xhr.onreadystatechange = statusChange.bind(sports, xhr);
```

서버와 통신을 시작하면 진행 상태를 0에서 4까지 값으로 제공하며 값이 바뀔 때마다 xhr.onreadystatechange 이벤트가 발생합니다. 이벤트가 발생하면 콜백 함수인 statusChange가 호출됩니다.

bind 메소드의 두 번째 파라미터에 통신 오브젝트를 지정하면 statusChange 함수에서 파라미터로 통신 오브젝트를 사용할 수 있습니다. 비동기 통신으로 서버와 여러 건을 통신할 때 통신을 시작한 순서로 통신이 종료되지 않으므로 어떤 것이 종료되었는지 알 수 없습니다. bind 메소드로 this가 참조하는 오브젝트와 통신 오브젝트를 바인딩하면 통신 오브젝트 단위로 서버에서 보낸 데이터를 this가 참조하는 오브젝트에서 처리할 수 있습니다. 각각 다른 오브젝트에서 통신할 때 유용합니다.

```
function statusChange(xhr) {
    if (xhr && xhr.readyState == 4){
        if (xhr.status > 199 && xhr.status < 300) {
        }
    }
}
```

xhr.onreadystatechange 이벤트가 발생할 때마다 호출되는 콜백 함수입니다. 통신 오브젝트(xhr)의 readyState 값이 4이면 통신이 종료된 것을 나타냅니다. 통신의 성공, 실패에 관계없이 통신이 종료된 것으로 통신 오브젝트(xhr)의 status 프로퍼티에 성공, 실패가 값으로 설정됩니다. status 프로퍼티 값이 200에서 299까지가 성공적으로 완료된 것을 나타냅니다.

```
js.log(xhr.statusText);
```

상태를 나타내기 위해 작성한 것으로 xhr.statusText는 통신 종료 상태를 문자열로 제공하며 [실행결과] 1번에 OK가 출력됩니다.

```
js.log(this.value);
```

bind 메소드의 첫 번째 파라미터에 this가 참조하는 오브젝트를 지정했으므로 this.value로 값을 추출하면 sports.value 값이 반환되며 [실행결과] 2번에 123이 출력됩니다.

28

자바스크립트 객체 지향 프로그래밍

자바스크립트 객체 지향 프로그래밍을 다룹니다.

28.1 객체 지향 프로그래밍 개요

많은 언어가 객체 지향 프로그래밍을 지원합니다. 언어마다 개념은 같으나 구현 방법, 형태에 조금씩 차이가 있습니다. 자바스크립트 또한 마찬가지로 구현 방법과 형태에 차이가 있습니다.

이 책은 객체 지향 프로그래밍 개념을 자세하게 다루지 않습니다. 왜냐하면 심도 깊게 다루려면 이것만 해도 한 권 분량이 되기 때문입니다. 이 책은 자바스크립트로 객체 지향 프로그램을 구현하기 위한 방법, 형태를 다룹니다.

객체 지향 프로그래밍의 중심 개념은 객체(Object)입니다. 객체이기에 객체는 독립적으로 존재하며 객체 자체에서 목적을 달성합니다. 긴밀하게 연동할 필요가 있을 때 다른 객체를 통합하여 하나의 객체로 행동합니다. 이때 사용하는 기법이 상속(Inheritance)입니다. 즉, 필요한 객체를 내 객체로 상속받아 통합된 객체로 만듭니다.

■ 객체 기본 요소

객체(오브젝트)를 이루는 기본 요소는 행위(Behavior)와 프로퍼티(Property)입니다. 행위는 단어 의미 그대로 행동하는 것으로 오브젝트의 메소드가 담당합니다. 프로퍼티는 객체에서 제공하는 이름과 값입니다. 프로퍼티를 속성(Attribute)이라고도 하지만 자바스크립트에서 프로퍼티와 속성은 용도와 범위가 다르므로 프로퍼티가 더 적절합니다.

필자가 가진 책을 알려면 필자에게 물어봐야 합니다. 필자 객체는 다른 사람이 알고 싶은 것을 필자에게 요청할 수 있도록 메소드를 제공합니다. 다른 사람은 필자가 제공한 메소드를 호출하면 가진 책을 알 수 있으며 필자 객체는 메소드가 호출되면 가진 책 리스트를 반환합니다. 필자가 책을 더 살 수도 있으며 가지고 있는 책을 버릴 수도 있으므로 추가와 삭제 메소드가 필요합니다. 책이 프로퍼티이고 메소드가 행위입니다.

필자가 노랑머리로 염색한다고 할 때 염색한다는 것이 메소드이고 노랑머리가 프로퍼티입니다. 노랑머리의 대상이 머리카락이므로 머리카락이 프로퍼티 이름이 되고 노랑색이 프로퍼티의 값이 됩니다. 이처럼 프로퍼티 값은 바꿀 수 있지만 항상 바꿀 수 있는 것은 아닙니다. Number 오브젝트의 MAX_VALUE, MIN_VALUE는 최댓값, 최솟값을 나타내며 상수이므로 바꿀 수 없습니다.

자바스크립트는 기본적으로 객체에 프로퍼티 이름과 값을 추가, 열거, 변경, 삭제(CRUD:

Create, Read, Update, Delete)할 수 있습니다. 한편 ES5 Object 오브젝트는 디스크립터를 사용하여 프로퍼티의 CRUD를 제한할 수 있습니다. ES5 Object 오브젝트는 자바스크립트 특성을 반영한 객체 지향 프로그래밍을 지원합니다.

■ 클래스(Class)

클래스는 객체에 속한 행위와 프로퍼티를 선언하는 영역으로 텍스트 형태입니다. 따라서 이 자체로 사용할 수 없고 객체(오브젝트)로 생성해야 사용할 수 있습니다. Java, C# 등의 언어가 클래스 개념을 사용하며 클래스를 객체로 사용하려면 new 연산자로 오브젝트를 만들어야 합니다.

자바스크립트는 클래스가 없습니다. 자바스크립트는 클래스에 행위와 프로퍼티를 작성한 후 new 연산자로 생성하여 오브젝트로 사용하지 않습니다. 자바스크립트 엔진이 function 키워드를 인식하면 오브젝트로 생성합니다. new 연산자와 생성자 함수로 인스턴스를 생성하지만 이때 생성자 함수는 오브젝트 상태입니다.

[소스 28-1-1]

```
function sports(){
    this.value = 123;
    function getValue(){
        return this.value;
    }
    return getValue();
}
sports();
```

자바스크립트 엔진이 function sports( ){ }; 문장을 만나면 Function 오브젝트를 생성하므로 텍스트 형태의 클래스라고 볼 수 없습니다. sports 함수 안의 getValue 함수는 sports 함수를 호출했을 때 Function 오브젝트로 생성하므로 일시적으로 텍스트 형태입니다. 그렇다면 getValue 함수를 클래스로 볼 수 있을까요?

필자 생각

텍스트 형태로 행위와 프로퍼티를 선언하는 것이 클래스라는 기준에서 보면 getValue 함수는 클래스입니다. 하지만 sports 함수를 호출하면 엔진이 자동으로 getValue 함수를 Function 오브젝트로 생성하므로 new 연산자로 오브젝트를 생성해야 사용할 수 있는 것과는 차이가 있습니다.

new 연산자로 오브젝트를 생성해야 사용할 수 있다는 기준에서 보면, 자바스크립트에 클래스가 있지만 엔진이 자동으로 오브젝트를 생성하므로 클래스가 없다고 하는 것이 더 정확한 표현이라고 생각합니다. 뉘앙스에 차이가 있습니다.

[소스 28-1-2]

```
var sports = {
    value: 456,
    getValue: function(){
        return this.value;
    }
}
sports.getValue();
```

[소스 28-1-2] 마지막 줄에서 sports 오브젝트의 getValue 함수를 직접 호출할 수 있는 것은 getValue가 Function 오브젝트이기 때문입니다. {name: value} 형태의 오브젝트에 function을 작성하면 자바스크립트 엔진이 렌더링 될 때 Function 오브젝트로 생성합니다. 함수를 호출했을 때 함수 안의 함수를 Function 오브젝트로 생성하는 것과는 차이가 있습니다.

■ 형태 선택

웹 페이지에 상품 구매, 고객 등록 메뉴가 있다고 할 때 고객 등록을 한 회원은 고객 등록 메뉴를 클릭하지 않을 것입니다. [소스 28-1-1]과 [소스 28-1-2] 코드가 고객 등록 메뉴를 처리하기 위해 메뉴에 연결된 오브젝트라고 가정하겠습니다.

[소스 28-1-1]은 고객 등록 메뉴를 클릭했을 때 sports 오브젝트에 속한 Function 오브젝트를 생성합니다. 고객 등록 메뉴를 클릭하지 않으면 sports 오브젝트 안을 처리하지 않으므로 효율적입니다. 반면 sports Function 오브젝트를 호출할 때마다 getValue 함수를 Function 오브젝트로 생성합니다.

[소스 28-1-2]는 엔진이 렌더링 될 때 sports 오브젝트 안의 모든 function을 Function 오브젝트로 생성합니다. 고객 등록 메뉴를 선택하지 않으면 사용하지 않을 Function 오브젝트를 생성한 것이므로 비효율적입니다. 반면 호출할 때마다 getValue 함수를 Function 오브젝트로 생성하지 않습니다.

두 형태의 장단점을 고려하여 시스템을 설계해야 합니다.

Java 개발자는 클래스 다이어그램(Diagram)을 작성하는 등의 시스템 설계를 먼저 한 후 프로그램 코드를 개발합니다. 언어 구조와 특성으로 인해 어쩔 수 없는 면도 있으나 시스템 설계를 먼저 한 후 프로그램을 코딩합니다. 반면 대부분의 웹 개발자는 시스템 설계를 하지 않고 프로그램 코드를 작성합니다. 이제 이런 방법을 바꿔야 합니다.

앞의 두 예제 코드에서 보았듯이 같은 객체이지만 형태가 다르며 쓰임새도 다릅니다. 이외에도 클로저(Closure), 재귀함수, 인스턴스, 바인딩 등등, 자바스크립트 프로그램 기법이 다양하며 범위도 넓습니다. 프레임워크를 사용하거나 자바스크립트 코드가 길거나 소스 코드를 공유할 때는 더욱 시스템 설계가 중요합니다.

28.2 객체 지향의 주요 개념

객체 지향의 주요 개념은 아래와 같이 네 가지로 구분할 수 있습니다. 이외에도 오버로드, 오버라이드 등 많은 개념이 있지만 크게 분류한 것입니다.

- 추상화(Abstraction)
- 캡슐화(Encapsulation)
- 다형성(Polymorphism)
- 상속(Inheritance)

개념이므로 개념 중심으로 살펴봅니다. 상속에 대해서는 이 장에서 예제 코드와 함께 자세하게 다루고 있습니다.

■ 추상화

추상화의 목적은 최적화입니다. 최적화는 공통 기능, 공통 데이터와 같이 공통 개념을 하나로 정의하는 것부터 시작합니다. 예를 들어 책 판매 시스템에서도 고객 정보를 등록하고 음반 판매 시스템에서도 고객 정보를 등록하는 것은 최적화된 모습이 아닙니다. 고객 정보 등록이 추상화 대상입니다.

■ 캡슐화

캡슐화의 목적은 객체의 메소드와 프로퍼티를 외부에 숨기는 것입니다. 객체에서 처리하는 것을 외부에서 알 수 없으므로 객체의 프로퍼티에 접근하여 값을 변경할 수 없습니다. 캡슐화와 관련된 객체 지향 용어로 정보 은닉(Information Hiding)이 있으며 객체 안의 정보를 숨기는 것을 의미합니다. 객체 안의 모든 것을 숨기면 외부에서 사용할 수 없으므로 데이터와 처리 방법은 숨기고 메소드를 외부에 제공합니다. 외부에서는 메소드를 호출하여 객체에서 제공하는 값, 기능을 얻을 수 있습니다.

자바스크립트에서 캡슐화는 function sports( ){} 안에 있는 함수는 외부에서 직접 호출할 수 없으므로 캡슐화 개념으로 볼 수 있습니다. 함수의 지역 변수 값은 외부에서 직접 접근할 수 없고 함수를 호출해야 정보를 얻을 수 있으므로 정보를 보호할 수 있습니다.

■ 다형성

다형성은 파라미터 수, 파라미터 데이터 타입에 따라 객체에 같은 이름의 메소드가 존재하며 메소드를 호출하면 파라미터 수와 파라미터 데이터 타입에 맞는 메소드가 호출됩니다. 반면 자바스크립트는 같은 이름의 메소드가 존재할 수 없으며 파라미터 수와 데이터 타입에 따라 함수를 선언하지 않으므로 의미가 없습니다.

다형성과 관련된 객체 지향 용어로 오버로딩(Overloading)이 있습니다. 오버로딩은 함수의 파라미터 수 또는 데이터 타입을 바꾸는 것으로 자바스크립트는 파라미터 수와 데이터 타입에 영향을 받지 않습니다.

■ 상속

상속의 목적은 객체의 재사용입니다. 목적에 맞는 객체가 있는데 다시 만드는 것은 객체 지향의 기본을 흔드는 모습입니다. 목적에 맞는 객체를 가져다가 내 객체에 포함시킵니다. 이를 상속이라고 합니다. 부모님에게 상속(이것은 이동)을 받으면 부모님 재산이 없어지지만 객체를 상속받더라도 상속받은 객체가 존재하므로 다른 객체에서 상속을 받을 수 있습니다.

자바스크립트는 오브젝트와 함수로 상속을 구현할 수 있습니다. 오브젝트{} 상속은 오브젝트를 병합하여 상속을 구현합니다. 함수 상속은 함수의 prototype에 상속받으려는 객체를 연결하여 상속을 구현합니다. 상속받은 객체의 prototype에 다른 객체가 상속되어 있으면 3개의 객체가 구조적으로 연결된 모습이며 이를 프로토타입 체인이라고 합니다.

28.3 오브젝트에 오브젝트 연결

자바스크립트에서 네이티브 오브젝트를 제외하고 프로퍼티를 포함시킬 수 있는 오브젝트는 {name: value} 형태의 오브젝트와 Function 오브젝트가 있습니다. 오브젝트이므로 오브젝트를 연결할 수 있습니다. 먼저 {name: value} 형태의 연결을 살펴보고 Function 오브젝트 연결을 살펴봅니다.

[소스 28-3]

```javascript
var baseball = {
    value: 123,
    getValue: function(){
        return this.value;
    }
}
var sports = {
    value: 456,
    getValue: function(){
        return this.value;
    },
    baseball: baseball
}
js.log(sports.getValue());
js.log(sports.baseball.getValue());
debugger;
```

[실행결과 28-3]

```
1. 456
2. 123
```

baseball 오브젝트와 sports 오브젝트에 getValue 함수가 있으며 각 함수는 this.value를 반환합니다. sports 오브젝트에서 프로퍼티를 사용하여 baseball 오브젝트를 연결했습니다. 아래 [그림 28-3]은 debugger로 인해 멈춘 시점의 모습으로 오브젝트를 연결한 후의 모습입니다.

[그림 28-3]

```
▼ Local
  ▶ baseball: Object
  ▼ sports: Object
    ▼ baseball: Object
      ▶ getValue: function (){
        value: 123
      ▶    proto  : Object
    ▶ getValue: function (){
      value: 456
    ▶ __proto__: Object
  ▶ this: Window
```

`baseball: baseball`

sports 오브젝트에 baseball 프로퍼티를 작성하고 프로퍼티 값으로 baseball을 지정했습니다. 값으로 지정한 baseball이 [소스 28-3] 첫 번째 줄의 baseball 오브젝트를 참조합니다. [그림 28-3]에 sports 오브젝트의 baseball에 baseball 오브젝트의 프로퍼티가 표시되어 있습니다. 이 형태는 상속이 아닌 연결입니다.

```
getValue: function(){
    return this.value;
}
js.log(sports.getValue());
```

sports.getValue( ) 형태로 함수를 호출하면 getValue 함수 앞에 sports 오브젝트를 작성했으므로 (return this.value) 문장에서 this가 sports 오브젝트를 참조하게 되어 [실행결과] 1번에 456이 출력됩니다.

```
getValue: function(){
    return this.value;
}
js.log(sports.baseball.getValue());
```

baseball 오브젝트의 value 프로퍼티 값인 123을 반환받아 출력하는 코드입니다. sports.baseball 프로퍼티에서 baseball 오브젝트를 참조하므로 sports.baseball.getValue( ) 형태로 호출할 수 있습니다. getValue 함수 앞에 sports.baseball을 작성했으므로 (return this.value) 문장에서 this가 sports.baseball 오브젝트를 참조하게 되어 123이 출력됩니다.

오브젝트를 프로퍼티로 연결하고 함수를 호출하면 this가 연결된 오브젝트를 참조하므로 필요에 따라 함수가 호출되는 오브젝트를 바꿀 수 있습니다. 다수의 오브젝트에서 공통으로 사용하는 메소드를 baseball 오브젝트에 정의하고 사용하려는 오브젝트에서 프로퍼티로 오브젝트를 연결하면 관련성이 있는 것을 암시하는 효과를 얻을 수 있습니다.

28.4 오브젝트에 인스턴스 연결

new 연산자로 생성한 인스턴스를 오브젝트의 프로퍼티에 연결한 형태를 살펴봅니다.

[소스 28-4]

```
function Swim(){
    this.value = 123;
}
Swim.prototype.getValue = function(){
    return this.value;
}


var sports = {
    player: 1,
    swim: new Swim()
}
js.log(sports.swim.getValue());
```

[실행결과 28-4]

1. 123

new 연산자와 Swim 생성자 함수로 인스턴스를 생성하여 sports 오브젝트의 swim 프로퍼티에 할당한 후 getValue( ) 함수를 호출하는 코드입니다.

```
var sports = {
    player: 1,
    swim: new Swim()
}
```

new 연산자와 Swim 생성자 함수로 인스턴스를 생성하여 swim 프로퍼티에 할당합니다. sports.swim = new Swim( )과 같습니다. 여기서 생각할 것은 {name: value} 형태는 자바스크립트가 렌더링하면서 new Swim( )을 실행한다는 점입니다. sports.swim을 사용하지 않는다면 필요 없이 인스턴스를 생성한 것입니다. 이런 점을 설계에 반영해야 합니다.

```
js.log(sports.swim.getValue());
```

Swim 인스턴스의 getValue 함수가 호출되며 this가 Swim 인스턴스를 참조하므로 [실행결과]에 123이 출력되었습니다.

28.5 오브젝트 병합

프로퍼티를 사용하여 구조적으로 오브젝트를 연결하면 경로를 지정하여 함수를 호출해야 합니다. 오브젝트를 병합하면 프로퍼티를 사용하여 구조적으로 접근하지 않고 this로 메소드를 호출하거나 프로퍼티 값을 얻을 수 있습니다.

[소스 28-5]

```
var baseball = {
    value: 123,
    getValue: function(){
        return this.value;
    }
}
var sports = {
    value: 456,
    setValue: function(param){
        this.value = param;
    }
}
js.log(sports.value);
for (var name in baseball){
    sports[name] = baseball[name];
}
js.log(sports.getValue());
```

[실행결과 28-5]

1. 456
2. 123

가운데의 js.log(sports.value);로 sports 오브젝트의 value 프로퍼티 값을 출력하면 [실행결과] 1번에 456이 출력됩니다. 이 상태에서 바로 아래의 for 문으로 baseball 오브젝트의 프로퍼티를 sports 오브젝트에 설정했을 때, this가 참조하는 프로퍼티 값을 알아보고 이를 통해 오브젝트 병합의 장단점을 살펴보는 것이 목적입니다.

```
for (var name in baseball){
    sports[name] = baseball[name];
}
```

for 문을 사용해서 baseball 오브젝트의 모든 프로퍼티를 sports 오브젝트에 설정합니다. baseball 오브젝트의 프로퍼티 이름이 sports 오브젝트에 없으면 프로퍼티가 추가됩니다. 같은 이름이 있으면 프로퍼티 값이 대체됩니다. 값 타입이 function이면 함수 코드가 대체되므로 오버라이드가 발생합니다.

```
js.log(sports.getValue());
```

sports.getValue( ) 형태로 함수를 호출하면 this가 sports 오브젝트를 참조하므로 456이 출력되어야 합니다. 그런데 앞에서 for 문으로 baseball 오브젝트의 프로퍼티를 sports 오브젝트에 설정할 때 value 프로퍼티 값이 123으로 변경되었습니다. 그래서 [실행결과] 2번에 123이 출력되었습니다.

오브젝트를 병합하면 this로 프로퍼티에 접근할 수 있습니다. 반면 값이 대체되므로 대체에 따른 문제를 체크해야 합니다. 오브젝트의 프로퍼티 값이 지워지므로 현재 값을 사용하려면 for 문을 수행하기 전에 복사해두어야 합니다.

baseball 오브젝트의 프로퍼티가 sports 오브젝트에 없으면 프로퍼티가 추가되므로 상속으로 볼 수 있습니다. 하지만 병합이지 상속이 아닙니다. 자바스크립트에서 상속은 오브젝트가 구조적으로 연결된 상태에서 검색 우선순위에 따라 프로퍼티를 식별하는 형태입니다. 오브젝트와 오브젝트의 병합은 상속보다 오버라이드 개념이 더 강합니다. 계속해서 오브젝트 상속에 대해 살펴봅니다.

28.6 Object.create( )로 오브젝트 상속

Object.create 함수로 {name: value} 형태의 오브젝트 상속과 Function 오브젝트 상속을 구현할 수 있습니다. ES5에서 지원합니다. 이 절에서 오브젝트 상속을 다루고 28.9절에서 Function 상속을 다룹니다.

[문법]

구분	타입	데이터(값)
object	Object	Object
파라미터	Object	오브젝트
	Object	프로퍼티옵션
반환	Object	생성한 인스턴스

첫 번째 파라미터에 상속받을 오브젝트를 지정합니다. null을 지정하면 상속받을 오브젝트가 없다는 것을 의미합니다. 두 번째 파라미터로 인스턴스를 생성하고 첫 번째 파라미터의 오브젝트를 상속받습니다. 두 번째 파라미터의 프로퍼티가 인스턴스 프로퍼티로 설정됩니다.

[소스 28-6]

```
var baseball = {
    value: 123,
    getValue: function(){return this.value},
    setValue: function(param){this.value = param}
}
var sports = Object.create(baseball, {
    value: {
        value: 456,
        writable: true
    },
    getValue: {
        value: function(){return this.value}
    }
})
debugger;

js.log(sports.getValue());
sports.setValue(789);
js.log(sports.getValue());
```

[실행결과 28-6]

```
1. 456
2. 789
```

[그림 28-6]

```
▼ Local
  ▶ baseball: Object
  ▼ sports: Object
    ▶ getValue: function (){return this.value}
      value: 456
    ▼  proto  : Object
      ▶ getValue: function (){return this.value}
      ▶ setValue: function (param){this.value = param}
        value: 123
      ▶ __proto__: Object
  ▶ this: Window
```

[그림 28-6]은 debugger로 인해 멈춘 시점의 모습입니다. "sports: Object"는 Object.create 함수로 생성한 인스턴스가 할당된 sports 인스턴스를 나타냅니다. 즉, Object.create 함수에서 sports 인스턴스에 표시된 프로퍼티를 설정합니다.

Object.create 함수의 두 번째 파라미터에 작성한 getValue와 value가 sports 인스턴스 프로퍼티로 표시되었습니다. "value: 456" 아래의 __proto__에 baseball 오브젝트의 프로퍼티인 value, getValue, setValue가 표시되었습니다. 마지막 줄의 __proto__는 baseball 오브젝트를 생성할 때 빌트인 Object 오브젝트의 prototype에 연결된 프로퍼티로 인스턴스를 생성하여 첨부한 것입니다.

Object.create 함수가 실행되면 아래의 순서와 방법으로 상속을 구현합니다.

상속 구현 순서 및 방법

1. 새로운 Object 인스턴스를 생성합니다.
   {설명} {name: value} 형태의 인스턴스를 생성합니다. __proto__도 같이 생성합니다.
   {설명} new Object( )로 인스턴스를 생성하는 것과 같습니다.
2. 함수의 두 번째 파라미터인 프로퍼티(디스크립터)를 인스턴스 프로퍼티로 설정합니다.
   {코드} value: { }, getValue: { }
   {설명} 인스턴스 프로퍼티이므로 구조적으로 __proto__ 위에 설정됩니다.
3. 함수의 첫 번째 파라미터인 baseball 오브젝트를 인스턴스로 생성합니다.
   {코드} Object.create(baseball, {···})
   {설명} ▶ 3번 추가 설명을 참조하세요.
4. 생성한 인스턴스를 __proto__에 설정합니다.
   {설명} ▶ 4번 추가 설명을 참조하세요.

▶ 3번 추가 설명: 함수의 첫 번째 파라미터인 baseball 오브젝트를 인스턴스로 생성합니다.
baseball 오브젝트를 생성할 때 빌트인 Object 오브젝트의 prototype에 연결된 프로퍼티가 __proto__

에 설정됩니다. 생성한 인스턴스에 __proto__에 설정된 프로퍼티도 같이 설정됩니다.

▶ 4번 추가 설명: 생성한 인스턴스를 __proto__에 설정합니다.

1번에서 인스턴스를 생성할 때 오브젝트 타입이 Object이므로 __proto__에 빌트인 Object 오브젝트의 prototype에 연결된 프로퍼티가 __proto__에 설정됩니다. 여기에 3번에서 생성한 인스턴스를 설정하므로 __proto__에 연결된 Object 오브젝트의 프로퍼티가 지워집니다. 한편 __proto__에 연결되었던 프로퍼티는 3번에서 생성한 인스턴스의 __proto__에 연결되어 있으므로 지워도 문제가 되지 않습니다.

{name: value} 형태의 오브젝트 상속은 __proto__를 매개체로 하여 __proto__ 위에 인스턴스 프로퍼티를 설정하고 __proto__ 안에 상속받을 오브젝트를 인스턴스로 생성하여 설정합니다. Object.create 함수는 이 기준으로 구조로 만들어 상속을 구현합니다.

```
getValue: {
    value: function(){return this.value}
}
js.log(sports.getValue());
```

sports.getValue( ) 형태로 함수를 호출하면 함수에서 this가 sports 오브젝트를 참조합니다. this.value에서 value는 [그림 28-6]의 가장 위에 있는 value 프로퍼티 값 456을 반환하므로 [실행결과] 1번에 456이 출력됩니다. 엔진은 아래의 순서와 방법으로 456을 반환합니다.

1) sports.getValue( ) 함수가 호출되면 sports 오브젝트 프로퍼티에서 getValue를 찾습니다.
2) 오브젝트 프로퍼티에 getValue가 있으며 타입이 function이므로 함수를 호출합니다.
3) getValue 함수의 this.value 문장에서 value가 오브젝트 프로퍼티에 있으므로 456을 반환합니다.

```
setValue: function(param){this.value = param}
js.log(sports.setValue(789));
```

sports.setValue 함수가 baseball 오브젝트에 있으며 baseball 오브젝트를 인스턴스로 생성하여 __proto__에 설정했으므로 sports.setValue( ) 형태로 함수를 호출할 수 있습니다. setValue 함수에서 this는 sports 오브젝트를 참조합니다. baseball 오브젝트를 참조하지 않습니다.

setValue 함수에서 this.value = param 문장을 실행하면, sports 오브젝트의 value 프로퍼티에 param 값이 할당되어 456에서 789로 변경됩니다. baseball 오브젝트의 value 프로퍼티에 할당하지 않습니다.

```
getValue: {
    value: function(){return this.value}
}
js.log(sports.getValue());
```

[소스 28-6]의 마지막 줄에서 sports.getValue( ) 함수를 호출합니다. 함수의 (return this.value) 문장에서 this가 sports 오브젝트를 참조하며 앞 줄에서 value 프로퍼티에 789를 설정했으므로 [실행결과] 2번에 789가 출력됩니다.

■ 자바스크립트 상속 메커니즘

자바스크립트는 상속을 위해 중간에 매개체를 둡니다. {name: value} 형태의 오브젝트는 __proto__를 매개체로 하여 상속받을 오브젝트를 인스턴스로 생성하여 __proto__에 연결합니다. Function 오브젝트는 prototype을 매개체로 하여 prototype에 상속받을 오브젝트를 인스턴스로 생성하여 연결합니다. 매개체를 가운데 두고 오브젝트를 연결하여 상속을 구현합니다.

28.7 프로토타입 체인

자바스크립트는 Function 오브젝트의 prototype에 new 연산자로 생성한 인스턴스를 연결하여 상속을 구현합니다. 연속해서 prototype에 인스턴스를 연결할 수 있으므로 계층 구조로 상속을 구현할 수 있습니다. 다수의 인스턴스가 prototype을 매개체로 연결된 형태를 프로토타입 체인(Prototype Chain)이라고 합니다.

[소스 28-7]

```
function Soccer(){
    this.member = 123;
}
Soccer.prototype.getMember = function(){
    return this.member;
}
function Sports(){
    this.member = 456;
}
Sports.prototype = new Soccer();
```

```
var sportsObj = new Sports();
js.log(sportsObj.getMember());
debugger;
```

[실행결과 28-7]

1. 456

자바스크립트는 [소스 28-7]의 Function 오브젝트를 아래의 순서와 방법으로 상속을 구현합니다.

Function 오브젝트 상속

1. Soccer Function 오브젝트를 생성합니다.
   {코드} function Soccer( ){…}
2. Sports Function 오브젝트를 생성합니다.
   {코드} function Sports( ){…}
3. Soccer Function 오브젝트의 prototype에 프로퍼티를 연결합니다.
   {코드} Soccer.prototype.getMember = function(){…}
   {설명} ▶ 3번 추가 설명을 참조하세요.
4. Sports 오브젝트의 prototype에 new 연산자로 Soccer 인스턴스를 생성하여 설정합니다.
   {코드} Sports.prototype = new Soccer( );
   {설명} Sports 오브젝트에서 Soccer 오브젝트를 상속받게 됩니다.
5. Sports 인스턴스를 생성하여 sportsObj에 할당합니다.
   {코드} var sportsObj = new Sports( );
   {설명} ▶ 5번 추가 설명을 참조하세요.

▶ 3번 추가 설명: Soccer Function 오브젝트의 prototype에 프로퍼티를 연결합니다.
실행 콘텍스트의 초기화 단계에서 글로벌 코드의 함수 선언문을 Function 오브젝트로 생성합니다. 실행 단계에서 prototype에 프로퍼티를 연결합니다. prototype에 연결하는 것은 할당(=)이므로 실행 콘텍스트의 실행 단계에서 처리합니다. 따라서 3번 앞에서 new Soccer( )를 실행하면 prototype에 프로퍼티를 연결하지 않았으므로 생성한 Soccer 인스턴스에 prototype의 프로퍼티가 반영되지 않습니다.

▶ 5번 추가 설명: Sports 인스턴스를 생성하여 sportsObj에 할당합니다.
sportsObj는 Sports 오브젝트와 Soccer 오브젝트가 연결된 형태의 인스턴스가 됩니다. sportsObj 인스턴스에 속한 모든 프로퍼티를 this.propertyName 형태로 접근할 수 있습니다.

[그림 28-7-1]

```
▼ Sports: function Sports(){
    arguments: null
    caller: null
    length: 0
    name: "Sports"
  ▼ prototype: Soccer
      member: 123
    ▼ __proto__: Soccer
      ▶ constructor: function Soccer(){
      ▶ getMember: function (){
      ▶   proto : Object
  ▶   proto : function Empty() {}
  ▶ <function scope>
```

```
Sports.prototype = new Soccer();
```

[그림 28-7-1]은 위 코드를 수행한 후의 Sports 오브젝트 모습입니다. new Soccer( )로 인스턴스를 생성하여 Sports.prototype에 첨부합니다. 이는 Soccer 오브젝트를 인스턴스로 생성하여 상속받은 것입니다. member가 인스턴스 프로퍼티로 설정되고 __proto__가 첨부되며 여기에 Soccer.prototype에 연결된 프로퍼티로 인스턴스를 생성하여 설정합니다.

아직 Sports 인스턴스를 생성하지 않았으므로 Soccer.prototype.getMember 메소드를 호출하려면 Sports.prototype.getMember( )와 같이 Sports 오브젝트에 경로를 지정하여 호출해야 합니다.

[그림 28-7-2]

```
▼ Local
  ▶ Soccer: function Soccer(){
  ▶ Sports: function Sports(){
  ▼ sportsObj: Sports
      member: 456
    ▼   proto : Soccer
        member: 123
      ▼   proto : Soccer
        ▶ constructor: function Soccer(){
        ▶ getMember: function (){
        ▶   proto : Object
```

[그림 28-7-2]는 debugger로 인해 멈춘 시점에서 sportsObj를 펼친 모습입니다.

```
var sportsObj = new Sports();
```

new Sports( )를 실행하면 Sports 생성자 함수에서 인스턴스 프로퍼티로 member를 추가하고 456을 할당합니다. __proto__를 첨부하며 여기에 Sports.prototype에 연결된 프로퍼티로 인스턴스를 생성하여 첨부합니다. 앞 줄에서 Sports.prototype에 Soccer 인스턴스를 첨부했으며 이를 그대로 __proto__에 첨부합니다. Sports 오브젝트에서 Soccer 오브젝트를 상속받아 생성한 인스턴스가 sportsObj에 할당됩니다.

■ 슈퍼 클래스, 서브 클래스

슈퍼 클래스(super class)와 서브 클래스(sub class)는 객체 지향 용어로 서브 클래스에서 슈퍼 클래스를 상속받습니다. 자바스크립트는 오브젝트이므로 클래스를 오브젝트로 바꾸어 슈퍼 오브젝트, 서브 오브젝트로 표현할 수 있습니다. 슈퍼 오브젝트를 부모 오브젝트, 서브 오브젝트를 자식 오브젝트라고도 부릅니다.

Sports 오브젝트에서 Soccer 오브젝트를 상속받으므로 Soccer 오브젝트가 슈퍼 오브젝트가 되고 Sports 오브젝트가 서브 오브젝트가 됩니다. 객체 지향에서 슈퍼 오브젝트의 프로퍼티를 서브 오브젝트에서 참조할 때 super를 사용합니다. ES5는 지원하지 않지만, ES6 스펙에 super 키워드에 관한 기능(참조, 생성 등)과 방법이 기술되어 있습니다.

■ 검색 우선순위

this.propertyName 형태로 프로퍼티를 검색하면 우선 서브 오브젝트인 Sports 오브젝트에서 검색합니다. 프로퍼티가 존재하면 더 이상 검색하지 않고 프로퍼티 값 타입에 따라 처리합니다. 메소드이면 호출하고 숫자, 문자열이면 값을 반환합니다.

프로퍼티가 없으면 prototype에 연결된 슈퍼 오브젝트에서 프로퍼티를 검색합니다. 그래도 없으면 슈퍼 오브젝트의 prototype에 연결된 오브젝트에서 프로퍼티를 검색합니다. 이처럼 프로퍼티를 서브 오브젝트에서 슈퍼 오브젝트로 올라가면서 찾는 것을 검색 우선순위라고 합니다.

검색 우선순위에 따라 마지막으로 검색하는 것이 빌트인 Object 오브젝트로 생성한 인스턴스의 프로퍼티입니다. 왜냐하면 Function 오브젝트의 __proto__에 빌트인 Object 오브젝트로 생성한 프로퍼티가 첨부되기 때문입니다. 여기까지 검색했으나 프로퍼티가 없으면 undefined를 반환합니다.

서브 오브젝트의 프로퍼티가 슈퍼 오브젝트의 프로퍼티를 대체하는 것이 아니라 prototype에 연결된 인스턴스 프로퍼티로 존재하면서 검색 우선순위에 따라 찾습니다. 검색 범위는 실행 콘텍스트의 this 바인딩 컴포넌트에서 참조하는 인스턴스입니다. 즉, 호출하는 함수 앞에 작성한 인스턴스를 벗어나 검색하지 않습니다.

변수를 검색할 때 함수 안에서 찾고, 없으면 함수 밖으로 나가 찾고, 없으면 다시 밖으로 나가 마지막으로 글로벌 오브젝트에서 찾는 것과는 검색 기준이 다릅니다. 변수 검색은 함수 밖으로 나가지만, 검색 우선순위는 인스턴스를 벗어나지 않습니다.

■ 완전한 형태

[소스 28-7]에서 상속을 구현했지만 완전한 모습은 아닙니다. 그 이유는?

sports.prototype = new soccer( ); 문장에서 new 연산자로 생성한 인스턴스를 prototype에 첨부하면 prototype 안에 있는 constructor가 지워집니다. 따라서 아래와 같이 new soccer( )를 실행한 후 sports 오브젝트의 prototype에 constructor를 설정해야 합니다.

```
sports.prototype = new soccer();
sports.prototype.constructor = sports;
```

또한, sports.prototype에 get, set 메소드가 연결되어 있다면 get, set 메소드가 지워지므로 new soccer( )를 실행한 후 아래와 같이 프로퍼티를 연결해야 합니다.

```
sports.prototype = new soccer();
sports.prototype.constructor = sports;
sports.prototype.get = function(){};
sports.prototype.set = function(){};
```

위 코드에서 무엇인가 개선할 점이 보이지 않나요?! prototype에 연결할 메소드가 많으면 어떻게 될까요! 깔끔하게 처리할 공통 함수가 필요합니다. 공통 함수 개발은 독자의 몫으로 남깁니다. 개발을 통해 프로토타입 체인과 상속을 체험할 수 있습니다. 도전해보세요.^^

28.8 슈퍼 오브젝트 메소드 호출

서브 오브젝트에서 슈퍼 오브젝트를 상속받으면, 우선 서브 오브젝트에서 검색하므로 서브 오브젝트와 슈퍼 오브젝트에 같은 프로퍼티 이름이 있으면 슈퍼 오브젝트의 이름을 사용하지 않습니다. 슈퍼 오브젝트의 프로퍼티를 사용하는 방법을 살펴봅니다.

```
function Soccer(){
    this.member = 123;
}
Soccer.prototype.getMember = function(){
    return this.member + ': Soccer';
}
function Sports(){
    this.member = 456;
}
Sports.prototype = new Soccer();
Sports.prototype.getMember = function(){
    return 'sports';
}
var sportsObj = new Sports();
js.log(sportsObj.getMember());
js.log(Soccer.prototype.getMember.call(sportsObj));
```

[실행결과 28-8]

1. sports
2. 456: Soccer

[소스 28-8]은 아래의 순서, 방법으로 실행합니다.

실행 순서, 방법

1. Soccer Function 오브젝트를 생성합니다.
   {코드} function Soccer( ){…}
2. Sports Function 오브젝트를 생성합니다.
   {코드} function Sports( ){…}
3. Soccer Function 오브젝트의 prototype에 프로퍼티를 연결합니다.
   {코드} Soccer.prototype.getMember = function( ){…}
4. Sports 오브젝트의 prototype에 new 연산자로 Soccer 인스턴스를 생성하여 설정합니다.
   {코드} Sports.prototype = new Soccer( );
5. Sports Function 오브젝트의 prototype에 프로퍼티를 연결합니다.
   {코드} Sports.prototype.getMember = function( ){…}
   {설명} 4번에서 prototype에 인스턴스를 설정한 후 prototype에 프로퍼티를 연결합니다.
6. Sports 인스턴스를 생성하여 sportsObj에 할당합니다.
   {코드} var sportsObj = new Sports( );

```
Sports.prototype = new Soccer();
Sports.prototype.getMember = function(){
    return 'sports';
}
```

new Soccer( );로 인스턴스를 생성하여 Sports.prototype에 할당하면 Sports.prototype에 연결된 프로퍼티가 지워집니다. Sports.prototype에 getMember 메소드를 추가해야 getMember가 호출됩니다. constructor도 Sports.prototype에 추가해야 하지만, 본문에서 사용하지 않으므로 추가하지 않았습니다.

```
var sportsObj = new Sports();
js.log(sportsObj.getMember());
```

new Sports( )로 인스턴스를 생성하여 sportsObj에 할당합니다. sportsObj의 getMember 메소드를 호출하면 getMember가 sportsObj의 인스턴스 프로퍼티이므로 Sports.prototype의 getMember 메소드가 호출되어 [실행결과] 1번에 "sports"가 출력됩니다.

```
js.log(Soccer.prototype.getMember.call(sportsObj));
```

Soccer.prototype.getMember( ) 형태로 호출하면서 첫 번째 파라미터에 sportsObj 인스턴스를 지정합니다. Soccer.prototype의 getMember에서 this가 sportsObj를 참조하므로 sportsObj의 인스턴스 프로퍼티 값인 456에 ": Soccer"가 연결되어 [실행결과] 2번에 출력됩니다.

여기서 생각해 볼 것이 세 가지 있으며 시스템 설계에 반영해야 합니다.

첫째, Soccer.prototype의 getMember를 호출하지만 sportsObj의 인스턴트 프로퍼티 값을 사용한다는 것입니다. Soccer 생성자 함수에서 this.member에 설정한 123을 사용하지 않습니다. 위 코드 형태는 검색 우선순위가 앞에 있는 프로퍼티 값을 사용하며, 각 오브젝트의 getMember 메소드 처리 방법이 다를 때 사용합니다.

둘째, 호출된 메소드가 속한 오브젝트의 프로퍼티 값을 사용하려면 var soccerObj = new Soccer( ) 형태로 인스턴스를 생성하고 soccerObj.getMember( ) 형태로 메소드를 호출해야 합니다. 이는 상속이 아닌 각각 인스턴스를 생성하는 형태입니다.

셋째, [소스 28-8] 끝에서 아래 코드를 실행하면 모두 undefined를 반환합니다. getMember 메소드의 파라미터에 Function 오브젝트를 지정하더라도 호출된 함수에서 this로 참조하지 못합니다. 즉, 이 형태로 getMember 메소드를 호출하면 this를 사용하여 값을 얻을 수 없습니다.

```
Soccer.prototype.getMember();
Soccer.prototype.getMember.call();
Soccer.prototype.getMember.call(Soccer);
Soccer.prototype.getMember.call(Sports);
```

28.9 Object.create( )로 Function 오브젝트 상속

Object.create 함수로 Function 오브젝트 상속을 구현할 수 있습니다.

[소스 28-9-1]

```
function Soccer(){
    this.member = 123;
}
Soccer.prototype.getMember = function(){
    return this.member;
}
function Sports(){
    this.member = 456;
}
Sports.prototype = Object.create(Soccer.prototype, {
    setMember: {
        value: function(param){this.member = param}
    }
});
debugger;

Sports.prototype.constructor = Sports;
var sportsObj = new Sports();
sportsObj.setMember(789);
js.log(sportsObj.getMember());
```

[실행결과 28-9-1]

```
1. 789
```

Object.create 함수는 첫 번째 파라미터에 지정한 오브젝트를 상속받습니다. 첫 번째 파라미터에 new 연산자로 생성한 인스턴스가 아닌 Soccer.prototype과 같이 Function 오브젝트의 prototype을 지정합니다.

```
Sports.prototype = Object.create(Soccer.prototype, {
    setMember: {
        value: function(param){this.member = param}
    }
});
```

Sports.prototype = new Soccer( ); 형태는 Soccer.prototype에 연결된 프로퍼티로 인스턴스를 생성하여 Sports.prototype에 설정하는 방법으로 상속을 구현합니다. Object.create 함수도 이와 같은 방법으로 상속을 구현합니다. 첫 번째 파라미터에 지정한 Soccer.prototype에 연결된 프로퍼티로 인스턴스를 생성하여 Sports.prototype에 설정합니다.

그런데 두 형태가 다른 점이 두 가지 있습니다.

첫째, new Soccer( )는 생성자 함수를 실행하지만, Object.create 함수는 첫 번째 파라미터에 Soccer.prototype을 지정하므로 생성자 함수를 실행하지 않습니다.

둘째, new Soccer( )는 Sports.prototype에 설정하므로 문장 아래에서 Sports.prototype에 프로퍼티를 추가해야 하지만, Object.create 함수는 두 번째 파라미터에 Sports.prototype에 추가할 프로퍼티를 작성합니다.

[그림 28-9]

```
▼ Sports: function Sports(){
    arguments: null
    caller: null
    length: 0
    name: "Sports"
  ▼ prototype: Object
    ▶ setMember: function (param){this.member = param}
    ▼ __proto__: Soccer
      ▶ constructor: function Soccer(){
      ▶ getMember: function (){
      ▶    __proto__: Object
  ▶   __proto__: function Empty() {}
  ▶ <function scope>
```

[그림 28-9]는 debugger로 인해 멈춘 시점의 Sports 오브젝트 모습입니다. 가운데 "prototype: Object"는 Sports.prototype을 나타내며 여기에 Object.create 함수에서 반환한 오브젝트가 첨부됩니다.

setMember는 Object.create 함수의 두 번째 파라미터에 작성한 프로퍼티입니다. 아래의 "__proto__: Soccer"는 Soccer.prototype에 연결된 프로퍼티로 생성한 인스턴스를 의미합니다. Soccer 생성자 함수를 실행하지 않으므로 "member: 123"이 표시되지 않았습니다.

```
Sports.prototype.constructor = Sports;
var sportsObj = new Sports();
```

Sports.prototype에 Object.create 함수에서 반환한 오브젝트가 설정되어 constructor가 지워지므로 constructor를 설정합니다. new Sports( )로 Sports 인스턴스를 생성하여 sportsObj에 할당합니다. 이때 Sports 생성자 함수를 실행하여 생성한 인스턴스에 member 프로퍼티를 추가하고 456을 할당합니다.

```
sportsObj.setMember(789);
js.log(sportsObj.getMember());
```

sportsObj.setMember(789) 형태로 호출하면 setMember 메소드에서 파라미터 값 789를 sportsObj의 member에 할당합니다. 따라서 this.member 값이 456에서 789로 변경됩니다. sports.getMember 메소드가 Sports 오브젝트에 없으므로 상속받은 Soccer 오브젝트의 getMember 메소드가 호출됩니다. 이처럼 오브젝트를 상속받으면 하나의 인스턴스로 통합하여 사용할 수 있습니다.

■ 생성자 함수 호출

Object.create 함수가 상속받는 오브젝트의 생성자 함수를 호출하지 않으므로 필요하다면 의도적으로 호출해야 합니다. [소스 28-9-2]에 이와 관련된 코드만 작성했습니다.

[소스 28-9-2]

```
function Soccer(param){
    this.member = param;
}
function Sports(superParam){
    Soccer.call(this, superParam);
}
Sports.prototype = Object.create(Soccer.prototype, {});
var sportsObj = new Sports(123);

js.log(sportsObj.member);
```

1. 123

```
Sports.prototype = Object.create(Soccer.prototype, {});
var sportsObj = new Sports(123);
```

Soccer.prototype에 연결된 프로퍼티로 인스턴스를 생성하여 Sports.prototype에 설정합니다. 따라서 Soccer 오브젝트를 상속받습니다. 한편 Soccer.prototype으로 인스턴스를 생성하므로 Soccer 생성자 함수를 실행하지 않습니다. new Sports(123)을 실행하면 아래의 생성자 함수를 호출합니다.

```
function Sports(superParam){
    Soccer.call(this, superParam);
}
```

new Sports(123) 형태로 생성자 함수를 호출하면 123이 superParam에 매핑됩니다. Soccer.call 메소드로 Soccer 생성자 함수를 호출하면서 첫 번째 파라미터에 this를 지정합니다. new Sports(123) 형태로 생성자 함수를 호출했으므로 this는 생성하는 인스턴스를 참조합니다. 첫 번째 파라미터에 this를 지정한 것은 Soccer 생성자 함수에서 생성하는 인스턴스를 this로 참조하기 위해서입니다.

```
function Soccer(param){
    this.member = param;
}
```

this가 생성하는 인스턴스를 참조하므로 Soccer 함수의 파라미터 값을 생성하는 인스턴스에 설정합니다. 이와 같은 방법으로 Object.create(Soccer.prototype, {}); 함수에서 Soccer 생성자 함수가 실행되지 않는 점을 보완할 수 있습니다.

28.10 상속에 대한 필자 생각

필자가 개발하면서 느낀 것으로 모든 경우에 해당되지 않을 수 있기 때문에 프로젝트 상황에 따라 선택할 필요가 있습니다. 상속은 서브 오브젝트에서 슈퍼 오브젝트를 상속받아 하나의 통합된 오브젝트로 사용할 수 있습니다. 그런데 필자는 상속을 그다지 사용하지 않습니다. 어쩔 수 없을 때만 사용합니다. 의도적으로 상속을 피하기도 합니다.

상속보다 오브젝트를 수평으로 풀어서 사용하는 것을 선호합니다. 오브젝트를 나열하고 필요한 곳에서 인스턴스를 생성하여 사용합니다. [소스 28-10]과 같은 형태입니다.

[소스 28-10]

```
function Soccer(){
    this.member = 123;
}
Soccer.prototype.getMember = function(){
    return this.member;
}
function Sports(){
    this.member = 456;
}
Sports.prototype.getMember = function(){
    return this.member;
};

this.sportsObj = new Sports();
this.sportsObj.soccerObj = new Soccer();
js.log(this.sportsObj.getMember());
js.log(this.sportsObj.soccerObj.getMember());
```

[실행결과 28-10]

1. 456
2. 123

[소스 28-10]에서 this.sportsObj = new Sports( ); 문장 앞에 생성자 함수와 prototype을 선언했으며 상속 코드가 없습니다. new 인스턴스로 생성할 오브젝트만 작성했습니다.

```
this.sportsObj = new Sports();
```

Sports 인스턴스를 생성하여 this.sportsObj에 할당합니다. Soccer 오브젝트를 상속받지 않고 단독으로 인스턴스를 생성합니다. 생성한 인스턴스를 this가 참조하는 오브젝트(인스턴스)에 프로퍼티로 설정하면 재사용을 할 수 있습니다. 매번 생성하는 것을 피하기 위해 아래와 같이 존재하지 않을 때만 생성합니다.

```
if (!this.sportsObj){
    this.sportsObj = new Sports();
}
```

```
this.sportsObj.soccerObj = new Soccer();
```

Soccer 인스턴스를 생성하여 this.sportsObj 인스턴스의 프로퍼티(soccerObj)로 설정합니다. 이 모습은 상속을 받지 않았지만 sportsObj가 서브 오브젝트가 되고 soccerObj가 슈퍼 오브젝트가 됩니다. this.sportsObj 인스턴스와 this.soccerObj 인스턴스에 프로퍼티를 작성할 수 있어 인스턴스 목적에 맞는 값을 유지, 제어할 수 있습니다.

상속은 프로퍼티 검색 우선순위를 생각해야 하지만 프로퍼티가 존재하면 검색이 되어 편리합니다. 하지만 상속을 고려하여 설계해야 합니다. 인스턴스를 분리하면 자신의 인스턴스에서 프로퍼티를 검색하므로 직관적입니다. 하지만 인스턴스마다 검색해야 하므로 불편합니다.

```
js.log(this.sportsObj.getMember());
```

getMember 메소드가 Soccer 오브젝트와 Sports 오브젝트에 있습니다. 상속을 받지 않고 인스턴스를 생성했으므로 getMember 메소드가 속한 인스턴스를 지정하여 호출해야 하지만 this.sportsObj 인스턴스의 getMember 메소드 호출을 직관적으로 알 수 있습니다.

처음 개발할 때는 상속 구조를 알고 있으므로 코드 작성에 어려움이 없지만 시간이 지나면 잊어버리거나 다른 개발자가 보려면 시간이 걸립니다. 하지만 인스턴스를 지정하므로 메소드가 있는 오브젝트를 쉽게 알 수 있습니다.

```
js.log(this.sportsObj.soccerObj.getMember());
```

Soccer 오브젝트의 getMember 메소드 호출을 직관적으로 알 수 있습니다. 상속 구조는 this로 프로퍼티를 찾아가므로 편하지만 상속 구조를 알고 있어야 호출되는 메소드를 알 수 있습니다.

this.sportsObj.soccerObj 형태는 sportsObj에서 soccerObj에 접근할 수 있지만 반대로 soccerObj에서 sportsObj에 접근할 수 없으므로 아래와 같이 soccerObj의 프로퍼티로 sportsObj를 설정합니다. soccerObj에서 sportsObj의 프로퍼티를 this.sportsObj.propertyName 형태로 사용할 수 있습니다.

```
this.sportsObj.soccerObj = new Soccer();
this.sportsObj.soccerObj.sportsObj = this.sportsObj;
```

■ 웹의 특성과 상속

자바스크립트는 웹 페이지가 바뀔 때마다 렌더링하므로 소스 코드가 길면 길수록 렌더링 시간이 걸립니다. 상속 구조는 렌더링할 때 new 연산자로 인스턴스를 생성하므로 인스턴스 사용 여부에 관계없이 생성합니다. 반면 함수가 호출되었을 때 인스턴스를 생성하면 처음 렌더링 시간을 단축할 수 있습니다. 함수를 호출하지 않으면 인스턴스를 생성하지 않으므로 불필요한 처리를 줄일 수 있습니다.

업무(비즈니스: business) 처리, 데이터 처리가 중심인 서버용 프로그램은 자주 변경되지 않고 사전 컴파일을 하므로 상속 구조를 만드는 것이 효율적입니다. 반면 웹은 UI/UX 개선을 위해 자주 자바스크립트 프로그램을 변경합니다. 이때마다 상속 구조를 체크, 변경하는 것은 비효율적입니다. 상속 구조로 묶어 놓으면 유연성이 떨어집니다.

자바스크립트의 스크립트 언어 장점을 활용하면 효율적입니다. 함수 안으로 들어가지 않는 특징을 활용하면 효율을 높일 수 있습니다. 상속 구조로 묶어 놓는 것은 생각해 볼 필요가 있습니다.

29

자바스크립트 활용

자바스크립트 특징을 활용한 형태, 방법을 다룹니다.

29.1 재귀 함수

재귀 함수(Recursive Function)는 함수 안에서 자신을 호출하는 것을 의미합니다. 재귀 함수의 필요성과 특징을 살펴봅니다.

[소스 29-1-1]

```
var sports = {
    soccer: {member: 11, time: 90},
    basketball: {merber: 5, time: 48}
};
function showValues(sports){
    var type, obj, name;
    for (type in sports){
        obj = sports[type];
        for (name in obj){
            js.log(name +': ' + obj[name]);
        }
    }
}
showValues(sports);
```

[실행결과 29-1-1]

```
1. member: 11
2. time: 90
3. merber: 5
4. time: 48
```

[소스 29-1-1] 마지막 줄에서 showValues 함수를 호출하면서 첫 번째 줄에 작성한 sports 오브젝트를 파라미터로 넘겨줍니다. 파라미터로 받은 오브젝트를 전개하여 member와 time 프로퍼티 값을 출력합니다.

```
for (type in sports){
    obj = sports[type];
}
```

sports 오브젝트에서 soccer와 basketball을 읽는 코드입니다. 그런데 soccer와 basketball이 오브젝트이며 오브젝트 안에 출력하려는 프로퍼티가 있으므로 (obj = sports[type]) 문장에서 obj에 설정한 오브젝트를 전개해야 합니다.

```
for (name in obj){
    js.log(name +': ' + obj[name]);
}
```

for-in 문으로 obj 오브젝트를 반복하여 읽으면 [실행결과] 1번과 2번이 출력됩니다. soccer 오브젝트의 프로퍼티를 출력했으므로 basketball 오브젝트의 프로퍼티를 출력하기 위해 앞의 for-in 문을 수행합니다. 그리고 다시 위의 for-in 문을 실행하면 [실행결과] 3번과 4번에 프로퍼티 이름과 값이 출력됩니다.

여기서 soccer.member 값이 11이 아닌 {step: {value: 11}} 형태이면 오브젝트를 열거하기 위해 for-in 문을 작성해야 합니다. 하지만 이렇게 오브젝트 계층에 맞추어 프로그램을 유동적으로 작성할 수는 없습니다. 이때 재귀 함수를 사용합니다.

[소스 29-1-2]

```
var sports = {
    soccer: {member: 11, time: 90},
    basketball: {merber: 5, time: 48}
};
function showValues(sports){
    var type, obj;
    for (type in sports){
        obj = sports[type];
        typeof obj === 'object' ? showValues(obj) : js.log(type +': ' + obj);
    }
}
showValues(sports);
```

[실행결과 29-1-2]

1. member: 11
2. time: 90
3. merber: 5
4. time: 48

[소스 29-1-2] 기능은 앞의 [소스 29-1-1]과 같으며 재귀 함수를 사용한 점이 다릅니다. [소스 29-1-2]는 아래 순서, 방법으로 실행합니다.

1. showValues Function 오브젝트를 생성합니다.

   {코드} function showValues(sports){…}

2. sports 변수에 오브젝트를 할당합니다.

   {코드} var sports = {soccer: {…}, basketball: {…}}

3. showValues 함수를 호출합니다.

   {코드} showValues(sports);

   {설명} 파라미터에 sports 오브젝트를 넘겨줍니다.

4. for-in 문으로 파라미터로 받은 sports 오브젝트를 열거합니다.

   {코드} for (type in sports){…}

5. sports 오브젝트에서 첫 번째 프로퍼티 값을 구합니다.

   {코드} obj = sports[type];

   {설명} obj에 {member: 11, time: 90}이 설정됩니다.

6. obj 타입이 'object'이면 showValues 함수를 호출합니다.

   {코드} typeof obj === 'object' ? showValues(obj) : js.log(type +': ' + obj);

   {설명} ▶ 6번 추가 설명을 참조하세요.

7. obj 타입이 'object'가 아니면 이름과 값을 출력합니다.

   {코드} typeof obj === 'object' ? showValues(obj) : js.log(type +': ' + obj);

8. for-in 문은 오브젝트 끝까지 반복하므로 다음 오브젝트를 읽습니다.

▶ 6번 추가 설명: obj 타입이 'object'이면 showValues 함수를 호출합니다.

obj가 {member: 11, time: 90} 형태의 오브젝트이면 한 번 더 전개해야 프로퍼티 이름과 값을 구할 수 있습니다. showValues 함수에서 {name: value} 형태를 전개하므로 자신을 호출합니다. 이때 obj에 설정된 {member: 11, time: 90}을 파라미터에 지정합니다.

함수를 호출한다는 것은 실행 콘텍스트가 생성된다는 것을 의미합니다. 현재 실행 중인 콘텍스트를 유지하면서 호출된 함수의 실행 콘텍스트를 생성합니다. 스택의 가장 위에 놓이게 되며 실행 콘텍스트의 처리 대상은 {member: 11, time: 90}입니다. 사람 관점은 자신을 호출하는 것이지만 엔진 관점은 독립적인 실행 콘텍스트이며 함수를 실행하는 것입니다.

showValues 함수가 호출되면 4번부터 6번까지 수행합니다. obj에 11이 설정되며 타입이 "object"가 아니므로 프로퍼티 이름과 값을 [실행결과] 1번에 출력합니다. 다음 for-in 문을 열거하면 obj에 90이 설정되며 타입이 "object"가 아니므로 프로퍼티 이름과 값을 [실행결과] 2번에 출력합니다. for-in 문이 열거할 것이 없으므로 함수를 종료합니다. 함수가 종료된다는 것은 실행 콘텍스트가 종료되는 것이며 함수를 호출한 실행 콘텍스트로 돌아 갑니다.

호출된 곳으로 돌아오면 다음의 {basketball: {merber: 5, time: 48}}을 열거하게 되며 다시 자신을 호출합니다. 그러면 실행 콘텍스트를 생성하고 4번부터 6번까지 수행합니다. 이와 같은 처리를 오브젝트를 전부 열거할 때까지 반복합니다. 따라서 오브젝트 계층에 제약을 받지 않고 처리할 수 있습니다.

29.2 오브젝트 프로퍼티 연동

오브젝트에 오브젝트를 할당하면 프로퍼티 값이 연동되므로 값이 연동되지 않게 하려면 프로퍼티 단위로 할당해야 합니다. 배열도 마찬가지로 배열을 할당하면 값이 연동되므로 배열의 엘리먼트 단위로 할당해야 합니다.

[소스 29-2-1]

```
var soccer = {member: 11};
var sports = soccer;
sports.member = 789;
js.log(soccer.member);
```

[실행결과 29-2-1]

1. 789

soccer 변수에 {member: 11}을 할당한 후 sports 변수에 soccer 오브젝트를 할당하였습니다. 할당하는 것은 오브젝트를 복사하는 것이 아니라 sports에서 soccer 오브젝트를 참조하게 됩니다. 메모리의 같은 주소를 공유하므로 sports.member에 789를 설정하면 soccer.member에 설정하는 것과 같아 [실행결과]에 789가 출력됩니다.

프로퍼티 값의 연동을 원하지 않을 때는 오브젝트가 아닌 프로퍼티 단위로 할당해야 합니다.

[소스 29-2-2]

```
var sports = {member: 11};
var dup = {};
for (var name in sports){
    dup[name] = sports[name];
}
dup.member = 'ABC';
js.log(sports.member);
```

1. 11

for-in 문으로 sports 오브젝트를 읽어가면서 dup[name] = sports[name] 문장과 같이 프로퍼티 이름과 값을 설정하면 dup 오브젝트에서 sports 오브젝트를 참조하지 않게 되므로 값이 공유되지 않습니다. dup.member에 "ABC"를 설정한 후 sports.member를 출력하였더니 [실행결과]에 11이 출력되었으며 이는 오브젝트를 공유하지 않고 각각 값을 갖고 있기 때문입니다.

오브젝트와 배열이 혼합되어 몇 단계 계층으로 구성되면 프로퍼티 단위 처리가 쉽지 않습니다. 특히 JSON 형태를 처리할 때 난감합니다. 이때 재귀 함수를 사용해서 프로퍼티 단위로 복사할 수 있습니다. 계속해서 이에 대해 살펴봅니다.

29.3 JSON과 재귀 함수

JSON 형태는 배열과 오브젝트가 혼합된 형태입니다. 배열 안에 오브젝트가 있고 오브젝트의 프로퍼티 값에 배열이 있을 수 있습니다. 따라서 전개할 때 오브젝트와 배열을 체크하여 이에 맞도록 전개해야 합니다.

[소스 29-3]

```
var sports = {};
sports.deepCopy = function(target, dup){…}
sports.data = [
    {swim: [{member: 1}, {member: 8}]},
    {basketball: {member: 5}}
];
sports.dup = {};
sports.deepCopy(sports.dup, sports.data);

sports.dup[1].basketball.member = 123;
js.log(sports.data[1].basketball.member);
js.log(sports.dup[1].basketball.member);
```

[실행결과 29-3]

1. 5
2. 123

deepCopy 함수는 코드가 길어 책에 게재하지 않았습니다. [소스 29-3]에 작성되어 있으므로 참조하기 바랍니다. deepCopy 함수 코드는 필자가 개발한 것으로 프로젝트에서 사용했던 코드입니다. 데이터를 프로퍼티 단위로 복사할 때 필요하니 코드를 살펴볼 필요가 있습니다.

sports.deepCopy 함수를 호출하여 sports.data의 JSON 형태 데이터를 프로퍼티 단위로 sports.dup 오브젝트에 복사합니다. sports.dup 오브젝트의 프로퍼티 값을 변경했을 때 sports.data 오브젝트에 반영되지 않아야 하는 것이 전제 조건입니다.

```
sports.deepCopy(sports.dup, sports.data);
```

첫 번째 파라미터에 복사받을 오브젝트를 지정하고 두 번째 파라미터에 복사할 오브젝트를 지정합니다. deepCopy 함수는 복사할 오브젝트를 전개하면서 프로퍼티 값 타입이 배열 또는 오브젝트이면 다시 자신을 호출하여 배열, 오브젝트를 전개합니다. 전개한 프로퍼티가 배열, 오브젝트가 아니면 sports.dup에 복사합니다. 자신을 재귀적으로 호출하는 것이 핵심입니다.

```
sports.dup[1].basketball.member = 123;
```

현재 sports.dup[1].basketball.member에 5가 설정되어 있으며 123으로 바꿉니다. [실행결과] 1번에 출력된 5는 sports.data[1].basketball.member의 값으로 값이 연동되어 바뀌지 않은 것을 의미합니다. [실행결과] 2번에 출력된 123은 변경한 값입니다.

29.4 함수 즉시 실행

함수는 호출해야 실행이 되지만 자바스크립트 엔진이 함수 코드를 만나면 자동으로 함수를 실행시키는 형태가 있습니다.

[소스 29-4-1]

```
(function(){
    js.log('스포츠');
}());
```

[실행결과 29-4-1]

1. 스포츠

[소스 29-4-1] 형태로 작성하면 자바스크립트 엔진이 코드를 만나면 바로 함수를 실행합니다. 함수를 호출하지도 않아도 [실행결과]에 "스포츠"가 출력됩니다. 지금부터 코드를 하나씩 분석해서 실행되는 논리를 살펴보겠습니다.

■ 무명 함수

(function( ){js.log('스포츠');}( )); 형태에 함수 이름이 없습니다. 이 형태를 "무명 함수", "익명 함수"라고 부르지만 ES5 스펙 용어는 아닙니다. 일반적으로 사용하는 단어이지만 중요한 것은 함수가 자동으로 호출되는 논리의 이해입니다.

■ 함수 형태는?

function 키워드를 사용했으므로 함수 선언문 또는 함수 표현식 문법을 지켜야 합니다. 함수 선언문은 반드시 이름을 작성해야 합니다. (function( ){js.log('스포츠');}( ))에 함수 이름이 없으므로 함수 선언문이 아닙니다. 그러면 함수 표현식이어야 하는데 왼쪽의 변수에 할당하지 않았으므로 함수 표현식도 아닙니다. 그런데도 에러가 발생하지 않고 실행되었습니다. 에러가 발생하지 않은 이유가 있습니다.

[소스 29-4-2]

```
var total = (1 + 2);
var value = function(){
    return 123;
};
js.log('함수호출: ' + value());
```

[실행결과 29-4-2]

1. 함수호출: 123

```
var total = (1 + 2);
```

(1 + 2) 형태에서 소괄호는 그룹핑 연산자이며 1 + 2는 표현식입니다. 그룹핑 연산자는 괄호 안의 표현식을 평가하고 평가한 값을 반환합니다. 표현식 1 + 2를 평가하면 3이 되며 3을 반환합니다. 반환된 값 3을 total 변수에 할당합니다. 소괄호가 그룹핑 연산자라는 것을 인식하는 것이 중요합니다.

```
var value = function(){
    return 123;
};
```

이 코드는 함수 표현식으로 엔진이 function 키워드를 만나면 Function 오브젝트를 생성하여 value 변수에 할당합니다. value 변수를 선언하지 않으면 function( ){return 123;}; 형태가 되어 문법 에러가 발생합니다. 왜냐하면 함수 표현식도 아니고 함수 선언문도 아니기 때문입니다.

```
js.log('함수호출: ' + value());
```

value( ) 형태로 Function 오브젝트에 소괄호를 첨부하면 함수가 호출되며 [실행결과]에 "함수호출: 123"이 출력됩니다. value에 이어진 소괄호( )는 그룹핑 연산자가 아니라 함수를 호출합니다.

아래 [소스 29-4-3]은 위 코드에 연속된 것으로 소스 코드가 길어져서 분리했습니다.

[소스 29-4-3]

```
var value = function(){
    return 456;
}();
js.log('자동실행: ' + value);

value = (function(){
    return 789;
}());
js.log(value);

(function(){
    js.log('ABC');
}());
```

[실행결과 29-4-3]

```
1. 자동실행: 456
2. 789
3. ABC
```

```
var value = function(){
    return 456;
}();
```

이 코드는 함수 표현식에 소괄호를 작성한 형태입니다. 엔진이 function 키워드를 만나면 Function 오브젝트를 생성합니다. Function 오브젝트를 반환해야 하지만 소괄호( )가 있으므로 함수를 호출합니다. 함수에서 456을 반환하므로 반환된 값이 value 변수에 할당됩니다.

```
value = (function(){
    return 789;
}());
```

이 코드는 소괄호( ) 안에 function( ){return 789;}( )를 작성한 모습입니다. 소괄호는 그룹핑 연산자입니다. 그룹핑 연산자는 소괄호 안의 표현식을 평가하고 평가 결과를 반환합니다. 표현식을 평가하기 위해 function( ){…}( )을 실행하며 평가 결과로 789를 반환하여 value 변수에 할당합니다. 실행 콘텍스트를 생성하여 실행합니다.

마지막 줄과 같이 "}( ));" 형태로 작성합니다. 표현식으로 사용하면서 자동으로 실행하기 위해 그룹핑 연산자( ) 안에 function( ){…}( ) 형태로 작성한 것입니다. "(function( ){…}( );" 형태로 작성해도 함수가 실행되지만, 표현식을 평가하면 Function 오브젝트가 반환되고 이를 호출하여 값을 반환받는 모습입니다. 처리 순서가 다릅니다.

```
(function(){
    js.log('ABC');
}());
```

표현식 평가 값을 할당하는 value 변수를 작성하지 않았습니다. 그룹핑 연산자를 작성하지 않으면 function( ){js.log('ABC');}( ); 형태가 됩니다. 이 형태는 함수 표현식도 함수 선언문도 아니므로 문법 에러가 발생합니다. 따라서 function( ){…}( ) 코드를 표현식이 되도록 그룹핑 연산자 안에 작성해야 합니다.

(1 + 2)는 그룹핑 연산자 안에 표현식을 작성한 것으로 "1 + 2" 대신에 "function( ){…}( )"을 작성한 것입니다. 함수로 인식하지 않고 표현식으로 인식하기 때문에 문법 에러가 발생하지 않고 표현식의 평가 결과인 "ABC"가 [실행결과] 3번에 출력됩니다. 소괄호( )로 함수를 호출하지 않으면 Function 오브젝트가 평가 결과이므로 "ABC"가 반환되지 않습니다.

이 코드 형태를 "무명 함수", "익명 함수"라고 부르는 것에 타당성이 있는 걸까요?! 그룹핑 연산자 안에 표현식으로 "1 + 2"가 아닌 함수가 실행되는 형태로 작성한 것입니다.

표현식과 표현식의 결과는 메모리에 저장되지 않습니다. (1 + 2)의 결과가 메모리에 저장된다면 매우 큰 메모리가 필요할 것입니다. 마찬가지로 function( ){…}( ); 코드와 실행 결과가 메모리에 저장되지 않습니다. 저장할 것이 있으면 function 블록 안에서 저장해야 합니다. 이를 다른 면에서 보면 저장할 필요가 없으면서 함수를 즉시 실행하려면 그룹핑 연산자 안에 표현식으로 함수 코드를 작성합니다.

그룹핑 연산자 안에 표현식으로 작성된 함수도 Function 오브젝트이며 호출해야 실행되므로 파라미터 값을 넘기고 받을 수 있습니다.

[소스 29-4-4]

```
(function(param){
    js.log(param);
    js.log(arguments[0]);
}(123));
```

[실행결과 29-4-4]

1. 123
2. 123

함수를 호출할 때 파라미터 값으로 123을 넘겨줍니다. 호출받은 함수에서 파라미터 이름으로 값을 사용할 수 있으며 arguments 오브젝트로 값을 사용할 수 있습니다. 함수 안에서 파라미터 이름에 값 매핑은 함수 처리와 같습니다. 실행 콘텍스트에서 실행합니다.

29.5 클로저와 자바스크립트 엔진 처리

클로저(Closure)는 자바스크립트의 특정 기능을 지칭한 것입니다. 특정 기능이란 함수를 생성할 때 Function 오브젝트의 [[Scope]]에 렉시컬 환경을 설정하고 함수가 호출되었을 때 [[Scope]]에 설정된 프로퍼티(함수, 변수)를 사용하는 것입니다. 따라서 클로저를 이해하려면 Function 오브젝트를 생성하고 사용하는 과정을 이해해야 합니다.

함수가 호출되면 실행 콘텍스트를 생성하고 초기화 단계에서 함수 선언문을 Function 오브젝트로 생성하고 실행 단계에서 함수 표현식을 Function 오브젝트로 생성합니다. 이때 현재의 렉시컬 환경을 Function 오브젝트의 [[Scope]]에 설정합니다. 함수가 호출되면 [[Scope]]의 프로퍼티를 외부 렉시컬 환경 참조에 설정합니다. 아래 구조가 되므로 [[Scope]]의 프로퍼티를 사용할 수 있습니다.

렉시컬 환경 (LE) : {
　　환경 레코드 (ER) : {
　　　　선언적 환경 레코드: 함수 안에서 선언한 프로퍼티 (함수, 변수, 오브젝트)가 설정됩니다
　　　　오브젝트 환경 레코드: 함수는 생성하지 않습니다
　　},
　　외부 렉시컬 환경 참조: [[Scope]]에 설정된 프로퍼티를 참조합니다.
}

실행 중인 함수의 [[Scope]]에 설정된 프로퍼티는 1단계 밖의 함수와 변수이며 외부 렉시컬 환경 참조에 설정되므로 프로퍼티에 접근하여 값을 읽거나 변경할 수 있습니다. 이것이 클로저 논리입니다.

[소스 29-5-1]

```
function sports(){
    var value = 100;
    function setValue(param){
        value = param;
    };
    var getValue = function(param){
        value = value + param;
        return value;
    }
    return getValue;
}
var getObject = sports();
debugger;

js.log(getObject(123));
js.log(getObject(77));
```

[실행결과 29-5-1]

1. 223
2. 300

[소스 29-5-1] 가운데의 var getObject = sports( ); 문장을 수행하면 sports 함수에서 getValue 함수를 반환합니다. 그 아래는 반환된 함수를 호출하고 함수에서 반환한 값을 출력하는 코드입니다.

엔진이 첫 번째 줄의 function sports( ){…}를 만나 sports Function 오브젝트를 생성합니다.

var getObject = sports( ); 문장을 만나면 sports 함수를 호출하고 아래의 순서와 방법으로 처리합니다. 이 과정에서 getValue 함수의 클로저 환경이 만들어집니다.

실행 준비 단계

1. 실행 콘텍스트를 생성합니다.
2. 파라미터 값을 갖고 실행 콘텍스트 안으로 이동합니다.
   {설명} 파라미터 값: 호출한 함수가 속한 오브젝트, 함수 코드, 호출한 함수의 파라미터 값
3. 세 개의 컴포넌트를 생성합니다.
   {설명} 렉시컬 환경 컴포넌트, 변수 환경 컴포넌트, this 바인딩 컴포넌트
4. 파라미터로 받은 호출한 함수가 속한 오브젝트의 프로퍼티를 this 바인딩 컴포넌트에 설정합니다.
   {설명} this.propertyName 형태로 접근할 수 있게 됩니다.
5. 새로운 렉시컬 환경(LE)을 생성합니다.
   {설명} 아래의 오브젝트 구조를 만듭니다.
   렉시컬 환경(LE): {
       환경 레코드(ER): {
           선언적 환경 레코드: { }
       },
       외부 렉시컬 환경 참조: { }
   }
6. 호출한 함수 오브젝트의 [[Scope]]를 외부 렉시컬 환경 참조에 설정합니다.
   {설명} sports Function 오브젝트의 [[Scope]]에 글로벌 환경이 설정되어 있습니다.
7. 렉시컬 환경(LE)을 렉시컬 환경 컴포넌트와 변수 환경 컴포넌트에 설정합니다.

초기화 및 실행 단계

1. 파라미터 값을 매핑하고 결과를 선언적 환경 레코드에 설정합니다.
   {설명} 호출된 함수의 파라미터 이름에 호출한 함수의 파라미터 값을 매핑합니다.
2. 함수 선언문을 Function 오브젝트로 생성합니다.
   {코드} function setValue(param){···}
   {설명} 생성한 Function 오브젝트를 선언적 환경 레코드에 설정합니다.
3. 함수 코드의 처음으로 올라가 변수를 초기화하여 선언적 환경 레코드에 바인딩합니다.
   {코드} var value, var getValue
   {설명} value와 getValue의 값은 undefined입니다.
4. 함수 코드의 처음으로 올라가 자바스크립트 코드를 실행합니다.
5. 선언적 환경 레코드의 value 프로퍼티에 100을 설정합니다.
   {코드} var value = 100;
6. getValue Function 오브젝트를 생성합니다.
   {설명} ▶ 6번 추가 설명을 참조하세요.

7. getValue Function 오브젝트를 반환합니다.

    {코드} return getValue;

▶ 6번 추가 설명: getValue Function 오브젝트를 생성합니다.

생성한 Function 오브젝트를 선언적 환경 레코드의 getValue에 설정합니다. 실행 콘텍스트의 렉시컬 환경을 생성한 getValue Function 오브젝트의 [[Scope]]에 설정합니다. "value: 100"과 setValue 함수가 렉시컬 환경에 설정되어 있으므로 {value: 100, setValue: Function 오브젝트}가 [[Scope]]에 설정됩니다.

```
var getObject = sports();
```

sports 함수에서 반환한 getValue Function 오브젝트를 getObject에 할당합니다. 아래 [그림 29-5]는 debugger로 인해 멈춘 시점의 getObject 모습입니다.

[그림 29-5]

```
▼ getObject: function (param){
    arguments: null
    caller: null
    length: 1
    name: ""
  ▶ prototype: Object
  ▶   proto  : function Empty() {}
  ▼ <function scope>
    ▼ Closure
        value: 100
    ▶ Global: Window
```

그림의 아랫부분에 Closure가 있으며 여기에 value: 100이 표시되어 있습니다. 브라우저 개발자 도구에서 엔진 상태를 표시한 것으로 프로그램을 개발할 때 클로저 상태를 파악할 수 있습니다.

sports 오브젝트에 value와 setValue 함수가 있으며 getValue Function 오브젝트의 [[Scope]]에 설정되어 있습니다. 그런데 getValue 함수 안에서 사용하는 value만 "Closure"에 표시된 것은 논리적으로 맞지 않습니다. getValue 함수 안을 해석하지 않았으므로 getValue 함수에서 value 변수 사용 여부를 알 수 없습니다. 표시하려면 value와 setValue 함수를 모두 표시해야 합니다.

한편, 브라우저 개발 도구에서 "Closure"를 표시할 때 getValue의 [[Scope]]와 getValue 함수 안의 코드를 분석하여 표시한 것으로 생각됩니다. getValue 안에 setValue 함수를 호출하는 코드를 작성하면 "Closure"에 value와 setValue가 표시됩니다.

```
js.log(getObject(123));
```

getObject 함수를 호출하면 getValue 함수가 호출됩니다. 실행 콘텍스트에서 처리하는 것은 앞에서 살펴보았으므로 클로저와 관련된 부분만 추려보면 아래 처리를 하게 됩니다.

getObject 함수 실행

1. 실행 콘텍스트를 생성합니다.
2. getObject 함수의 [[Scope]]에 설정된 프로퍼티를 외부 렉시컬 환경 참조에 설정합니다.
   {설명} value와 setValue 함수를 사용할 수 있게 됩니다.
3. 파라미터 값을 매핑하고 결과를 선언적 환경 레코드에 설정합니다.
   {코드} var getValue = function(param){···}
   {설명} 호출된 함수에서 123을 넘겨 주었으므로 param: 123 형태로 설정됩니다.
4. 함수 안의 코드를 실행합니다.
   {설명} 함수 안의 코드 실행은 아래에서 다룹니다.

getObject(getValue) 함수가 호출되면 함수의 [[Scope]]에 설정된 "value: 100"과 setValue 함수를 외부 렉시컬 환경 참조에 설정합니다. 선언적 환경 레코드에 사용하려는 프로퍼티가 없으면 외부 렉시컬 환경 참조에서 검색하므로 value 프로퍼티 값을 사용, 변경할 수 있으며 setValue 함수를 호출할 수 있습니다. 이것이 클로저입니다.

```
var getValue = function(param){
    value = value + param;
    return value;
}
```

(value = value + param;) 문장에서 value 프로퍼티가 외부 렉시컬 환경 참조에 있으며 값이 100입니다. param은 선언적 환경 레코드에 있으며 값이 123입니다. 따라서 100과 123을 더해 외부 렉시컬 환경 참조의 value 프로퍼티에 설정할 수 있습니다.

함수의 [[Scope]]가 외부 렉시컬 환경 참조에 설정되므로 여기에 프로퍼티 값을 설정하면 [[Scope]]와 연동됩니다. 렉시컬 환경(sports 오브젝트)을 [[Scope]]에 설정했으므로 연동됩니다. 즉, sports 오브젝트의 value 변숫값이 변경됩니다. 직관적인 설명을 위해 설정이라고 했지만 엔진은 오브젝트의 메모리 주소를 참조하므로 한 곳의 프로퍼티 값을 변경하면 값이 연동됩니다.

```
js.log(getObject(77));
```

앞에서 getObject(123) 형태로 호출했을 때와 처리가 같으며 파라미터 값만 다릅니다. 현재

value 변숫값이 223이므로 77을 더해 반환하며 [실행결과] 2번에 300이 출력됩니다. 여기서 value는 변수입니다. 사람은 변수이지만 엔진은 선언적 환경 레코드에 있는 프로퍼티입니다.

호출된 함수의 파라미터 이름도 클로저로 사용할 수 있습니다. 계속해서 이에 대해 살펴봅니다.

[소스 29-5-2]

```
function sports(one){
    var value = 50;
    var getValue = function(two){
        value = value + one + two;
        return value;
    }
    return getValue;
}
var getObject = sports(10);
js.log(getObject(20));
```

[실행결과 29-5-2]

1. 80

sports(10)과 같이 파라미터 값을 지정하여 함수를 호출합니다. 그러면 getValue Function 오브젝트를 반환하여 getObject에 할당합니다. getObject(20)과 같이 파라미터 값을 지정하여 함수를 호출하면, 20과 value 변수의 50을 더하고 sports(10) 함수의 파라미터 값인 10을 더해 반환하게 되어 [실행결과]에 80이 출력됩니다.

```
var getObject = sports(10);
```

sports(10) 형태로 함수를 호출하면 getValue 함수가 반환되어 getObject에 설정됩니다. 한편 sports 함수에 파라미터 이름인 one을 저장하는 코드가 없습니다. 그런데도 다음 문장에서 getObject(20) 형태로 함수를 호출하면 sports(10)에서 넘겨준 값 10이 계산에 반영됩니다. 값이 사용되는 논리는 무엇인가요? 아래에 작성되어있지만 내려가기 전에 잠시 생각을 정리해보세요.^^

```
js.log(getObject(20));
```

sports(10) 형태로 함수를 호출하면 실행 콘텍스트의 초기화 단계에서 호출한 함수의 파라미터 값과 호출된 함수의 파라미터 이름을 매핑하여 렉시컬 환경의 선언적 환경 레코드에 설정합니다. 그리고 getValue 함수 코드를 만나면 Function 오브젝트를 생성하면서 [[Scope]]에 렉시컬 환경을 설정합니다. 따라서 호출된 sports 함수 파라미터 one에 매핑된 10이 "one: 10" 형태로 [[Scope]]에 설정됩니다.

getObject(20) 형태로 함수를 호출하면 getObject 함수의 [[Scope]]를 외부 렉시컬 환경 참조에 설정하므로 "one: 10"을 사용할 수 있습니다. "value: 50"도 [[Scope]]에 설정되어 있으므로 프로퍼티 이름으로 값을 얻을 수 있습니다.

```
value = value + one + two;
```

getValue 함수 안에서 위 코드를 수행하면 외부 렉시컬 환경 참조에 value와 one 프로퍼티가 있으므로 값을 얻을 수 있습니다. two에 getValue 함수를 호출할 때 지정한 20이 매핑되어 있으므로 값을 구할 수 있습니다. 계산 결과 80을 value에 할당하므로 다음에 getValue 함수를 호출하면 80을 사용하게 됩니다.

29.6 클로저와 무명함수

앞 절 예제에서 sports 함수 안에서 getValue 함수를 반환하여 함수로 사용하므로 sports 함수는 의미가 없으며 Function 오브젝트로 저장할 필요가 없습니다. 이때 무명함수(익명함수)를 사용하면 효율적입니다.

[소스 29-6-1]

```
var getObject = (function(){
    var value = 100;
    var getValue = function(param){
        value = value + param;
        return value;
    }
    return getValue;
}());

js.log(getObject(123));
```

[실행결과 29-6-1]

1. 223

(function( ){…}( )) 형태는 function을 표현식으로 처리하므로 메모리에 남지 않아 다시 호출할 수 없습니다. 하지만 return getValue; 문장으로 getValue 함수를 반환하여 변수에 저장하면 getValue 함수를 호출할 수 있으며 Function 오브젝트의 [[Scope]]에 설정된 value 변숫값을 사용할 수 있습니다.

```
js.log(getObject(123));
```

getObject에 getValue 함수가 설정되어 있으므로 호출할 수 있습니다. getValue 함수 안에서 처리는 앞 절에서 다루었으므로 생략합니다.

계속해서 클로저 함수를 살펴봅니다. [소스 29-6-2]에서 sales 안에 있는 함수는 Function 오브젝트를 생성하면서 [[Scope]]에 렉시컬 환경을 설정하므로 클로저를 사용할 수 있습니다. 또한 렉시컬 환경이 모두 같으므로 값을 공유할 수 있습니다. 이 형태도 같이 살펴봅니다.

[소스 29-6-2]

```
var sales = (function(){
    var value = 100;
    function setValue(param){
        value = value + param;
    }
    var getValue = function(){
        return value;
    }
    return {
        setValue: setValue,
        getValue: getValue,
        getAverage: function(param){
            return value / param;
        }
    }
}());

sales.setValue(260);
js.log(sales.getValue());
js.log(sales.getAverage(30));
```

[실행결과 29-6-2]

```
1. 360
2. 12
```

[소스 29-6-2]의 return 문을 기준으로 앞부분이 클로저이며 return 문에서 클로저 함수를 호출하기 위해 함수를 반환합니다. return 문 앞의 value, setValue, getValue는 직접 접근할 수 없으며 return 문에서 반환한 함수를 사용해서 접근할 수 있습니다. 앞의 [소스 29-6-1]과 다른 것은 변수와 함수를 클로저로 사용한 점입니다.

```
sales.setValue(260);
```

return 문으로 반환된 오브젝트를 sales에 할당하므로 sales.setValue( ) 형태로 함수를 호출할 수 있습니다. setValue 함수에서 파라미터 값 260에 value 변숫값 100을 더해 360을 value에 할당합니다.

```
js.log(sales.getValue());
```

getValue 함수는 value 변숫값을 반환합니다. 앞의 setValue 함수에서 360을 value 변수에 설정했으므로 360을 반환합니다. setValue 함수와 getValue 함수가 Function 오브젝트를 생성하면서 [[Scope]]에 value가 포함된 렉시컬 환경을 설정하였으며, setValue 함수와 getValue 함수의 렉시컬 환경이 같으므로 value 변숫값을 공유합니다.

```
js.log(sales.getAverage(30));
```

getAverage 함수는 return 문에 작성한 함수로 엔진은 return하기 전에 return 문의 코드를 표현식으로 평가합니다. 이때 Function 오브젝트를 생성하고 렉시컬 환경을 [[Scope]]에 설정합니다. 따라서 value 변숫값를 공유하게 됩니다. value 값이 360이고 30으로 나누므로 [실행결과] 3번에 12가 출력됩니다.

변수는 외부에서 직접 접근하거나 this로 접근할 수 없으므로 함수를 호출하여 접근해야 합니다. 이를 통해 정보를 보호할 수 있으며 숨길 수 있습니다. 한편 브라우저 개발자 도구에서 변숫값을 볼 수 있습니다. 웹에서 정보의 숨김과 보호는 의미가 크지 않으며 정보가 노출된다는 전제에서 개발해야 합니다.

[소스 29-6-2]와 같이 클로저와 관련된 함수를 모두 반환하는 것은 모양이 어색합니다. 함수를 반환하여 저장하면 Function 오브젝트의 내부 프로퍼티와 실행 환경을 저장하게 되므로 비효율적입니다. 함수 안의 함수는 함수 안에서 생명주기가 발생하고 마쳐야 효율적입니다. 그래도 어쩔 수 없다면 new 연산자로 인스턴스를 생성하는 방법을 생각해 볼 필요가 있습니다.

29.7 클로저와 인스턴스

인스턴스는 인스턴스 안의 프로퍼티를 this로 접근할 수 있으며 모든 메소드에서 프로퍼티 값을 공유할 수 있습니다. 인스턴스 안의 변수도 공유할 수 있을까요? 이에 대해 살펴봅니다.

[소스 29-7-1]

```
var sports = function(){
    var value = 100;
    this.addValue = function(param){
        value = value + param;
    };
    this.getValue = function(){
        return value;
    }
}
var sportsObj = new sports();

sportsObj.addValue(260);
js.log(sportsObj.getValue());
```

[실행결과 29-7-1]

1. 360

엔진이 실행하는 과정을 하나씩 따라가면서 살펴보겠습니다. Function 오브젝트를 생성하여 sports 변수에 할당합니다. 그리고 아래 문장을 실행합니다.

```
var sportsObj = new sports();
```

인스턴스를 생성하여 sportsObj에 할당합니다.

```
var value = 100;
```

렉시컬 환경의 선언적 환경 레코드에 {value: 100} 형태로 설정됩니다. addValue와 getValue 함수의 [[Scope]]에 렉시컬 환경이 설정되므로 각 함수에서 value 프로퍼티 값을 공유하게 됩니다.

```
this.addValue = function(param){
    value = value + param;
};
```

function(param){…}으로 Function 오브젝트를 생성하여 this.addValue에 할당합니다. this 가 생성하는 인스턴스를 참조하므로 addValue는 인스턴스 프로퍼티가 됩니다. 따라서 sportsObj.addValue( ) 형태로 호출할 수 있습니다. 함수의 [[Scope]]에 렉시컬 환경이 설정되므로 선언적 환경 레코드에 설정한 {value: 100}을 사용할 수 있습니다. this.setValue도 같은 방법으로 설정되며 {value: 100}을 사용할 수 있습니다.

```
sportsObj.addValue(260);
this.addValue = function(param){
    value = value + param;
};
```

sportsObj.addValue(260) 함수가 호출되면 sportsObj 인스턴스의 프로퍼티를 this 바인딩 컴포넌트에 설정하고 addValue 함수 [[Scope]]의 프로퍼티를 외부 렉시컬 환경 참조에 설정합니다. 따라서 value 프로퍼티 값을 구할 수 있습니다.

실행 콘텍스트의 초기화 단계에서 param에 호출한 함수에서 보낸 260을 매핑하여 선언적 환경 레코드에 설정합니다. value와 param이 모두 존재하므로 100과 260을 더한 360을 외부 렉시컬 환경 참조의 value 프로퍼티에 할당할 수 있습니다.

외부 렉시컬 환경 참조의 value 프로퍼티 값이 addValue 함수의 [[Scope]]와 연동되고 sports 오브젝트가 [[Scope]]에 설정되므로 sports 오브젝트의 value 변수 값이 변경됩니다. addValue 함수와 getValue 함수의 [[Scope]]가 같은 sports 오브젝트를 참조하므로 value 값을 공유하게 됩니다.

```
js.log(sportsObj.getValue())
this.getValue = function(){
    return value;
}
```

getValue 함수가 호출되면 sportsObj 인스턴스의 프로퍼티를 this 바인딩 컴포넌트에 설정하고 getValue 함수의 [[Scope]]에 설정된 프로퍼티를 외부 렉시컬 환경 참조에 설정합니다. 앞 코드에서 value 프로퍼티 값을 360으로 변경했으므로 return value 문장을 수행하면 360이 반환되며 [실행결과]에 360이 출력됩니다.

[소스 29-7-1] 예제는 클로저라는 특수한 점이 있지만, 일반적으로 prototype에 메소드를 연결하고 인스턴스로 생성하여 메소드를 호출합니다. prototype에 메소드를 연결하고 클로저를 사용하는 형태를 살펴봅니다.

[소스 29-7-2]

```
var outside = 77;
var sports = function(){
    js.log('sports: ' + outside);
    var value = 250;
    this.getValue = function(){
        js.log('getValue: ' + outside);
        return value;
    }
}
sports.prototype.getAverage = function(param){
    js.log('outside: ' + outside);
    return this.getValue() / param;
};
var sportsObj = new sports();
js.log(sportsObj.getAverage(50));
```

[실행결과 29-7-2]

1. sports: 77
2. outside: 77
3. getValue: 77
4. 5

[소스 29-7-2]에서 오브젝트 안에 코드를 작성하지 않았으므로 글로벌 환경에서 실행됩니다. 즉, Function 오브젝트의 [[Scope]]에서 글로벌 환경을 참조합니다. prototype 개념을 정리하고 전체적인 흐름을 파악하기 위해 엔진이 처리하는 과정을 따라가면서 살펴봅니다.

```
var outside = 77;
```

글로벌 변수로 outside를 선언하고 77을 할당합니다. 글로벌 환경이 [[Scope]]에 설정되는 함수에서 outside 변수를 클로저로 사용합니다.

```
var sports = function(){}
```

Function 오브젝트를 생성하고 [[Scope]]에 글로벌 환경을 설정합니다. 바로 위의 코드에서 선언한 {outside: 77}을 클로저로 사용합니다.

```
sports.prototype.getAverage = function(param){
    js.log('outside: ' + outside);
    return this.getValue() / param;
};
```

Function 오브젝트를 생성하여 prototype의 getAverage에 설정합니다. 생성한 Function 오브젝트의 [[Scope]]에 글로벌 환경이 설정됩니다. 함수는 Function 오브젝트를 생성할 때 스코프가 결정됩니다. 스코프에 프로퍼티를 추가, 삭제, 변경할 수 있어도 스코프 자체를 바꿀 수는 없습니다. 자바스크립트의 기본 메커니즘입니다.

```
var sportsObj = new sports();
```

인스턴스를 생성하여 sportsObj에 할당합니다. sports 생성자 함수에서 처리하는 과정을 따라가면서 살펴봅니다.

```
js.log('sports: ' + outside);
```

생성자 함수 안이므로 sports 함수의 [[Scope]]가 외부 렉시컬 환경에 설정된 상태입니다. 여기에 outside가 존재하며 값이 77이므로 [실행결과] 1번에 "sports: 77"이 출력됩니다.

```
var value = 250;
```

렉시컬 환경의 선언적 환경 레코드에 {value: 250} 형태로 설정됩니다. 독자는 지금쯤 "함수의 지역 변수로 선언"보다 선언적 환경 레코드에 설정한다고 하는 것이 논리적으로 정리가 될 것입니다.

```
this.getValue = function(){
    js.log('getValue: ' + outside);
    return value;
}
```

Function 오브젝트가 인스턴스 프로퍼티로 설정되며 Function 오브젝트에 현재의 렉시컬 환경이 [[Scope]]에 설정됩니다. 렉시컬 환경은 아래 모습입니다.

```
렉시컬 환경(LE) : {
    this 바인딩 컴포넌트: {getValue: function(){...}},
    환경 레코드(ER) : {
        선언적 환경 레코드: {value: 250}
    },
    외부 렉시컬 환경 참조: {outside: 77}
}
```

this.getValue 함수가 호출되면 js.log('getValue: ' + outside); 문장에서 outside가 외부 렉시컬 환경 참조에 존재하므로 [실행결과] 3번에 "getValue: 77"이 출력됩니다. return value 문장에서 value가 선언적 환경 레코드에 존재하므로 250을 반환합니다.

```
js.log(sportsObj.getAverage(50));
sports.prototype.getAverage = function(param){
    js.log('outside: ' + outside);
    return this.getValue() / param;
};
```

sportsObj.getAverage(50) 형태로 호출하면서 파라미터에 50을 지정했으므로 호출받는 함수의 param에 50이 매핑됩니다. 글로벌 환경에서 getAverage Function 오브젝트를 생성했으므로 [[Scope]]에 글로벌 환경이 설정되어 있습니다.

함수가 호출되면 [[Scope]]의 프로퍼티가 외부 렉시컬 환경 참조에 설정됩니다. js.log('outside: ' + outside); 문장에서 outside가 외부 렉시컬 환경 참조에 존재하므로 [실행결과] 2번에 "outside: 77"이 출력됩니다.

this.getValue 함수의 [[Scope]]에 {value: 250}이 설정되어 있으므로 getValue 함수를 호출하면 value 프로퍼티 값을 구할 수 있습니다. getValue 함수에서 250을 반환하므로 파라미터 값인 50으로 나누면 [실행결과] 4번에 5가 출력됩니다.

■ 클로저 정리

호출된 함수에서 함수 밖의 변수를 사용할 수 있는 것은 자바스크립트의 기본 메커니즘이며 논리적 근거는 렉시컬 환경입니다. sports 함수에서 value는 선언적 환경 레코드에 있으며 outside는 외부 렉시컬 환경 참조에 있습니다. 자바스크립트 엔진 관점에서 보면 이것이 클로저의 전부입니다.

value와 outside가 변수이므로 this 바인딩 컴포넌트에 설정되지 않습니다. 따라서 this.value, this.outside로 접근할 수 없습니다. 이것이 this로 변수에 접근할 수 없는 논리적 근거입니다.

엔진 관점에서 보면 변수가 선언적 환경 레코드에 설정되므로 프로퍼티입니다. 실행 콘텍스트의 초기화 단계에서 {value: undefined} 형태로 되었다가 실행 단계에서 {value: 250}으로 변경됩니다. var 키워드를 작성하면 함수에 속하는 프로퍼티가 되고 작성하지 않으면 글로벌 오브젝트에 속하는 프로퍼티가 됩니다. 변수가 아닌 프로퍼티입니다.

29.8 메소드 체인

오브젝트.메소드_이름( ).메소드_이름( )과 같이 메소드와 메소드를 점(.)으로 연결하여 호출하는 형태를 메소드 체인(Method Chain)이라고 합니다.

[소스 29-8-1]

```
var base = {
    amount: 0,
    setAmount: function(param){
        this.amount = param;
        return this;
    },
    getAmount: function(param){
        return this.amount + param;
    }
}

base.setAmount(100);
var amount = base.getAmount(200);
js.log(amount);

amount = base.setAmount(100).getAmount(200);
js.log(amount);
```

[실행결과 29-8-1]

1. 300
2. 300

```
base.setAmount(100);
```

```
var amount = base.getAmount(200);
```

base 오브젝트의 setAmount 함수를 호출하여 파라미터 값을 설정합니다. 그리고 다음 줄에 base 오브젝트의 getAmount 함수를 호출하여 값을 반환받습니다. 함수 앞에 함수가 속한 오브젝트를 작성해야 함수가 호출되므로 문장을 분리하여 작성해야 합니다. 메소드 체인은 문장을 분리하여 메소드를 호출하지 않고 메소드를 연결하여 호출하는 것이 기본입니다.

```
amount = base.setAmount(100).getAmount(200);
```

함수를 연결하여 호출하였으며 이 형태를 메소드 체인이라고 합니다. 첫 번째 함수를 호출할 때 오브젝트를 작성하고 다음부터는 점(.)으로 연결하여 함수를 호출합니다. 마지막에 호출한 함수에서 반환한 값이 amount 변수에 할당됩니다.

```
setAmount: function(param){
    this.amount = param;
    return this;
},
```

setAmount 함수를 호출하고 getAmount 함수를 연결하여 호출하기 위해 setAmount 함수에서 base 오브젝트를 반환합니다. 그래야 base.getAmount( ) 형태가 되므로 함수를 연결하여 호출할 수 있습니다. 메소드 체인을 구현하는 방법입니다.

연결하여 호출하려는 함수를 같은 오브젝트에 작성하고 호출된 함수에서 자신이 속한 오브젝트를 반환합니다. 다른 오브젝트에 속한 함수를 호출하려면 메소드 체인이 되도록 구조를 만들어야 합니다. 여기서 메소드 체인을 위해 인위적으로 구조를 만들기 위해서는 그만큼 부가적인 처리가 동반됩니다. 효율성을 생각해 볼 필요가 있습니다.

■ 메소드 체인의 궁극적인 목적

메소드를 연결하여 호출하는 궁극적인 목적은 무엇일까요? 메소드를 연결하여 호출하므로 편리하다는 것은 기술자의 대답이 아닙니다. 물론 코딩을 편하게 하는 것도 중요합니다. 하지만 기술자가 추구할 방향을 대변할 수는 없습니다. 부가적인 처리가 동반되므로 프로그램 코드를 복잡하게 만들 수도 있습니다.

아래 시나리오를 통해 메소드 체인의 궁극적인 목적을 생각해 보겠습니다. 이 내용은 ES5 스펙에 작성된 것이 아니라 필자의 개발 경험을 정리한 것입니다. 따라서 독자의 환경에 맞지 않거나 생각을 달리 할 수도 있습니다.

[HTML 29-8-2]

```html
<body>
    <div id='sports' style='color:blue'>스포츠</div>
</body>
```

자바스크립트로 [HTML 29-8-2]의 〈div〉 엘리먼트를 생성하고 속성을 설정하려면 아래 시나리오가 필요합니다.

시나리오

1. div 엘리먼트를 생성합니다.
2. 생성한 엘리먼트의 id 속성 값에 "sports"를 설정합니다.
3. div#sports 엘리먼트의 텍스트에 "스포츠"를 설정합니다.
4. 텍스트 색을 청색으로 설정합니다.
5. div#sports 엘리먼트를 〈body〉에 첨부합니다.

메소드 체인 형태로 메소드를 작성하는 것은 시나리오를 따라가면서 코드를 작성하기 위해서입니다. 시나리오에서 각 행동은 끊어지지 않고 연결되며 연속된 행동이 끊어지면 다른 시나리오가 됩니다. 여기서 행동이 메소드입니다. 하나의 시나리오는 목적을 갖고 있으며 목적을 달성하는 과정을 메소드를 연결하여 작성한 것이 메소드 체인입니다. 이는 형태 중심으로 본 것으로 궁극적인 목적은 시나리오 목표를 달성하는 것입니다. 즉, 메소드 체인은 시나리오 목적을 달성하기 위한 코드 형태입니다.

메소드를 연결하기 위해 시나리오를 바꾸는 것은 주객이 전도된 모습입니다. 코드 중심으로 접근하면 이런 모습이 될 가능성이 높습니다. 따라서 시나리오를 먼저 작성하고 시나리오에 맞추어 메소드를 연결하는 것이 정상적인 소프트웨어 개발 흐름이요, 순서입니다.

시나리오를 작성하기 위해서는 요구분석을 먼저 해야 합니다. 요구분석을 시나리오 형태로 작성한 것을 유스케이스(Usecase)라고 합니다. 유스케이스는 사용자와 시스템이 행동하고 처리하는 것을 시나리오로 작성한 것입니다. 유스케이스에서 사용자를 액터(Actor)라고 합니다. 즉 액터가 행동하고 시스템이 처리하는 것을 시나리오 형태로 작성한 것이 유스케이스입니다.

설계 단계(이와 유사한 단계)에서 유스케이스를 기반으로 보다 자세하게 시나리오를 작성하며 시나리오를 기준으로 프로그램을 개발합니다. 시나리오 흐름에 맞추기 위해 메소드를 연결하는 것입니다. 즉, 메소드를 연결하는 것은 요구사항을 완전하게 구현하기 위한 하나의 방법이며 형태입니다.

29.9 사용자 정의 이벤트

웹 페이지의 특정 버튼을 클릭한 것을 인식하기 위해 onclick 이벤트를 설정합니다. onclick 이벤트는 DOM에서 제공하는 이벤트 타입으로 이벤트를 설정하는 규칙을 지키면 브라우저에서 이벤트를 발생시켜 줍니다. 사용자 정의 이벤트는 브라우저에 의존하지 않고 자바스크립트 프로그램으로 이벤트를 정의하고 발생시킵니다. 사용자 정의 이벤트를 커스텀 이벤트(Custom Event)라고도 합니다.

신문사는 매일 신문을 발행합니다. 신문 구독을 신청하면 배달이 되고 구독을 해제하면 배달이 되지 않습니다. onclick 이벤트는 이벤트를 설정하고 클릭했을 때만 이벤트가 발생하지만 신문은 구독에 관계없이 발행하며 구독 신청을 하면 배달이 됩니다. 즉, 이벤트를 설정하지 않아도 이벤트가 발생하므로 이벤트가 발생한 것을 인식하기 위한 이벤트 핸들러를 작성하면 이벤트 핸들러가 호출됩니다. 이것이 커스텀 이벤트입니다.

[소스 29-9]

```
var customEvent = function(){
    this.customObj = {};
};
customEvent.prototype = {
    fireEvent: function(type, option){ //중략},
    on: function(type, method, obj){ //중략},
    off: function(type, method, obj){ //중략}
};

var eventObj = new customEvent();
eventObj.fireEvent('press');

eventObj.on('press', receiveMethod, this);
function receiveMethod(){
    js.log('이벤트 발생');
};
eventObj.off('press', receiveMethod, this);
```

1. 이벤트 발생

함수 안의 코드가 길어서 게재하지 않았으므로 다운로드 받은 29-9.js 파일을 참조하세요.

시나리오

1. 신문사가 신문 발행 인스턴스를 생성합니다.

{코드} var eventObj = new customEvent();

{설명} 신문 발행 준비가 완료되었습니다.

2. 신문사가 신문을 발행합니다.

{코드} eventObj.fireEvent('press');

{설명} 신문 구독 신청 정보를 읽어 핸들러를 호출합니다. 신문 배달을 하는 것과 같습니다.

3. 독자가 신문을 배달할 함수와 오브젝트를 작성합니다.

{코드} function receiveMethod(){js.log('이벤트 발생');}

{설명} 신문 발행 이벤트가 발생할 때마다 메소드가 호출됩니다.

4. 독자가 신문 구독을 신청합니다.

{코드} eventObj.on('press', receiveMethod, this);

{설명} 3번에서 작성한 오브젝트와 함수를 등록합니다.

5. 독자가 구독을 해지합니다.

{코드} eventObj.off('press', receiveMethod, this);

{설명} 구독 신청할 때 등록한 오브젝트와 핸들러 함수를 삭제합니다.

책이라는 한정된 공간으로 인해 주된 목적과 기능만 작성했지만, 모든 것을 프로그램으로 제어하므로 부가 기능을 추가할 수 있습니다.

29.10 HTML5 템플릿

템플릿(Template)의 사전적 의미는 "형판"으로 일정한 형태의 틀을 나타냅니다. 붕어빵 틀에 재료를 넣으면 붕어빵이 만들어지듯이 템플릿에 값을 넣으면 매번 같은 형태의 결과를 반환합니다. HTML5의 〈template〉 엘리먼트가 템플릿 역할을 하며 자바스크립트로 데이터를 제공하고 처리를 제어합니다.

아래 [HTML 29-10]과 [소스 29-10]을 실행하면 [실행결과 29-10]이 표시됩니다. 상영관, 이름, 포인트를 표현할 템플릿을 만들고 자바스크립트로 템플릿에 데이터를 설정하고 필요한 제어를 합니다.

상영관	이름	포인트
강남점	이순신	500
홍대점	홍길동	100

[HTML 29-10]

```html
<table>
    <thead>
        <tr>
            <th>상영관<th>이름<th>포인트
    <tbody>
        <template id="row">
            <tr><td><td><td>
        </template>
</table>
```

〈template〉과 〈/template〉 사이에 작성한 〈tr〉〈td〉〈td〉〈td〉가 템플릿입니다. 템플릿에 맞추어 데이터를 설정하면 템플릿이 제공하는 형태로 표현됩니다.

[소스 29-10]

```javascript
var data = [
    {field: '강남점', name: '이순신', point: 500},
    {field: '홍대점', name: '홍길동', point: 100}
];
var template = document.getElementById('row');

data.forEach(function(obj, k){
    var clone = template.content.cloneNode(true);
    var cells = clone.querySelectorAll('td');
    cells[0].textContent = obj.field;
    cells[1].textContent = obj.name;
    cells[2].textContent = obj.point;
    template.parentNode.appendChild(clone);
});
```

첫 번째 줄의 data는 템플릿을 사용하여 웹 페이지에 표시할 데이터입니다. data 배열을 하나씩 읽어가면서 〈template〉 안에 작성한 〈td〉 엘리먼트의 텍스트에 field, name, point 프로퍼티 값을 설정합니다. 자바스크립트로 〈template〉 엘리먼트와 data 오브젝트를 제어하여 데이터를 표현합니다. <template> 대신에 자바스크립트로 템플릿을 만들어 사용할 수도 있습니다. 계속해서 이에 대해 살펴봅니다.

29.11 자바스크립트 템플릿

자바스크립트로 다양한 형태의 템플릿을 만들어 사용할 수 있습니다. 서버에서 받은 JSON 형태의 데이터를 템플릿을 사용하여 웹 페이지에 표시할 수도 있습니다.

[실행결과 29-11]

```
▼<div id="first">
    <div class="dataClass">text-1</div>
    <div class="dataClass">text-2</div>
    <div class="dataClass">text-3</div>
  </div>
```

[소스 29-11]

```javascript
var data = [
    {'textClass': 'dataClass', text: 'text-1'},
    {'textClass': 'dataClass', text: 'text-2'},
    {'textClass': 'dataClass', text: 'text-3'}
]
var template = function(format){
    this.template = format;
};
template.prototype = {
    templateExp: /\{([\w-]+)?\}/g,
    match: function(data){
        return this.template.replace(this.templateExp, function(src, key){
            return data[key];
        });
    }
};
var templateObj = new template('<div class="{textClass}">{text}</div>');
var markupList = [];
data.forEach(function(obj){
    markupList.push(templateObj.match(obj));
}, this);
```

```
document.getElementById('first').innerHTML = markupList.join('');
```

첫째 줄의 data에 작성된 데이터를 new template( )으로 생성한 템플릿에 적용하면 html 형태의 문자열이 반환되며, 이를 결합하여 innerHTML 속성에 설정하면 웹 페이지에 표시됩니다.

```
var template = function(format){
    this.template = format;
};
var templateObj = new template('<div class="{textClass}">{text}</div>');
```

new template( )으로 인스턴스를 생성하여 templateObj에 할당됩니다. 파라미터에 지정한 템플릿을 인스턴스 프로퍼티로 설정하므로 templateObj에 속한 메소드에서 this.template으로 템플릿을 사용할 수 있습니다.

고정된 템플릿을 자주 사용할 때는 인스턴스를 생성하는 것이 효율적입니다. 템플릿이 수시로 변경되거나 자주 사용하지 않으면 함수로 정의하고 함수를 호출할 때 파라미터에 템플릿과 변환 대상을 지정하는 것이 효율적입니다.

```
data.forEach(function(obj){
    markupList.push(templateObj.match(obj));
}, this);
```

data를 기준으로 아래의 match( ) 함수를 호출하여 템플릿에 데이터를 적용하고 결과를 문자열로 반환받아 배열에 추가합니다.

```
templateExp:  /\{([\w-]+)?\}/g,
match: function(data){
    return this.template.replace(this.templateExp, function(src, key){
        return data[key];
    });
}
```

{'textClass': 'dataClass', text: 'text-1'} 형태의 데이터를 템플릿에 적용하면 textClass와 text
가 매치되며 매치되는 곳에 프로퍼티 값을 설정합니다. 즉 〈div class='dataClass'〉text-
1〈/div〉 형태로 변환됩니다.

```
document.getElementById('first').innerHTML = markupList.join('');
```

markupList 배열에 템플릿을 적용한 결과가 문자열로 작성되어 있으므로 join( ) 메소드를
사용하면 문자열로 연결하여 반환합니다. 반환된 html 형태의 문자열을 innerHTML 속성
에 할당하면 마크업이 생성되어 웹 페이지에 표시됩니다.

소스 코드가 길어져서 간단하게 작성했지만 template.prototype에 필요한 메소드를 연결할
수 있습니다. HTML5 이전에는 innerHTML이 표준이 아니므로 사용을 피하기도 하였으며
처리 속도가 떨어지기도 했습니다. HTML5에서 표준이 되었으며 최신 브라우저에서 처리
속도를 향상시켰습니다.

■ 앞으로 필요한 것은

자바스크립트 스펙은 크게 이 책에서 다룬 자바스크립트 부분과 정규표현식으로 나눌 수
있습니다. ES5 스펙에 정규표현식이 정의되어 있으므로 정규표현식도 자바스크립트에 속
하지만 일반적으로 분리합니다. 이 책에서 정규표현식을 다루지 않은 것도 이 때문입니다.

정규표현식 대상이 문자열이므로 자바스크립트 프로그
램에서 비중이 작습니다. 초보자일 때는 특별한 경우를
제외하고 거의 필요하지 않습니다. 하지만 중/고급자가
되면 반드시 넘어야 할 산입니다. 예를 들어 URL을 체크
할 때 정규표현식을 사용하지 않으면 난감합니다. 이 책
을 이해한 후 봐야 할 것이 정규표현식입니다. 필자가
쓴 정규표현식 책이 있어 소개합니다.

『자바스크립트 정규표현식』 (도서출판 ITC, 2010)

그간 자바스크립트는 클라이언트에서 웹을 제어하는 데 주로 사용했습니다만, 이젠 서버에서도 사용합니다. Node.js(http://nodejs.org)가 대표적이며 자바스크립트로 통신, 디바이스(Device), 데이터베이스를 제어할 수 있습니다. 이 모습은 자바스크립트 개발자에게 새로운 세계를 열어 줄 것입니다. 특히 IoT(Internet of Things), WoT(Web of Things) 시대에 더욱 필요할 것입니다. 거의 모든 사물을 자바스크립트로 제어할 수 있습니다. 자바스크립트 세계는 더욱 확장될 것입니다.

마치면서

우리나라 자바스크립트 개발자의 실력 향상을 목표로 이 책을 집필했습니다. 독자와 필자 모두 목적을 달성했으면 좋겠습니다. 같이 해주신 독자께 감사드리며 더욱 많은 발전을 기원합니다.

찾아보기